Silverlight 2

完美征程

李会军 著

電子工業出版社.

Publishing House of Electronics Industry

北京 · BEIJING

内 容 简 介

本书详细介绍了微软下一代富互联网开发技术 Silverlight，分为基础篇、进阶篇、高级篇和案例篇 4 个部分，以 Silverlight 2 为主要版本从不同的层面进行了阐释：第 I 部分介绍了 Silverlight 的基础知识、控件模型及它在绘图方面的能力；第 II 部分介绍了 Silverlight 丰富的网络通信功能、托管代码与浏览器之间的互操作性及数据绑定等；第 III 部分对 Silverlight 应用程序的生命周期进行剖析，并介绍了一些调试技巧；最后一部分开发了 Deep Zoom 应用程序和图表应用程序两个案例。全书对每个知识点都通过示例进行讲解，一步一步带您进入 Silverlight 世界。

本书适合 Silverlight 开发人员和设计人员，以及.NET 平台开发人员阅读。无论您是 Silverlight 新手还是已经有一定的开发经验，本书都能给您带来收获。

图书在版编目（CIP）数据

Silverlight 2 完美征程 / 李会军 著.—北京：电子工业出版社，2009.5
ISBN 978-7-121-08586-4

I. S…　　 II. 李…　　 III. 主页制作—程序设计　　 IV. TP393.092

中国版本图书馆 CIP 数据核字（2009）第 045688 号

责任编辑：王继花
印　　刷：北京智力达印刷有限公司
装　　订：北京中新伟业印刷有限公司
出版发行：电子工业出版社
　　　　　北京市海淀区万寿路 173 信箱　邮编　100036
开　　本：787×980　 1/16　 印张：35.5　 字数：　770 千字
印　　次：2009 年 5 月第 1 次印刷
印　　数：4 000 册　　　　定价：78.00 元

案例篇 开发Deep Zoom应用程序
开发图表应用程序

高级篇 自定义控件
独立存储
墨迹标注使用
应用程序剖析
异常处理与调试

进阶篇 数据绑定
网络与通信
与浏览器交互
制作动画

基础篇 基本控件
界面布局
封装控件观感
事件处理
绘图应用
画刷应用
图像处理
几何图形
变形效果应用

进入Silverlight的世界
一步步学习Silverlight2

作者访谈录

针对 Terry Lee 的新书《Silverlight 2 完美征程》的出版，博文视点对 Terry Lee 进行了专访，现将博文小编与 Terry Lee 的对话及技术交流问答整理成文，以飨读者。

 博文编辑

李会军老师您好！您即将出版的这本关于 Silverlight 2 的新书，应该是国内第一本全面讲述 Silverlight 2 的原创图书了。Silverlight 2 发布到现在也就是 5 个月的时间，从时间上而言，您在博客园上发布的《一步一步学习 Silverlight 2 系列》文章是相当超前的，读者们也许会有疑问，您是如何这么快就写出这本书的呢？

李会军

Silverlight 2 正式发布的时间虽然不长，但它的 Beta 版在一年前已经发布，所以本书的写作其实在一年前就开始了，期间由于 Silverlight 2 版本的变化，本书也是几易其稿，最终才有这本《Silverlight 2 完美征程》与广大读者见面。本书的出版，离不开博客园朋友的支持与帮助，他们的提问让我进一步去探索某些技术细节，也能够让我很好地了解大家在学习这样一门新技术时难点在哪里，从而在本书的写作中力争把晦涩难懂的技术用最通俗的语言表达出来。

 博文编辑

您即将出版的这本《Silverlight 2 完美征程》新书，是您结合项目经验撰写的第一本出版物。它与市面上已有介绍 Silverlight 的图书有何不同，您是否可以谈谈这本新书的写作思路和读者定位？

李会军

目前市面上确实已经有一些关于 Silverlight 的图书，但是真正介绍 Silverlight 2 的书并不多。本书在写作一开始，就将其定位为既不是一本纯粹的入门读物，也不是一本让初学者望而生畏的图书，全书分为基础篇、进阶篇、高级篇和案例篇 4 个部分，无论是 Silverlight 初学者还是有 Silverlight 开发经验的工程师，都能够从本书中获益。

 博文编辑

从 Silverlight 发布到现在的 Silverlight 2，我们看到很大的改进，您是如何看待 Silverlight 发展较快这一问题？作为开发人员，应该怎样才能适应这种转变？

李会军

Silverlight 出现之前，在 RIA 领域中 Adobe 的 Flash 一枝独秀，其市场份额一度占到了 97%以上，而 Silverlight 则是 RIA 领域中的后起之秀，起步较晚，所以 Silverlight 发展较快并不是坏事，到了 Silverlight 2 时期，它已经形成了一个非常完善的模型体系。对于技术的升级和变迁，我想套用敏捷软件开发方法中的一句话"拥抱变化"，作为开发人员，要能够适应这种快速的变化，首先需要有扎实的基础，万变不离其宗，掌握好 Silverlight 的体系结构、网络编程模型，等等；其次要多关注 Silverlight 相关的动态，知己知彼，方能百战不殆。

 博文编辑

《Silverlight 2 完美征程》一书中，我们看到了您工作中的经验积累和总结。对于 Silverlight 的初学者，您有什么好的建议，他们遇到难问题时有什么比较通用且有效的解决办法？

李会军

Silverlight 对于广大开发者朋友来说，算是一门比较新的技术，它的出现也只有短短两年的时间，Silverlight 本身又是一门实践性很强的技术，所以学习 Silverlight 不能停留在理论层面上，应尽量做到对书中的每一个示例，都亲自运行一遍代码，这样才能真正掌握相关的知识。

对于难以解决的问题，往往没有"万能钥匙"，但是我们有一套通用的规则：从发现问题开始，到对问题进行定位，再对导致该问题产生的原因进行分析，最终解决问题。如果实在无法解决，可以根据本书前言中提供的联系方式与我进行沟通，我会尽力帮大家解答。

 博文编辑

您在瑞典的软件公司从事过很多大型的开发项目，您日常主要负责的工作是哪些？本书内容与您的工作有哪些联系？在书中是如何体现？

李会军

我的主要工作职责是负责软件架构设计、技术培训等，在 2008 年我们基于 Silverlight 2 完成了挪威某政府部门的大型项目，整个项目对于我来说，积累了相当多的经验，另外在开发时也会遇到很多 Silverlight 方面无法解决的问题，我都及时跟微软 Silverlight 开发团队进行邮件交流。本书写作过程中，我一直努力把自己在项目中积累下来的经验及与 Silverlight 开发团队的交流内容融入到书稿中，这样对于学习 Silverlight 的朋友可以少走很多弯路。

推荐序 1

Silverlight 是微软公司推出的新一代 RIA 技术，是一种跨浏览器、跨平台的.Net Framework 的实现，用来构建和发布下一代的媒体体验和 Web 交互应用，它统一了服务器、Web 和桌面的功能。作为一种新的 Web 内容载体，它可被以 Web 的方式来发布，在客户浏览器端运行时，它不但可以灵活地和各种服务器端应用交互，更具有和桌面体验一样的、丰富的图形渲染及用户交互控制能力。

Silverlight 的意义还远不止于此。试想若干年前服务器端的情形，只有 Raw HTML 的发布功能，后来出现 CGI，开始以构造程序的方式来处理 Web 请求发放响应，各种应用服务器支撑的编程模型逐步发展起来，直到现在像 ASP.NET/WCF、J2EE 这样的成熟框架，足以支撑起大规模的 Web 应用，其中最本质的一条发展线索就是编程模型在服务端的演进。现在，在 Internet 应用的客户端，具有类似的编程模型本质的线索，即将发展到一个新的阶段。从 HTML 的渲染、Form Data 的原始回发，到 Web2.0 中对 JavaScript、DOM 技术的接近极致的应用，再到近一两年各种像 Google Earth/FaceBook 这类 Web API 的出现，似乎仍无法满足人们对 Web 应用用户体验的追求，开发者中的先锋们仍在寻求更先进的编程模型来支撑下一代 Web 应用的前端。RIA 技术应用重新得到重视，借助新的内容类型来补充和突破 HTML-Based 的局限。然而，在 Silverlight 之前，与其类似的技术均无法保证前台开发中"艺术"+"编程"这个 Pair 中"编程"的匹配度。前台编程模型，仍停留在"脚本"阶段，开发人员的先进思想及技巧、经验均无法"复用"过来，而且无法在保证客户端浏览器运行性能的前提下支撑复杂的桌面级别的 UI 逻辑和用户体验。现在 Silverlight 2 来了，它在 UI 渲染、艺术创作，以及 UI 逻辑、编程模型，双方面上带来了全新程度的提升。开发人员可以以面向对象面向组件的方式来开发、完整地复用以前的知识和经验。这是 Silverlight 在 Web 前台开发编程模型演进上所能带来的巨大变化，从这一点上，我们完全可以看到这项全新的 RIA 技术的前景。

那么，作为开发人员，我们如何尽可能快而又全面、准确地掌握 Silverlight 开发技术的方方面面呢？权威准确、翔实全面的资料，加以自己的学习与实践，以及先行者的分享与经验，这些都是不可缺少的。即使是一个非常有经验的.Net 开发人员，在转入 Silverlight 开发时，有时也会由于对其中的异步操作、线程上下文理解不够深入而被莫名的问题弄得焦头烂额。所以，要在学习和实践中避免误区，少走弯路，学习先行者的经验是非常重要而有益的。

本书的作者 Terry Lee 就是这样一位在 Silverlight 开发领域极富经验的先行者。

初识 Terry，是读他博客园上的文章。他给我最深的印象是他的勤奋和才识。后来有缘成为同事，在公司的项目中一起工作，在几个开源项目中，他留给我最深的印象是他对软件技术的天赋。每当我向朋友介绍他时，总爱加上这样一句话：他是我遇到的仅有的几个在技术上最信得过的人之一，无论是系统架构设计方面还是代码实施动手能力方面。

Terry 是一个热爱分享的人，这一点从他的博客上可以看出，更可以从与他日常的交流中感受到。这半年多来，Terry 主要参与一个重量级应用 Silverlight 技术的项目，这个大型 Web 应用项目的页面全部采用 Silverlight 技术来实现。于是这段时间里与 Terry 聊到的技术话题中，Silverlight 所占的比例就多出许多，经常会就一个可能的最佳实践进行"严正磋商"，或就 Silverlight 的一个 Bug 一起来"指点江山"；下面的场景更是常见："ScottGu 已经把我俩的那个问题转给 Silverlight 小组的 Stefan 了，估计马上会有答复了！""Stefan 的回复中提到这个问题可能与 IAccessible 接口有关，要不我来谈谈这个接口？"经常可以从他与 Microsoft Silverlight 小组的大量往来邮件中，得知一些来自"内部"的信息。不是每个人都能够像 Terry 这样与 Silverlight 有如此亲密接触的，即使你是这个方向上的 MVP，我想，这与他的求知热情、热爱分享是分不开的。当然，每当回忆起这样的场景，我总会叮嘱他，一定不要忘记把这些都写入他的书中去！

《Silverlight 2 完美征程》就是这样的一本书！在 Silverlight 2 Beta1 期间就已经成稿，在 Silverlight 2 RTW 版出来后，Terry 又投入了大量的精力来重写和校正。书的内容覆盖了 Silverlight 2 开发的各个方面并被整理得井井有条，多年的技术写作功底在这里又一次得到了体现：图文并茂、讲解透彻，一如博客园中的 Terry Lee。

读过本书之后，我对 Terry 的第一句话就是，怎么还有这么多我们之前没有谈到的内容？

我相信，大家读后的收获，一定会比我更多！

曲春雨

资深架构师

2009 年 2 月于北京

推荐序 2

互联网，自从 20 世纪 70 年代进入人们的视线以来，经历了翻天覆地的变化。从保密的军事项目延伸到每个人都能享用的丰富服务，从简单的文字发布渠道发展到易于交互的富媒体媒介，从只能在工程师之间交流的复杂科技扩展到每个人都能触及的大众媒体，互联网的服务日益丰富，互联网的覆盖领域逐步扩大，互联网的使用人数迅猛增长。截至 2009 年 1 月，全球的网民人数已经达到了 15 亿，其中中国网民人数居全球第一，达到了 2.98 亿。

随着网民人数的不断增长，以及人们对互联网服务的巨大需求，互联网技术也在不断推陈出新，从而更好地满足人们的需求。微软的 Silverlight 技术自发布以来，受到了业内广泛的关注，Silverlight 技术作为一种跨平台、跨浏览器的技术在丰富的媒体体验及丰富的交互式应用领域奉献给大家一个值得信赖的平台。

随着国内互联网领域对 Silverlight 技术应用的不断扩展，越来越多的开发者、设计师开始使用 Silverlight 技术来实现各种各样的 Web 应用，这里不乏国内知名的网站，如百度、腾讯、淘宝，等等。

作为一本国内互联网技术社区一直期待的的中文图书，《Silverlight 2 完美征程》是一本不可多得的教材、工具书及参考书。本书分为 4 篇，它们分别为基础篇、进阶篇、高级篇及案例篇。作为一本源于实践的技术博客笔记，一本原汁原味的中文图书，《Silverlight 2 完美征程》由浅入深，结合了大量的案例、注释及经验技巧，相信无论您是一个 Silverlight 技术的初学者还是已经将 Silverlight 应用于生产环境的开发者，在阅读本书的时候一定会受益良多。

最后，我强烈建议您经常访问本书作者——微软.NET 及 Web 领域最有价值的专家李会军的技术博客 *http://www.cnblogs.com/TerryLee*，相信从他的博客中您可以获得第一手的实战案例及开发技巧和经验。

黄继佳

微软（中国）有限公司　开发及平台合作部技术经理

2009 年 2 月于北京

序 言

从 2006 年开始，微软推出了代码名为"WPF/E"的项目，该项目从诞生到正式命名为"Silverlight"，再到 1.0 版本正式发布，标志着微软正式进入 RIA（Rich Internet Application，富互联网应用）领域。Silverlight 的出现为开发 RIA 应用程序带来了更多的选择，遗憾的是在 Silverlight 1.0 时代，它的功能相对比较简单，只能使用 JavaScript 语言进行开发，且主要面向构建丰富的多媒体体验。Silverlight 2 的发布，从根本上改变了这一切，它不仅支持多种语言如 C#、VB.NET，甚至于可以使用动态语言 IronPython、IronRuby 来构建，除此之外，内置了丰富的 UI 控件，丰富的网络通信支持及浏览器互操作性支持，使得在 Silverlight 2 下进行 RIA 应用程序的开发，将变得更加容易。

笔者在 Silverlight 2 发布第一个测试版的时候，曾经在个人博客上撰写了《一步一步学习 Silverlight 2》系列文章，受到了广大网友的热评，后来又参与了多个基于 Silverlight 2 的大型项目，积累了大量的 Silverlight 开发实践经验，对于 Silverlight 的前景也更加充满信心。目前 Silverlight 在国内已经有相当可观的装机量，对于国内的开发者来说，也许现在是学习和使用 Silverlight 的最好时机，但是苦于国内没有一本真正意义上原创的深入介绍 Silverlight 2 的书籍，本书的写作正是力图填补这一空白，以帮助广大开发者更好地使用 Silverlight 技术开发出富有创意的应用程序。

最后，仅以此书献给广大的 Silverlight 爱好者和同仁，让我们一起踏上 Silverlight 的征程，体验 Silverlight 之美，创造互联网世界的视觉盛宴。

李会军

2009 年 3 月于北京

前　言

缘起

Silverlight 作为微软进入 RIA 领域的标志，在它发布之初，就受到了业界广泛的关注。作为长期活跃在国内最大的.NET 社区——博客园的我，自然也不例外，时不时在自己的博客（*http://terrylee.cnblogs.com*）上发布一些 Silverlight 的最新消息。Silverlight 2 发布第一个 Beta 版本的时候，我撰写了《一步一步学习 Silverlight 2》系列文章，没想到一石激起千层浪，引发了园子里一股学习 Silverlight 的热潮，热心朋友的评论也让我收获颇多。

当博文视点的陈琼编辑找到我，希望我能够将该系列文章整理成书时，我也有过短暂的犹豫，虽然自己接触 Silverlight 的时间不短了，也在使用 Silverlight 2 来构建自己的项目，但这毕竟是国内第一本原创的 Silverlight 2 图书，在跟博文视点周筠老师的一番谈话后，这种犹豫很快被打消，于是便开始了数月的写作过程。随着 Silverlight 2 版本的变化，本书也是几易其稿，最终才有这本《Silverlight 2 完美征程》呈现在大家面前。

本书有什么

第 I 部分：基础篇，带领大家进入 Silverlight 的大门，在内容安排上更加偏重于 Silverlight 中用户界面的呈现方面。从开发一个简单的 Silverlight 2 应用程序开始，逐步进入控件模型、布局管理、封装控件观感，再到事件模型，最后介绍了 Silverlight 在图形图像处理方面的支持。

第 II 部分：进阶篇，走出 Silverlight 绚丽的外表进入另一个层面，详细介绍了 Silverlight 中的数据绑定模型、强大的网络通信功能及与浏览器之间的互操作性，最后介绍了多媒体和动画方面的支持。

第 III 部分：高级篇，本部分介绍了如何在 Silverlight 应用程序中自定义控件，以及一些高级的 Silverlight 使用技术，并在第 19 章对应用程序模型进行了剖析，第 20 章介绍了 Silverlight 应用程序的一些调试技巧。

第 IV 部分：案例篇，通过两个典型案例介绍了 Silverlight 中 Deep Zoom 应用程序开发及使用 Silverlight Toolkit 开发图表应用程序，以提高实战能力。

如何阅读

本书所有的示例程序都采用 C#语言来实现，在 Visual Studio 2008 下开发完成，在阅读之前，大家必须对 C#语言有所了解，并安装了 Visual Studio 2008，以便能够对书中的示例进行调试。笔者博客（*http://www.cnblogs.com/TerryLee*）的首页上，有本书 22 章所有的示例程序源代码的下载链接，可以直接运行通过。

本书在编写时采用了循序渐进的方式，由浅入深，但这并不意味着在阅读时一定要按照章节顺序阅读，如果对 Silverlight 2 开发有一些初步的了解，或者有 Silverlight 1 开发基础的开发者，可以直接跳过第 I 部分基础篇直接进入后面的学习，也可以选取其中感兴趣的章节进行阅读。

支 持

虽然作者、编辑和审稿对书稿进行了反复的推敲和修改，但是限于时间和作者水平，失误在所难免，为了使本书更好地服务于读者，请您将关于本书的任何提问纠错或建议发至以下任一地址：

作者个人邮箱：*lhj_cauc@163.com*

作者个人博客：*http://terrylee.cnblogs.com*

作者个人网站：*http://www.dotneteye.cn*

博文视点网站：*http://blog.csdn.net/bvbook*

我们将尽力解决您的问题，并向您的指正致谢。

致谢

一本书稿的写作到出版，绝不仅仅是作者本人付出辛苦的努力就能完成。首先感谢我的编辑陈琼，感谢她为本书所付出的努力，没有她的监督与支持，本书不可能如期完稿。感谢博文视点的周筠老师对我的鼓励。感谢博文视点的编辑晓菲、美编杨小勤和徐勤栋为本书后期的制作加工所付出的辛苦和努力。

必须要感谢博客园中的好多朋友，感谢博客园站长杜勇（dudu）为.NET 开发人员提供了一个非常好的交流平台，感谢与我一起交流技术的 Anytao、Dingxue、Jillzhang、罗炳桥等园子里所有的朋友，特别要感谢 JesseQu 在本书写作过程中提出非常有建设性的建议，以及对书稿的审阅与点评。

最后还要感谢养育我的父母和我的女朋友杨玉霞，正是她的悉心照顾，才能让我心无旁骛，专心写作，本书的出版也算是为即将步入婚姻殿堂的我们提前送上了一份新婚礼物。

联系博文视点

您可以通过如下方式与本书的出版方取得联系。

读者信箱：*reader@broadview.com.cn*

投稿信箱：*bvtougao@gmail.com*

北京博文视点资讯有限公司（武汉分部）

湖北省 武汉市 洪山区 吴家湾 邮科院路特 1 号 湖北信息产业科技大厦 1402 室

邮政编码：430074

电　　话：027-87690813

传　　真：027-87690595

若您希望参加博文视点的有奖读者调查，或对写作和翻译感兴趣，欢迎您访问：*http://bv.csdn.net*

关于本书的勘误、资源下载及博文视点的最新书讯，欢迎您访问博文视点官方博客：
http://blog.csdn.net/bvbook

目　录

Silverlight 2

第 I 部分

基础篇

I

第 1 章　进入 Silverlight 世界

本章内容　Silverlight 是微软推出的一种跨浏览器、跨平台的富互联网应用程序开发技术，具有极其优越的矢量图形、动画和多媒体支持的能力，内置支持丰富的网络通信功能，迄今为止发布了 1.0 和 2.0 两个版本。本章将带你进入 Silverlight 世界，使你对 Silverlight 应用程序开发有一个初步的认识，主要内容如下：

Silverlight 概述
创建基本的 Silverlight 应用
开发工具简介
认识 XAML
应用案例
本章小结

1.1　Silverlight 概述

1.1.1　什么是 Silverlight

Silverlight 的前身是 WPF/E，它是微软推出的一种跨浏览器、跨平台的富互联网应用程序开发技术，具有极其优越的矢量图形、动画和多媒体支持的能力，内置支持丰富的网络通信功能，迄今为止发布了 1.0 和 2.0 两个版本，本书将以 Silverlight 2 为主要版本进行讲解。Silverlight 2 具有如下功能。

◆　WPF 和 XAML：Silverlight 包含 WPF 技术的一个子集，大大扩展了浏览器中用于创建 UI 的元素。

◆　对 JavaScript 的扩展：Silverlight 提供对通用浏览器脚本语言的扩展，可以控制浏览器 UI，包括使用 WPF 元素。

◆　跨浏览器、跨平台支持：Silverlight 应用程序可以在任意平台上的所有通用浏览器上自如运行，作为开发人员完全不必担心用户具有何种浏览器或平台。

◆　与现有应用程序集成：Silverlight 应用程序可以与现有 JavaScript 和 ASP.NET AJAX 代码无缝集成，以增强已有的功能。

◆ 可以访问.NET Framework 编程模型和相关工具：可以使用诸如 IronPython 等动态语言及 C#和 Visual Basic 等语言创建基于 Silverlight 的应用程序，可以使用 Visual Studio 的开发工具开发基于 Silverlight 的应用。

◆ 丰富的网络支持：Silverlight 包括对 TCP 上的 HTTP 的支持，可以调用 WCF 或任何基于 SOAP 的服务并接收 XML、JSON 或 RSS 等数据，并且支持 Socket 通信。

◆ LINQ 支持：Silverlight 包括语言集成查询（LINQ）。

1.1.2　Silverlight 架构

　　Silverlight 平台作为一个整体，由两个主要部分构成：核心表示层框架和 Silverlight 中的.NET Framework，前者提供面向 UI 和用户交互的组件和服务（包括用户输入、用于 Web 应用程序的轻量型 UI 控件、媒体播放、数字版权管理和数据绑定），表示层功能（包括矢量图形、文本、动画和图像），此外还包括用于指定布局的可扩展应用程序标记语言（XAML）；Silverlight 中包含一个.NET Framework 的子集，其中包括数据集成、可扩展 Windows 控件、网络、基类库、垃圾回收和公共语言运行时。这两部分之间的关系可以用图 1-1 来表示。

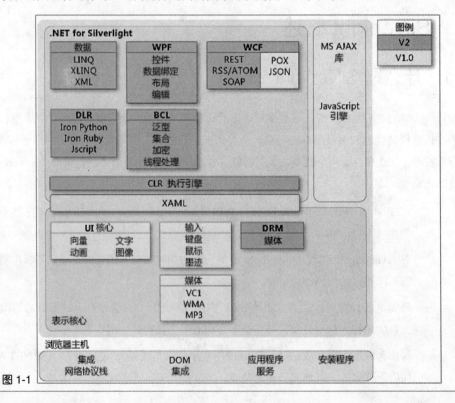

图 1-1

其中核心表示层组件包括如下几个部分。

- ◆ 输入：处理来自硬件设备（例如键盘和鼠标、绘图设备和其他输入设备）的输入。
- ◆ UI 呈现：呈现矢量和位图图形、动画及文本。
- ◆ 媒体：具有播放和管理各种类型音频和视频文件（例如 .WMP 和 .MP3 文件）的功能。
- ◆ 控件：支持可通过应用样式和模板来自定义的可扩展控件。
- ◆ 布局：可以动态定位 UI 元素。
- ◆ 数据绑定：可以链接数据对象和 UI 元素。
- ◆ DRM：可以对媒体资产启用数字版权管理。
- ◆ XAML：为 XAML 标记提供分析器。

Silverlight 中的.NET Framework 包括如下几个部分。

- ◆ 数据：支持语言集成查询（LINQ）和 LINQ to XML 功能，这些功能简化了集成和使用不同源数据的过程，还支持使用 XML 和序列化类来处理数据。
- ◆ 基类库：一组.NET Framework 库，这些库提供了基本编程功能，例如字符串处理、正则表达式、输入和输出、反射、集合和全球化。
- ◆ WCF 支持：提供的功能可简化对远程服务和数据的访问。其中包含浏览器对象、HTTP 请求和响应对象、对跨域 HTTP 请求的支持、对 RSS/Atom 联合源的支持及对 JSON 和 SOAP 服务的支持。
- ◆ CLR：Silverlight 中的公共语言运行时称之为 CoreCLR，提供了内存管理、垃圾回收、类型安全检查和异常处理。
- ◆ WPF 控件：Silverlightk 中提供了一组丰富的控件，其中包含 Button、Calendar、CheckBox、DataGrid、DatePicker、HyperlinkButton、ListBox、RadioButton 和 ScrollViewer 等。
- ◆ 动态语言运行时（DLR）：支持动态编译和执行脚本语言，以编写基于 Silverlight 的应用程序。包括一个可插接式模型，用来添加 Silverlight 所使用的其他语言的支持。

1.1.3　Silverlight 的跨平台能力

由于 Silverlight 的应用程序是跨平台的，因此它们可以在当今大多数 Web 浏览器中运行，下表为微软官方公布的 Silverlight 所支持的操作系统与浏览器对照表。

操作系统	IE7	IE 6	FireFox1.5、2.x 和 3.x	Safari 2.x 和 3.x
Windows Vista	是	-	是	-
Windows XP SP2	是	是	是	-
Windows XP SP3	是	是	是	-
Windows 2000	-	是	-	-
Windows Server 2003（不包括 IA-64）	是	是	是	-
Mac OS 10.4.8+ (PowerPC)	-	-	-	-
Mac OS 10.4.8+（基于 Intel）	-	-	是	是

虽然目前微软官方并没有提供针对 Linux 的开发程序和安装包，但是在社区中有一个开源项目"Moonlight"，将 Silverlight 从 Windows 平台移植到了 Linux 平台，该项目的目标是让 Silverlight 运行在 Linux 平台下，并且提供在 Linux 平台下的 Silverlight 开发包。Moonlight 的官方站点是 *http://www.mono-project.com/Moonlight*，如图 1-2 所示。

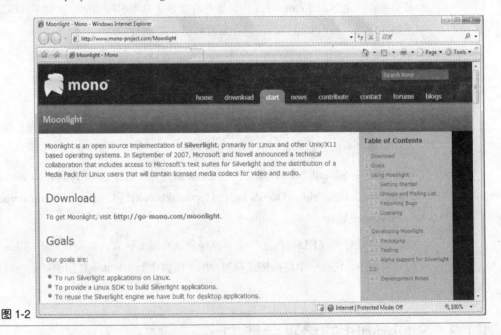

图 1-2

1.2 创建基本的 Silverlight 应用

1.2.1 开发环境准备

在开始开发基于 Silverlight 2 的应用程序之前，首先需要准备开发环境，包括 Silverlight 2 运行时和 Silverlight 开发工具。

- ◆ Silverlight 2 运行时：有针对 Windows 和 Mac 平台两种安装包，只有安装该运行时，Silverlight 应用程序才能够在浏览器中进行正确的运行。

- ◆ Silverlight Tools for Visual Studio 2008：在 Visual Studio 2008 中开发 Silverlight 2 应用程序，必须安装该工具，并且必须安装 Visual Studio 2008 SP1。

- ◆ Expression Blend：使用 Expression Blend 能够以可视化的方式方便地设计基于 Silverlight 2 的应用程序用户界面，如操作画布、控件等。

以上工具都可以在微软 Silverlight 官方社区站点 *http://silverlight.net/* 下载。

1.2.2 Silverlight 项目元素

准备好上面的开发环境之后，就可以开始第一个 Silverlight 2 应用程序的开发。打开 Visual Studio 2008，可以看到已经安装了 Silverlight 应用程序模板，如图 1-3 所示。

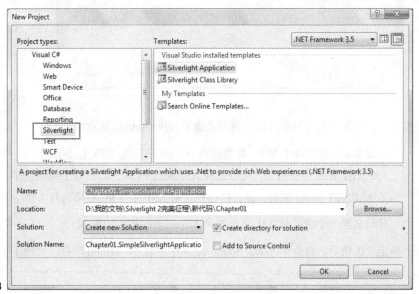

图 1-3

图 1-3 中有 "Silverlight Application" 和 "Silverlight Class Library" 两个项目模板，它们之间的区别如下所示。

- ◆ Silverlight Application：Silverlight 应用程序项目模板，使用它创建的项目编译后将直接打包为可宿主在 HTML 页面中的应用程序包。

- ◆ Silverlight Class Library：Silverlight 类库项目模板，使用它创建的项目编译后为一个程序集，可以直接在其他 Silverlight 类库项目或 Silverlight 应用程序项目中使用。

输入项目名后进入下一步，将出现添加 Silverlight 应用程序对话框，如图 1-4 所示。

图 1-4

在该窗口中，要求开发人员选择以何种方式宿主 Silverlight 应用程序。

- ◆ 添加新的 ASP.NET Web 类型的项目到解决方案中宿主 Silverlight 应用程序。ASP.NET Web 类型的项目可以选择 ASP.NET 网站、ASP.NET 应用程序，如果安装了 ASP.NET MVC 框架，还可以选择使用 ASP.NET MVC 项目作为宿主。

- ◆ 自动创建一个测试 HTML 页面宿主 Silverlight 应用程序。

点击 "确定" 按钮后，将会在 Visual Studio 2008 中创建 Silverlight 项目，如图 1-5 所示。

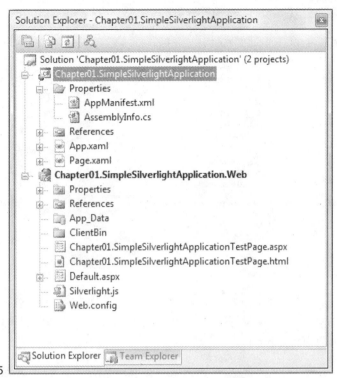

图 1-5

可以看到，如果选择添加新的 ASP.NET Web 类型的项目到解决方案中宿主 Silverlight 应用程序，将会在解决方案中创建一个新的 ASP.NET Web 类型的项目。下面对 Silverlight 项目中的文件做一些解释。

- ◆ AppManifest.xaml：生成应用程序包所需的应用程序清单文件，开发人员无须手工编辑该文件。

- ◆ AssemblyInfo.cs：包含嵌入所生成的程序集中的名称和版本元数据，该文件的作用与普通的.NET 应用程序相同。

- ◆ App.xaml：Silverlight 应用程序文件，派生于 Application 类，在一个 Silverlight 应用程序项目中，必须有一个该文件，它负责指定应用程序的启动页面，以及应用程序的其他设置，当 Silverlight 应用程序在浏览器中运行时，由 Silverlight 插件负责初始化该类。

- ◆ Page.xaml：Silverlight 用户控件，可以使用 Page 类来创建 Silverlight 应用程序的用户界面，Page 类派生于 UserControl。在 Silverlight 应用程序中可以有多个用户控件。如果须要添加新的用户控件到 Silverlight 应用程序项目中，可以在 Visual Studio 2008 "添加新项"对话框中选择"Silverlight User Control"，如图 1-6 所示。

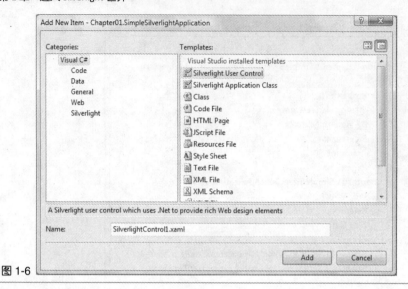

图 1-6

在 ASP.NET Web 类型的项目中，同样会添加一些文件，我们只关心其中两个文件，以 Silverlight 项目名 + "TestPage" 命名的 ASPX 文件和 HTML 文件，它们都是 Silverlight 应用程序的宿主文件，打开 ASPX 页面将会看到这样一段代码：

ASP.NET
```
<div  style="height:100%;">
    <asp:Silverlight ID="Xaml1" runat="server"
        Source="~/ClientBin/Chapter01.SimpleSilverlightApplication.xap"
        MinimumVersion="2.0.31005.0"
        Width="100%" Height="100%" />
</div>
```

这里使用服务器控件 `<asp:Silverlight/>` 来宿主 Silverlight 应用程序， Source 属性指定了一个后缀为 xap 的文件，该文件就是 Silverlight 应用程序编译之后打包而成的文件。同样打开 HTML 页面，可以看到这样一段代码：

HTML
```
<object data="data:application/x-silverlight-2,"
        type="application/x-silverlight-2"
         width="100%" height="100%">
    <param name="source"
value="ClientBin/Chapter01.SimpleSilverlightApplication.xap"/>
    <param name="onerror" value="onSilverlightError" />
    <param name="background" value="white" />
    <param name="minRuntimeVersion" value="2.0.31005.0" />
    <param name="autoUpgrade" value="true" />
    <a href="http://go.microsoft.com/fwlink/?LinkID=124807"
style="text-decoration: none;">
        <img src="http://go.microsoft.com/fwlink/?LinkId=108181"
        alt="Get Microsoft Silverlight" style="border-style: none"/>
```

```
    </a>
</object>
```

这里使用不同的方式在 HTML 进行宿主 Silverlight 应用程序，但是指定 Silverlight 应用程序包文件不能缺少。如果想宿主 Silverlight 应用程序在其他类型的 Web 页面中，如 PHP、JSP 等，都可以使用这种方式，关于 Silverlight 宿主将在本书第 19 章详细介绍。

如果在创建 Silverlight 项目过程中选择了"自动创建一个测试 HTML 页面宿主 Silverlight 应用程序"项，则在解决方案中只有一个 Silverlight 应用程序项目，不会添加 ASP.NET Web 类型的项目作为测试项目，如图 1-7 所示。

图 1-7

当编译 Silverlight 项目时，可以看到在 Debug 文件夹下创建了一个名为"TestPage.html"的 HTML 页面，可以使用它来作为 Silverlight 应用程序的测试页面，如图 1-8 所示。

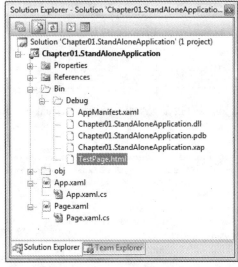

图 1-8

1.2.3   简单示例

使用 1.2.2 节中所介绍的方法创建一个 Silverlight 应用程序项目，打开 Page.xaml 文件，替换为如下示例代码：

```XAML
<UserControl x:Class="Chapter01.SimpleSilverlightApplication.Page"
    xmlns="http://schemas.microsoft.com/winfx/2006/xaml/presentation"
    xmlns:x="http://schemas.microsoft.com/winfx/2006/xaml"
    Width="500" Height="240" FontSize="18">
    <Grid x:Name="LayoutRoot" Background="White">
        <Button x:Name="myButton" Width="300" Height="80"
            Content="Button"/>
    </Grid>
</UserControl>
```

这段代码非常简单，仅仅是在页面上显示一个 Button 控件。直接按下"F5"运行，可以看到效果如图 1-9 所示。

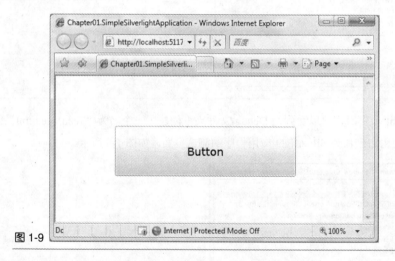

图 1-9

下面再为该 Button 控件注册单击事件，可以直接在 XAML 中注册，Visual Studio 会有智能提示，如图 1-10 所示。

```
<UserControl x:Class="Chapter01.SimpleSilverlightApplication.Page"
    xmlns="http://schemas.microsoft.com/winfx/2006/xaml/presentation"
    xmlns:x="http://schemas.microsoft.com/winfx/2006/xaml"
    Width="500" Height="240" FontSize="18">
    <Grid x:Name="LayoutRoot" Background="White">
        <Button x:Name="myButton" Width="300" Height="80"
            Content="Button" Click=""/>
    </Grid>
</UserControl>
```
<New Event Handler>

图 1-10

编写 Button 控件单击事件的实现，改变 Button 的文字信息，示例代码如下所示：

```C#
void myButton_Click(object sender, RoutedEventArgs e)
{
    this.myButton.Content = "Hello Silverlight";
}
```

再次运行应用程序后单击 Button 控件，效果如图 1-11 所示。

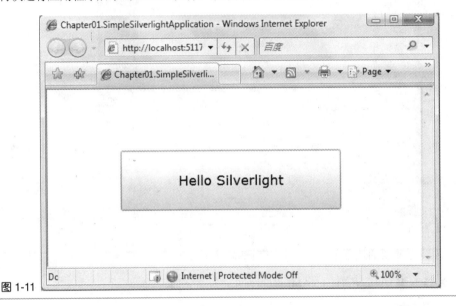

图 1-11

至此就完成了一个 Silverlight 应用程序的开发。

1.3 开发工具简介

开发基于 Silverlight 2 的应用程序，主要会用到两个工具。

- ❖ Visual Studio 2008：主要针对开发人员，使用它进行托管代码的编写、调试与跟踪。
- ❖ Expression Blend 2：主要针对设计人员，使用它以可使用的方式进行 UI 的设计、操作画布及控件等。

1.3.1 Visual Studio 2008

Visual Studio 2008 想必大家都不陌生了，在 Visual Studio 2008 中打开一个 XAML 文件时，

界面如图 1-12 所示。

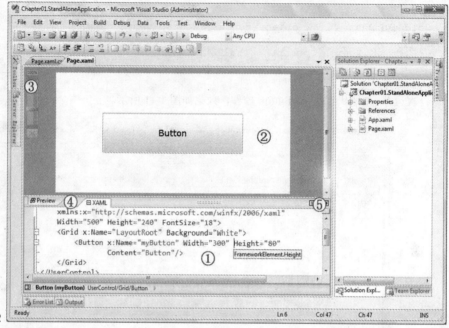

图 1-12

有几处比较重要的地方在图中用数字序号做了标注。

① XAML 编写区：所有的 XAML 编写都在该区域完成。

② UI 预览区：图中 2 处，在 XAML 编写区中编写代码时，可以在 UI 预览区中即时显示出效果。但是目前在 Visual Studio 2008 中还不能通过拖动工具箱中的控件到 UI 预览区以便自动生成 XAML 代码。

③ 缩放按钮：拖动该按钮可以放大或者缩小 UI 预览界面。

④ 切换按钮：点击该按钮可以实现 XAML 编写区和 UI 预览区的上下切换。

⑤ 控制按钮：共有三个按钮，分别用于控制 XAML 编写区和 UI 预览区是水平划分还是垂直划分，或者隐藏其中一个。

虽然目前在 Visual Studio 2008 中还不支持可视化设计，但是到了下一个版本的 Visual Studio 中，会在可视化设计方面有很大的改进，如可以直接进行可视化的数据绑定等，如图 1-13 所示。

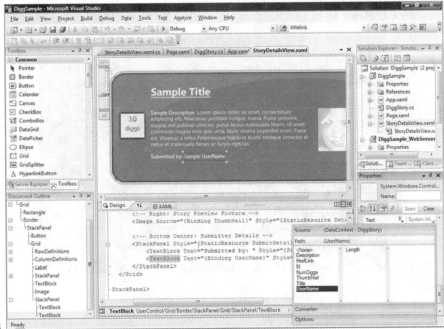

图 1-13

1.3.2 Expression Blend 2

Expression Blend 2 以非常友好的界面供设计人员可视化的进行 WPF 或 Silverlight 项目的 UI 设计。它的强大之处在于：

- ◆ 全套矢量图形工具；
- ◆ 易用的可视化界面；
- ◆ 动画和媒体集成；
- ◆ 与数据源、外部资源的强大集成；
- ◆ 实时设计和 XAML 视图；
- ◆ 与 Visual Studio 2008 的无缝集成，使用 Visual Studio 2008 中创建的解决方案可以直接在 Expression Blend 2 中打开，反之亦然。

由于本书并不偏重于 Silverlight 设计方面，所以对于 Expression Blend 2 下面只给出一些常用界面和功能的介绍，如果大家须要使用 Expression Blend 2 进行 Silverlight 2 应用程序的设计，可以参考微软有关文档。

在 Expression Blend 2 中新建项目时，可以看到它支持 4 种不同类型的项目：包括 WPF 应用程序、WPF 控件库、Silverlight 1 站点和 Silverlight 2 应用程序，如图 1-14 所示。

图 1-14

在 Expression Blend 2 中进行 UI 设计时的界面如图 1-15 所示。

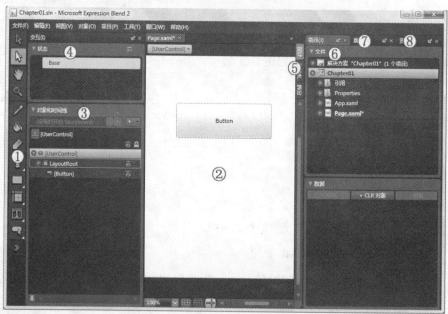

图 1-15

其中主要有如下几个区域。

① 工具栏：所有可视化的元素都包括在工具栏中，如各种图形元素、控件等，可以直接拖拽工具栏中的元素到设计区。

② 设计区：所有的设计工作都在该区域完成，包括操作画布等。

③ 对象和时间线管理面板：该区域中能够看到所有在设计区中定义的元素及动画等。

④ 状态面板：管理 UI 元素的视觉状态，在本书第 4 章将详细介绍。

⑤ 切换按钮：共有 3 个按钮，可以拆分 XAML 编写区和设计区，或者在两者之间进行切换。

⑥ 解决方案面板：Silverlight 项目的解决方案管理，可以看到所有在 Silverlight 项目中的页面。

⑦ 属性面板：在设计区中选中一个 UI 元素，可以通过该面板进行元素的属性设置。

⑧ 资源面板：管理所有在 Silverlight 项目中的资源。

1.4　认识 XAML

1.4.1　什么是 XAML

在开发基于 Silverlight 的应用程序时，XAML 具有举足轻重的地位，因此掌握好 XAML，绝对是进入 Silverlight 世界的一条捷径。XAML 是 eXtensible Application Markup Language 的缩写，翻译为中文是"可扩展应用程序标记语言"，它是一种声明性语言，可以使用声明性 XAML 标记创建可见 UI 元素。然后可以使用单独的代码隐藏文件响应事件和操作使用 XAML 声明的对象。如下面的示例代码，声明了一段最简单的 XAML：

XAML
```
<UserControl x:Class="Chapter01.XAMLExample.Page"
    xmlns="http://schemas.microsoft.com/winfx/2006/xaml/presentation"
    xmlns:x="http://schemas.microsoft.com/winfx/2006/xaml"
    Width="400" Height="300">
    <Grid x:Name="LayoutRoot" Background="White">

    </Grid>
</UserControl>
```

这段代码中最外层是以 UserControl 开始，然后在 UserControl 中声明了一个 Grid 元素，仅此而已，其中最重要的一点就是命名空间的声明，如下两行代码：

XAML
```
xmlns="http://schemas.microsoft.com/winfx/2006/xaml/presentation"
    xmlns:x="http://schemas.microsoft.com/winfx/2006/xaml"
```

第一个声明将整个 Silverlight 命名空间映射为默认命名空间，第二个声明为 XAML 映射一个单独的 XML 命名空间，通常将它映射到 x:前缀。这两个声明之间的关系是：XAML 是一个语言定义，而 Silverlight 是将 XAML 用作语言的一个实现，特别要指出的是，Silverlight 使用了 XAML 的一个严格子集。XAML 语言指定某些语言元素，其中的每个元素都应当可以通过针对 XAML 命名空间执行的 XAML 处理器实现来进行访问。

XAML 的 Silverlight 实现及其预期的编程模型通常对其自己的 XAML 词汇表使用默认的 XML 命名空间，而对 XAML 命名空间的 Silverlight 子集中需要的标记语法使用单独映射的前缀。按照约定，该前缀是 x:，例如，若要通过分部类将全部代码隐藏加入 XAML 文件，必须将该类指定为相关 XAML 文件的根元素中的 x:Class 属性，如上述示例代码中 x:Class="Chapter01. XAMLExample.Page"。

1.4.2　XAML 基本使用

本节将介绍 XAML 的一些基本使用，包括在 XAML 中声明对象、为元素设置属性等。

在 XAML 中声明对象可以直接使用对象元素语法，使用开始标记和结束标记将对象声明为 XML 元素，如下示例代码所示，在 Grid 元素中声明了一个矩形元素：

XAML

```
<Grid x:Name="LayoutRoot" Background="White">
    <Rectangle></Rectangle>
</Grid>
```

如果元素中没有包含其他子元素，还可以简写为：

XAML

```
<Grid x:Name="LayoutRoot" Background="White">
    <Rectangle/>
</Grid>
```

在 XAML 中为元素设置属性，有多种方式可供选择：

- 使用 XML 特性语法；
- 使用属性元素语法；
- 使用内容元素语法。

此方法列表并不表示可以使用这些方法中的任何一种来设置给定的属性，在 Silverlight 中某些元素的属性只支持其中一种方法，某些属性可能支持多种方式的属性设置方法。

使用 XML 特性语法为元素设置属性非常简单，如下面的示例代码所示：

XAML
```
<Rectangle Width="200" Height="100" Fill="OrangeRed">
</Rectangle>
```

Silverlight 中的某些元素属性支持使用属性元素语法来设置属性，即在元素的属性中再指定另外一个子元素，如下面的示例代码所示：

XAML
```
<Rectangle Width="200" Height="100">
    <Rectangle.Fill>
        <SolidColorBrush Color="OrangeRed"/>
    </Rectangle.Fill>
</Rectangle>
```

某些 Silverlight 元素提供的属性允许使用 XAML 语法时忽略该属性的名称，仅通过提供所属类型的对象元素标记中的一个值来设置该属性，称之为"内容元素语法"。如 TextBlock 元素的 Text 属性，可以如下示例代码所示设置 Text 属性而无须指定 Text 属性的名称：

XAML
```
<TextBlock>
    欢迎进入 Silverlight 世界
</TextBlock>
```

当然对于该属性也可以按如下形式指定 Text 属性，效果是一样的：

XAML
```
<TextBlock Text="欢迎进入 Silverlight 世界">
</TextBlock>
```

1.4.3 XAML 特性

除了上面介绍的 XAML 的基本使用之外，XAML 还有如下一些重要的特性：

- XAML 是以 XML 为基础的语言扩展；
- XAML 必须是格式良好的 XML；
- XAML 中的标记对应.NET Framework 中的类型；
- XAML 具备面向对象及继承的特性；
- XAML 区分大小写；
- XAML 中能实现的，通过隐藏代码同样可以实现；
- XAML 中也会创建元素树。

1.5 应用案例

本节将给出几个目前 Silverlight 2 在国内外的应用案例。

1. 腾讯旗下的"滔滔"网站，如图 1-16 所示。

图 1-16

2. 百度的"音乐抢鲜族"，如图 1-17 所示。

图 1-17

3. 一个基于 Silverlight 2 的在线股票信息，如图 1-18 所示。

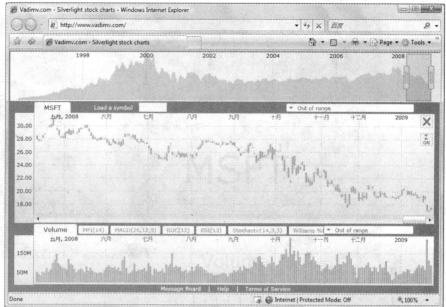

图 1-18

4. 基于 Silverlight 在线电视网站，如图 1-19 所示。

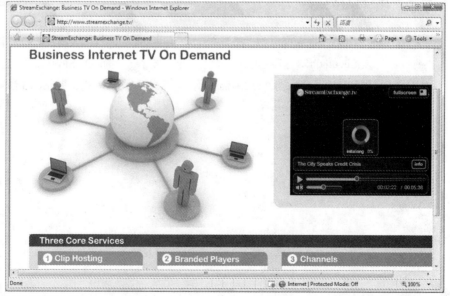

图 1-19

5. 基于 Silverlight 2 的虚拟地图网站，如图 1-20 所示。

图 1-20

更多基于 Silverlight 的应用案例，大家可以访问如下地址：*http://silverlight.net/Showcase/*。

1.6 本章小结

本章对 Silverlight 做了概要的介绍，包括 Silverlight 的架构及它的跨平台能力，开发 Silverlight 2 应用程序的工具，并且开发了一个简单的 Silverlight 2 应用程序，最后又介绍了 Silverlight 应用程序开发中的优等公民 XAML，并给出了当前 Silverlight 的应用案例和学习资源。

第2章　控件模型

本章内容　Silverlight 2 内置了一套非常丰富的控件，可为开发人员和美工设计人员用来快速构建富客户端应用程序。内置的控件支持丰富的控件模板模型，允许开发人员和美工设计人员一起合作建造优美的解决方案。通过本章的学习，你将掌握 Silverlight 2 中内置的这些控件。本章主要内容如下：

- 控件模型概述
- 命令控件
- 文本编辑控件
- 选择控件
- 列表控件
- 日期控件
- 信息显示控件
- 数据显示控件
- 多媒体控件
- 布局控件
- 本章小结

2.1　控件模型概述

Silverlight 2 内置的控件支持丰富的控件模板模型。

Silverlight 2 中所有的控件类都是 FrameworkElement 的子类，根据控件的派生关系不同，可以把它们分为如下几类。

- 面板控件：这类控件由 Panel 类派生，如 Canvas、Grid 控件等。
- 内容控件：这类控件由 ContentControl 类派生，提供了 Content 属性，用于定制控件的内容，如 Button 控件等。
- 列表控件：这类控件由 ItemsControl 类派生，经常用于显示数据的集合，如 ComboBox、ListBox 控件等。

- 普通控件：它们直接派生于 Control 类，自定义控件时也经常会从 Control 类派生，如 TextBox、PasswordTextBox 控件等。

- 其他控件：这类控件并不由 Control 类派生，而是直接派生于 FrameworkElement 类，如 Image 控件等。

它们之间的派生关系如图 2-1 所示。

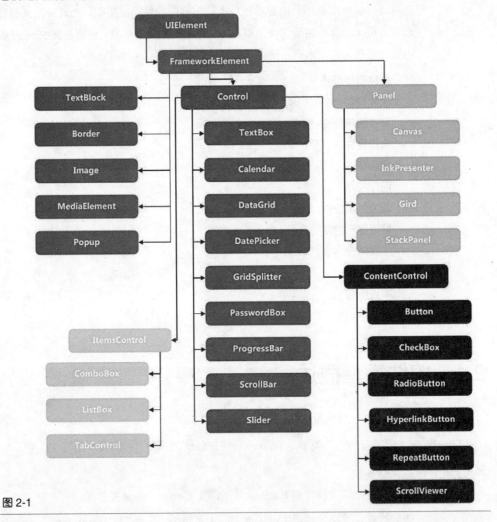

图 2-1

Silverlight 提供了可执行许多功能的客户端控件，可通过比较控件的功能来为您的方案选择合适的控件。根据控件功能的不同，它们又可以划分为如下几类。

- 命令控件：响应来自鼠标、键盘、手写笔或其他输入设备的用户输入，并引发 Click 事件，如 Button、HyperlinkButton 控件等。

- ◆ 文本编辑控件：提供用于编辑或显示文本的控件，如 TextBox、PasswordBox 控件。

- ◆ 选择控件：使用户可以从多个预设置的值集合中选择一项或多项，如 CheckBox、RadioButton 控件等。

- ◆ 列表控件：用于展示列表集合或让用户从列表集合中选择。

- ◆ 日期控件：可用于显示或供用户选择日期，包括 Calendar、DatePicker 控件。

- ◆ 信息显示控件：用于显示少量的文字信息或报告当前操作的进度，如 TextBlock、ProgressBar 控件。

- ◆ 数据显示控件：以表格的形式显示数据集合，只有 DataGrid 控件支持此功能。

- ◆ 多媒体控件：用于显示图像、承载音频或视频，如 Image、MediaElement 控件等

- ◆ 布局控件：用于对界面元素进行定位和布局，如 Canvas、Grid 控件等。

所有控件的功能虽然不同，但是 Silverlight 在设计之初，就考虑了控件模型的一致性，这样便于我们在各个不同的控件之间执行一些相似的任务，包括：

- ◆ 创建控件的实例；

- ◆ 使用属性更改单个控件的外观；

- ◆ 使用样式更改多个控件的外观；

- ◆ 使用模板为控件创建自定义外观；

- ◆ 处理控件事件。

下面将按照控件的不同功能，详细介绍它们的使用方法，其中部分控件会放到本书后面的章节中介绍。

2.2　命令控件

2.2.1　命令控件概述

命令控件都属于内容控件，派生于 ContentControl 类，如下所述。

- ◆ Button 控件：响应来自鼠标、键盘、手写笔或其他输入设备的用户输入，并引发 Click 事件。

- ◆ RepeatButton 控件：表示从按下鼠标到松开之前重复引发其单击事件的按钮。

- ◆ HyperlinkButton 控件：表示显示超链接的按钮控件，单击 HyperlinkButton 控件后，

用户将转到同一 Web 应用程序中的某个网页或当前应用程序外部的网页。

2.2.2　Button 控件

Button 控件相信对于从事开发的朋友来说并不陌生，只要有用户交互的地方，无论是 Web 应用程序还是 Windows 程序无时无刻不在用它。在 Silverlight 中内置了 Button 控件。

如下面的示例代码，在 StackPanel 中声明了两个 Button 控件，分别为默认 Button 控件和一个处于禁用状态的 Button 控件：

```
<StackPanel Background="White" VerticalAlignment="Center">
    <Button x:Name="btnDefault" Content="默认按钮"
            Width="200" Height="40" Margin="20"></Button>

    <Button x:Name="btnDisable" Content="禁用按钮"
            Width="200" Height="40" Margin="20"
            IsEnabled="False"></Button>
</StackPanel>
```

运行效果如图 2-2 所示。

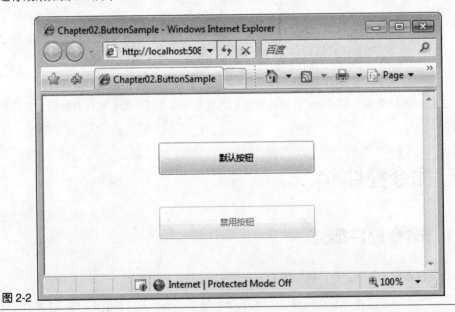

图 2-2

Button 控件是一个内容控件，这意味我们可以使用属性 Content 定制 Button 控件的内容，例如在 Button 中显示文字信息或图片，或者显示另外一个控件，甚至于播放一段视频。如下面的示例代码所示：

XAML

```
<StackPanel x:Name="LayoutRoot" Background="White">
    <Button x:Name="button1" Width="200" Height="50" Margin="10">
        <Button.Content>
            <Image Source="apply2.png"/>
        </Button.Content>
    </Button>
    <Button x:Name="button2" Width="200" Height="50" Margin="10">
        <Button.Content>
            <Image Source="block1.png"/>
        </Button.Content>
    </Button>
    <Button x:Name="button3" Width="200" Height="50" Margin="10">
        <Button.Content>
            <StackPanel>
                <TextBox Width="160"></TextBox>
            </StackPanel>
        </Button.Content>
    </Button>
</StackPanel>
```

运行效果如图 2-3 所示。

图 2-3

可以看到，在 3 个 Button 控件中，前两个内容显示为图像，而最后一个内容为 TextBox 控件。

Button 控件能够引发 Click 事件，以便响应鼠标或其他设备的输入，如下面的示例代码，为 Button 控件注册了 Click 事件：

XAML

```
<Button x:Name="myButton" Content="Click"
        Width="200" Height="40"
        Click="myButton_Click"/>
```

编写事件处理程序：

C#

```csharp
void myButton_Click(object sender, RoutedEventArgs e)
{
    this.myButton.Content = "Clicked";
}
```

注意 Click 事件并不是只有按下鼠标才发生，事实上 Button 按钮的 Click 事件模式由它的 ClickMode 属性来决定，它有 3 个选项。

- ◆ Release：释放鼠标时发生，为默认值。
- ◆ Press：按下鼠标时发生。
- ◆ Hover：鼠标悬停时发生。

下面的示例，定义 3 个 Button 控件，它们根据自己的 ClickMode 属性值，以 3 种不同的方式响应单击。如下面的代码所示：

XAML

```xml
<StackPanel x:Name="LayoutRoot" Background="White"
        VerticalAlignment="Center">
    <Button x:Name="btnRelease" ClickMode="Release"
        Content="Release" Width="200" Height="40"
        Margin="10" Click="btnRelease_Click" />
    <Button x:Name="btnPress" ClickMode="Press"
        Content="Press" Width="200" Height="40"
        Margin="10" Click="btnPress_Click" />
    <Button x:Name="btnHover" ClickMode="Hover"
        Content="Hover" Width="200" Height="40"
        Margin="10" Click="btnHover_Click" />
</StackPanel>
```

编写事件处理程序：

C#

```csharp
void btnRelease_Click(object sender, RoutedEventArgs e)
{
    this.btnRelease.Background = new SolidColorBrush(Colors.Red);
    this.btnRelease.Content = "Released";
}

void btnPress_Click(object sender, RoutedEventArgs e)
{
    this.btnPress.Background = new SolidColorBrush(Colors.Blue);
    this.btnPress.Content = "Pressed";
}

void btnHover_Click(object sender, RoutedEventArgs e)
{
    this.btnHover.Background = new SolidColorBrush(Colors.Green);
```

```
    this.btnHover.Content = "Hovered";
}
```

运行效果如图 2-4 所示。

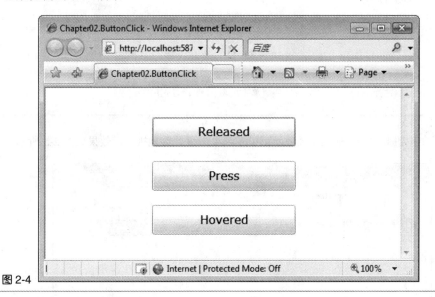

图 2-4

大家可以把鼠标放置在 3 个按钮上体会一下不同 ClickMode 之间的差异。

2.2.3　RepeatButton 控件

RepeatButton 控件类似于 Button 控件，但是它能够控制 Click 事件的发生时间和方式。从按下按钮到释放按钮，RepeatButton 控件重复引发 Click 事件，它有两个非常重要的属性。

- ❖ Delay 属性：获取或设置 RepeatButton 被按下后在开始重复单击操作之前等待的时间，以毫秒为单位，默认值为 250。

- ❖ Interval 属性：获取或设置 RepeatButton 重复开始后单击操作的重复时间间隔，以毫秒为单位，默认值为 250。

下面用一个简单的示例演示如何使用 RepeatButton 控件，如下面的示例代码所示：

XAML
```xaml
<StackPanel x:Name="LayoutRoot" Background="White"
        VerticalAlignment="Center">
    <RepeatButton Content="响应重复单击事件"
        Click="RepeatButton_Click" Width="250"
        Delay="500" Interval="800"
        Margin="10" Height="40"/>
```

```
        <TextBlock x:Name="clickTextBlock" Text="单击次数: " />
</StackPanel>
```

编写事件处理程序：

```C#
int count = 0;
void RepeatButton_Click(object sender, RoutedEventArgs e)
{
    count += 1;
    this.clickTextBlock.Text = "单击次数: " + count;
}
```

运行后在按钮上按下鼠标不要释放，可以看到单击事件重复执行，效果如图 2-5 所示。

图 2-5

RepeatButton 控件同样可以定制控件内容，以及设置它的 ClickMode 属性。

2.2.4　HyperlinkButton 控件

HyperlinkButton 控件表示一个显示超链接的按钮控件，单击 HyperlinkButton 后，用户可以导航到同一 Web 应用程序之内或之外的网页，它有两个重要的属性须要注意。

- NavigateUri 属性：获取或设置单击 HyperlinkButton 控件时要导航到的 URI。
- TargetName 属性：获取或设置由 NavigateUri 属性指定的网页中要导航到的目标窗口或框架的名称，对应于标准 HTML 中的 Target 属性，如_blank 等。

下面用一个简单的示例来演示 HyperlinkButton 控件的使用，如下面的示例代码所示：

XAML

```xaml
<HyperlinkButton x:Name="hlbcnblogs" Content="博客园"
                NavigateUri="http://www.cnblogs.com"
                TargetName="_blank"/>
<HyperlinkButton x:Name="hlbterrylee" Content="TerryLee's Tech Space"
                NavigateUri="http://terrylee.cnblogs.com"
                TargetName="_blank" ClickMode="Press"/>
```

运行效果如图 2-6 所示。

图 2-6

2.3 文本编辑控件

2.3.1 本文编辑控件概述

文本编辑控件提供了用于编辑或显示文本的功能，包括 TextBox 控件和 PasswordBox 控件，它们直接派生于 Control 类。

- ◆ TextBox 控件：可用于获取用户输入，也可用于显示文本，通常用于编辑文本。
- ◆ PasswordBox 控件：用于在单行且不换行的文本区域中输入敏感或私有信息，无法查看实际文本，而只能查看表示内容的字符。

2.3.2　TextBox 控件

TextBox 控件可用于获取用户输入，也可用于显示文本，通常用于可编辑文本，但也可以设置为只读，并且可以显示为多行，能够根据控件的大小自动换行。下面的示例演示了 TextBox 的基本使用，定义了几种不同状态的 TextBox 控件，如下面的示例代码所示：

XAML

```xaml
<StackPanel x:Name="LayoutRoot" Background="White"
            VerticalAlignment="Center">
<TextBox Width="300" Height="35" Margin="10"/>

    <TextBox Width="300" Height="100" Margin="10"
             AcceptsReturn="True"/>

    <TextBox Width="300" Height="35" Margin="10"
             IsReadOnly="True" Text="只读文本框" />

    <TextBox Width="300" Height="35" Margin="10"
             IsEnabled="False" Text="禁用文本框" />
</StackPanel>
```

运行效果如图 2-7 所示。

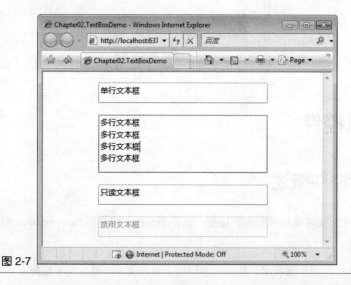

图 2-7

可以看到设置 IsReadOnly 属性设置为 True 的文本框不支持编辑命令，因为此时 TextBox 控件将 KeyUp 和 KeyDown 事件标记为 handled。多行文本框能够响应回车命令，进行正确的换行。

TextBox 控件除了能对整个控件中的内容进行操作之外，还可以对控件中的某一选择区域进行控制，可使用以下属性。

◆ SelectedText 属性：获取或设置文本框中当前选择的内容。

◆ SelectionBackground 属性：获取或设置选定文本的背景填充画刷。

◆ SelectionForeground 属性：获取或设置用于文本框中选定文本的前景填充画刷。

◆ SelectionLength 属性：获取或设置文本框中当前选定内容的字符数。

◆ SelectionStart 属性：获取或设置文本框中选定文本的起始位置。

◆ SelectionChanged 事件：在文本选定内容更改后发生。

如下面的示例，通过两个按钮控制选定文本的前景和背景填充画刷，在 SelectionChanged 事件中统计选定文本的字符数：

XAML

```
<StackPanel x:Name="LayoutRoot" Background="White">
    <TextBox x:Name="txtInput" AcceptsReturn="True"
            Width="400" Height="160" Margin="10"
            SelectionChanged="txtInput_SelectionChanged"/>

    <StackPanel Orientation="Horizontal">
        <Button x:Name="btnForeground" Width="100"
                Height="35" Margin="10" Content="前景色"
                Click="btnForeground_Click"/>
        <Button x:Name="btnBackground" Width="100"
                Height="35" Margin="10" Content="背景色"
                Click="btnBackground_Click"/>
        <TextBlock x:Name="tblCount" Text="选择的字符数: "
                VerticalAlignment="Center"/>
    </StackPanel>
</StackPanel>
```

编写事件处理程序：

C#

```
void btnForeground_Click(object sender, RoutedEventArgs e)
{
    this.txtInput.SelectionForeground =
        new SolidColorBrush(Colors.White);
}

void btnBackground_Click(object sender, RoutedEventArgs e)
{
    this.txtInput.SelectionBackground =
        new SolidColorBrush(Colors.Red);
}

void txtInput_SelectionChanged(object sender, RoutedEventArgs e)
{
    this.tblCount.Text = "选择的字符数"
        + this.txtInput.SelectionLength;
}
```

运行效果如图 2-8 所示。

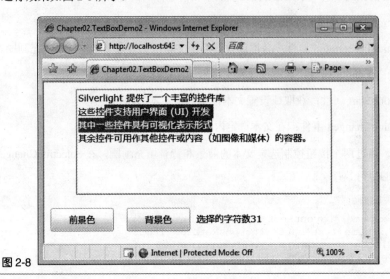

图 2-8

在 Silverlight 2 Beta 1 版本中，曾经添加了一个 WatermarkedTextBox 控件，可提供具有水印效果的文本框，但后来考虑到与 WPF 的兼容性问题，在 Silverlight 2 RTW 版本中，该控件已经被移除，但这并不妨碍实现该功能，完全可以使用 TextBox 控件的 GotFocus 和 LostFocus 事件来自行开发。

如下面的示例代码所示：

```XAML
<StackPanel x:Name="LayoutRoot" Background="White"
        VerticalAlignment="Center">
    <TextBox x:Name="txtName" Height="35" Width="300"
        Margin="10" Text="请输入您的用户名"
        Foreground="LightGray"
        GotFocus="OnGotFocus"
        LostFocus="OnLostFocus"/>
</StackPanel>
```

编写事件处理程序：

```C#
void OnGotFocus(object sender, RoutedEventArgs e)
{
    this.txtName.Text = "";
    SolidColorBrush brush = new SolidColorBrush();
    brush.Color = Colors.Red;
    this.txtName.Foreground = brush;
}

void OnLostFocus(object sender, RoutedEventArgs e)
```

```
{
    if (this.txtName.Text == String.Empty)
    {
        this.txtName.Text = "请输入您的用户名";
        SolidColorBrush brush = new SolidColorBrush();
        brush.Color = Colors.LightGray;
        this.txtName.Foreground = brush;
    }
}
```

运行后起始效果如图 2-9 所示。

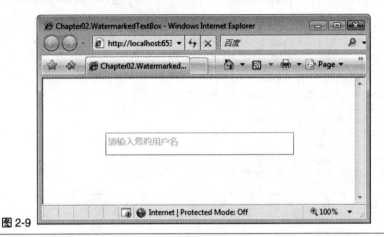

图 2-9

当在 TextBox 中输入文本时,效果如图 2-10 所示。

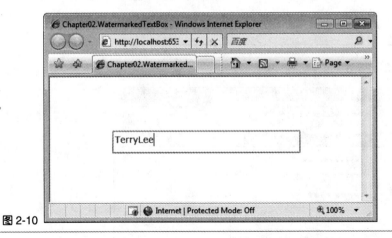

图 2-10

　　虽然使用这种方式有些麻烦,但毕竟可以实现水印效果了,学习了本书第 16 章自定义控件之后,大家完全可以通过 TextBox 控件开发一个自定义的 WatermarkedTextBox 控件。

2.3.3 PasswordBox 控件

PasswordBox 控件用于提供密码输入，可以在 PasswordBox 控件中输入一行不换行的内容，而用户无法查看输入的文本，只显示表示文本的密码字符。可通过使用 PasswordChar 属性来指定此密码字符，通过 Password 属性来获取用户输入的密码。

PasswordBox 控件的使用比较简单，大多数情况下只会用到 PasswordChar 和 Password 两个属性，下面用一个简单的示例来展示 PasswordBox 控件的使用，如下面的示例代码所示：

XAML

```xaml
<StackPanel x:Name="LayoutRoot" Background="White">
    <PasswordBox x:Name="password1" Width="300"
              Height="35" Margin="10"
              PasswordChar="*"/>
    <PasswordBox x:Name="password2" Width="300"
              Height="35" Margin="10"
              PasswordChar="#"/>
    <Button x:Name="btnSubmit" Width="150" Height="40"
          Content="获 取" Margin="10"
          Click="btnSubmit_Click"/>
    <TextBlock x:Name="passwordText"/>
</StackPanel>
```

编写获取密码处理程序：

C#

```csharp
void btnSubmit_Click(object sender, RoutedEventArgs e)
{
    passwordText.Text = "您输入的密码是: " + password1.Password;
}
```

运行效果如图 2-11 所示。

图 2-11

2.4 选择控件

2.4.1 选择控件概述

选择控件提供一系列的预设值供用户选择，如下所述。

- CheckBox：表示用户可以选择或清除的控件，复选框还可提供一种可选的不确定状态。
- RadioButton：使用户可以从一个选项列表中选择一个选项，分到同一个组的单选按钮是互斥的。
- Slider：该控件使用户可通过沿着一条轨道移动 Thumb 控件来从一个数值范围中进行选择。

2.4.2 CheckBox 控件

使用 CheckBox 控件提供了可供用户选择的选项列表，例如要应用于某个应用程序的设置列表。CheckBox 控件派生自 ToggleButton 类，可具有 3 种状态：选中、未选中和不确定。如果要判断某个 CheckBox 控件的选择状态，使用 IsChecked 属性。如下面的示例代码，3 个 CheckBox 控件分别处于默认、选中、未选中状态：

XAML

```
<StackPanel x:Name="LayoutRoot" Background="White"
        VerticalAlignment="Center">
   <CheckBox Content="默认 CheckBox"
           Margin="20"/>
   <CheckBox IsChecked="True" Content="选中 CheckBox"
           Margin="20"/>
   <CheckBox IsChecked="False" Content="未选中 CheckBox"
           Margin="20"/>
</StackPanel>
```

运行效果如图 2-12 所示。

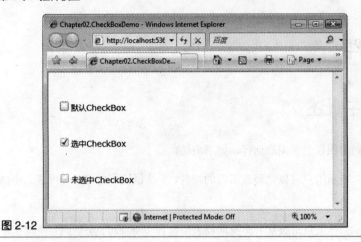

图 2-12

CheckBox 可使用 IsThreeState 属性来指定 CheckBox 控件是支持两种状态还是 3 种状态的值。当 IsThreeState 属性为 True 时，IsChecked 属性可设置为 null。如下面的示例代码，CheckBox 控件支持 3 种状态。

```XAML
<StackPanel x:Name="LayoutRoot" Background="White"
        VerticalAlignment="Center">
  <CheckBox IsChecked="" Content="中间状态 CheckBox"
        Margin="20" IsThreeState="True"/>
  <CheckBox IsChecked="True" Content="选中 CheckBox"
        Margin="20" IsThreeState="True"/>
  <CheckBox IsChecked="False" Content="未选中 CheckBox"
        Margin="20" IsThreeState="True"/>
</StackPanel>
```

运行效果如图 2-13 所示。

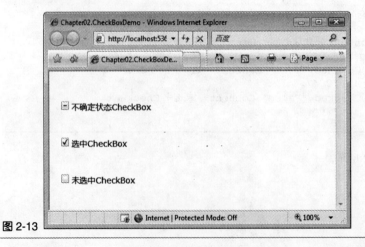

图 2-13

若想在 CheckBox 控件的状态发生变化时进行一些特定处理，可通过捕获 Checked 和 Unchecked 事件来完成。

2.4.3 RadioButton 控件

RadioButton 控件与 CheckBox 控件类似，都提供了一组预定义选项，供用户选择，但分到同一组的 RadioButton 控件之间是互斥的，也就是用户只能在同一组 RadioButton 之间选择其中一项，例如对于性别的选择。

对 RadioButton 控件进行分组有两种方式：让它们共享同一个父容器控件或设置它们的 GroupName 属性为相同的值，使用 IsChecked 属性来判断 RadioButton 控件是否选中。如下面的示例代码中有两组 RadioButton 控件，第一组没有设置 GroupName 属性，但它们处于同一个父容器中，第二组为它们设置了相同的 GroupName 属性。

XAML

```
<StackPanel x:Name="LayoutRoot" Background="White">
    <StackPanel Orientation="Horizontal">
        <TextBlock Text="请选择性别: " VerticalAlignment="Center" Margin="10"/>
        <RadioButton Content="男" Margin="20" IsChecked="True"/>
        <RadioButton Content="女" Margin="20"/>
    </StackPanel>
    <StackPanel>
        <RadioButton Content="选项一" GroupName="group1" Margin="10"/>
        <RadioButton Content="选项二" GroupName="group1" Margin="10"/>
        <RadioButton Content="选项三" GroupName="group1" Margin="10"/>
    </StackPanel>
</StackPanel>
```

运行效果如图 2-14 所示。

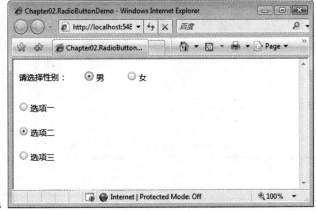

图 2-14

RadioButton 控件也是一个内容控件,这意味着可以使用 Content 属性对控件的内容进行定制,如下面的示例中,分别使用 3 个不同的图标表示 RadioButton 控件的选项。

XAML

```xml
<StackPanel x:Name="LayoutRoot" Background="White">
    <RadioButton Margin="10">
        <RadioButton.Content>
            <StackPanel Orientation="Horizontal">
                <Image Source="about.png" Height="24" Margin="0 0 10 0"/>
                <TextBlock Text="选项1"/>
            </StackPanel>
        </RadioButton.Content>
    </RadioButton>
    <RadioButton Margin="10">
        <RadioButton.Content>
            <StackPanel Orientation="Horizontal">
                <Image Source="apply2.png" Height="24" Margin="0 0 10 0"/>
                <TextBlock Text="选项2"/>
            </StackPanel>
        </RadioButton.Content>
    </RadioButton>
    <RadioButton Margin="10">
        <RadioButton.Content>
            <StackPanel Orientation="Horizontal">
                <Image Source="block1.png" Height="24" Margin="0 0 10 0"/>
                <TextBlock Text="选项3"/>
            </StackPanel>
        </RadioButton.Content>
    </RadioButton>
</StackPanel>
```

运行效果如图 2-15 所示。

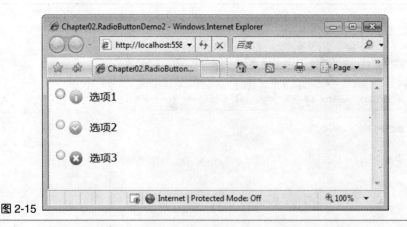

图 2-15

2.4.4 Slider 控件

Slider 控件可以使用户沿着一条轨道移动 Thumb 控件来从数值范围中选择值，所以它也是一个范围控件，派生于 RangeBase 类。Slider 控件有如下几个非常重要的属性。

* Maximum：设置 Slider 控件数值范围可能的最大值。

* Minimum：设置 Slider 控件数值范围可能的最小值。

* Value：Slider 控件的当前值，该属性是强制性的，这意味着如果将 Value 设置为小于 Minimum 属性的数，则 Value 将等于 Minimum。如果将 Value 设置为大于 Maximum 属性的数，则 Value 将等于 Maximum。

* IsDirectionReversed：该属性确定 Slider 控件值的增加方向。例如在 IsDirectionReversed 属性为 False 时，在垂直 Slider 上将 Thumb 控件上移，则 Slider 的值会增加。如果将 IsDirectionReversed 属性的值更改为 True，则当 Thumb 上移时，Slider 的值会减少，默认值为 False。

* Orientation：设置 Slider 的方向，有垂直和水平两个选项。

下面用一个简单的示例演示一下 Slider 控件的使用，如下面的示例代码所示，声明两个 Slider 控件：

XAML
```
<StackPanel x:Name="LayoutRoot" Background="White">
    <TextBlock Text="默认 Slider 控件" Margin="10"/>
    <Slider x:Name="sliderA" Margin="5"
            Minimum="0" Maximum="100"
            Value="20"/>

    <TextBlock Text="垂直 Slider 控件" Margin="10"/>
    <Slider x:Name="sliderB" Margin="5"
            Minimum="0" Maximum="40"
            Orientation="Vertical" Height="180"
            Value="5" IsDirectionReversed="False"/>
</StackPanel>
```

运行效果如图 2-16 所示。

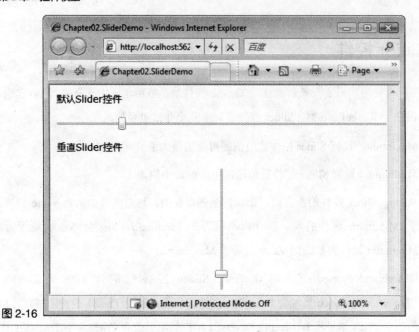

图 2-16

请注意第二个 Slider 控件的 IsDirectionReversed 属性为 False，所以当向上拖动 Thumb 控件时，Slider 控件的值将会增加。当 Slider 控件值发生变化时，将会触发 ValueChanged 事件，如下面的示例代码所示：

XAML

```
<StackPanel x:Name="LayoutRoot" Background="White">
    <Slider x:Name="mySlider" Minimum="0" Maximum="100"
            Margin="30" IsDirectionReversed="False"
            ValueChanged="mySlider_ValueChanged"/>

    <TextBlock x:Name="myValue" Margin="20"/>
</StackPanel>
```

编写事件处理程序：

C#

```
void mySlider_ValueChanged(object sender,
    RoutedPropertyChangedEventArgs<double> e)
{
    this.myValue.Text = "Slider 当前值为: " + this.mySlider.Value;
}
```

运行效果如图 2-17 所示：

图 2-17

需要注意的是，如果在 XAML 中设置了 Slider 控件的 Value 属性，就不能再在 XAML 中注册 ValueChanged 事件，否则将会引发异常。如果需要在设定 Value 属性的情况下再注册 ValueChanged 事件，可以通过托管代码在页面构造函数中注册，如下面的示例代码所示：

```C#
public Page()
{
    InitializeComponent();
    this.mySlider.ValueChanged +=
        new
RoutedPropertyChangedEventHandler<double>(mySlider_ValueChanged);
}
```

2.5 列表控件

2.5.1 列表控件概述

列表控件提供了一个数据集合列表，供用户选择，数据集合可以在 XAML 中指定，也可通过调用 Web 服务从数据库中获取。Silverlight 内置的列表控件如下所示。

- ◆ ComboBox 控件：显示用户可以从中进行选择的项下拉列表。
- ◆ ListBox 控件：显示一个包含多个项的列表，用户可通过单击选择其中的项。

所有的列表控件都派生于 ItemsControl 类，这意味着它们都具有 ItemsControl 中定义的属性，如下面的代码所示：

```C#
public class ItemsControl : Control
{
    public string DisplayMemberPath { get; set; }
    public ItemCollection Items { get; }
    public ItemsPanelTemplate ItemsPanel { get; set; }
    public IEnumerable ItemsSource { get; set; }
    public DataTemplate ItemTemplate { get; set; }

    // 更多成员
}
```

对这些属性的解释如下。

* DisplayMemberPath：获取或设置为每个数据项显示属性的名称或路径。

* Items：获取用于生成控件内容的集合，这些控件内容可以是各种不同类型的元素。

* ItemsPanel：获取或设置模板，它定义了控件中内容项的布局面板。

* ItemsSource：获取或设置用于生成 ItemsControl 内容的集合，但该集合类型必须实现了 IEnumerable 接口。

* ItemTemplate：获取或设置用于显示每个项的数据模板。

ListBox 和 ComboBox 控件派生于 ItemsControl 类，所以它们能够共享以上所介绍的属性。

2.5.2 ComboBox 控件

ComboBox 控件组合了一个不可编辑的文本框和一个弹出项，该弹出项包含一个允许用户从列表中选择项的列表框。ComboBox 控件中每一个选择项用 ComboBoxItem 类表示，可以直接通过在 XAML 中声明来指定 ComboBox 控件的列表项，如下面的示例代码所示：

```XAML
<StackPanel x:Name="LayoutRoot" Background="White">
    <ComboBox Margin="10" Width="300" Height="35">
        <ComboBoxItem Content="选项 1" />
        <ComboBoxItem Content="选项 2"/>
        <ComboBoxItem Content="选项 3"/>
        <ComboBoxItem Content="选项 4"/>
        <ComboBoxItem Content="选项 5"/>
    </ComboBox>
</StackPanel>
```

运行效果如图 2-18 所示。

图 2-18

ComboBox 控件中的列表项 ComboBoxItem 派生于 ContentControl 类，属于内容控件，所以在 ComboBox 控件中的列表项都可以通过 Content 属性进行定制。事实上在 Silverlight 中 ComboBox 控件完全不必设计为如图 2-18 所示的那样中规中矩，可以在 ComboBox 控件的列表项中放置任何 UI 元素，如下面的示例代码所示：

XAML

```
<StackPanel x:Name="LayoutRoot" Background="White">
    <ComboBox Width="300">
        <ComboBoxItem>
            <ComboBoxItem.Content>
                <Rectangle Fill="Red" Width="200" Height="30"/>
            </ComboBoxItem.Content>
        </ComboBoxItem>
        <ComboBoxItem>
            <ComboBoxItem.Content>
                <Rectangle Fill="Green" Width="200" Height="30"/>
            </ComboBoxItem.Content>
        </ComboBoxItem>
        <ComboBoxItem>
            <ComboBoxItem.Content>
                <Rectangle Fill="Blue" Width="200" Height="30"/>
            </ComboBoxItem.Content>
        </ComboBoxItem>
    </ComboBox>
</StackPanel>
```

该示例在 ComboBox 控件中放置了 3 个矩形元素，用来代表不同的颜色，运行效果如图 2-19 所示。

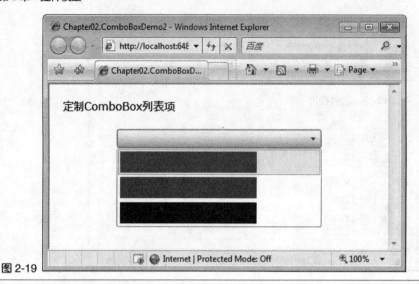

图 2-19

在前面两个示例中，ComboBox 控件的列表项都是直接在 XAML 中声明的，但在大多数情况下，我们都不会这么做，而是通过托管代码构造出数据集合（或通过调用 Web 服务得到数据集合）之后，再绑定到 ComboBox 控件中。它需要用到 ComboBox 控件的 DisplayMemberPath 属性和 ItemsSource 属性。

下面用一个示例演示如何使用托管代码绑定数据集合到 Combox 控件，首先定义一个Category 类，如下面的示例代码所示：

```csharp
C#
public class Category
{
    public int ID { get; set; }
    public string Name { get; set; }
}
```

在 XAML 中声明 ComboBox 控件，并且指定列表项显示属性的名称，使用 DisplayMemberPath属性，如下面的示例代码所示：

```xaml
XAML
<StackPanel x:Name="LayoutRoot" Background="White">
    <ComboBox x:Name="myComboBox"
            Width="300" Height="30"
            DisplayMemberPath="Name"></ComboBox>
</StackPanel>
```

在页面加载时构造数据集合，这里使用了 C# 3.0 中的集合初始化器特性，并且使用ItemsSource 属性绑定集合到 ComboBox 控件上，如下面的示例代码所示：

```
C#
void UserControl_Loaded(object sender, RoutedEventArgs e)
{
    List<Category> categories = new List<Category> {
        new Category { ID = 1, Name = "命令控件" },
        new Category { ID = 2, Name = "选择控件" },
        new Category { ID = 3, Name = "列表控件" },
        new Category { ID = 4, Name = "日期控件" },
        new Category { ID = 5, Name = "布局控件" }
    };

    this.myComboBox.ItemsSource = categories;
}
```

运行效果如图 2-20 所示。

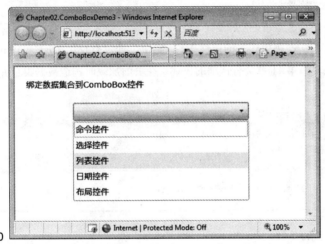

图 2-20

在上面的示例中，只是绑定了一个单一的属性到 ComboBox 控件的列表项，如果想同时绑定多个属性到 ComboBox 控件列表项，就须要用到 ItemTemplate 属性，来对列表项进行格式化。在 ItemTemplate 属性中，须要使用 DataTemplate 元素来描述数据对象的可视化结构，即绑定到 ComboBox 控件列表项上的数据最终将会以什么形式显示。修改一下上面的示例，在 Category 类中添加一个 Count 的属性，如下面的示例代码所示：

```
C#
public class Category
{
    public int ID { get; set; }
    public string Name { get; set; }
    public int Count { get; set; }
}
```

现在要在 ComboBox 控件中同时显示 Category 的 3 个属性，在 XAML 中的声明如下面的示例代码所示：

```XAML
<ComboBox x:Name="myComboBox"
        Width="300" Height="30">
    <ComboBox.ItemTemplate>
        <DataTemplate>
            <StackPanel Width="260" Orientation="Horizontal">
                <TextBlock Text="{Binding ID}"/>
                <TextBlock Text="."/>
                <TextBlock Text="{Binding Name}"/>
                <TextBlock Text=" ( "/>
                <TextBlock Text="{Binding Count}" Foreground="Red"/>
                <TextBlock Text=" )"/>
            </StackPanel>
        </DataTemplate>
    </ComboBox.ItemTemplate>
</ComboBox>
```

这里使用了数据绑定语法，绑定相关的属性 UI 元素上，而没有使用 DisplayMemberPath 属性，关于数据绑定语法在本书第 11 章会有详细的讲述。在页面加载时构造数据集合并进行绑定，如下面的示例代码所示。

```C#
void UserControl_Loaded(object sender, RoutedEventArgs e)
{
    // 构造数据集合

    this.myComboBox.ItemsSource = categories;
}
```

运行效果如图 2-21 所示。

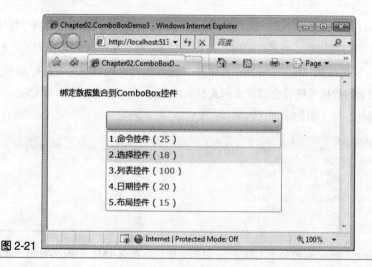

图 2-21

当用户选择了 ComboBox 控件中的列表项时，需要获取用户所选择的项，并做一些特定的处理，可以使用 SelectedIndex 和 SelectedItem 属性来设置或获取选择的列表项索引和选择的列表项对象。另外当选择的列表项发生变化时，将会触发 SelectionChanged 事件。

继续修改一下前面的示例，让它默认选择第一项，当用户修改选择项时，显示出选择的结果，为 ComboBox 控件注册 SelectionChanged 事件。如下面的示例代码所示：

XAML

```xaml
<StackPanel x:Name="LayoutRoot" Background="White">
    <TextBlock Text="绑定数据集合到 ComboBox 控件" Margin="20"/>
    <ComboBox x:Name="myComboBox"
            Width="300" Height="30"
            SelectionChanged="myComboBox_SelectionChanged">
        <ComboBox.ItemTemplate>
            <DataTemplate>
                <StackPanel Width="260" Orientation="Horizontal">
                    <TextBlock Text="{Binding ID}"/>
                    <TextBlock Text="."/>
                    <TextBlock Text="{Binding Name}"/>
                    <TextBlock Text=" ( "/>
                    <TextBlock Text="{Binding Count}" Foreground="Red"/>
                    <TextBlock Text=" )"/>
                </StackPanel>
            </DataTemplate>
        </ComboBox.ItemTemplate>
    </ComboBox>
    <TextBlock x:Name="tblInfo" Margin="20"/>
</StackPanel>
```

为 ComboBox 控件设置默认选择第一项，如下面的示例代码所示：

C#

```csharp
// 其他代码
this.myComboBox.SelectedIndex = 0;
```

编写 SelectionChanged 事件处理代码，通过 SelectedItem 获取当前选择项：

C#

```csharp
void myComboBox_SelectionChanged(object sender,
    SelectionChangedEventArgs e)
{
    Category category = this.myComboBox.SelectedItem as Category;
    this.tblInfo.Text = category.Name;
}
```

运行效果如图 2-22 所示。

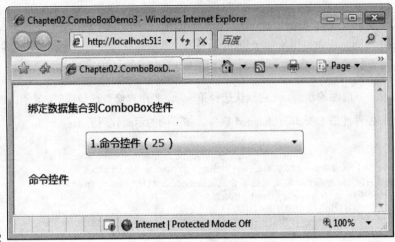

图 2-22

需要注意的是，由于 Silverlight 的缺陷，有时候在设置 ComboBox 控件的 SelectedIndex 属性时，会出现一些不可预知的错误。请在设置 SelectedIndex 属性前，调用一次 UpdateLayout()方法，确保它的子控件都回到正确的位置。如下面的示例代码所示：

C#
```
this.myComboBox.UpdateLayout();
this.myComboBox.SelectedIndex = 0;
```

2.5.3 ListBox 控件

ListBox 控件包含一个选择项集合，但它不是通过下拉列表的形式来展示。可通过将数据集合绑定到该控件或通过在 XAML 中声明未绑定的项填充该控件。ListBox 控件中的列表项使用 ListBoxItem 类来表示，如下面的示例代码中，声明了一个具有 5 个选项的 ListBox 控件：

XAML
```
<StackPanel x:Name="LayoutRoot" Background="White">
    <ListBox Width="300" Margin="20">
        <ListBoxItem Content="选项 1"/>
        <ListBoxItem Content="选项 2"/>
        <ListBoxItem Content="选项 3"/>
        <ListBoxItem Content="选项 4"/>
        <ListBoxItem Content="选项 5"/>
    </ListBox>
</StackPanel>
```

运行效果如图 2-23 所示。

图 2-23

ListBoxItem 是一个内容控件，可以对 ListBox 中的列表项进行定制，在 ListBox 列表项中可显示任何控件，有时候我们也会用它来做界面布局，如下面的代码所示：

```XAML
<StackPanel x:Name="LayoutRoot" Background="White">
    <ListBox Width="300">
        <ListBoxItem>
            <Rectangle Fill="Red" Width="240" Height="30"/>
        </ListBoxItem>
        <ListBoxItem>
            <Button Content="Button" Width="240" Height="30"/>
        </ListBoxItem>
        <ListBoxItem>
            <TextBox Text="TextBox" Width="240"/>
        </ListBoxItem>
    </ListBox>
</StackPanel>
```

运行效果如图 2-24 所示。

图 2-24

当绑定一个数据集合到 ListBox 控件上时，与 ComboBox 一致，使用 DisplayMemberPath 属性和 ItemsSource 属性，这里不再赘述。对于 ListBox 控件可使用属性 ItemTemplate 对列表项进行格式化。下面用一个示例演示这一点，定义要绑定到 ListBox 控件列表项上的类，如下面的示例代码所示：

C#
```csharp
public class Post
{
    public String Title { get; set; }
    public String Author { get; set; }
}
```

在 XAML 中声明 ListBox 控件，如下面的示例代码所示：

XAML
```xml
<StackPanel x:Name="LayoutRoot" Background="White">
    <ListBox x:Name="mylistBox" Width="400">
        <ListBox.ItemTemplate>
            <DataTemplate>
                <StackPanel Orientation="Horizontal">
                    <TextBlock Text="标题: "/>
                    <TextBlock Text="{Binding Title}"/>
                    <TextBlock Text="  作者: "/>
                    <TextBlock Text="{Binding Author}" Foreground="OrangeRed"/>
                </StackPanel>
            </DataTemplate>
        </ListBox.ItemTemplate>
    </ListBox>
</StackPanel>
```

在页面加载时构造数据集合，并进行绑定，如下面的代码所示：

C#
```csharp
void UserControl_Loaded(object sender, RoutedEventArgs e)
{
    List<Post> posts = new List<Post>() {
        new Post { Title = "进入 Silverlight 世界", Author = "TerryLee"},
        new Post { Title = "Silverlight 控件模型", Author = "TerryLee"},
        new Post { Title = "界面布局", Author = "TerryLee"},
        new Post { Title = "定制控件观感", Author = "TerryLee"},
        new Post { Title = "事件处理", Author = "TerryLee"},
    };

    this.mylistBox.ItemsSource = posts;
}
```

运行效果如图 2-25 所示。

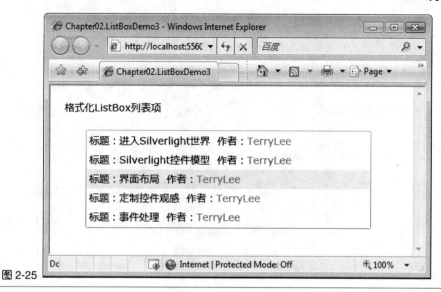

图 2-25

在前面所有的示例中，ListBox 的列表项都是每一行只显示一项，但是 Silverlight 并没有对此做限制，使用 ItemsPanel 属性可以自由地定制 ListBox 控件列表项的显示方式。对 ItemsPanel 属性可以设置一个 ItemsPanelTemplate 元素，而在 ItemsPanelTemplate 中可以放置布局面板来定义列表项的显示方式，如下面的示例代码所示：

```XAML
<StackPanel x:Name="LayoutRoot" Background="White">
    <ListBox Width="340" Margin="20" Height="120">
        <ListBox.ItemsPanel>
            <ItemsPanelTemplate>
                <StackPanel Orientation="Horizontal">
                </StackPanel>
            </ItemsPanelTemplate>
        </ListBox.ItemsPanel>
        <ListBoxItem Content="选项 1" Width="80"/>
        <ListBoxItem Content="选项 2" Width="80"/>
        <ListBoxItem Content="选项 3" Width="80"/>
        <ListBoxItem Content="选项 4" Width="80"/>
    </ListBox>
</StackPanel>
```

运行效果如图 2-26 所示。

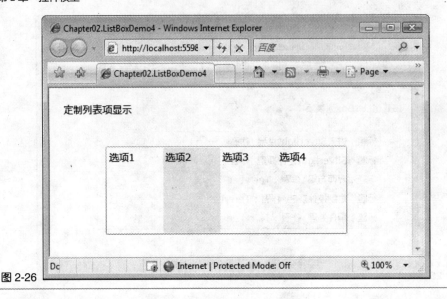

图 2-26

可以看到，预定义的 4 个列表项是在同一行显示的，而不是每个列表项各占据一行。

2.6 日期控件

2.6.1 日期控件概述

日期控件为用户输入日期提供了非常方便的功能，可以直接通过日历控件选择，或者通过下拉日历控件选择。在 Silverlight 中，内置了两种日期选择控件。

- ◆ Calendar：使用户能够使用可视日历来选择日期。
- ◆ DatePicker：允许用户通过在文本字段中键入日期或使用下拉 Calendar 控件来选择日期。

2.6.2 Calendar 控件

Calendar 控件使用户能够使用可视日历显示来选择日期。它既可单独使用，也可与 DatePicker 控件结合在一起使用。Calendar 控件并没有内置在 Silverlight 运行库中，而是包含在 Silverlight 开发包中。所以在使用 Calendar 控件之前首先要引入命名空间，它位于 System.Windows.Controls 命名空间 System.Windows.Controls 程序集中，如下面的示例代码所示：

XAML

```
<UserControl x:Class="Chapter02.CalendarDemo2.Page"
    xmlns="http://schemas.microsoft.com/winfx/2006/xaml/presentation"
    xmlns:x="http://schemas.microsoft.com/winfx/2006/xaml"

xmlns:control="clr-namespace:System.Windows.Controls;assembly=System.Windo
ws.Controls">
    <Grid x:Name="LayoutRoot" Background="White">
        <!--......-->
    </Grid>
</UserControl>
```

在 XAML 中声明一个 Calendar 控件，如下面的代码所示：

XAML

```
<Grid x:Name="LayoutRoot" Background="White">
    <control:Calendar x:Name="myCalendar">
    </control:Calendar>
</Grid>
```

运行后 Calendar 控件在浏览器中的效果如图 2-27 所示。

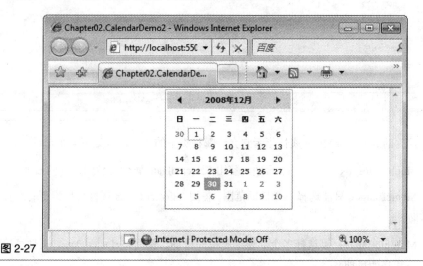

图 2-27

Calendar 控件的 DisplayMode 属性，指示是以月份、年份及 10 年期来显示日历，它有如下 3 个选项。

◆　Month：Calendar 控件一次显示一个月。

◆　Year：Calendar 控件一次显示一年。

◆　Decade：Calendar 控件一次显示一个 10 年。

下面的示例中，声明了 3 个 Calendar 控件，分别用不同的模式来显示，如下面的示例代码所示：

XAML

```
<StackPanel x:Name="LayoutRoot" Background="White"
        Orientation="Horizontal">
    <control:Calendar x:Name="myCalendar1"
        DisplayMode="Month" Margin="20"/>
    <control:Calendar x:Name="myCalendar2"
        DisplayMode="Year" Margin="20"/>
    <control:Calendar x:Name="myCalendar3"
        DisplayMode="Decade" Margin="20"/>
</StackPanel>
```

运行效果如图 2-28 所示。

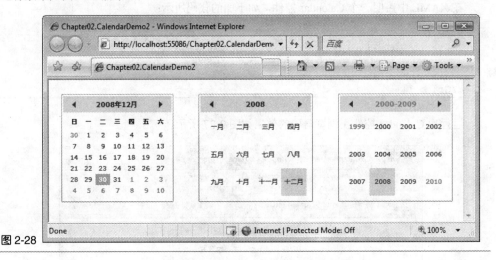

图 2-28

Calendar 控件的 SelectionMode 属性指示它允许哪种类型的选择，有如下 4 个选项。

- ◆ SingleDate：只能选择一个日期。使用 SelectedDate 属性可检索选择的日期。

- ◆ SingleRange：只能选择一个日期范围。使用 SelectedDates 属性可检索所有选择的日期。

- ◆ MultipleRange：可选择多个非连续范围的日期。使用 SelectedDates 属性可检索所有选择的日期。

- ◆ None：不允许选定内容。

Calendar 控件所显示的日期范围由 DisplayDateStart 和 DisplayDateEnd 属性控制。如果 DisplayMode 为 Year 或 Decade，则只显示包含可显示日期的月份或年份。BlackoutDates 属性可用于指定无法选择的日期，这些日期将显示为灰色和已禁用。同时我们通过前面的示例注意到，默认情况下，突出显示今天的日期，可通过将 IsTodayHighlighted 属性设置为 false 来禁用此效果。另外还可以使用 FirstDayOfWeek 来指定每周的起始日，这里不再赘述。

下面再用示例演示一下 Calendar 日期的选择，当选择日期时将会触发 SelectedDatesChanged 事件，如下面的示例代码所示：

XAML

```
<StackPanel x:Name="LayoutRoot" Background="White">
    <control:Calendar x:Name="myCalendar" Margin="10"
            SelectedDatesChanged="myCalendar_SelectedDatesChanged"/>
    <TextBlock x:Name="tblDate" Margin="10"/>
</StackPanel>
```

编写事件处理程序：

C#

```
void myCalendar_SelectedDatesChanged(object sender,
    SelectionChangedEventArgs e)
{
    tblDate.Text = "您选择的日期是: " +
        this.myCalendar.SelectedDate.ToString();
}
```

运行效果如图 2-29 所示。

图 2-29

2.6.3 DatePicker 控件

DatePicker 控件允许用户通过在文本字段中键入日期或使用下拉 Calendar 控件来选择日期。DatePicker 控件的许多属性用于管理其内置的 Calendar，在功能方面与 Calendar 中的等效属性完全相同，如 IsTodayHighlighted、FirstDayOfWeek、BlackoutDates、DisplayDateStart、DisplayDateEnd、DisplayDate 和 SelectedDate 等属性。同样 DatePicker 控件也包含在 Silverlight 开发包中，所以仍然需要引入命名空间。如下面的示例代码所示，声明了一个 DatePicker 控件：

XAML

```xaml
<UserControl x:Class="Chapter02.DatePickerDemo1.Page"
    xmlns="http://schemas.microsoft.com/winfx/2006/xaml/presentation"
    xmlns:x="http://schemas.microsoft.com/winfx/2006/xaml"

xmlns:control="clr-namespace:System.Windows.Controls;assembly=System.Windows.Controls"
    Width="500" Height="240">
    <StackPanel x:Name="LayoutRoot" Background="White">
        <control:DatePicker Height="30" Width="300"
                        Margin="20"/>
    </StackPanel>
</UserControl>
```

运行效果如图 2-30 所示。

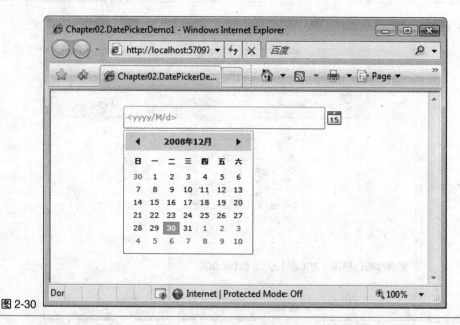

图 2-30

须要注意的是 DatePicker 控件提供了 SelectedDateFormat 属性，用于对所选择的日期进行格式化，它有如下两个选项。

❖ Long：指定是否应使用未缩写的一周内各天和月份名称显示日期。

❖ Short：指定是否应使用缩写的一周内各天和月份名称显示日期。

图 2-31 显示了两种不同格式化方式之间的区别。

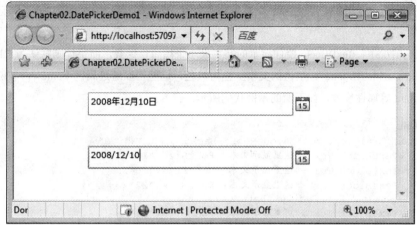

图 2-31

2.7 信息显示控件

2.7.1 信息显示控件概述

信息显示控件是指为用户提供文字或图形提示的一类控件，在 Silverlight 中，可用于信息提示的控件有如下几种。

- ◆ TextBlock：向用户显示少量的文字信息。

- ◆ ProgressBar：以图形的形式向用户报告某种操作的进度。

- ◆ ToolTip：当鼠标放在 UI 元素上时，为用户提供提示内容。

- ◆ Popup：在 UI 元素之上显示自定义内容。

2.7.2 TextBlock 控件

Silverlight 中并没有提供 Label 控件，而是用 TextBlock 控件显示静态只读的文本。要为 TextBlock 控件指定须要显示的文本，可使用它的 Text 属性，如下面的示例代码所示：

XAML

```
<TextBlock Text="这里显示文本"></TextBlock>
```

或者直接采用嵌入文本的方式：

XAML

```
<TextBlock>这里显示文本</TextBlock>
```

默认情况下，TextBlock 控件显示的文字大小采用 11 像素，而字体则默认为"Lucida Sans Unicode, Lucida Grande"，默认的文字颜色为黑色，这些可以通过属性 FontSize、FontFamily 和 Foreground 等属性修改，如下面的示例代码所示：

XAML

```
<StackPanel x:Name="LayoutRoot" Background="White">
    <TextBlock Text="这里显示文本" FontSize="12"/>
    <TextBlock Text="这里显示文本" FontSize="16"/>
    <TextBlock Text="这里显示文本" FontSize="22"
            FontFamily="Batang"/>
    <TextBlock Text="这里显示文本" FontSize="28"
            Foreground="Red"/>
</StackPanel>
```

运行效果如图 2-32 所示。

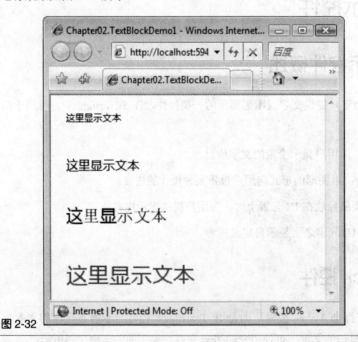

图 2-32

TextBlock 控件不仅能显示简单的文本，还能对文本进行格式化，使用 TextDecorations 属性可为本文指定下划线，另外使用 Run 标签可为 TextBlock 文本中的某一段文字进行格式化，使用 LineBreak 标签对文本进行换行，如下面的示例代码所示：

XAML

```xml
<StackPanel x:Name="LayoutRoot" Background="White">
    <TextBlock TextDecorations="Underline">
        欢迎进入<LineBreak/>银光世界!
    </TextBlock>
    <TextBlock>
        <Run FontStyle="Italic" FontSize="24"
            Foreground="Red">欢迎</Run>
        进入银光
        <Run FontSize="40" Foreground="Green">世界! </Run>
    </TextBlock>
</StackPanel>
```

运行效果如图 2-33 所示。

图 2-33

在本书的第 7 章和第 10 章中分别介绍了画刷和转换功能之后,还可对 TextBlock 做更多更炫的处理。

2.7.3 ProgressBar 控件

ProgressBar 控件能直观地以图形形式来提示花费时间较长操作的进度,它有两种不同的外观:显示重复模式和基于值进行填充。它可通过属性 IsIndeterminate 确定,当 IsIndeterminate 属性设置为 true 时将显示重复模式;当 IsIndeterminate 属性设置为 false 时将基于值进行填充,可使用 Minimum 和 Maximum 属性指定范围。默认情况下,Minimum 属性为 0,而 Maximum 属性为 100,若要指定进度值,则使用 Value 属性。

下面用一个示例演示这两种不同外观之间的区别,如下面的示例代码所示:

```
XAML
<StackPanel x:Name="LayoutRoot" Background="White">
    <ProgressBar IsIndeterminate="True"
            Width="300" Height="30"/>
    <ProgressBar IsIndeterminate="False" Width="300" Height="30"
            Minimum="0" Maximum="100"
            Value="40" />
</StackPanel>
```

运行效果如图 2-34 所示。

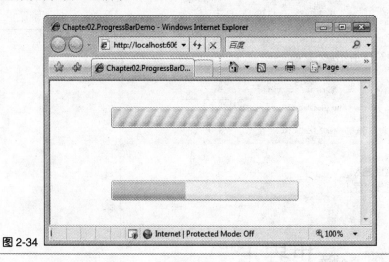

图 2-34

在本书的第 12 章 "网络与通信" 中，我们会使用 ProgressBar 控件来提示 WebClient 的操作进度。

2.7.4　ToolTip 控件

ToolTip 控件能创建一个弹出窗口，该弹出窗口可在用户界面中显示元素的相关信息，它是一个内容控件，这意味着我们可自由定制 ToolTip 显示的内容。要为 UI 元素使用 ToolTip 控件创建提示信息，不可直接在 XAML 中编写 ToolTip 标记，而应使用 ToolTipService 类，它提供了一组静态方法以显示 ToolTip 服务。如下面的示例，为 Button 控件设置提示信息：

```
XAML
<Button x:Name="myButton" Content="按 钮"
        Width="200" Height="50"
        ToolTipService.ToolTip="这是一个带有提示信息的按钮控件"/>
```

运行效果如图 2-35 所示。

图 2-35

ToolTip 不仅可显示一段简单的文字，完全可以对它所要显示的内容进行自定义，并将 ToolTipService.ToolTip 作为一个独立的元素嵌入到 UI 元素中来实现这一功能，如下面的示例代码所示：

XAML
```xaml
<Button x:Name="myButton" Content="按 钮"
    Width="200" Height="50">
    <ToolTipService.ToolTip>
        <StackPanel Orientation="Horizontal"
                    VerticalAlignment="Center">
            <Image Source="about.png"/>
            <TextBlock Text="这是一个定制的 ToolTip"
                    VerticalAlignment="Center"/>
        </StackPanel>
    </ToolTipService.ToolTip>
</Button>
```

运行效果如图 2-36 所示。

图 2-36

由于 ToolTip 控件的内容无法接收焦点，所以不要把需要用户输入的控件放在 ToolTip，如果确实有这样的需求，可以使用后面要讲到的 Popup 控件来实现这一功能。

如果需要对 ToolTip 做更多的控制，可以在 ToolTipService.ToolTip 属性中定义一个 ToolTip 控件，如使用 HorizontalOffset 和 VerticalAlignment 属性来控制提示信息相对于鼠标点的相对偏移量等。如下面的示例代码所示：

XAML

```xaml
<Button x:Name="myButton" Content="按 钮"
    Width="200" Height="50">
    <ToolTipService.ToolTip>
        <ToolTip HorizontalOffset="10"
                VerticalOffset="10">
            <StackPanel Orientation="Horizontal"
                    VerticalAlignment="Center"
                    Background="LightYellow">
                <Image Source="about.png"/>
                <TextBlock Text="这是一个定制的 ToolTip"
                    VerticalAlignment="Center"/>
            </StackPanel>
        </ToolTip>
    </ToolTipService.ToolTip>
</Button>
```

2.7.5　Popup 控件

Popup 控件与 ToolTip 控件类似，都是用来为 UI 元素创建提示信息，并可自定义提示内容。它与 ToolTip 的不同之处有两点：Popup 控件不能自动显示或隐藏，须要开发人员编程进行控制；Popup 控件可接收焦点，如果想在提示信息中添加具有焦点的控件，就应该使用 Popup 控件而不是 ToolTip 控件。

下面的示例将演示如何使用 Popup 控件：

XAML

```xaml
<StackPanel x:Name="LayoutRoot" Background="White"
        VerticalAlignment="Center">
    <TextBlock x:Name="myTextBlock" Text="点击查看提示信息"
            Width="200" Height="40"
            MouseLeftButtonDown="myTextBlock_MouseLeftButtonDown"
            MouseLeave="myTextBlock_MouseLeave"/>

    <Popup x:Name="myPopup" MaxWidth="300">
        <StackPanel Width="300" Height="100">
            <Border CornerRadius="3" BorderBrush="OrangeRed"
                    BorderThickness="2">
                <TextBlock Text="这里是提示信息"/>
            </Border>
```

```
        </StackPanel>
    </Popup>
</StackPanel>
```

由于 Popup 完全是手工编写代码来控制是否显示，所以我们可以在代码中创建 Popup 控件的实例并设置其显示，此处使用了 XAML 来声明一个 Popup 控件。编写事件处理程序，使用 Popup 控件的 IsOpen 属性来控制它的显示，如下面的示例代码所示：

```csharp
C#
void myTextBlock_MouseLeftButtonDown(object sender, MouseButtonEventArgs e)
{
    myPopup.IsOpen = true;
}

void myTextBlock_MouseLeave(object sender, MouseEventArgs e)
{
    myPopup.IsOpen = false;
}
```

运行效果如图 2-37 所示。

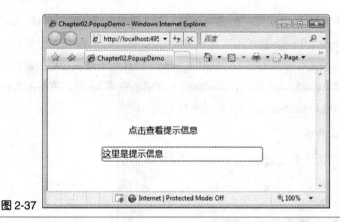

图 2-37

2.8　数据显示控件

Silverlight 中内置的数据显示控件只有 DataGird 控件，它提供了一种灵活的方式来以行和列的形式显示数据集合。内置列类型包括文本框列、复选框列和用于自定义内容的模板列。内置行类型包括一个下拉详细信息部分，可用于在单元格值下方显示其他内容。DataGird 控件的功能还包括点击列头进行排序，通过拖拽方式重置 DataGrid 的列集合顺序等。本书第 11 章 "数据绑定" 中将进行详细介绍。

DataGrid 控件的效果如图 2-38 所示。

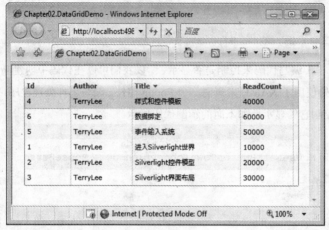

图 2-38

2.9 多媒体控件

多媒体控件用来显示图像、音频或视频。在 Silverlight 中内置的多媒体控件包括：Image、MultiScaleImage 和 MediaElement。Image 控件用来显示图像，MultiScaleImage 控件用来显示多分辨率图像，并可通过缩放或重新定位来调整查看，MediaElement 控件用来播放音频和视频。其中关于图形处理的内容，将在本书第 8 章介绍，音频视频的处理则放在第 14 章，这里不再详细介绍。下面只给出 Image 控件和 MediaElement 控件的示例效果。

Image 控件效果如图 2-39 所示。

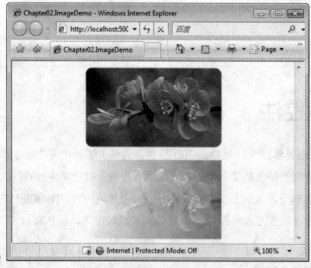

图 2-39

MediaElement 控件效果如图 2-40 所示。

图 2-40

2.10　布局控件

2.10.1　布局控件简介

Silverlight 2 中内置了非常丰富灵活的界面布局控件，用于进行布局处理。它们中的一部分控件用来对元素进行定位（如 Canvas 等），而另一部分用来增强对其他控件的显示能力，布局控件如下所示。

- ◆ Border：为另一控件提供边框和背景。

- ◆ Canvas：提供一个画面用于在画布的特定坐标处显示子元素，属于绝对定位。

- ◆ Grid：提供一个由行和列组成的表格来显示子元素，定义网格的行和列之后，可向网格中的特定行或列分配对象，属于相对定位。

- ◆ GridSplitter：使用户可调整 Grid 控件中列或行的大小。

- ◆ StackPanel：提供一个画面来沿水平或垂直线显示子元素，经常用于局部布局。

- ◆ ScrollBar：表示一个提供滚动条的控件，该滚动条具有一个其位置对应于某个值的可滑动的 Thumb。

- ◆ ScrollViewer：提供一个可滚动画面来显示子元素。

- ◆ TabControl：提供一个选项卡式界面来显示元素。它将在 TabItem 中承载子元素。

本节将介绍 ScrollBar、ScrollViewer 和 TabControl 控件,其余控件将在本书第 3 章 "界面布局" 中介绍。

2.10.2　ScrollBar 控件

ScrollBar 表示一个提供滚动条的控件,该滚动条具有一个其位置对应于某个值的可滑动的 Thumb 控件和两个 RepeatButton 控件。可通过按下 RepeatButton 控件或移动 Thumb 控件来增大和减小 ScrollBar 控件的 Value 属性,该属性表示 ScrollBar 端点之间的 Thumb 线性距离值,它的默认范围为 0 到 1,可通过设置 Minimum 和 Maximum 属性更改值的默认范围。Orientation 属性决定 ScrollBar 是水平显示还是垂直显示,确定 ScrollBar 中滚动轨迹的方向,从而使垂直 ScrollBar 的值从上向下增大,或者使水平 ScrollBar 的值从左向右增大。ViewportSize 属性值用于计算显示为 ScrollBar 控件中可调值指示符的 Thumb 控件的大小。

下面的示例演示了 ScrollBar 控件的使用,如下面的示例代码所示,在页面上放置两个 ScrollBar 控件,让它们分别水平和垂直显示:

XAML

```xaml
<StackPanel x:Name="LayoutRoot" Background="White">
    <ScrollBar Orientation="Horizontal" Margin="10"
            Height="24" Value="0.5">
    </ScrollBar>
    <ScrollBar Orientation="Vertical" Margin="10"
            Height="180" Width="24" ViewportSize="5">
    </ScrollBar>
</StackPanel>
```

运行效果如图 2-41 所示。

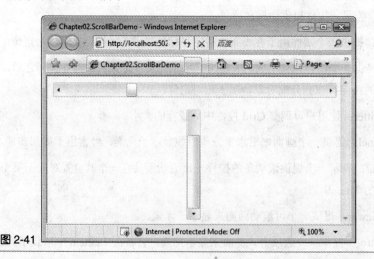

图 2-41

2.10.3 ScrollViewer 控件

ScrollViewer 控件封装一个内容元素和几个 ScrollBar 控件，最多封装两个，范围包括 ScrollViewer 的所有内容，可使用 HorizontalScrollBarVisibility 和 VerticalScrollBarVisibility 属性控制垂直和水平 ScrollBar 控件的出现条件，它有 4 个可选项。

* Disabled：即使当视区无法显示所有内容时，ScrollBar 也不会将内容的维度设置为 ScrollViewer 父级的对应维度。对于水平 ScrollBar，内容的宽度设置为 ScrollViewer 的 ViewportWidth。对于垂直 ScrollBar，内容的高度设置为 ScrollViewer 的 ViewportHeight。

* Auto：当视区无法显示所有内容时，ScrollBar 会出现，并将 ScrollViewer 的维度应用于内容。对于水平 ScrollBar，内容的宽度设置为 ScrollViewer 的 ViewportWidth。对于垂直 ScrollBar，内容的高度设置为 ScrollViewer 的 ViewportHeight。

* Hidden：即使当视区无法显示所有内容时，ScrollBar 也不会出现。未将 ScrollViewer 的维度应用于内容。

* Visible：ScrollBar 始终出现。将 ScrollViewer 的维度应用于内容。对于水平 ScrollBar，内容的宽度设置为 ScrollViewer 的 ViewportWidth。对于垂直 ScrollBar，内容的高度设置为 ScrollViewer 的 ViewportHeight。

下面的示例演示了 ScrollViewer 的使用，如下面的代码所示：

XAML

```
<Grid x:Name="LayoutRoot" Background="White">
    <ScrollViewer Height="200" Width="320"
              HorizontalScrollBarVisibility="Auto"
              VerticalScrollBarVisibility="Visible">
        <TextBlock Width="340" TextWrapping="Wrap">
            ScrollViewer 控件……
        </TextBlock>
    </ScrollViewer>
</Grid>
```

运行效果如图 2-42 所示。

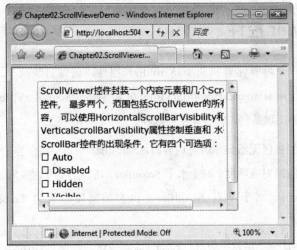

图 2-42

2.10.4 TabControl 控件

TabControl 控件是包含多个选项卡的控件。它由多个共享同一屏幕空间的 TabItem 对象组成，每次只显示 TabControl 中的一个 TabItem。当用户选择一个 TabItem 时，该 TabItem 的内容变得可见，而其他 TabItem 对象的内容则隐藏。由于 TabControl 包含在 Silverlight SDK 中，而不是运行库中，所以在使用之前需要添加 System.Windows.Controls.dll 程序并注册命名空间，下面的示例演示了 TabControl 的使用，如下面的代码所示：

XAML
```xaml
<Grid x:Name="LayoutRoot" Background="White">
    <control:TabControl Margin="20">
        <control:TabItem Header="选项卡 1">
            <StackPanel>
                <TextBlock Text="这里第一个选项卡"></TextBlock>
            </StackPanel>
        </control:TabItem>
        <control:TabItem Header="选项卡 2">
            <StackPanel>
                <TextBlock Text="这里第二个选项卡"></TextBlock>
            </StackPanel>
        </control:TabItem>
        <control:TabItem Header="选项卡 3">
            <StackPanel>
                <TextBlock Text="这里第三个选项卡"></TextBlock>
            </StackPanel>
        </control:TabItem>
    </control:TabControl>
</Grid>
```

运行效果如图 2-43 所示。

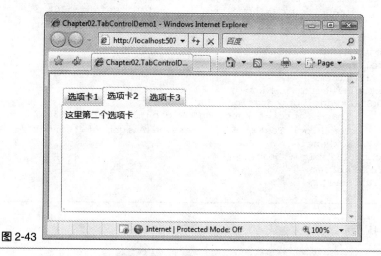

图 2-43

TabControl 控件中选项卡标题的停靠位置，可通过 TabStripPlacement 属性来调整，它有 4 个可选项：Top、Left、Right 和 Bottom。如图 2-44 表示了 4 种不同方式的 TabControl 控件。

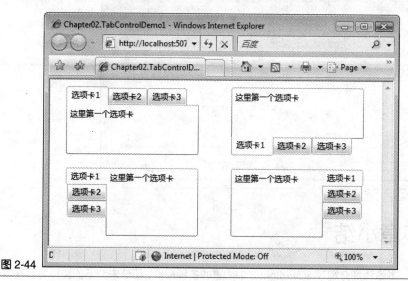

图 2-44

TabControl 控件每个选项卡的内容和标题都是内容控件，完全可定制它们，让选项卡的标题不只是显示简单的文字信息，而使它更加丰富。如下面的示例代码所示：

XAML

```
<Grid x:Name="LayoutRoot" Background="White">
    <control:TabControl Margin="20">
        <control:TabItem>
```

```
              <control:TabItem.Header>
                  <StackPanel Orientation="Horizontal">
                      <Image Source="home.png" Width="30" Height="30"/>
                      <TextBlock Text=" 主 页" VerticalAlignment="Center"/>
                  </StackPanel>
              </control:TabItem.Header>
          </control:TabItem>
          <control:TabItem>
              <control:TabItem.Header>
                  <StackPanel Orientation="Horizontal">
                      <Image Source="about.png" Width="30" Height="30"/>
                      <TextBlock Text=" 关 于" VerticalAlignment="Center"/>
                  </StackPanel>
              </control:TabItem.Header>
          </control:TabItem>
      </control:TabControl>
</Grid>
```

运行效果如图 2-45 所示。

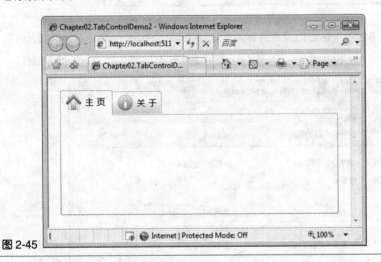

图 2-45

2.11 本章小结

　　本章详细介绍了 Silverlight 2 中内置的各种控件，部分未介绍的控件将会在本书后面相应的章节进行介绍，只有掌握好控件模型才能开发出具有丰富交互效果的基于 Silverlight 的应用程序。

第3章 界面布局

本章内容 在 Silverlight 2 中内置了强大的界面布局面板，而 1.0 版只有 Canvas 元素可用于布局，
Silverlight 2 中新增了 Grid 和 StactPanel，使得在基于 Silverlight 2 的应用程序中进行
界面布局更加灵活。除此之外，如果内置的布局面板不能满足开发的需求，还可以
进行自定义布局面板。本章将详细讲解这部分内容，主要内容如下：

界面布局概览
使用 Canvas 绝对布局
使用 StackPanel 局部布局
使用 Grid 相对布局
边距设置
使用 Border 控件
自定义局部面板
全屏支持
实例开发
本章小结

3.1 界面布局概览

在 Silverlight 2 中提供了非常强大和灵活的界面布局管理控件，能够让开发人员和设计人
员轻松地对用户界面上的控件进行定位。在 Silverlight 1.0 时代，对于界面布局，我们只能使用
Canvas 控件，而到了 Silverlight 2，内置了 WPF 中的 3 种布局控件：Canvas、StackPanel、Grid。
使用这些控件，不仅可实现对指定控件的坐标进行定位，同时也可实现一种更加灵活的动态定位
模型，让控件和布局随着浏览器窗口的大小改变而改变。这 3 种界面布局控件之间的派生关系如
图 3-1 所示。

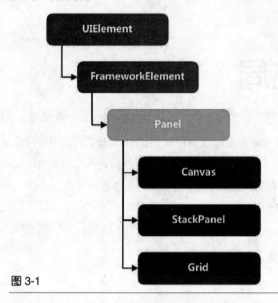

图 3-1

3.2　使用 Canvas 绝对布局

3.2.1　Canvas 简介

Canvas 是在 Silverlight 1.0 时代就有的一种基础布局面板，它采用绝对坐标定位。可以使用附加属性对 Canvas 中的元素进行定位，通过附加属性指定控件相对于其直接父容器 Canvas 控件的上、下、左、右坐标的位置。声明 Canvas 元素使用如下语法：

```
<Canvas   ...>
    oneOrMoreUIElements
</Canvas>
```

Canvas 的定义如下：

```
public class Canvas : Panel
{
    protected override sealed Size ArrangeOverride(Size arrangeSize);
    public static double GetLeft(UIElement element);
    public static double GetTop(UIElement element);
    public static int GetZIndex(UIElement element);
    protected override sealed Size MeasureOverride(Size constraint);
    public static void SetLeft(UIElement element, double length);
    public static void SetTop(UIElement element, double length);
    public static void SetZIndex(UIElement element, int value);
}
```

3.2.2 使用 Top 和 Left 属性

在下面的 XAML 声明了两个 Button 控件，它们分别相对于父容器 Canvas 的左边距是 80，相对于父容器 Canvas 的上边距分别是 50 和 150：

```XAML
<Canvas>
    <Button Canvas.Top="50" Canvas.Left="80" Width="200" Height="50"
        Content="Button1"/>

    <Button Canvas.Top="150" Canvas.Left="80" Width="200" Height="50"
        Content="Button2"/>
</Canvas>
```

运行效果如图 3-2 所示。

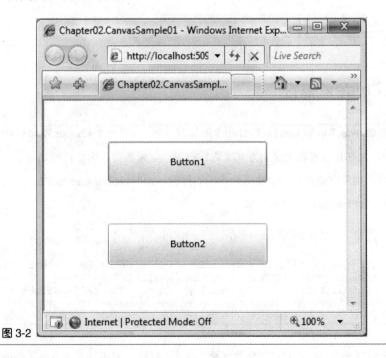

图 3-2

从图 3-3 可以看到，Button1 和 Button2 距离左边是 80px，Button1 距离顶部是 50px，而 Button2 距离顶部是 150px。

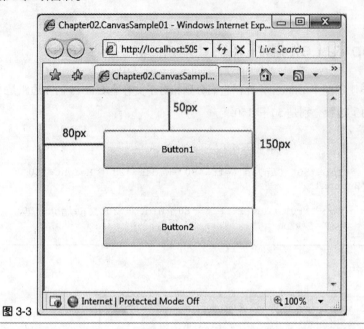

图 3-3

3.2.3 使用 ZIndex 属性

除了上面用到的 Canvas.Top 和 Canvas.Left 两个附加属性外，还有一个 Canvas.ZIndex 附加属性。在 Silverlight 中，允许开发者以重叠的方式来进行布局，如果指定了两个控件相对于父容器 Canvas 有重叠的部分，则后声明的控件会覆盖先声明的控件。此时可使用 Canvas.ZIndex 属性来改变它们的显示顺序，如下面的示例代码所示：

XAML
```
<Canvas>
    <Rectangle Canvas.Left="120" Canvas.Top="80" Width="200" Height="100"
    Fill="LightGreen" Stroke="OrangeRed" StrokeThickness="3"/>
    <Rectangle Canvas.Left="140" Canvas.Top="100" Width="200" Height="100"
    Fill="DarkGreen" Stroke="OrangeRed" StrokeThickness="3"/>
</Canvas>
```

此处声明了两个矩形元素，让它们有部分的重叠，可看到后声明的矩形元素覆盖了前面的矩形元素，如图 3-4 所示。

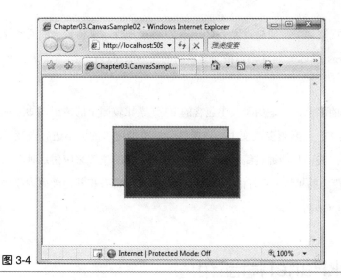

图 3-4

现在修改颜色较浅的矩形 ZIndex 属性为 1，此时它将覆盖另一个矩形，值越大的元素将显示在最前面：

XAML

```
<Canvas>
    <Rectangle Canvas.Left="120" Canvas.Top="80" Width="200" Height="100"
        Fill="LightGreen" Stroke="OrangeRed" StrokeThickness="3"
        Canvas.ZIndex="1"/>
    <Rectangle Canvas.Left="140" Canvas.Top="100" Width="200" Height="100"
        Fill="DarkGreen" Stroke="OrangeRed" StrokeThickness="3"/>
</Canvas>
```

运行效果如图 3-5 所示。

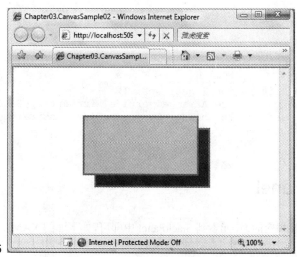

图 3-5

　　ZIndex 附加属性的显示规则如下：如果设置了 Canvas.ZIndex 属性，则值最大的元素显示在最上面；如果没有设置 Canvas.ZIndex 属性，则按元素声明的先后顺序进行显示，后声明的元素将显示在最前面。

　　Canvas 布局也有其自身的缺点，它适用于其中包含的 UI 元素比较固定的情形，如果你想向其中添加更多的控件，或者 UI 元素须要改变大小或能随着浏览器窗口的大小进行改变，此时 Canvas 就显得有些力不从心。我们只能通过编写代码来控制 UI 元素的位置来应付这种动态的场景，这将是一件极其费时又费力的事情。更好的办法通常是使用其他带有相关功能的内建语义的布局面板，如 StackPanel 和 Grid。

3.3　使用 StackPanel 局部布局

3.3.1　StackPanel 简介

　　StackPanel 面板布局，顾名思义就是"堆栈"布局，它是一种非常简单的布局面板，它支持用行或列的方式来定位其中的 UI 元素，可以很方便地对 UI 元素列表进行定位而无需设置其坐标。声明 StackPanel 可使用如下 XAML：

```
<StackPanel  ...>
    oneOrMoreUIElements
</StackPanel>
```

StackPanel 的定义如下：

```
public class StackPanel : Panel
{
    public Orientation Orientation { get; set; }
    protected override sealed Size ArrangeOverride(Size arrangeSize);
    protected override sealed Size MeasureOverride(Size constraint);
}
```

3.3.2　使用 StackPanel

　　使用 StackPanel 只须要放置相应的 UI 元素到 StackPanel 中即可，如下面的 XAML 声明所示，此处将显示 3 个 Button 控件：

XAML

```
<StackPanel>
    <Button Width="200" Height="50" Margin="20" Content="Button"/>
    <Button Width="200" Height="50" Margin="20" Content="Button"/>
    <Button Width="200" Height="50" Margin="20" Content="Button"/>
</StackPanel>
```

运行效果如下，默认情况下，元素会垂直显示，如图 3-6 所示。

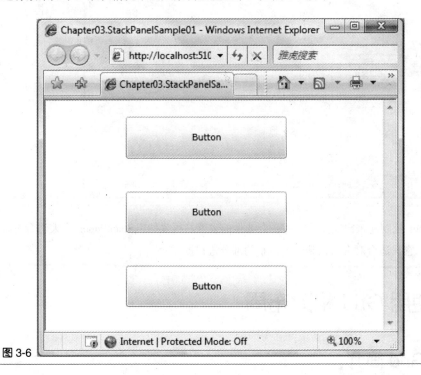

图 3-6

当然也可指定这些元素为水平排列，通过将 Orientation 属性设置为 Horizontal 来完成。如下面的示例代码所示：

XAML

```
<StackPanel Orientation="Horizontal">
    <Button Width="100" Height="50" Margin="20" Content="Button"/>
    <Button Width="100" Height="50" Margin="20" Content="Button"/>
    <Button Width="100" Height="50" Margin="20" Content="Button"/>
</StackPanel>
```

运行效果如图 3-7 所示。

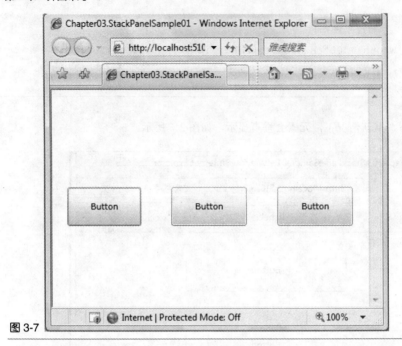

图 3-7

StackPanel 控制起来比较简单，并没有其他的设置。很显然，StackPanel 不大适合对整个页面进行布局，它只适合对页面上某一个很小的部分进行控制。

3.4 使用 Grid 相对布局

3.4.1 Grid 简介

Grid 控件是 Silverlight 中最强大最灵活的布局面板，它支持用多行和多列的方式排布页面元素，非常类似于 HTML 里的 Table。不同的是，它不须要将 UI 元素内嵌到单元格中，而是通过 <Grid.RowDefinitions>和<Grid.ColumnDefinitions> 属性来定义 Grid 的行和列。这两个属性须要定义在 <Grid> 标签内，然后就可以使用 XAML 的附加属性语法指定 UI 元素属于哪一行、哪一列。声明一个 Grid 控件使用如下语法：

```
<Grid ...>
   <Grid.RowDefinitions>
      <RowDefinition Height="*"/>
      ...
   </Grid.RowDefinitions>
   <Grid.ColumnDefinitions>
      <ColumnDefinition Width="*"/>
```

```
        ...
    </Grid.ColumnDefinitions>
</Grid>
```

它的定义如下：

```
public class Grid : Panel
{
    public ColumnDefinitionCollection ColumnDefinitions { get; }
    public RowDefinitionCollection RowDefinitions { get; }
    public bool ShowGridLines { get; set; }
    protected override sealed Size ArrangeOverride(Size arrangeSize);
    public static int GetColumn(FrameworkElement element);
    public static int GetColumnSpan(FrameworkElement element);
    public static int GetRow(FrameworkElement element);
    public static int GetRowSpan(FrameworkElement element);
    protected override sealed Size MeasureOverride(Size constraint);
    public static void SetColumn(FrameworkElement element, int value);
    public static void SetColumnSpan(FrameworkElement element, int value);
    public static void SetRow(FrameworkElement element, int value);
    public static void SetRowSpan(FrameworkElement element, int value);
}
```

3.4.2　使用 Grid 控件

在这个例子中将使用 Grid 进行一个用户登录界面的布局，为了使显示的效果更明显，设置 ShowGridLines 属性为 true，在 Grid 的 Column 和 Row 附加属性中，索引从 0 开始。如下面的示例代码所示：

XAML

```
<Grid x:Name="LayoutRoot" ShowGridLines="True">
    <Grid.RowDefinitions>
        <RowDefinition Height="120"/>
        <RowDefinition Height="120"/>
    </Grid.RowDefinitions>
    <Grid.ColumnDefinitions>
        <ColumnDefinition Width="100"/>
        <ColumnDefinition Width="400"/>
    </Grid.ColumnDefinitions>
    <TextBlock Grid.Row="0" Grid.Column="0" Text="UserName:"
VerticalAlignment="Center" ></TextBlock>
    <TextBlock Grid.Row="1" Grid.Column="0" Text="Password:"
VerticalAlignment="Center"></TextBlock>
    <TextBox Grid.Row="0" Grid.Column="1" Width="300" Height="30"
HorizontalAlignment="Left"></TextBox>
    <TextBox Grid.Row="1" Grid.Column="1" Width="300" Height="30"
HorizontalAlignment="Left"></TextBox>
</Grid>
```

运行效果如图 3-8 所示。

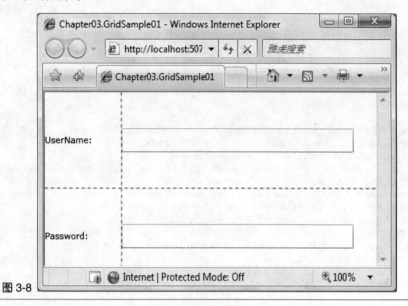

图 3-8

可以看到，使用 Grid 可实现非常复杂和灵活的界面布局。

3.4.3 自适应调整

除了像前面的示例那样指定具体的宽度和高度数值之外，还可设置 ColumnDefinition 和 RowDefinition 的高度和宽度为 Auto，这样将会根据置于其中的用户界面元素来自动调整 Grid 的高度和宽度。如下面的示例代码所示：

XAML

```
<Grid x:Name="LayoutRoot" >
    <Grid.RowDefinitions>
        <RowDefinition Height="Auto"/>
        <RowDefinition Height="Auto"/>
    </Grid.RowDefinitions>
    <Grid.ColumnDefinitions>
        <ColumnDefinition Width="Auto"/>
        <ColumnDefinition Width="Auto"/>
    </Grid.ColumnDefinitions>
</Grid>
```

另外，如果固定了 Grid 控件的大小，在指定其中的某些特定行或列的高度和宽度之后，要求剩余行或列自动填充其他位置，此时可以设置 ColumnDefinition 或 RowDefinition 的宽度和高度为 "*"，如下面的示例代码所示：

XAML

```
<Grid x:Name="LayoutRoot">
```

```
    <Grid.RowDefinitions>
        <RowDefinition Height="120"/>
        <RowDefinition Height="*"/>
    </Grid.RowDefinitions>
    <Grid.ColumnDefinitions>
        <ColumnDefinition Width="100"/>
        <ColumnDefinition Width="*"/>
    </Grid.ColumnDefinitions>
</Grid>
```

如果对根元素指定了大小，则界面将无法随浏览器大小进行自适应调整，如图 3-9 所示的界面，当浏览器窗口变大时，会出现空白边。

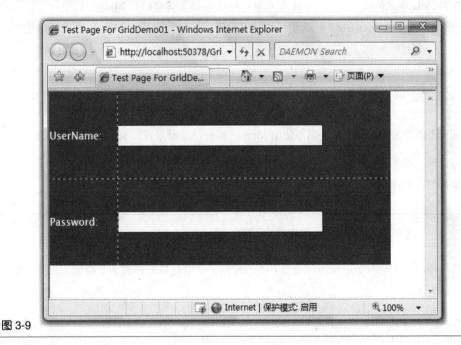

图 3-9

要解决该问题，只要去掉对根元素的大小限制就可以了，然后对 Grid 元素设置自适应大小调整。

3.4.4 合并单元格

在 Grid 面板中，仍然可以像 HTML 中的 Table 那样对单元格进行合并，在用户界面元素上使用 Grid.ColumnSpan 和 Grid.RowSpan 附加属性。如下面的示例代码所示：

XAML
```
<TextBlock Grid.Row="0" Grid.ColumnSpan="2" Grid.Column="0" Text="UserName"
></TextBlock>
```

```
<TextBlock Grid.Row="1" Grid.ColumnSpan="2" Grid.Column="0" Text="Password"
></TextBlock>
```

3.5 使用边距

3.5.1 边距简介

在 HTML 中定位页面上的 DOM 元素时，可通过设置其空白边 Margin 的值，来调整元素之间的相对距离。在 Silverlight 2 中，仍然可通过设置用户界面元素的 Margin 属性，来达到同样的效果。

3.5.2 使用边距

Silverlight 2 中任何 UI 元素都可使用 Margin 属性，一般来说，有 3 种设置方式。

第一种：如果左、上、右、下 4 个方向的空白边要设置为相同的值，直接指定一个数值给 Margin 属性，如下面的示例代码所示。

XAML
```
<Button Width="120" Height="50" Margin="20"/>
```

第二种：如果左右 2 边相同以及上下 2 边相同，可用逗号分开的 2 个数值来设置，如下面的示例代码所示。

XAML
```
<Button Width="120" Height="50" Margin="20,30"/>
```

第三种：如果 4 个方向的空白边分别不同，需要使用逗号分开的 4 个数值来进行设置，按顺时针方向分别为左、上、右、下，如下面的示例代码所示。

XAML
```
<Button Width="120" Height="50" Margin="20,30,10,50"/>
```

看一个简单的示例，在 Canvas 中放置一个矩形，并且设置它的 Margin 属性，如下面的示例代码所示：

XAML

```
<Canvas Background="#46461F">
    <Rectangle Margin="80,60,10,50" Fill="Red" Stroke="White"
StrokeThickness="3" Width="120" Height="120"/>
</Canvas>
```

运行效果如图 3-10 所示，在图中标注出了矩形的上边距和左边距。

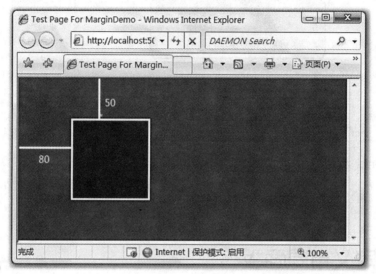

图 3-10

3.6 使用边框

在 Silverlight 2 中提供了一个 Border 对象，可使它轻松地在另一元素周围绘制边框或背景，嵌套的子元素必须从 UIElement 类派生。同时还可指定它的一些基本属性，如 Width、Height、BorderThickness 及 Background 等。此外，还可设置 CornerRadius 属性将边框的各角改为圆角，并可通过 Padding 属性在 Border 中定位对象。如下面的示例代码所示：

XAML

```
<Grid x:Name="LayoutRoot">
    <Border Background="Coral" Width="300" Height="100" Padding="10"
CornerRadius="10"
        BorderThickness="3" BorderBrush="Black">
      <TextBlock FontSize="16">这里是圆角边框</TextBlock>
    </Border>
</Grid>
```

运行效果如图 3-11 所示。

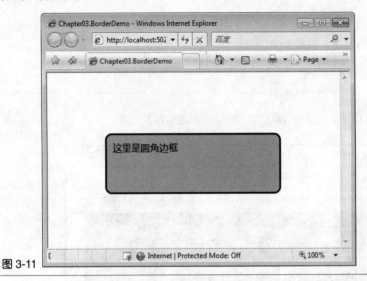

图 3-11

在使用 Border 元素时，须要注意，一个 Border 只能有唯一的直接子元素。如果想要在一个 Border 内放入多个元素，必须先将一个容器对象（如一个 Canvas 或 StackPanel 容器）放入该 Border 元素内，然后再将多个元素放入该容器对象内。

3.7 自定义布局面板

在实际项目开发中，经常须要进行更加复杂的布局，如果 Silverlight 内置的布局面板不能满足需要，可创建一个自定义的布局面板。该面板允许我们自定义面板子元素的布局行为，若要这样做，须要从 Panel 类派生并重写其 MeasureOverride 和 ArrangeOverride 方法。Panel 类的派生关系如图 3-12 所示。

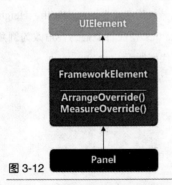

图 3-12

在这个过程中，需要分为两步走，一是测量每个子元素并确定面板应该分配多少空间给该子元素；二是排列处理，确定每个子元素的位置和大小并设置面板的最终大小。

3.7.1 测量

面板布局处理过程中的第一个步骤是测量每个子元素并确定面板应分配多少空间给该子元素。此外，返回可用于整个面板的空间大小。下面的示例显示为一个面板 BlockPanel 中 MeasureOverride 方法的实现，该面板在 3×3 的网格中放置 9 个子元素，每个单元格为 100×100，如下面的示例代码所示：

```csharp
public class BlockPanel : Panel
{
    protected override Size MeasureOverride(Size availableSize)
    {
        int i = 0;
        foreach (FrameworkElement child in Children)
        {
            if (i < 9)
            {
                child.Measure(new Size(100, 100));
            }
            else
            {
                child.Measure(new Size(0, 0));
            }

            i++;
        }
        return new Size(300, 300);
    }
}
```

在覆写 MeasureOverride 方法时，必须调用每个子元素的 Measure 方法，传递该面板可以分配的空间，此处传递的大小是 100×100。然后，布局系统根据可用大小计算每个子元素的 DesiredSize。在此示例中，我们将 100×100 分配给前 9 个子元素，将 0×0 分配给其余子元素。

调用 Measure 方法时，布局系统基于传递给 Measure 的可用大小和元素的固有大小确定子元素的 DesiredSize。该固有大小由元素的 Width 和 Height 属性决定。设置子元素的 DesiredSize 后，面板必须确定要从父级中请求多少空间及来自 MeasureOverride 重写的返回值。可用很多方式来确定合适的值。

- 根据所有子元素的总 DesiredSize 值计算。

- 提前预定大小。

3.7.2 排列

测量处理过程完成后，可开始进行排列处理过程。在排列处理过程中，必须确定每个子元素的布局槽的位置和大小并设置面板的最终大小。下面的代码为布局面板 BlockPanel 演示覆写 ArrangeOverride 方法，如下面的示例代码所示：

```csharp
protected override Size ArrangeOverride(Size finalSize)
{
    UIElementCollection mychildren = Children;
    int count = mychildren.Count;
    int i;
    for (i = 0; i < 9; i++)
    {
        Point cellOrigin = GetOrigin(i, 3, new Size(100, 100));
        double dw = mychildren[i].DesiredSize.Width;
        double dh = mychildren[i].DesiredSize.Height;

        mychildren[i].Arrange(new Rect(cellOrigin.X, cellOrigin.Y, dw, dh));

    }

    for (i = 9; i < count; i++)
    {
        mychildren[i].Arrange(new Rect(0, 0, 0, 0));
    }
    return new Size(300, 300);
}

protected Point GetOrigin(int blockNum, int blocksPerRow, Size itemSize)
{
    int row = (int)Math.Floor(blockNum / blocksPerRow);

    int column = blockNum - blocksPerRow * row;

    Point origin = new Point(itemSize.Width * column, itemSize.Height * row);
    return origin;
}
```

在覆写 ArrangeOverride 方法时，对每个子元素调用 Arrange 方法，传递 Rect 对象，该对象设置父面板中子级的布局槽的原点、高度和宽度。在此示例中，根据它们在 Children 集合中的顺序，在一个 3×3 的网格单元格中放置前 9 个子元素。将第一个子元素放置在左上方单元格中，因此传递的 Rect 是 (0,0,100,100)，这意味着它将放置在面板的左上角，宽度和高度为 100。给前 9 个子元素一个 100×100 的布局槽，给其余元素一个 0×0 的布局槽。如果子元素的所需大小比分配的空间大，将裁剪它。每个子元素基于其他一些布局属性如 HorizontalAlignment、VerticalAlignment 和 Margin 在布局槽中定位自身。

3.7.3　使用 BlockPanel

通过上面的两个步骤，我们就开发出了一个自定义的布局面板，现在来看一下如何使用该布局面板，首先需要引用命名空间，如下面的示例代码所示：

XAML

```xaml
<UserControl x:Class="Chapter03.CustomPanel.Page"
    xmlns="http://schemas.microsoft.com/winfx/2006/xaml/presentation"
    xmlns:x="http://schemas.microsoft.com/winfx/2006/xaml"
    xmlns:local="clr-namespace:Chapter03.CustomPanel">
```

在 BlockPanel 控件中放入 9 个矩形元素和 1 个 TextBlock 元素，因为我们定义的布局面板是 3×3 的网格，所以第 10 个元素将不会显示，如下面的示例代码所示：

XAML

```xaml
<Grid x:Name="LayoutRoot" Background="White">
    <local:BlockPanel Background="#92D050" HorizontalAlignment="Left"
VerticalAlignment="Top" >
        <Rectangle Fill="#FF6600" Height="100" Width="100" Margin="2"/>
        <Rectangle Fill="#FF6600" Height="200" Width="200" Margin="2"/>
        <Rectangle Fill="#FF6600" Height="100" Width="500" Margin="2"/>
        <Rectangle Fill="#FF6600" Height="100" Width="100" Margin="2"/>
        <Rectangle Fill="#FF6600" Height="100" Width="100" Margin="2"/>
        <Rectangle Fill="#FF6600" Height="100" Width="100" Margin="2"/>
        <Rectangle Fill="#FF6600" Height="500" Width="500" Margin="2"/>
        <Rectangle Fill="#FF6600" Height="500" Width="500" Margin="2"/>
        <Rectangle Fill="#FF6600" Height="500" Width="500" Margin="2"/>
        <TextBlock Text="这里的文本不会显示"/>
    </local:BlockPanel>
</Grid>
```

运行效果如图 3-13 所示。

图 3-13

可以看到，尽管在 XAML 中指定部分矩形元素的长度和高度都大于 100，但在最终显示的时候进行了裁剪，这是因为在 BlockPanel 中已经定义了子元素的大小为 100×100。

通过自定义布局面板，可弥补使用 Silverlight 2 内置布局面板无法进行复杂布局的遗憾，轻松地在实际开发中进行布局处理。

3.8 全屏支持

Silverlight 插件提供了两种不同的显示模式，一是嵌入模式，此模式下插件将作为浏览器中一个独立的子窗口显示在浏览器中；除此之外，还有一种全屏模式，此模式下插件将会根据屏幕的当前分辨率调整大小，并显示在其他所有应用程序（包括浏览器）之上。

嵌入模式如图 3-14 所示。

图 3-14

全屏模式如图 3-15 所示。

图 3-15

3.8.1 实现全屏模式

当前 Silverlight 应用程序宿主中 Content 的 IsFullScreen 属性决定 Silverlight 插件显示为全屏插件还是嵌入插件。如果将 IsFullScreen 属性设置为 true，Silverlight 插件将在全屏模式下显示，否则会在嵌入模式下显示，如果一个网页承载多个 Silverlight 插件，一次只能有一个插件处于全屏模式。Silverlight 插件在全屏模式下显示时，会短暂显示下面的消息："按 ESC 退出全屏模式"。此消息警告用户应用程序现在处于全屏模式，并提供有关如何返回嵌入模式的信息。如下面的示例代码，在图片中按下鼠标左键时设置为全屏模式：

XAML
```
<Grid x:Name="LayoutRoot" Background="#92D050">
    <Image Source="bj.png" Width="500" Height="375"
        MouseLeftButtonDown="Image_MouseLeftButtonDown"></Image>
</Grid>
```

设置全屏如下面的示例代码所示：

```csharp
C#
private void Image_MouseLeftButtonDown(object sender,MouseButtonEventArgs e)
{
    SilverlightHost host = Application.Current.Host;
    Content contentObject = host.Content;
    contentObject.IsFullScreen = true;
}
```

代码非常简单，获取当前 Silverlight 应用程序的宿主，并设置 Content 的 IsFullScreen 属性为 true。当启动全屏时，可看到如图 3-16 所示的信息。

图 3-16

当然 Silverlight 设置全屏是有一些限制的，Silverlight 插件仅在响应用户启动的操作时才可启用全屏模式。这意味着只能在用户输入事件处理程序中通过编程切换到全屏模式。例如，如果尝试在 Startup 事件处理程序中将 IsFullScreen 属性设置为 true，将忽略该属性设置。通过限制启用全屏模式的操作，可确保用户始终是全屏模式行为的启动者，这将防止恶意应用程序伪造操作系统或其他程序的外观。

另外在 Silverlight 插件处于全屏模式下时，会禁止大多数键盘事件。全屏模式期间此键盘输入限制是一个安全功能，可用于将用户输入意外信息的可能性降至最低。在全屏模式下，只允许通过以下键进行输入：向上键、向下键、向左键、向右键、空格键、Tab 键、Page Up、Page Down、Home、End 和 Enter。这意味着在全屏模式下不让用户进行一些基本信息的输入，大多数情况下只用全屏模式做显示，或者支持以上键的输入。

Silverlight 插件在全屏模式下显示时，Silverlight 插件的大小等于屏幕的当前分辨率。在切换到全屏模式期间不影响该插件的 width 和 height 属性的值。若要确定全屏模式下该插件的实际大小，请使用 Content.ActualWidth 和 Content.ActualHeight 属性。在全屏模式下，将这些属性设置为屏幕的当前分辨率。处于全屏模式下的 Silverlight 插件在切换回嵌入模式下时，该插件大小会还原为 width 和 height 属性的值。

3.8.2 捕获相关事件

当每次更改 IsFullScreen 属性时，Content.FullScreenChanged 事件都会触发，这对于我们来说非常有用，如当切换到全屏模式下时，需要更改用户界面元素的大小或位置等。如下面的示例中，在切换到全屏模式时修改 Button 控件的背景色及文字信息：

C#

```csharp
public Page()
{
    InitializeComponent();
    Application.Current.Host.Content.FullScreenChanged +=
        new EventHandler(Content_FullScreenChanged);
}

private void toggleButton_Click(object sender, RoutedEventArgs e)
{
    Content contentObject = Application.Current.Host.Content;
    contentObject.IsFullScreen = !contentObject.IsFullScreen;
}

private void Content_FullScreenChanged(object sender, EventArgs e)
{
    Content contentObject = Application.Current.Host.Content;
    if (contentObject.IsFullScreen)
    {
        toggleButton.Background = new SolidColorBrush(Colors.Green);
        toggleButton.Content = "全屏模式";
    }
    else
    {
        toggleButton.Background = new SolidColorBrush(Colors.Red);
        toggleButton.Content = "嵌入模式";
    }
}
```

运行后全屏模式下效果如图 3-17 所示。

图 3-17

嵌入模式下的效果如图 3-18 所示。

图 3-18

当 Silverlight 插件进入或退出全屏模式时，并不会触发 Resized 事件。但可在 Resized 事件和 FullScreenChanged 事件的处理程序中执行相似的布局更改。

3.9   实例开发

3.9.1   实现界面布局

前面介绍了 Silverlight 2 中常用的 3 种界面布局面板以及使用边框、边距和自定义布局面板，接下来我们使用前面提到的 3 种布局面板，开发一个综合实例——拾色器，最终完成后的效果如图 3-19 所示。

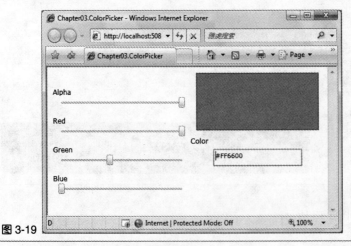

图 3-19

第一步：纵观整个页面，可大致划分为 3 个区域——颜色显示区域、颜色值显示区域和取色区域，并且 3 个区域呈左右分布状，用 Grid 控件可以很容易实现。

第二步：添加一个 2 行 2 列的 Grid 控件，分别指定行高和列宽，用来作为整体页面的格局划分，至于左边的取色区域，使用单元格合并即可。

XAML

```xaml
<Grid x:Name="LayoutRoot" Background="White">
    <Grid.ColumnDefinitions>
        <ColumnDefinition Width="260" />
        <ColumnDefinition Width="*" />
    </Grid.ColumnDefinitions>
    <Grid.RowDefinitions>
        <RowDefinition Height="120" />
        <RowDefinition Height="120" />
    </Grid.RowDefinitions>
</Grid>
```

第三步：添加颜色显示区域，用一个矩形显示，放入 Grid 的第 1 行第 2 列。

XAML

```xaml
<Rectangle Grid.Row="0" Grid.Column="1" x:Name="PreviewColor"
                Fill="#FF6600" Margin="10" Stroke="#666666"
StrokeThickness="2" />
```

第四步：添加颜色值显示区，嵌套一个 StackPanel 控件，让它里面的 UI 控件垂直显示，这属于页面中的一小部分区域，使用 StackPanel 控件正是发挥了它的长处。

XAML

```xaml
<StackPanel Grid.Row="1" Grid.Column="1" >
        <TextBlock FontSize="12">Color</TextBlock>
        <TextBox x:Name="HexColor" Width="160" Height="30" Text="#FF6600"
Margin="10,5" FontSize="11"/>
    </StackPanel>
```

第五步：左边用 4 个 Silder 控件和 4 个 TextBlock 控件显示，须要对 Grid 的行进行合并 Grid.RowSpan 属性。为了让最终的显示效果美观，对其中的元素设置 Margin 属性。

XAML

```xaml
<StackPanel Grid.Row="0" Grid.Column="0" Grid.RowSpan="2"
VerticalAlignment="Center">
    <TextBlock Text="Alpha" FontSize="12" Margin="10,15,0,0"/>
    <Slider x:Name="AlphaSlider" Margin="20,0,10,0" Maximum="255"
Value="255"/>
    <TextBlock Text="Red" FontSize="12" Margin="10,15,0,0"/>
    <Slider x:Name="RedSlider" Margin="20,0,10,0" Maximum="255" Value="255"/>
    <TextBlock Text="Green" FontSize="12" Margin="10,15,0,0"/>
    <Slider x:Name="GreenSlider" Margin="20,0,10,0" Maximum="255"
Value="102"/>
```

```
<TextBlock Text="Blue" FontSize="12" Margin="10,15,0,0"/>
<Slider x:Name="BlueSlider" Margin="20,0,10,0" Maximum="255" Value="0"/>
</StackPanel>
```

这样我们就完成了拾色器相对复杂的界面布局。

3.9.2　实现程序处理

现在该对 Slider 控件添加事件处理程序，根据 4 个 Slider 控件的值来设置颜色显示区域矩形的填充色。

```csharp
private void RedSlider_ValueChanged(object sender,
RoutedPropertyChangedEventArgs<double> e)
{
    Color color = Color.FromArgb((byte)AlphaSlider.Value,
(byte)RedSlider.Value, (byte)GreenSlider.Value, (byte)BlueSlider.Value);

    PreviewColor.Fill = new SolidColorBrush(color);
    HexColor.Text = color.ToString();
}
```

至此，一个完整的拾色器就完成了，运行后可以看到如图 3-20 所示的效果。当然读者朋友还可以充分发挥自己的想象力，为其添加更加丰富的功能。

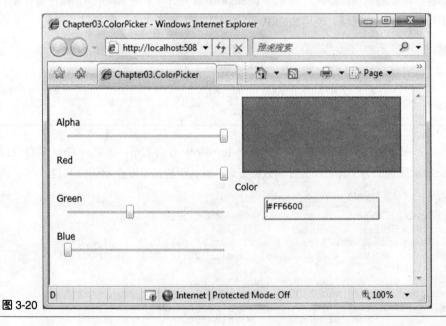

图 3-20

3.10　本章小结

本章介绍了 Silverlight 2 中内置的 3 种界面布局面板，其中 Canvas 对 UI 元素进行绝对定位，StackPanel 则用于界面上一小部分的简单布局，Grid 控件是最强大和灵活的布局面板，也许会成为经常使用的布局面板，如果都不能满足实际需求，还可以进行自定义面板。相信通过它们，就能够开发出令用户满意的界面布局。

第4章 封装控件观感

本章内容 在 Silverlight 2 中内置了一种称之为样式的机制，可把控件的属性封装起来，以达到重用的目的。同时还可通过定制控件模板，完全改变控件内置的默认结构，实现超级丰富的控件皮肤。本章将详细讲解如下内容：

> 控件观感概览
> 使用样式
> 使用控件模板
> 视觉状态管理
> 本章小结

4.1　控件观感概览

众所周知，在 HTML 中，可对 DOM 元素使用 CSS 样式，把元素的样式保存在独立的 CSS 文件中，实现多个页面或应用程序中控件重用样式。在 Silverlight 2 中我们仍然可以做到这一点，Silverlight 2 中支持一种称之为样式的机制，它允许我们把控件的属性值封装成可重用的资源，把这些样式声明保存在独立于页面的全局应用程序文件中，然后可在应用程序中跨控件和页面重用。

除了可定制元素的基本属性之外，还可使用样式来定义控件模板，实现超级丰富的控件皮肤，甚至于可改变控件的结构，这一点在 HTML 中使用 CSS 是无法做到的。

4.2　使用样式

4.2.1　内联样式

内联样式在概念上跟在 HTML 中直接设置 DOM 元素的样式一样，在 XAML 中，直接通过 UI 元素的属性来设置。下面的示例中分别设置了 TextBlock 的字体样式、TextBox 的边框样式、Button 的背景样式及字体样式：

XAML

```xml
<Canvas>
    <TextBlock Canvas.Top="110" Canvas.Left="30" Text="用户名:"
            FontSize="16" FontFamily="微软雅黑" Foreground="Red"/>
    <TextBox Canvas.Top="100" Canvas.Left="100"
            Width="240" Height="40" BorderBrush="Red"/>
    <Button Canvas.Top="100" Canvas.Left="360" Content="提 交"
            Width="120" Height="40" Background="Red"
            FontSize="16" FontFamily="微软雅黑"/>
</Canvas>
```

运行效果如图 4-1 所示。

图 4-1

除了上面介绍的直接在元素上通过属性定义样式之外，内联样式还可通过附加属性 Style 来定义，通过 Style 属性可定义一系列的样式设置器，由它们来定义每个属性的值，如下面的示例代码所示：

XAML

```xml
<Button Canvas.Top="100" Canvas.Left="360" Content="提交">
    <Button.Style>
        <Style TargetType="Button">
            <Setter Property="Background" Value="Red"></Setter>
            <Setter Property="FontSize" Value="16"></Setter>
            <Setter Property="FontFamily" Value="微软雅黑"></Setter>
            <Setter Property="Width" Value="120"></Setter>
            <Setter Property="Height" Value="40"></Setter>
        </Style>
    </Button.Style>
</Button>
```

尽管内联样式使用起来比较简单，也可很方便地控制每一个具体的控件样式。但它不是一种很好的做法，并不值得推荐，究其原因不外乎如下 3 点：一是页面 XAML 代码混乱，而对于开发人员来说并不关心 UI 控件的样式；二是页面样式不可重用，需要为每个控件定义样式，如果在页面中有许多的控件使用同一种样式，则会在代码中出现大量重复的样式代码；三是如果页面中有一种控件的样式需要调整，则需要找到页面中所有该类控件，并修改其样式代码，其工作量之大可想而知。所以，在实际项目开发中，应尽量避免使用内敛样式。

4.2.2 页面级样式

在 Silverlight 2 中，还可使用页面级样式，即在一个页面内定义控件的样式，来达到样式重用的目的，但这种重用也仅仅限制在当前页面。先来看一下如何定义页面级样式，如下面的示例代码所示：

XAML

```xaml
<UserControl.Resources>
    <Style TargetType="TargetType" x:Key="StyleKey">
        <Setter Property="ProperyName" Value="ProperyValue"/>
    </Style>
</UserControl.Resources>
```

页面级样式在根元素中定义，如 UserControl、Canvas、StackPanel、Grid 等，Style 作为根元素的资源嵌入。在 Style 标记中，TargetType 属性指定该样式最终将作用在什么类型的控件上，x:Key 属性为样式指定唯一的标识，不可重复，在后面的控件中将会使用该标识。Style 标记里面内嵌的是一系列的 Setter 设置器，其中 Property 属性指定的是控件的属性名称，如 Width、FontSize 等，Value 属性指定的是控件属性对应的值。

在页面中定义完样式后，只须要在对应的 UI 控件中使用 StaticResource 来引用静态资源就可以了。如下面的示例代码所示：

XAML

```xaml
<Button Canvas.Top="100" Canvas.Left="360" Content="提 交"
    Style="{StaticResource ButtonStyle}"/>
```

其中在 StaticResource 后面指定的就是在前面定义的样式的唯一标识。现在使用页面级样式重新定义上面内联样式中的例子，如下面的示例代码所示：

XAML

```xaml
<UserControl.Resources>
    <Style TargetType="TextBlock" x:Key="TextBlockStyle">
        <Setter Property="FontSize" Value="16"/>
        <Setter Property="FontFamily" Value="微软雅黑"/>
    </Style>

    <Style TargetType="TextBox" x:Key="TextBoxStyle">
        <Setter Property="BorderBrush" Value="Red"/>
        <Setter Property="Width" Value="240"/>
```

```
            <Setter Property="Height" Value="40"/>
        </Style>

        <Style TargetType="Button" x:Key="ButtonStyle">
            <Setter Property="Width" Value="120"/>
            <Setter Property="Height" Value="40"/>
            <Setter Property="Background" Value="Red"/>
            <Setter Property="FontSize" Value="16"/>
            <Setter Property="FontFamily" Value="微软雅黑"/>
        </Style>
    </UserControl.Resources>
    <Canvas>
        <TextBlock Canvas.Top="110" Canvas.Left="30" Text="用户名"
                Style="{StaticResource TextBlockStyle}"/>
        <TextBox Canvas.Top="100" Canvas.Left="100"
                Style="{StaticResource TextBoxStyle}"/>

        <Button Canvas.Top="100" Canvas.Left="360" Content="提 交"
                Style="{StaticResource ButtonStyle}"/>
    </Canvas>
```

运行效果如图 4-2 所示。

图 4-2

通过上面的例子可以看到，使用页面级样式，可在整个页面之间实现样式复用。如果定义样式在某一个布局面板内部，可是实现在某一面板内部样式复用。页面级样式虽然较之内联样式在样式复用上有了很大的改进，但仍然不是一种很好的方式，因为要在每个页面内部定义控件样式，当有一个控件的样式变化时，仍然须要修改所有的页面样式。但是，如果某个样式只在一个特定的页面中出现，使用页面级样式也是一个不错的选择。

4.2.3 全局样式

前面介绍了内联样式和页面级样式，但它们对于控件样式的复用仍然存在较大的问题。本节介绍如何使用全局样式，以达到控件样式最大程度的复用，就像在 HTML 中那样，把 CSS 定义在一个单独的文件中，然后在须要使用样式的页面中引入该文件。在 Silverlight 中，不须要再单独创建一个样式文件，而是作为全局资源定义在 App.xaml 文件中。

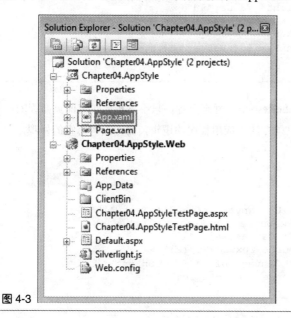

图 4-3

在定义全局样式时，方法与前面介绍过的页面级样式基本一致，只不过样式代码是放在了 <Application.Resources>中，如下面的示例代码所示：

XAML
```
<Application.Resources>
    <Style TargetType="TargetType" x:Key="StyleKey">
        <Setter Property="ProperyName" Value="ProperyValue"/>
    </Style>
</Application.Resources>
```

现在再使用全局样式重写前面在内联样式中用到的例子，首先在 App.xaml 中定义样式，如下面的示例代码所示：

XAML
```
<Application.Resources>
    <Style TargetType="TextBlock" x:Key="TextBlockStyle">
        <Setter Property="FontSize" Value="16"/>
        <Setter Property="FontFamily" Value="微软雅黑"/>
    </Style>

    <Style TargetType="TextBox" x:Key="TextBoxStyle">
        <Setter Property="BorderBrush" Value="Red"/>
        <Setter Property="Width" Value="240"/>
```

```
                    <Setter Property="Height" Value="40"/>
                </Style>

                <Style TargetType="Button" x:Key="ButtonStyle">
                    <Setter Property="Width" Value="120"/>
                    <Setter Property="Height" Value="40"/>
                    <Setter Property="Background" Value="Red"/>
                    <Setter Property="FontSize" Value="16"/>
                    <Setter Property="FontFamily" Value="微软雅黑"/>
                </Style>
</Application.Resources>
```

在控件中使用样式，仍然是用 **StaticResource** 静态资源，只不过相比较前面页面级的样式代码，已经相当优雅了，这使得开发者只须专注于应用程序的逻辑，而无须考虑它的外观，如下面的示例代码所示：

XAML
```
<Canvas>
    <TextBlock Canvas.Top="110" Canvas.Left="30" Text="用户名:"
            Style="{StaticResource TextBlockStyle}"/>
    <TextBox Canvas.Top="100" Canvas.Left="100"
        Style="{StaticResource TextBoxStyle}"/>
    <Button Canvas.Top="100" Canvas.Left="360" Content="提 交"
        Style="{StaticResource ButtonStyle}"/>
</Canvas>
```

运行效果如图 4-4 所示：

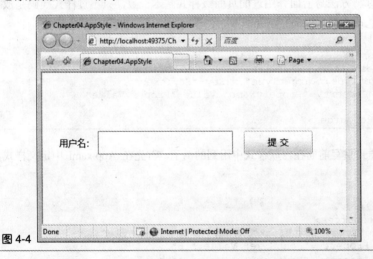

图 4-4

通过使用全局样式，使定义的样式得到了最大程度的复用，可在整个应用程序级别使用。如果须要修改控件样式，只须要在 App.xaml 中进行修改就可以了，这会成为开发中最为常用的一种定义样式的方法，也是值得推荐的一种方式。

4.2.4 样式重写

对于前面所讲的 3 种定义控件样式的方式，有读者可能想到了，如果同时定义了全局样式、页面级样式和内联样式，会如何呢？根据它们的作用范围不同，具有不同的优先级，其优先级由低到高分别为：全局样式、页面级样式、内联样式。下面通过一个简单的示例来印证这一点，首先定义 3 个矩形，如下面的示例代码所示：

```XAML
<Canvas>
    <Rectangle Canvas.Top="70" Canvas.Left="40"
            Style="{StaticResource RectStyle}"/>
    <Rectangle Canvas.Top="70" Canvas.Left="180"
            Style="{StaticResource RectStyle}"/>
    <Rectangle Canvas.Top="70" Canvas.Left="320"
            Style="{StaticResource RectStyle}"/>
</Canvas>
```

然后在 App.xaml 中为它们定义全局样式：

```XAML
<Application.Resources>
    <Style TargetType="Rectangle" x:Key="RectStyle">
        <Setter Property="Width" Value="100"/>
        <Setter Property="Height" Value="100"/>
        <Setter Property="Fill" Value="Red"/>
        <Setter Property="Stroke" Value="Black"/>
        <Setter Property="StrokeThickness" Value="3"/>
    </Style>
</Application.Resources>
```

现在运行后，可看到 3 个矩形的外观是一样的，它们都是边框宽度为 3、颜色为黑色并填充色为红色，如图 4-5 所示。

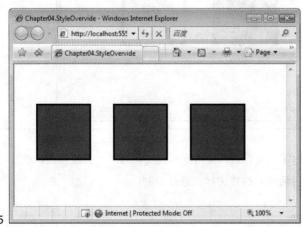

图 4-5

现在做一些调整，首先在页面级别重新为矩形定义样式，让矩形的填充色变为绿色，唯一标识与全局样式的相同：

XAML

```xml
<UserControl.Resources>
    <Style TargetType="Rectangle" x:Key="RectStyle">
        <Setter Property="Width" Value="100"/>
        <Setter Property="Height" Value="100"/>
        <Setter Property="Fill" Value="Green"/>
        <Setter Property="Stroke" Value="Black"/>
        <Setter Property="StrokeThickness" Value="3"/>
    </Style>
</UserControl.Resources>
```

并且为第 3 个矩形定义内联样式，修改它的边框和填充色：

XAML

```xml
<Rectangle Canvas.Top="70" Canvas.Left="320" Style="{StaticResource RectStyle}"
    Fill="Yellow" Stroke="Red" StrokeThickness="5" />
```

现在再运行应用程序，效果如图 4-6 所示。

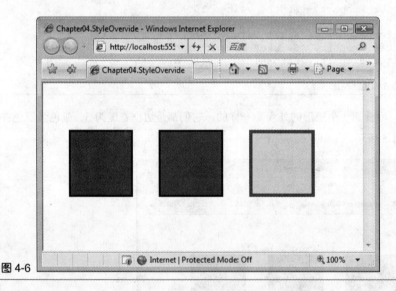

图 4-6

可以看到，页面级样式重写了全局样式，而内联样式又重写了页面级样式。通过这 3 种样式及它们之间的优先级不同，可灵活地对控件的样式进行定制。

4.3 使用控件模板

4.3.1 控件模板简介

前面所讲述的样式机制，只是对控件外观进行了定制，在 Silverlight 2 中增加了对于控件模板的支持，使用控件模板，不仅可定制控件的内容，还可定制控件的结构，实现极其丰富的界面效果。使用控件模板，还可在不更改现有控件功能的情况下更改其外观。例如，可将应用程序中的按钮设置为圆形，而不是默认的方形，但该按钮仍将引发 Click 事件。

如果不能为控件创建新的控件模板，则每个基于 Silverlight 的应用程序中的所有控件都有相同的外观，限制了创建具有自定义外观的应用程序的能力。如默认情况下，每个 CheckBox 具有相似的特性，CheckBox 的内容始终位于选择指示符的右侧，复选标记总是用于表示选中了 CheckBox。

4.3.2 定制控件内容

在 Silverlight 2 中，部分控件除了具有一些基本属性外，还具有 Content 属性，这类控件都继承于 ContentControl，称之为内容控件，在内容控件中定义了一个很重要的属性就是 Content，如下面的代码所示：

```C#
public partial class ContentControl : Control
{
    public object Content
    {
        get { return GetValue(ContentProperty); }
        set { SetValue(ContentProperty, value); }
    }
    // 其他省略
}
```

这意味着可对这些控件的内容进行自定义。如对于 Button 控件，它派生于 ButtonBase，而 ButtonBase 又派生于 ContentControl，所以它具有 Content 属性，属于内容控件。在定制控件内容时，可使用如下语法：

```
<SomeControl ...>
  < SomeControl.Content>
      <SomeOtherControl.../>
  </ SomeControl.Content>
</ SomeControl>
```

下面通过一个简单示例，让 Button 控件不再是单调的显示文字，而变成图片的形式，这样看起来将更加的形象。首先还是声明两个 Button 控件，分别表示"确定"和"取消"，然后指定它们的 Content 属性为一个 Image 控件，如下面的示例代码所示：

XAML

```
<Canvas>
    <Button Canvas.Top="80" Canvas.Left="100" Margin="10" Width="140"
Height="60">
        <Button.Content>
            <Image Source="apply.png"></Image>
        </Button.Content>
    </Button>
    <Button Canvas.Top="80" Canvas.Left="260" Margin="10" Width="140"
Height="60">
        <Button.Content>
            <Image Source="del.png"></Image>
        </Button.Content>
    </Button>
</Canvas>
```

运行效果如图 4-7 所示。

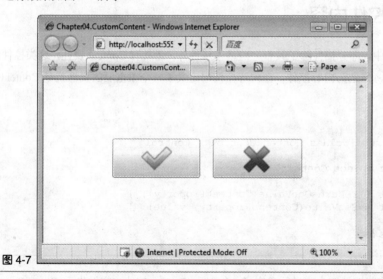

图 4-7

尽管现在这个效果看起来还不是很炫，但是已经比简单的文字信息好多了。如果还想在 Button 控件上再加上文字信息，即同时显示文字和图片信息。大家可能很容易想到在 Content 再添加一个 TextBlock 来显示文字，并让图片显示在左边，如下面的示例代码所示：

XAML

```
<Canvas>
    <Button Canvas.Top="80" Canvas.Left="100" Margin="10" Width="140"
Height="60">
```

```
        <Button.Content>
            <Image Source="apply.png"></Image>
            <TextBlock Text="确定" VerticalAlignment="Center"
HorizontalAlignment="Center"></TextBlock>
        </Button.Content>
    </Button>
    <Button Canvas.Top="80" Canvas.Left="260" Margin="10" Width="140"
Height="60">
        <Button.Content>
            <Image Source="del.png"></Image>
            <TextBlock Text="取消" VerticalAlignment="Center"
HorizontalAlignment="Center"></TextBlock>
        </Button.Content>
    </Button>
</Canvas>
```

在编译时将会看到这段代码是无法正确编译的，原因在于 Content 属性最多只能接受一个控件对象，其实通过上面 ContentControl 控件的定义也可以发现，Content 属性是 Object 类型的，而不是 Object 集合类型。相信大家已经想到了第 3 章讲过的布局面板，即在 Content 属性中加入一个布局面板，这样在面板里面就可添加任意多的控件了。重新修改上面的示例，把 Image 和 TextBlock 控件放入一个 StackPanel 面板中，如下面的示例代码所示：

XAML

```
<Canvas>
    <Button Canvas.Top="80" Canvas.Left="100" Margin="10" Width="140"
Height="60">
        <Button.Content>
            <StackPanel Orientation="Horizontal">
                <Image Source="apply.png"></Image>
                <TextBlock Text="确定" VerticalAlignment="Center"
HorizontalAlignment="Center"></TextBlock>
            </StackPanel>
        </Button.Content>
    </Button>
    <Button Canvas.Top="80" Canvas.Left="260" Margin="10" Width="140"
Height="60">
        <Button.Content>
            <StackPanel Orientation="Horizontal">
                <Image Source="del.png"></Image>
                <TextBlock Text="取消" VerticalAlignment="Center"
HorizontalAlignment="Center"></TextBlock>
            </StackPanel>
        </Button.Content>
    </Button>
</Canvas>
```

此时再运行应用程序，可以看到与当初预期设想的效果一致，如图 4-8 所示。

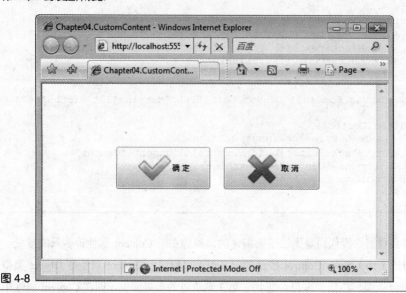

图 4-8

在定制控件的内容后，只是改变了控件的内容，控件仍然具有原来的各种行为。还有一点，此处的控件尽管在内容上发生了一些变化，但是控件仍然具有默认的结构。

4.3.3   定制控件结构

与定义样式不同，定制控件内容只是改变控件内容的显示，控件的视觉树并没有改变。如对于 Button 控件，尽管可以让它不再显示单调的文字信息，但它给用户的视觉效果仍然是一个矩形，如果想要 Button 控件显示为椭圆形或一个任意的形状，依靠定义样式和定制控件内容就无法胜任了。使用控件模板可以完成这一任务，它可完全定制控件的视觉树，而样式则只能定制控件已有的属性。在 Silverlight 2 中，任何继承于 Control 的 UI 元素都可进行控件模板定制，通过 Template 属性设置，在 Control 类中的声明如下：

C#

```
public abstract class Control : FrameworkElement
{
    public ControlTemplate Template { get; set; }
}
```

而 ControlTemplate 类型的定义如下：

C#

```
public sealed class ControlTemplate : FrameworkTemplate
{
    public ControlTemplate();
```

```
    public Type TargetType { get; set; }
}
```

Template 属性指定控件的控件模板，像许多属性一样，可通过下列方法设置 Template 属性。

- ◆ 将 Template 设置为内联定义的 ControlTemplate。

- ◆ 将 Template 设置为对定义成静态资源的 ControlTemplate 的引用。

- ◆ 用 Style 设置 Template 和定义 ControlTemplate。

下面的示例演示了如何设置 Template 属性以及内联定义 ControlTemplate：

XAML
```
<Button Content="Button">
    <Button.Template>
        <ControlTemplate TargetType="Button">
            <!--这里定义控件模板-->
        </ControlTemplate>
    </Button.Template>
</Button>
```

下面的示例演示了如何将 ControlTemplate 定义为静态资源以及将 Template 设置为对该资源的引用：

XAML
```
<StackPanel>
    <StackPanel.Resources>
        <ControlTemplate x:Key="ButtonTemplate" TargetType="Button">
            <!--这里定义控件模板-->
        </ControlTemplate>
    </StackPanel.Resources>
    <Button Template="{StaticResource ButtonTemplate}" Content="Button"/>
</StackPanel>
```

下面的示例演示如何用样式设置 Template 属性和定义 ControlTemplate：

XAML
```
<StackPanel>
    <StackPanel.Resources>
        <Style x:Key="ButtonStyle" TargetType="Button">
            <Setter Property="Template">
                <Setter.Value>
                    <ControlTemplate TargetType="Button">
                        <!--这里定义控件模板-->
                    </ControlTemplate>
                </Setter.Value>
            </Setter>
        </Style>
    </StackPanel.Resources>
    <Button Style="{StaticResource ButtonStyle}" Content="Button1"/>
</StackPanel>
```

以上 3 种方式都可以用来定制控件模板，但是最为常用的还是第 3 种，很显然这种定制控件模板的方式与设置控件的任何一个属性一样简单。下面看一个示例，通过控件模板定制一个带有渐变效果的椭圆形按钮，首先声明控件的样式，这在第 4 章第 2 节已经讲过了。同时在控件模板中需要指定目标类型 TargetType，即完成的控件模板将应用于哪种类型的控件，为该样式指定一个唯一名称 RoundButton，如下面的示例代码所示：

XAML

```xaml
<Application.Resources>
    <Style x:Key="RoundButton" TargetType="Button">
        <Setter Property="Template">
            <Setter.Value>
                <ControlTemplate TargetType="Button">

                </ControlTemplate>
            </Setter.Value>
        </Setter>
    </Style>
</Application.Resources>
```

然后就可在 ControlTemplate 定制我们想要的效果。加入一个椭圆形元素并对其设置放射性渐变效果（关于图形及渐变效果将在本书第 7 章详细讲述），并且加入一个 TextBlock 控件，用来显示按钮上的文字信息，最终完成的结果如下面的代码所示：

XAML

```xaml
<Application.Resources>
    <Style x:Key="RoundButton" TargetType="Button">
        <Setter Property="Template">
            <Setter.Value>
                <ControlTemplate TargetType="Button">
                    <Grid x:Name="RootElement">
                        <Ellipse Width="240" Height="120">
                            <Ellipse.Fill>
                                <RadialGradientBrush GradientOrigin="0.5,0.5"
                                Center="0.5,0.5">
                                    <GradientStop Offset="0.2" Color="#FFFFFF"/>
                                    <GradientStop Offset="1" Color="#EC04FA"/>
                                </RadialGradientBrush>
                            </Ellipse.Fill>
                        </Ellipse>
                        <TextBlock Text="提 交" FontSize="26" Foreground="Black"
                        HorizontalAlignment="Center"
                        VerticalAlignment="Center"/>
                    </Grid>
                </ControlTemplate>
            </Setter.Value>
        </Setter>
    </Style>
</Application.Resources>
```

对目标控件使用上面定义的样式，相信大家都已经很熟悉，直接使用 StaticResource，如下面的示例代码所示：

```XAML
<Canvas>
    <Button Content="默认按钮" Canvas.Left="120" Canvas.Top="20" Width="200"
Height="50"></Button>
    <Button Canvas.Left="120" Canvas.Top="100" Style="{StaticResource
RoundButton}"/>
</Canvas>
```

现在运行后就可以看到一个完全不同于默认 Button 的控件，如图 4-9 所示。

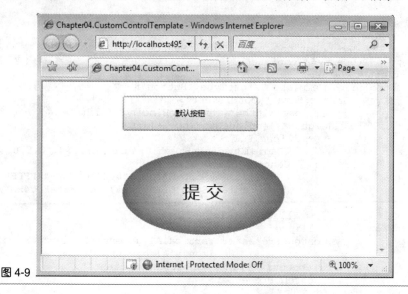

图 4-9

可以看到，使用控件模板，我们定义了一个完全与默认控件视觉树不同的 Button 控件。在本书后面学习了 Silverlight 2 中关于图形的处理和画刷等知识后，大家可以充分发挥自己的想象力，来开发出更酷更炫的控件。

4.3.4 创建模板

定制控件结构一节中，最终显示的 Button 控件大小及上面的文字都是固定的。如果我们在应用程序中多个页面都要用到该样式的控件，并且每个控件上显示的文字及大小都不相同，希望在开发人员使用时再进行设定，这种方式就显得不够灵活，因为我们不能在 App.xaml 中为每一个控件都定义一次控件模板。有了 Silverlight 2 中的标识扩展句法，就大可不必担心这个问题了。

可以在控件模板中通过使用{TemplateBinding ControlProperty}的标识扩展句法绑定到控件的

属性来实现，使用 ContentPresenter 标记灵活地设置各个属性参数。如下面的示例代码所示：

```XAML
<ContentPresenter
    Content="{TemplateBinding Content}"
    HorizontalContentAlignment="{TemplateBinding
HorizontalContentAlignment}"
    VerticalContentAlignment="{TemplateBinding VerticalContentAlignment}">
</ContentPresenter>
```

现在再次重新修改 4.3.3 节中的示例，使其大小和文字可在使用时自行设定。首先在 App.xaml
中修改样式为如下代码：

```XAML
<Application.Resources>
    <Style x:Key="RoundButton" TargetType="Button">
        <Setter Property="Template">
            <Setter.Value>
                <ControlTemplate TargetType="Button">
                    <Grid x:Name="RootElement">
                        <Ellipse Width="{TemplateBinding Width}"
                        Height="{TemplateBinding Height}">
                            <Ellipse.Fill>
                                <RadialGradientBrush GradientOrigin="0.5,0.5"
                                Center="0.5,0.5">
                                    <GradientStop Offset="0.2" Color="#FFFFFF"/>
                                    <GradientStop Offset="1" Color="#EC04FA"/>
                                </RadialGradientBrush>
                            </Ellipse.Fill>
                        </Ellipse>
                        <ContentPresenter VerticalAlignment="Center"
                                       HorizontalAlignment="Center"
                        Content="{TemplateBinding Content}">
                        </ContentPresenter>
                    </Grid>
                </ControlTemplate>
            </Setter.Value>
        </Setter>
    </Style>
</Application.Resources>
```

然后在页面中放置两个 Button 控件，并使用该样式，为它们设置不同的长宽和文字，如下面
的示例代码所示：

```XAML
<Canvas Background="White">
    <Button Canvas.Left="40" Canvas.Top="50"
            Style="{StaticResource RoundButton}"
            Width="180" Height="90" Content="确 定"/>

    <Button Canvas.Left="280" Canvas.Top="50"
```

```
        Style="{StaticResource RoundButton}"
        Width="90" Height="90" Content="取消"/>
</Canvas>
```

最后运行效果如图 4-10 所示。

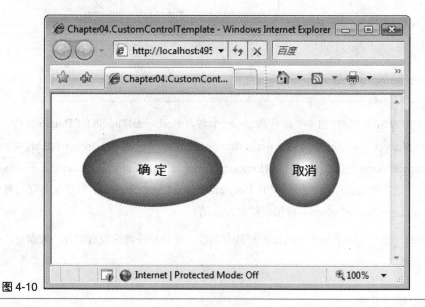

图 4-10

通过创建模板，我们可自由灵活地控制控件的视觉效果。

4.4 视觉状态管理

通过本章前面几节的介绍，想必大家已经领略到了使用控件模板所带来的无穷魅力，但是，创建控件模板绝不是一件非常容易的事情。为此微软在 Silverlight 2 中提出了视觉状态管理（Visual State Manager）的概念，为我们创建交互性的控件模板提供了极大的方便。在定义控件模板时，需要严格区分控件的视觉效果和控件的逻辑，这样才能保证在修改控件外观时不影响控件逻辑，在视觉状态管理中提出的部件和状态模型能很好地解决这一问题。

4.4.1 部件

在 Silverlight 2 中，控件通常是复合 FrameworkElement 对象。当创建控件模板时，组合 FrameworkElement 对象以生成单一控件。控件模板必须将唯一一个 FrameworkElement 作为其根元素。根元素通常包含其他 FrameworkElement 对象，对象组合构成了控件的可视结构，组成控件的这些元素通常称之为部件。如图 4-11 所示是 Silder 控件的部件。

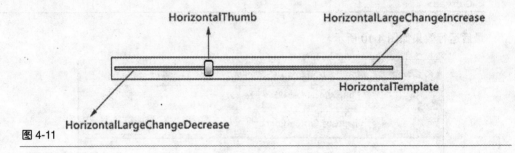

图 4-11

在图 4-11 中的 Silder 控件由 4 个部件构成：一个名为 HorizontalThumb 的 Thumb 控件，一个名为 HorizontalLargeChangeIncrease 的 RepeatButton 控件，一个名为 HorizontalLargeChange-Decrease 的 RepeatButton 控件，一个名为 HorizontalTemplate 的 FrameworkElement 元素。这些元素都将会在控件逻辑中进行控制，如当按下 HorizontalLargeChangeIncrease 时滑块将向右移动，按下 HorizontalLargeChangeDecrease 时滑块将向左移动。

需要注意的一点是，并不是所有的控件都具有部件，有些控件可能没有部件，大家可以去查阅 Silverlight 2 SDK。

4.4.2 视觉状态

视觉状态是指控件定义的一系列状态如 MouseOver、Pressed 等，它代表了控件处于某一个特定的逻辑状态。虽然控件模板不更改控件的功能，但它更改控件的可视行为，可视行为描述控件处于特定状态时的控件外观。如图 4-12 所示是 CheckBox 控件的一些视觉状态。

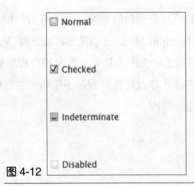

图 4-12

在默认状态下，CheckBox 控件将显示为 Normal 状态；当 CheckBox 被选中时，它将显示为 Checked 状态；当 Checked 为 null，CheckBox 将显示为 Indeterminate 状态。

可使用 VisualState 对象指定控件处于特定状态时的外观。VisualState 包含 Storyboard 属性,用于更改控件模板中元素的外观。无须编写任何代码即可实现此目的,因为控件的逻辑可通过使用视觉状态管理器来更改状态。控件进入 VisualState.Name 属性指定的状态时,Storyboard 开始工作;控件退出该状态时,Storyboard 停止工作。VisualState 类的定义如下:

```C#
public sealed class VisualState : DependencyObject
{
    public VisualState();

    public string Name { get; }

    public Storyboard Storyboard { get; set; }
}
```

4.4.3 状态迁移

状态迁移是指控件从一个状态过渡到另外一个状态,如 Button 控件从 MouseOver 状态到 Pressed 状态这个过渡过程,通过 Storyboard 来定义的动画,如图 4-13 所示。

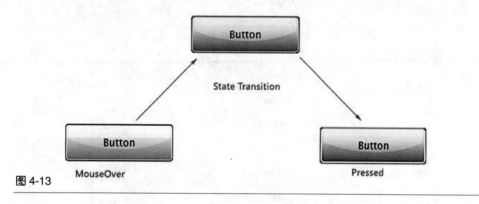

图 4-13

在 Silverlight 2 中,状态迁移是用 VisualTransition 类表示的,通过将 VisualTransition 对象添加到控件模板,可指定动画产生动作的延迟时间,以使控件从一种状态平滑地转换为另一种状态。创建状态迁移时,须要指定以下一项或多项内容。

- 状态转换所需要的时间。
- 转换时发生的控件外观的其他更改。
- VisualTransition 所应用于的状态。

VisualTransition 类的定义如下面的代码所示:

```C#
public class VisualTransition
{
    public VisualTransition();
    public string From { get; set; }
    public Duration GeneratedDuration { get; set; }
    public Storyboard Storyboard { get; set; }
    public string To { get; set; }
}
```

4.4.4 状态组

状态组是把控件所有互斥的状态放在同一个组中，这样一个状态只能位于一个组中，所谓的互斥是指控件不能同时具有该组中的两种状态，如 Checked 和 Unchecked 两种状态不能同时存在。以 CheckBox 控件为例，我们来看一下它的状态组，如图 4-14 所示。

状态	状态组
FocusStates	Focused
	Unfocused
	ContentFocused
CommonStates	Normal
	MouseOver
	Pressed
	Disabled
CheckStates	Checked
	Unchecked
	Indeterminate

图 4-14

从图 4-14 中可以看到，对于 CheckBox 控件来说，它有 3 个状态组：FocusStates、CommonStates、CheckStates。一个 CheckBox 控件可同时为 Focused、MouseOver 和 Indeterminate 状态，因为它们处在不同的状态组。现在对于这个问题："CheckBox 控件的状态是什么？"答案应该由 3 部分组成，分别为 3 个状态组中的一个。状态组是在 Silverlight 2 中提出的一个新的概念，它由 VisualStateGroup 类来提供，其中除了状态组名属性外，维护了一个视觉状态的集合和一个状态迁移的集合，如下面的代码所示：

```csharp
public sealed class VisualStateGroup : DependencyObject
{
    public VisualStateGroup();
    public string Name { get; }
    public IList States { get; }
    public IList Transitions { get; }
    public event EventHandler<VisualStateChangedEventArgs>
CurrentStateChanged;
    public event EventHandler<VisualStateChangedEventArgs>
CurrentStateChanging;
}
```

使用状态组是一个非常棒的模型，在 Silverlight 2 Beta 1 中，CheckBox 控件有 12 种状态（其中 Focus 在 Beta 1 中是作为部件而不是状态），这 12 种状态是通过 CommonStates 和 CheckStates 组合而成的，如 PressedUnchecked、MouseOverChecked 等，而在 Silverlight 2 RTW 中，加上 FocusStates 状态，CheckBox 控件总共只有 10 种状态。

控件的状态和状态组是通过 TemplateVisualState 特性来声明的，如在 CheckBox 控件中的声明如下面的代码所示：

```csharp
[TemplateVisualStateAttribute(Name = "ContentFocused", GroupName =
"FocusStates")]
[TemplateVisualStateAttribute(Name = "MouseOver", GroupName =
"CommonStates")]
[TemplateVisualStateAttribute(Name = "Focused", GroupName = "FocusStates")]
[TemplateVisualStateAttribute(Name = "Checked", GroupName = "CheckStates")]
[TemplateVisualStateAttribute(Name = "Unchecked", GroupName =
"CheckStates")]
[TemplateVisualStateAttribute(Name = "Indeterminate", GroupName =
"CheckStates")]
[TemplateVisualStateAttribute(Name = "Pressed", GroupName = "CommonStates")]
[TemplateVisualStateAttribute(Name = "Disabled", GroupName =
"CommonStates")]
[TemplateVisualStateAttribute(Name = "Unfocused", GroupName =
"FocusStates")]
[TemplateVisualStateAttribute(Name = "Normal", GroupName = "CommonStates")]
public class CheckBox : ToggleButton
{
    // ......
}
```

4.4.5 视觉状态管理器

有了上面这些概念，我们再来看一下视觉状态管理器的概念，在 Silverlight 2 中控件的视觉状态管理是通过视觉状态管理器（VisualStateManager）进行的，可以说视觉状态管理器是 Silverlight 2 中控件视觉状态、状态迁移的大管家。它们之间的架构关系如图 4-15 所示。

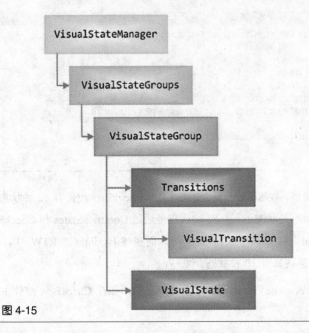

图 4-15

Silverlight 中提供了 VisualStateManager 类，如下面的代码所示：

```csharp
C#
public class VisualStateManager : DependencyObject
{
    public static readonly DependencyProperty
CustomVisualStateManagerProperty;
    public VisualStateManager();
    public static VisualStateManager
GetCustomVisualStateManager(FrameworkElement obj);
    public static IList GetVisualStateGroups(FrameworkElement obj);
    public static bool GoToState(Control control, string stateName, bool
useTransitions);
    protected virtual bool GoToStateCore(Control control, FrameworkElement
templateRoot,
        string stateName, VisualStateGroup group, VisualState state, bool
useTransitions);
    protected void RaiseCurrentStateChanged(VisualStateGroup stateGroup,
        VisualState oldState, VisualState newState, Control control);
    protected void RaiseCurrentStateChanging(VisualStateGroup stateGroup,
        VisualState oldState, VisualState newState, Control control);
    public static void SetCustomVisualStateManager(FrameworkElement obj,
        VisualStateManager value);
}
```

4.4.6　实例演示

前面几节重点介绍了 Silverlight 中视觉状态管理的一些基本概念，为了加深大家对这些概念的认识，接下来我们将使用视觉状态管理器来对 CheckBox 的控件模板进行定制，最终完成的效果如图 4-16 所示。

图 4-16

在开始使用视觉状态管理器之前，首先须要引入命名空间，VisualStateManager 位于 System.Windows 命名空间下 System.Windows.dll 程序集中，如下面的示例代码所示：

XAML
```
<Application
xmlns="http://schemas.microsoft.com/winfx/2006/xaml/presentation"
        xmlns:x="http://schemas.microsoft.com/winfx/2006/xaml"
        x:Class="Chapter04.VisualStateManager.App"

xmlns:vsm="clr-namespace:System.Windows;assembly=System.Windows"
        >
```

现在定义 CheckBox 的控件模板，指定组成该控件的各个部件，此处分别指定 CheckBox 控件的外边框、内边框、高亮区等部件，如下面的示例代码所示：

XAML
```
<ControlTemplate TargetType="CheckBox">
    <StackPanel x:Name="Root" >
        <!-- OuterBorder -->
        <Border Width="20" Height="20">
            <!-- InnerBorder -->
            <Border x:Name="InnerBorder">
                <Grid>
                    <!-- Higlight-->
                    <Border x:Name="HighlightBorder"></Border>

                    <!-- Glow -->
                    <Rectangle x:Name="Glow"  Opacity="0"></Rectangle>

                    <!-- Checkmark Graphic-->
                    <Path x:Name="Checkmark" Opacity="0"></Path>

                    <!-- Indeterminate Rect-->
                    <Rectangle x:Name="IndeterminateRect"
                    Opacity="0"></Rectangle>
                </Grid>
            </Border>
        </Border>
```

```
        <!-- ContentPresenter -->
        <ContentPresenter />
    </StackPanel>
</ControlTemplate>
```

为了减少代码，这里去掉了一些属性，只是给出了必备的一些部件名称。现在我们运行后，可以看到虽然 CheckBox 的样式有了，但它并没有任何交互的效果，如点击鼠标后 CheckBox 并没有选中。

接下来定义视觉状态组，前面几节介绍过 CheckBox 的状态组，总共有 3 个：FocusStates、CommonStates、CheckStates。这里只定义 CommonStates 和 CheckStates 状态组，大家可以自行定义 FocusStates 状态组，如下面的示例代码所示：

XAML

```
<vsm:VisualStateManager.VisualStateGroups>

    <!-- CommonStates StateGroup-->
    <vsm:VisualStateGroup x:Name="CommonStates">
    </vsm:VisualStateGroup>

    <!-- CheckStates StateGroup-->
    <vsm:VisualStateGroup x:Name="CheckStates">
    </vsm:VisualStateGroup>

</vsm:VisualStateManager.VisualStateGroups>
```

此处为每个状态都指定了一个名称，这些名称是唯一且固定的，不可随意定义，每个控件状态组名不一定相同，大家可以查阅 Silverlight SDK。有了状态组，就可添加视觉状态到状态组，在 CommonStates 和 CheckStates 状态组中，总共有 7 个状态，如图 4-17 所示。

状态	状态组
FocusStates	Focused
	Unfocused
	ContentFocused
CommonStates	Normal
	MouseOver
	Pressed
	Disabled
CheckStates	Checked
	Unchecked
	Indeterminate

图 4-17

现在来定义 CommonStates 状态组中的视觉状态设置，如下面的示例代码所示：

XAML
```xml
<!-- CommonStates StateGroup-->
<vsm:VisualStateGroup x:Name="CommonStates">
    <!-- Normal State -->
    <vsm:VisualState x:Name="Normal">
    </vsm:VisualState>

    <!-- MouseOver State -->
    <vsm:VisualState x:Name="MouseOver">
        <Storyboard>
            <DoubleAnimation/>
        </Storyboard>
    </vsm:VisualState>

    <!-- Pressed State -->
    <vsm:VisualState x:Name="Pressed">
        <Storyboard>
            <DoubleAnimation/>
        </Storyboard>
    </vsm:VisualState>

    <!-- Disabled State -->
    <vsm:VisualState x:Name="Disabled">
        <Storyboard>
            <DoubleAnimation/>
        </Storyboard>
    </vsm:VisualState>
</vsm:VisualStateGroup>
```

对于每一个视觉状态，主要由两部分组成：一是命名，须要为视觉状态指定一个名称，且名称为固定的，这样 VisualStateManager 才能够找到相应的状态；二是动画故事板，指定状态变化时的视觉呈现。接下来实现每一个状态，对于 Normal 状态，不用作任何定义，因为它的定义与控件的基础状态一致，如下面的示例代码所示：

XAML
```xml
<!-- Normal State -->
<vsm:VisualState x:Name="Normal">
</vsm:VisualState>
```

Normal 状态效果如图 4-18 所示。

图 4-18

定义 MouseOver 视觉状态，当鼠标移上时高亮显示 Glow，修改 Opacity 属性从 0 到 1，如下面的示例代码所示：

XAML

```xaml
<!-- MouseOver State -->
<vsm:VisualState x:Name="MouseOver">
    <Storyboard>
        <DoubleAnimation
            Storyboard.TargetName="Glow"
            Storyboard.TargetProperty="Opacity"
            Duration="0" To="1"/>
    </Storyboard>
</vsm:VisualState>
```

MouseOver 状态效果如图 4-19 所示：

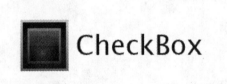

图 4-19

定义 Pressed 视觉状态，按下鼠标时，改变 HighlightBorder 的 Opacity 属性，并修改 InnerBorder 的边框渐变，如下面的示例代码所示：

XAML

```xaml
<!-- Pressed State -->
<vsm:VisualState x:Name="Pressed">
    <Storyboard>
        <DoubleAnimation
            Storyboard.TargetName="HighlightBorder"
            Storyboard.TargetProperty="Opacity"
            Duration="0" To=".6"/>
                        <ColorAnimation
            Storyboard.TargetName="InnerBorder"

Storyboard.TargetProperty="(Border.BorderBrush).(GradientBrush.GradientStops)[0].(GradientStop.Color)"
            Duration="0" To="#FF000000"/>
                        <ColorAnimation
            Storyboard.TargetName="InnerBorder"

Storyboard.TargetProperty="(Border.BorderBrush).(GradientBrush.GradientStops)[1].(GradientStop.Color)"
            Duration="0" To="#FF000000"/>
    </Storyboard>
</vsm:VisualState>
```

Pressed 状态效果如图 4-20 所示。

图 4-20

定义 Disabled 视觉状态，设置 Root 元素的 Opacity 属性为 0.5，如下面的示例代码所示：

XAML

```
<!-- Disabled State -->
<vsm:VisualState x:Name="Disabled">
    <Storyboard>
        <DoubleAnimation
            Storyboard.TargetName="Root"
            Storyboard.TargetProperty="Opacity"
            Duration="0" To=".5"/>
    </Storyboard>
</vsm:VisualState>
```

Disabled 状态效果如图 4-21 所示。

图 4-21

现在我们来定义 CheckStates 视觉状态组，在 CheckStates 视觉状态组中有 3 个状态：Unchecked、Checked、Indeterminate，如下面的代码所示：

XAML

```
<!-- CheckStates StateGroup-->
<vsm:VisualStateGroup x:Name="CheckStates">
    <!-- Unchecked State -->
    <vsm:VisualState x:Name="Unchecked"/>

    <!-- Checked State -->
    <vsm:VisualState x:Name="Checked">
        <Storyboard>
            <DoubleAnimation/>
        </Storyboard>
    </vsm:VisualState>

    <!-- Indeterminate State -->
    <vsm:VisualState x:Name="Indeterminate">
        <Storyboard>
            <DoubleAnimation/>
        </Storyboard>
```

```
        </vsm:VisualState>
    </vsm:VisualStateGroup>
```

其中 Unchecked 与前面介绍的 Normal 状态是一致的，所以不用设置故事板。接下来定义
Checked 视觉状态，如下面的示例代码所示：

XAML

```
<!-- Checked State -->
<vsm:VisualState x:Name="Checked">
    <Storyboard>
        <DoubleAnimation
            Storyboard.TargetName="Checkmark" \
            Storyboard.TargetProperty="Opacity"
            Duration="0" To="1"/>
    </Storyboard>
</vsm:VisualState>
```

Checked 视觉状态效果如图 4-22 所示。

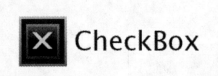

图 4-22

定义 Indeterminate 视觉状态，在 CheckBox 使用时要呈现该状态，必须设置 IsThreeState 属
性为 True，它的定义如下面的示例代码所示：

XAML

```
<!-- Indeterminate State -->
<vsm:VisualState x:Name="Indeterminate">
    <Storyboard>
        <DoubleAnimation
            Storyboard.TargetName="IndeterminateRect"
            Storyboard.TargetProperty="Opacity"
            Duration="0" To="1"/>
    </Storyboard>
</vsm:VisualState>
```

Indeterminate 视觉状态效果如图 4-23 所示。

图 4-23

至此，我们定义了所有的视觉状态，但是各个状态之间的状态过渡效果并没有显示出来，即发生状态变化时，是立即显示出来，而并没有过渡的动画效果。现在定义视觉状态迁移。视觉状态迁移是定义在每一个视觉状态组中的，在 Transitions 下可定义一系列的状态迁移。定义 CheckStates 状态组的视觉状态迁移，如下面的示例代码所示：

XAML

```
<!-- CheckStates Transitions-->
<vsm:VisualStateGroup.Transitions>
    <vsm:VisualTransition GeneratedDuration="0:0:.2" />
</vsm:VisualStateGroup.Transitions>
```

其中 GeneratedDuration 属性定义了状态迁移需要的时间长度，此处定义的视觉状态迁移是默认的对所有状态都有效，同时 VisualTransition 还允许我们针对特殊的状态进行处理，它提供了 From 和 To 属性来指定特定的状态，可以只定义其中一个或两个都定义，在 CommonStates 状态组中，视觉状态迁移代码定义如下：

XAML

```
<!-- CommonStates Transitions-->
<vsm:VisualStateGroup.Transitions>
    <vsm:VisualTransition GeneratedDuration="0:0:.5" />
    <vsm:VisualTransition GeneratedDuration="0:0:0.8" To="MouseOver"/>
    <vsm:VisualTransition GeneratedDuration="0:0:0.2" From="Pressed"/>
    <vsm:VisualTransition GeneratedDuration="0" From="MouseOver"
To="Pressed"/>
</vsm:VisualStateGroup.Transitions>
```

可以看到除了定义默认的状态迁移之外，还为 MouseOver 和 Pressed 状态定义了特定的迁移效果。至此就完成了一个自定义 CheckBox 控件的控件模板定义。

4.5 本章小结

本章主要介绍了如何自定义控件的外观，可通过定义 Style 或者控件模板来实现，其中 Style 又有 3 种不同的方式：内联样式、页面级样式、全局样式。通过定制控件模板，我们可以完全改变控件的视觉树。相信通过本章的学习，你能够开发出更炫更酷的基于 Silverlight 2 的应用程序。

第 5 章　事件处理

本章内容　在 Silverlight 中内置了丰富的对于事件的支持，本章将详细讲述对于鼠标事件、键盘事件的支持，并在本章最后实现一个简单的拖拽效果。主要内容有：

> 事件概述
> 鼠标事件处理
> 键盘事件处理
> 焦点支持
> 实例开发
> 本章小结

5.1　事件概述

5.1.1　事件模型

在 Silverlight 中内置了丰富的事件支持，并且支持事件路由，一般分为两种：输入事件和非输入事件。我们知道，Silverlight 是工作在插件结构下的，该插件托管在浏览器中。当发生输入事件时，该输入事件首先会被浏览器所处理，然后发送给 Silverlight 插件并为 Silverlight 对象模型注册一个事件。所以在 Silverlight 中支持两种事件模型：托管编程模型和 JavaScript 编程模型，本章将重点介绍托管编程模型。

5.1.2　在 XAML 中注册事件

要为 Silverlight 中的元素注册一个事件，我们可以在 XAML 中指定，如下面的示例代码所示：

XAML
```
<Grid x:Name="LayoutRoot" Loaded="LayoutRoot_Loaded">
</Grid>
```

然后在代码中实现该事件：

```
C#
void LayoutRoot_Loaded(object sender, RoutedEventArgs e)
{

}
```

5.1.3　使用托管代码注册事件

除了使用前面的在 XAML 中注册事件外，也可直接在代码中为元素注册事件，如下面的示例代码所示：

```
C#
public Page()
{
    InitializeComponent();
    this.LayoutRoot.Loaded += new RoutedEventHandler(LayoutRoot_Loaded);
}

void LayoutRoot_Loaded(object sender, RoutedEventArgs e)
{

}
```

5.1.4　使用托管代码移除事件

既然可以在代码中为元素注册事件，当然也可以在代码中为元素移除事件，如下面的示例代码所示：

```
C#
void LayoutRoot_Loaded(object sender, RoutedEventArgs e)
{
    this.Submit.MouseEnter -= OnMouseEnter;
    this.Submit.MouseLeave -= OnMouseLeave;
}
```

5.2　鼠标事件处理

5.2.1　鼠标事件简介

Silverlight 提供了一组能够响应鼠标操作的事件，对于鼠标事件可附加到任何从 UIElement 继承的 Silverlight 元素上面，诸如 Button、TextBox、Canvas 等。下表列举了在 Silverlight 中支持的鼠标事件。

事件名	说明
MouseMove	当鼠标指针的坐标变化时发生
MouseEnter	当鼠标进行对象的边界区域时发生
MouseLeave	当鼠标离开对象的边界区域时发生
MouseLeftButtonDown	当鼠标左键按下时发生
MouseLeftButtonUp	当鼠标左键释放时发生，一般发生在 MouseLeftButtonDown 之后

Silverlight 提供了两组用于鼠标事件处理的委托 MouseButtonEventHandler 和 MouseEventHandler，分别用于不同的事件。其中 MouseButtonEventHandler 用于 MouseLeftButtonDown 和 MouseLeftButtonUp 事件，而 MouseEventHandler 用于 MouseMove、MouseEnter 和 MouseLeave 事件。

Silverlight 当前不支持鼠标右键事件，由于 Silverlight 本质上是浏览器承载的插件，依赖于其承载浏览器的插件模型，因此某些输入情况难以实现。捕获单击鼠标右键就是其中之一。

5.2.2 声明式注册鼠标事件

要为 Silverlight 元素注册鼠标事件，同样也有两种方式，在 XAML 中声明或使用托管代码注册。首先来看如何在 XAML 中注册鼠标事件，如下面的示例代码所示，在界面上画两个椭圆形，当鼠标移动到上面和离开之后，分别改变椭圆的填充颜色。

XMAL

```
<Canvas Background="White">
    <Ellipse Width="120" Height="120" Fill="Orange"
     Canvas.Top="60" Canvas.Left="80"
     MouseEnter="OnMouseEnter"
     MouseLeave="OnMouseLeave"/>

    <Ellipse Width="120" Height="120" Fill="Orange"
     Canvas.Top="60" Canvas.Left="280"
     MouseEnter="OnMouseEnter"
     MouseLeave="OnMouseLeave"/>
</Canvas>
```

编写鼠标事件处理程序，如下面的示例代码所示：

C#

```
void OnMouseEnter(object sender, MouseEventArgs e)
{
    Ellipse ell = sender as Ellipse;
    ell.Fill = new SolidColorBrush(Colors.Yellow);
}
```

```
void OnMouseLeave(object sender, MouseEventArgs e)
{
    Ellipse ell = sender as Ellipse;
    ell.Fill = new SolidColorBrush(Colors.Green);
}
```

运行效果如图 5-1 所示。

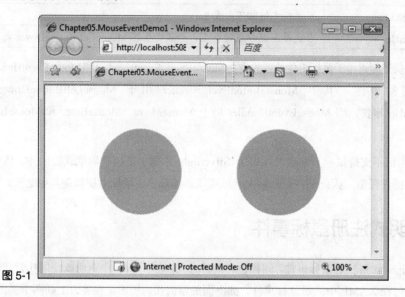

图 5-1

当在椭圆上放上鼠标并移开后,可以看到椭圆的填充色发生了变化,效果如图 5-2 所示。

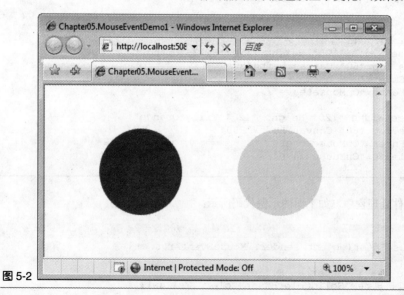

图 5-2

5.2.3 托管代码注册鼠标事件

同样我们还可使用托管代码来进行鼠标事件的注册，修改一下前面的示例，移除在 XAML 中的鼠标事件声明，最后如下面的示例代码所示：

XAML
```
<Canvas Background="White">
    <Ellipse Name="ellipse1" Width="120" Height="120" Fill="Orange"
    Canvas.Top="60" Canvas.Left="80"/>

    <Ellipse Name="ellipse2" Width="120" Height="120" Fill="Orange"
    Canvas.Top="60" Canvas.Left="280"/>
</Canvas>
```

然后在托管代码中，进行鼠标事件的注册，把它放在 **Page** 的构造函数中，也可放在其他事件中，如 Loaded 事件等。

C#
```
public partial class Page : UserControl
{
    public Page()
    {
        InitializeComponent();

        ellipse1.MouseEnter += new MouseEventHandler(OnMouseEnter);
        ellipse1.MouseLeave += new MouseEventHandler(OnMouseLeave);
        ellipse2.MouseEnter += new MouseEventHandler(OnMouseEnter);
        ellipse2.MouseLeave += new MouseEventHandler(OnMouseLeave);
    }

    void OnMouseEnter(object sender, MouseEventArgs e)
    {
        Ellipse ell = sender as Ellipse;
        ell.Fill = new SolidColorBrush(Colors.Yellow);
    }

    void OnMouseLeave(object sender, MouseEventArgs e)
    {
        Ellipse ell = sender as Ellipse;
        ell.Fill = new SolidColorBrush(Colors.Green);
    }
}
```

运行后可以看到，与在 XAML 中声明事件的方式效果一致，如图 5-3 所示。

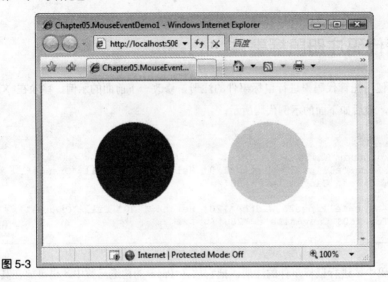

图 5-3

5.2.4 鼠标事件数据

所有的鼠标事件都使用 MouseButtonEventArgs 和 MouseEventArgs 作为事件数据，通过这两个参数可以获取相关事件数据。使用 GetPosition 方法确定事件发生时鼠标的 X 和 Y 坐标，GetPosition()方法返回一个 Point，它指示 X 和 Y 值；OriginalSource 获取发生事件的源对象，这在路由事件中非常有用（关于路由事件将在下一节中详细讲解）；使用 Handled 在某些场景下也非常有用，如对一个矩形添加 MouseLeftButtonDown 事件，但我们并不希望矩形所在 Canvas 也处理该事件。

通过一个示例来演示这一内容，在页面中定义一个矩形，鼠标移动时在屏幕上显示当前鼠标的坐标。XAML 声明如下面的示例代码所示：

XAML

```
<Canvas>
    <Rectangle Fill="Orange" Stroke="Red" StrokeThickness="3"
      Canvas.Top="40" Canvas.Left="130"
      Width="240" Height="120"
      MouseMove="Rectangle_MouseMove"/>
    <TextBlock x:Name="Status" Text="Status" FontSize="14"
      Canvas.Left="100" Canvas.Top="200"/>
</Canvas>
```

编写鼠标事件处理程序：

C#

```
void Rectangle_MouseMove(object sender, MouseEventArgs e)
{
```

```
        Point p = e.GetPosition(e.OriginalSource as FrameworkElement);

        Status.Text = String.Format("坐标位置（{0}:{1}）", p.X, p.Y);
    }
```

运行后在矩形中移动鼠标，可以看到效果如图 5-4 所示。

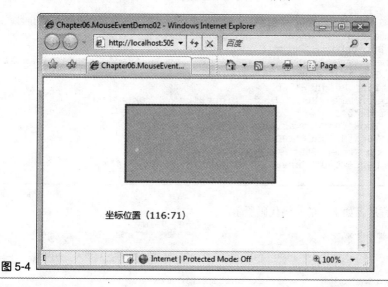

图 5-4

在大多数情况下，只须要提供鼠标相对于 Silverlight 插件内容区域（浏览器宿主中其专用空间的大小）的 X 和 Y 值。这时，不须要提供关系信息，只需要在调用 GetPosition()方法时将 null 作为参数值传递。如果须要了解鼠标相对于任何对象的位置，将对该对象的参照作为值传递。例如，如果要知道发生鼠标单击的地方相对于矩形左上角的偏移量，将该矩形对象作为 GetPosition() 方法参数传递。

有一点需要注意，GetPosition()方法返回的位置不是客户端用户总体屏幕的位置，它仅是 Silverlight 在其内容区域中使用的坐标空间。根据给定浏览器向其 DOM 公开的信息，通常可以从 HTML DOM 获取 Silverlight 内容区域的浏览器位置偏移量，并且将该偏移量添加到来自 Silverlight 鼠标位置的 X 值和 Y 值，以便获取相对于浏览器的坐标。

5.2.5 鼠标路由事件

在 Silverlight 中，内置支持事件路由，使得我们可以在父节点上接收和处理来自于子节点的事件，Silverlight 中的路由事件采用了冒泡路由策略。在鼠标事件中 MouseLeftButtonDown 、 MouseLeftButtonUp 、 MouseMove 3 个事件都支持路由事件，而 MouseEnter、MouseLeave 这不支持。

接下来看一个例子以加深大家对于路由事件的认识。在一个 Canvas 上放置两个 Rectangle，并对 Canvas 添加一个 MouseLeftButtonDown 事件，当我们在任何一个 Rectangle 上按下鼠标左键时（并没有在 Rectangle 上注册任何事件），它将收到 MouseLeftButtonDown 事件，并且会冒泡至 Canvas 对象。XAML 声明如下面的示例代码所示：

XAML

```xaml
<Canvas x:Name="ParentCanvas" Background="White"
    MouseLeftButtonDown="ParentCanvas_MouseLeftButtonDown">
    <Rectangle x:Name="RecA" Fill="Orange" Stroke="Red" StrokeThickness="3"
        Canvas.Top="40" Canvas.Left="60"
        Width="160" Height="100"/>
    <Rectangle x:Name="RecB" Fill="LightBlue" Stroke="Red"
StrokeThickness="3"
        Canvas.Top="40" Canvas.Left="240"
        Width="160" Height="100"/>
    <TextBlock x:Name="Status" Text="Status"
        Canvas.Left="100" Canvas.Top="200" FontSize="14"/>
</Canvas>
```

编写事件处理程序，如下面的示例代码所示：

C#

```csharp
void ParentCanvas_MouseLeftButtonDown(object sender, MouseButtonEventArgs e)
{
    String msg = "x:y = " + e.GetPosition(sender as
FrameworkElement).ToString();
    msg += " from " + (e.OriginalSource as FrameworkElement).Name;
    Status.Text = msg;
}
```

运行程序后，在 Canvas 上按下鼠标左键，效果如图 5-5 所示。

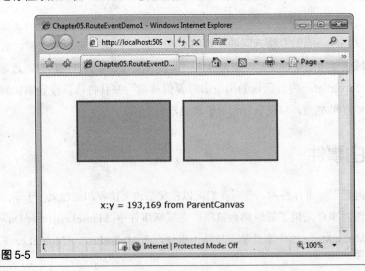

图 5-5

在第一个 Rectangle 上按下鼠标左键，效果如图 5-6 所示。

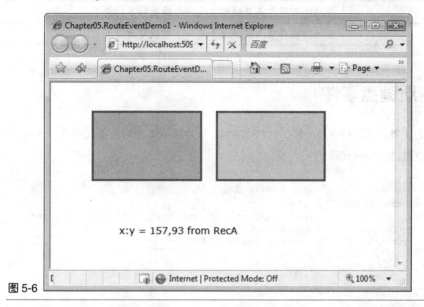

图 5-6

这里的 OriginalSource 属性就是发生事件的对象，有可能是两个 Rectangle 中的一个，也有可能是 Canvas 对象。

在某些情况下，我们可能只须要一个事件处理程序来响应路由鼠标事件。例如，如果对于其中一个 Rectangle 对象具有特定的 MouseLeftButtonDown 处理程序，而不需要父容器 Canvas 也能处理该事件。对于此情形，可在事件数据中使用 Handled 属性。

Silverlight 路由事件数据类中 Handled 属性的作用是影响 Silverlight 路由事件系统的行为，报告以前在事件路由中注册的某个其他处理程序已处理了该事件。当在事件处理程序中将 Handled 设置为 true 时，该事件将停止路由并不再发送到其可能路由中的后续父对象。

5.3 键盘事件处理

5.3.1 键盘事件简介

在 Silverlight 中，提供了对两种键盘事件 KeyDown 和 KeyUp 的支持，用来响应键盘输入，键盘事件与鼠标事件非常相似，有时我们也会把鼠标事件和键盘事件统称为输入事件。对于它们的描述如下表所示。

事件名	说明
KeyDown	当插件获得焦点且键盘上某一个键被按下时发生
KeyUp	当插件获得焦点且键盘上某一个键被释放时发生

5.3.2 注册键盘事件

键盘事件的注册，同鼠标事件一样，可在 XAML 中声明或者使用托管代码进行注册，这里将不再赘述，直接给出示例代码如下：

XAML
```xaml
<Canvas x:Name="LayoutRoot">
    <Ellipse x:Name="ellipse" Width="120" Height="120" Fill="Orange"
        Canvas.Top="50" Canvas.Left="160"
        Stroke="White" StrokeThickness="2"
        KeyUp="ellipse_KeyUp"
        KeyDown="ellipse_KeyDown"/>
</Canvas>
```

C#
```csharp
public partial class Page : UserControl
{
    public Page()
    {
        InitializeComponent();
        this.ellipse.KeyUp += new KeyEventHandler(ellipse_KeyUp);
        this.ellipse.KeyDown += new KeyEventHandler(ellipse_KeyDown);
    }

    private void ellipse_KeyUp(object sender, KeyEventArgs e)
    {

    }

    private void ellipse_KeyDown(object sender, KeyEventArgs e)
    {

    }
}
```

5.3.3 键盘事件数据

在所有键盘事件中，都使用事件参数 KeyEventArgs 来获取事件数据，可以使用的属性有 Key、PlatformKeyCode、Handled、OriginalSource。经常会使用 Key 属性来确定按下或释放了哪个键，以便做进一步的处理，返回值为枚举 Key 类型，如下面的示例代码所示：

```C#
private void ellipse_KeyUp(object sender, KeyEventArgs e)
{
    if (e.Key == Key.R)
    {
        //......
    }
    else if (e.Key == Key.Ctrl && e.Key == Key.U)
    {
        //......
    }
}
```

PlatformKeyCode 属性是用来确定某些不可移植键，如 Windows 中的 SCROLL LOCK 键。OriginalSource 类似于鼠标事件参数中的 OriginalSource，表示触发了事件的源对象，Handled 属性经常会用在路由事件中，可用来判断事件是否已经处理。

5.3.4 键盘路由事件

在键盘事件中，KeyDown 和 KeyUp 都支持路由事件。关于路由事件我们已经在鼠标事件 5.2 节中讲解过了，下面看一个简单的示例。在该示例中，我们将在控件获得焦点时，在屏幕上显示一段文字信息，但是键盘事件却注册在 Canvas 上面，如下面的示例代码所示：

```XAML
<Canvas x:Name="LayoutRoot"  KeyUp="LayoutRoot_KeyUp">
    <TextBox x:Name="textbox" Width="200" Height="40"
        Canvas.Top="80" Canvas.Left="80"/>
    <Button x:Name="button" Width="100" Height="40"
        Canvas.Top="80" Canvas.Left="280"
        Background="Red" Margin="20 0 0 0" Content="Submit"/>
    <TextBlock x:Name="Status"  Text="Status"
            Canvas.Left="80" Canvas.Top="200"/>
</Canvas>
```

添加键盘事件处理程序：

```C#
void LayoutRoot_KeyUp(object sender, KeyEventArgs e)
{
    if (e.Key != Key.Unknown)
    {
        String msg = String.Format("{0}获取焦点并按下键{1}",
                (e.OriginalSource as FrameworkElement).Name,
                e.Key.ToString()
                );
        Status.Text = msg;
    }
}
```

运行程序，当 TextBox 获得焦点并输入字母 "T" 时，效果如图 5-7 所示。

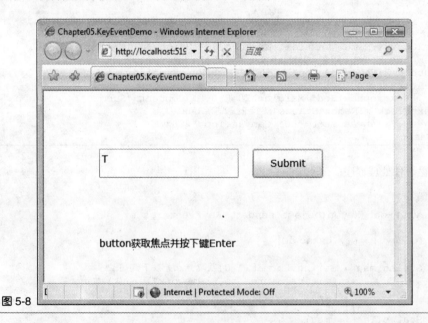

图 5-7

当按钮获得焦点并按下 Enter 键时效果如图 5-8 所示。

图 5-8

可以看到，当按下键时，TextBox 和 Button 接收到事件，并冒泡到父元素 Canvas 上。

5.4 焦点支持

焦点是一个输入系统概念,与 Silverlight 中的控件有关。当前具有焦点的控件可以接收键盘输入事件 KeyUp 和 KeyDown,因此能够使用键盘输入。焦点还与自动化系统有关。在基于 Silverlight 的应用程序内,用户可通过使用 Tab 键序列遍历用户界面中的控件。遍历 Tab 键序列为控件设置了焦点。可通过设置在 Control 类上定义的一些属性来影响 Tab 键序列和导航行为。因此,我们把焦点也放在本章来介绍。

5.4.1 控件和焦点

只有是 Control 类的控件才能接收焦点,不可设定焦点的可视化元素包括任何面板、TextBlock 等。为了使控件能够接收焦点,以下属性必须为 true。

- IsEnabled 属性必须为 true。
- Visibility 属性必须为 Visible。
- 焦点不能完全超出 Silverlight 内容区域。

能够接收和呈现键盘输入的控件是说明获取焦点很重要的最好事例,这是因为只有具有焦点的元素才能引发 KeyUp 和 KeyDown 事件。但是,其他控件可能希望接收焦点以便将键盘键用作激活键或快捷键。例如,Button 支持一种模式,即:可以在序列中按 Tab 键,然后按空格键,以在不移动鼠标的情况下单击 Button。

作为默认行为的一部分,大多数 Silverlight 控件提供了特定于焦点的覆盖样式,该样式以可见方式指出具有焦点的控件。在图 5-9 中,两个 TextBox 控件分别处于获得焦点和失去焦点的情况下,它们的样式会有所区别。

图 5-9

5.4.2 GotFocus 和 LostFocus 事件

每当 Silverlight 内容区域内的焦点从一个控件更改到另一个控件时，以及在首次启动应用程序和控件首次接收焦点的情况下，都会触发 GotFocus 事件，接收焦点的控件触发 GotFocus 事件，先前具有焦点的控件触发 LostFocus 事件。

GotFocus 和 LostFocus 事件都是冒泡的路由事件，这种方案适用于控件的包容和复合。在复合级别，焦点可能在作为更大控件的复合部件的对象上。复合控件的实施者可能须要对任何具有焦点的组成部件采取操作，如果焦点离开现有复合控件并进入其他控件，则采取不同的操作。

如果使用的是现有控件，则关注对控件的焦点行为比复合部件的焦点行为更加重要，作为控件的使用者我们能够附加事件处理程序而无须重新设置控件模板的起点。但是，也可选择检查容器上的 GotFocus 和 LostFocus 冒泡事件以查找更大的页面复合控件：诸如 StackPanel 或 Grid 的对象，或者根元素 UserControl。不过，由于冒泡行为，在每个 GotFocus 和 LostFocus 事件中检查 OriginalSource 属性值可能会很有用，经常会执行此项检查来验证该焦点事件的源是否与应在附加了处理程序的对象上完成的操作相关。该对象可能是对象树中 OriginalSource 上方的那一个对象。 此外，如果编写自定义控件，可能需要重写方法 OnGotFocus 和 OnLostFocus。

下面的示例重写了 TextBox 控件的 OnGotFocus()方法，如下面的示例代码所示：

```
C#
public class CustomTextBox : TextBox
{
    protected override void OnGotFocus(RoutedEventArgs e)
    {
        base.OnGotFocus(e);
        this.Background = new SolidColorBrush(Colors.Yellow);
    }
}
```

为 CustomTextBox 控件分别注册了 GotFocus 和 LostFocus 事件，使用之前须要引入命名空间，如下面的示例代码所示：

```
XAML
<UserControl x:Class="Chapter05.FocusDemo2.Page"
    xmlns="http://schemas.microsoft.com/winfx/2006/xaml/presentation"
    xmlns:x="http://schemas.microsoft.com/winfx/2006/xaml"
    Width="500" Height="300" Background="White" FontSize="14"
    xmlns:local="clr-namespace:Chapter05.FocusDemo2">
<Canvas x:Name="LayoutRoot">
    <local:CustomTextBox x:Name="textbox" Width="200" Height="40"
        Canvas.Top="80" Canvas.Left="80" GotFocus="textbox_GotFocus"
            LostFocus="textbox_LostFocus"/>
    <Button x:Name="button" Width="100" Height="40"
        Canvas.Top="80" Canvas.Left="280"
```

```
        Background="Red" Margin="20 0 0 0" Content="Submit"/>
    <TextBlock x:Name="Status"  Text="Status"
        Canvas.Left="80" Canvas.Top="200"/>
    </Canvas>
</UserControl>
```

事件处理代码如下面的示例代码所示：

C#
```
void textbox_GotFocus(object sender, RoutedEventArgs e)
{
    String msg = String.Format("控件{0}获取焦点",
        (e.OriginalSource as FrameworkElement).Name);
    Status.Text = msg;

}

void textbox_LostFocus(object sender, RoutedEventArgs e)
{
    String msg = String.Format("控件{0}失去焦点",
        (e.OriginalSource as FrameworkElement).Name);
    Status.Text = msg;
}
```

运行时当 CustomTextBox 控件获得焦点，效果如图 5-10 所示。

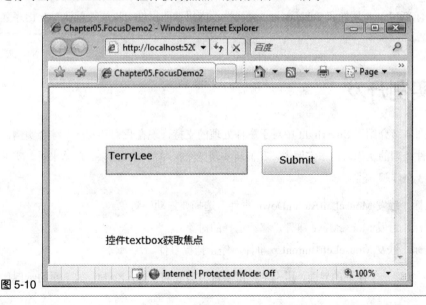

图 5-10

5.4.3　Focus 方法

Control 基类提供了 Focus 方法。如果以托管代码方式直接调用此方法，则会尝试将焦点设置到调用了此方法的控件上。Focus 方法有一个返回类型，用来通知尝试是否成功。可能的失败原因包括本节前面的控件和焦点中提到的每一点。如果在已具有焦点的控件上调用 Focus 方法，则不引发任何事件，但该方法仍返回 true，这样该方法的调用就不会被解释为预期目标焦点设置失败的真正原因。调用 Focus 方法如下面的示例代码所示：

```csharp
void button_Click(object sender, RoutedEventArgs e)
{
    this.textbox.Focus();
}
```

5.4.4　Tab 键序列

在用户界面中呈现的控件放置在默认的 Tab 键序列中。为实现这一点，Tab 键在控件上进行了特殊处理，以使接收 Tab 键输入的元素失去焦点，并使序列中的下一控件获得焦点，同时引发相应的 GotFocus 和 LostFocus 事件。调用 Focus 可能会退出 Tab 键序列中的前一个点，现在按 Tab 键会使用户进入序列中的下一个控件，或者按 Shift+Tab 进入前一个控件，等等。根据控件和焦点中列出的要求，控件必须可设定焦点，才能处于 Tab 键序列中。

控件具有 TabIndex 属性和 TabNavigation 属性。应用这些属性可以更改默认 Tab 键序列和行为。

5.5　实例开发

通过前面 4 节介绍了 Silverlight 中对于事件处理的支持，现在我们开发一个综合实例，以便加深对于事件处理的认识。在本实例中，我们将实现一个简单的拖拽效果。总体来看，实现拖拽效果有如下 3 个步骤。

1. 按下鼠标，触发 MouseLeftButtonDown 事件，选择要拖动的对象。
2. 移动鼠标，触发 MouseMove 事件，移动选择的对象。
3. 放开鼠标，触发 MouseLeftButtonUp 事件，停止捕捉事件。

第一步：实现一个简单的界面，用一个按钮来做为拖放的目标，XAML 如下面的示例代码所示：

```xaml
<Canvas>
    <StackPanel MouseLeftButtonDown="OnMouseDown"
        MouseMove="OnMouseMove"
```

```
        MouseLeftButtonUp="OnMouseUp"
        Canvas.Left="50" Canvas.Top="50"
        Width="200" Height="80">
    <Border BorderThickness="3" BorderBrush="Red">
        <StackPanel Orientation="Horizontal" HorizontalAlignment="Center"
            VerticalAlignment="Center">
            <Image Source="home.png"></Image>
            <TextBlock Text="拖动我" VerticalAlignment="Center"
Margin="10"></TextBlock>
        </StackPanel>
    </Border>
  </StackPanel>
  <TextBlock x:Name="Status" Text="" Canvas.Top="200" Canvas.Left="60"/>
</Canvas>
```

第二步：开始拖放操作，实现 **MouseLeftButtonDown** 事件处理程序，用两个全局变量来记录当前鼠标的位置和鼠标是否保持移动，如下面的示例代码所示：

C#
```
bool trackingMouseMove = false;
Point mousePosition;

void OnMouseDown(object sender, MouseEventArgs e)
{
    FrameworkElement element = sender as FrameworkElement;
    mousePosition = e.GetPosition(null);
    trackingMouseMove = true;
    if (null != element)
    {
        element.CaptureMouse();
        element.Cursor = Cursors.Hand;
    }

    Status.Text = "按下鼠标";
}
```

第三步：移动对象，实现 **MouseMove** 事件处理程序，计算元素的位置并更新，同时更新鼠标的位置，如下面的示例代码所示：

C#
```
void OnMouseMove(object sender, MouseEventArgs e)
{
    FrameworkElement element = sender as FrameworkElement;
    if (trackingMouseMove)
    {
        double deltaV = e.GetPosition(null).Y - mousePosition.Y;
        double deltaH = e.GetPosition(null).X - mousePosition.X;
        double newTop = deltaV + (double)element.GetValue(Canvas.TopProperty);
        double newLeft = deltaH +
(double)element.GetValue(Canvas.LeftProperty);

        element.SetValue(Canvas.TopProperty, newTop);
```

```
        element.SetValue(Canvas.LeftProperty, newLeft);

        mousePosition = e.GetPosition(null);
    }

    Status.Text = "鼠标移动中";
}
```

第四步：完成拖放操作，释放鼠标，实现 **MouseLeftButtonUp** 事件处理程序，如下面的示例代码所示：

```C#
void OnMouseUp(object sender, MouseEventArgs e)
{
    FrameworkElement element = sender as FrameworkElement;
    trackingMouseMove = false;
    element.ReleaseMouseCapture();

    mousePosition.X = mousePosition.Y = 0;
    element.Cursor = null;

    Status.Text = "释放鼠标";
}
```

开始运行，界面效果如图 5-11 所示。

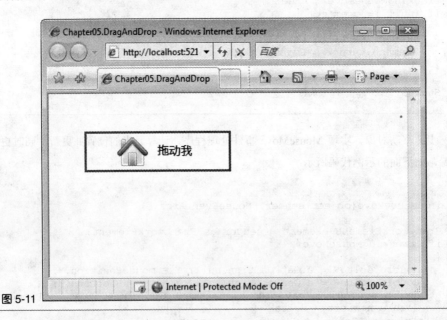

图 5-11

按下鼠标，界面效果如图 5-12 所示。

图 5-12

拖动按钮，界面效果如图 5-13 所示。

图 5-13

拖放完成后，释放鼠标效果如图 5-14 所示。

图 5-14

这样我们就完成了一个简单的拖放功能，大家还可以发挥自己的创意，为其添加更酷更炫的效果。

5.6　本章小结

本章主要介绍了 Silverlight 中对事件处理的支持，包括事件模型、如何在 XAML 中注册事件、如何通过托管代码注册事件，并着重讲解了经常使用的鼠标事件和键盘事件，以及焦点的知识。理解了这些知识，对于更好地开发基于 Silverlight 应用程序会有很大帮助。

第6章 绘图应用

本章内容 在 Silverlight 中内置了两大绘图功能：形状（Shape）和几何图形（Geometry），它们提供了丰富的绘图对象，用于在屏幕中绘制形状元素。本章主要介绍形状的相关知识，对于几何图形将在后面专门的章节介绍。主要内容如下：

绘图概览
Line 直线
Rectangle 矩形
Ellipse 椭圆形
Polygon 多边形
Polyline 多线形
Path 路径绘图
实例开发
本章小结

6.1 绘图概览

绘图功能由一个称之为 Shape 的类来提供，它位于以 System.Windows.Shapes 命名的空间中。由它派生出的 6 个子类正是我们最常用的 6 个绘图对象，如下表所示。

名　　称	描　　述
Line	用来绘制直线，可以设置直线的两端样式
Rectangle	用来绘制正方形或者长方形
Ellipse	用来绘制圆形或者椭圆形
Polygon	用来绘制多边形，图形是封闭的
Polyline	用来绘制多线形，图形不一定是封闭的
Path	可以用来随意定制图形的样式，是 Silverlight 提供的最强大但也是最复杂的绘图对象，前 5 种绘图对象其实都可以用 Path 实现

它们之间的派生关系如图 6-1 所示。

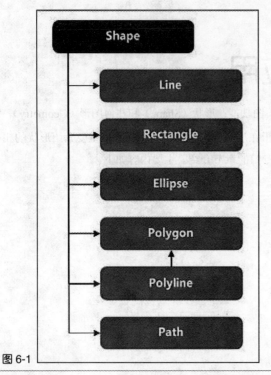

图 6-1

所有这些形状对象都共享以下通用属性。

- ◆　Stroke：指示如何绘制形状的边框，即所使用的画刷。

- ◆　StrokeThickness：指示形状边框的粗细。

- ◆　Fill：指示如何绘制形状的内部。

6.2　Line 直线

6.2.1　Line 简介

顾名思义，Line 对象用来绘制直线。大家知道，两点可以确定一条直线。自然在 Silverlight 中，只要指定起始点（X1，Y1）和终结点（X2，Y2）就会自动画出一条直线，另外还可以设置直线两端节点的样式。如图 6-2 所示。

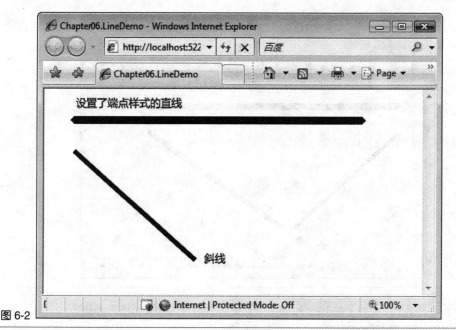

图 6-2

6.2.2 基本使用

下面看一个简单的示例，该示例给出几条不同风格直线的画法，如下面的示例代码所示：

XAML

```
<Canvas>
    <Line Canvas.Top="20" Canvas.Left="20" X1="20" Y1="20" X2="400" Y2="20"
      Stroke="Black" StrokeThickness="10" StrokeStartLineCap="Triangle"
        StrokeEndLineCap="Triangle">
    </Line>

    <Line Canvas.Top="40" Canvas.Left="20" X1="20" Y1="40" X2="180" Y2="180"
      Stroke="Black" StrokeThickness="6">
    </Line>

    <Line Canvas.Top="40" Canvas.Left="20" X1="400" Y1="40" X2="200" Y2="180"
      Stroke="Black" StrokeThickness="8"
      StrokeEndLineCap="Round" StrokeStartLineCap="Round">
    </Line>
</Canvas>
```

运行效果如图 6-3 所示。

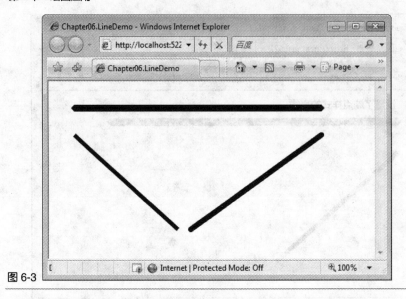

图 6-3

为了让大家更完整地了解 Line 对象，下表是对它的一些重要属性的解释。

属性名	描 述
起始点（X1，Y1)	通过 X1 和 Y1 属性来设置 Line 的起始点坐标
终结点（X2，Y2）	通过 X2 和 Y2 属性来设置 Line 的终结点坐标
Stroke	线条的颜色，其实是设置用什么画刷来填充线条，当我们设置了单色后，使用 SolidColorBrush 来填充，关于画刷在后面的章节会专门讲述
StrokeThickness	设置线条的粗细
StrokeStartLineCap	设置线条的起始点样式
StrokeEndLineCap	设置线条的终结点样式

其中，Line 对象也提供了 Fill 属性，但是设置该属性无效，因为 Line 对象没有填充。

6.2.3 用画刷填充线条

前面在讲 Line 对象的 Stroke 属性时，我说到 Stroke 和 StrokeThickness 是设置画刷的颜色和粗细，下面看一个简单的示例，将使用 SolidColorBrush 和 LinearGradientBrush 两种不同的画刷来填充 Line 对象，其中第一个 Line 对象使用单色实心画刷，而第二个 Line 对象使用渐变画刷，如下面的示例代码所示：

XAML
```
<Canvas Background="White" >
    <Line Canvas.Top="20" Canvas.Left="20" X1="20" Y1="20" X2="400" Y2="20"
```

```
            StrokeThickness="8" StrokeStartLineCap="Triangle"
    StrokeEndLineCap="Triangle">
        <Line.Stroke>
            <SolidColorBrush Color="#FF0000">
            </SolidColorBrush>
        </Line.Stroke>
    </Line>

    <Line Canvas.Top="40" Canvas.Left="20" X1="100" Y1="120" X2="400" Y2="120"
        StrokeThickness="8" StrokeEndLineCap="Round"
    StrokeStartLineCap="Round">
        <Line.Stroke>
            <LinearGradientBrush StartPoint="0,0">
                <GradientStop Color="#FFFFFF" Offset="0.0" />
                <GradientStop Color="#FF6600" Offset="1.0" />
            </LinearGradientBrush>
        </Line.Stroke>
    </Line>
</Canvas>
```

运行效果如图 6-4 所示。

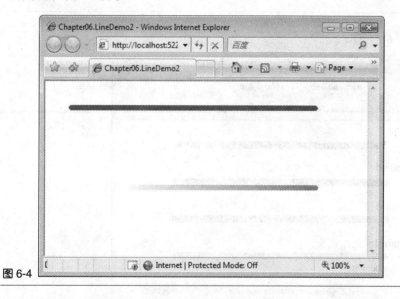

图 6-4

在后面的章节中将专门用一章内容对画刷 Brush 进行讲解。

6.2.4　设置 Line 端点形状

在 Silverlight 中，为 Line 对象的端点提供了 4 种形状：平坦（Flat）、圆角（Round）、正方形（Square）、三角形（Triangle），使用它们可以为 Line 对象设置起始点和终结点的形状，或者只指定两者中的一个，默认情况下将使用 Flat 形状。下面看一个示例，对这 4 种形状进行区分：

```xaml
<Canvas Background="White">
    <Line Canvas.Top="20" Canvas.Left="20" X1="50" Y1="20" X2="400" Y2="20"
     Stroke="#ff6600" StrokeThickness="12" StrokeStartLineCap="Flat"
StrokeEndLineCap="Flat">
    </Line>

    <Line Canvas.Top="20" Canvas.Left="20" X1="50" Y1="80" X2="400" Y2="80"
     Stroke="#ff6600" StrokeThickness="12" StrokeStartLineCap="Round"
StrokeEndLineCap="Round">
    </Line>

    <Line Canvas.Top="20" Canvas.Left="20" X1="50" Y1="140" X2="400" Y2="140"
     Stroke="#ff6600" StrokeThickness="12" StrokeStartLineCap="Square"
StrokeEndLineCap="Square">
    </Line>

    <Line Canvas.Top="20" Canvas.Left="20" X1="50" Y1="200" X2="400" Y2="200"
     Stroke="#ff6600" StrokeThickness="12" StrokeStartLineCap="Triangle"
StrokeEndLineCap="Triangle">
    </Line>
</Canvas>
```

运行效果如图 6-5 所示。

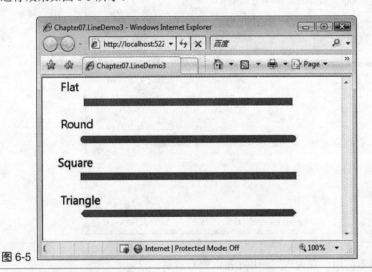

图 6-5

6.3 Rectangle 矩形

6.3.1 Rectangle 简介

Rectangle 对象用来绘制矩形，如果设置长度和高度相等，则为正方形，另外 Rectangle 还支持圆角效果。如图 6-6 所示。

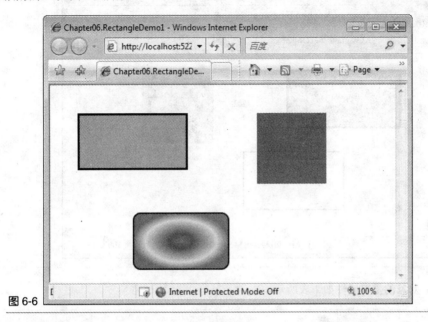

图 6-6

6.3.2 基本使用

下面通过一个简单示例来看看 Rectangle 的基本使用，大家可以通过该示例掌握 Rectangle 的基本用法，如下面的示例代码所示：

```xaml
<Canvas Background="White">
    <Rectangle Canvas.Top="20" Canvas.Left="40"
            Width="160" Height="80" Fill="#FF9900"
            Stroke="Black" StrokeThickness="3">
    </Rectangle>

    <Rectangle Canvas.Top="20" Canvas.Left="300"
            Width="100" Height="100" Fill="#0066FF">
    </Rectangle>

    <Rectangle Canvas.Top="130" Canvas.Left="120"
     Width="140" Height="80"
     Stroke="#000000" StrokeThickness="2">
    </Rectangle>
</Canvas>
```

运行效果如图 6-7 所示，其中第二个矩形设置长度和高度相等，为正方形，并设置边框线为 0；第三个矩形，没有设置它的填充色，将会显示其父容器（这里是 Canvas）的填充色。

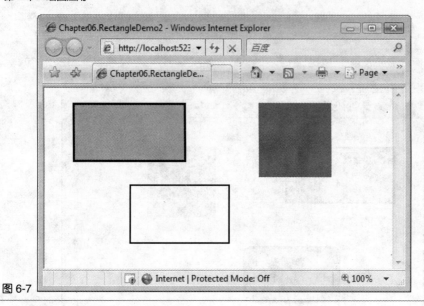

图 6-7

Rectangle 对象的重要属性如下表所示。

属　性	描　述
Width	设置矩形的宽度
Height	设置矩形的高度
Fill	设置矩形内部的填充画刷
Stroke	设置矩形的边框画刷
StrokeThickness	设置矩形的边框粗细
RadiusX	设置圆角的 X 轴半径
RadiusY	设置圆角的 Y 轴半径

6.3.3　绘制圆角 Rectangle

设置 Rectangle 对象的 RadiusX 和 RadiusY 属性可以绘制圆角矩形。可以为 RadiusX 和 RadiusY 设置相同的值，也可以设置不同的值，但是如果 RadiusX 和 RadiusY 有一个为 0，将不能显示出圆角效果。如下面的示例代码所示：

XAML

```
<Canvas Background="White">
    <Rectangle Canvas.Top="80" Canvas.Left="40" Width="160" Height="80"
        Fill="#FF9900" Stroke="Black" StrokeThickness="4"
        RadiusX="30" RadiusY="15">
    </Rectangle>
```

```
    <Rectangle Canvas.Top="80" Canvas.Left="240" Stroke="Black"
        StrokeThickness="4" Width="100" Height="100" Fill="#0066FF"
        RadiusX="20" RadiusY="20">
    </Rectangle>

    <Rectangle Canvas.Top="80" Canvas.Left="380" Stroke="Black"
        StrokeThickness="4" Width="100" Height="100" Fill="Red"
        RadiusX="20" RadiusY="0">
    </Rectangle>
</Canvas>
```

运行效果如图 6-8 所示。

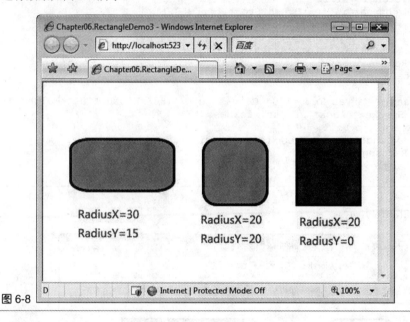

图 6-8

注意第三个矩形，尽管设置了 RadiusX 属性为 20，但由于 RadiusY 属性为 0，它仍然无法表现出圆角效果。

6.3.4 用画刷填充 Rectangle

在 Silverlight 中，Rectangle 对象并不一定使用单色填充，我们可以使用任意一种画刷进行填充，甚至是图片画刷。如下面的示例代码所示：

XAML
```
<Canvas Background="White">
    <Rectangle Canvas.Top="20" Canvas.Left="260"
        Width="180" Height="100" Stroke="Black" StrokeThickness="3">
        <Rectangle.Fill>
```

```
            <RadialGradientBrush GradientOrigin="0.5,0.5" Center="0.5,0.5"
            RadiusX="0.5" RadiusY="0.5">
                <GradientStop Color="#0099FF" Offset="0" />
                <GradientStop Color="#FF0000" Offset="0.25" />
                <GradientStop Color="#FCF903" Offset="0.75" />
                <GradientStop Color="#3E9B01" Offset="1" />
            </RadialGradientBrush>
        </Rectangle.Fill>
    </Rectangle>

    <Rectangle Canvas.Top="20" Canvas.Left="40"
        Width="100" Height="100"
        Stroke="Black" StrokeThickness="3" RadiusX="15" RadiusY="15">
        <Rectangle.Fill>
            <LinearGradientBrush StartPoint="0,1">
                <GradientStop Color="#FFFFFF" Offset="0.0" />
                <GradientStop Color="#FF9900" Offset="1.0" />
            </LinearGradientBrush>
        </Rectangle.Fill>
    </Rectangle>

    <Rectangle Canvas.Top="120" Canvas.Left="150" Width="100" Height="100"
        Stroke="Black" StrokeThickness="3">
        <Rectangle.Fill>
            <ImageBrush ImageSource="fj.png"></ImageBrush>
        </Rectangle.Fill>
    </Rectangle>
</Canvas>
```

运行效果如图 6-9 所示。

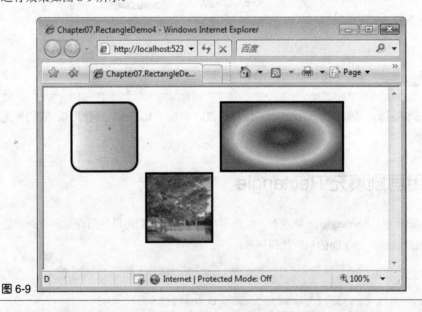

图 6-9

可以看到图 6-9 中第三个矩形，使用了图片画刷进行填充。

6.4　Ellipse 椭圆形

6.4.1　Ellipse 简介

Ellipse 对象用来绘制椭圆形，如果设置长度和高度相等，则绘制出来的是圆形。Ellipse 对象的用法与 Rectangle 对象类似。如图 6-10 所示。

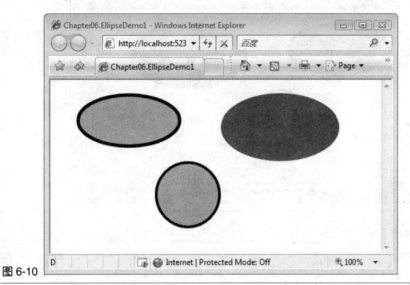

图 6-10

6.4.2　基本使用

下面我们通过一个示例来看看 Ellipse 的基本使用，大家可以通过该示例来掌握 Ellipse 的基本用法，如下面的示例代码所示：

```XAML
<Canvas Background="White">
    <Ellipse Canvas.Top="20" Canvas.Left="40"
        Width="160" Height="80" Fill="#FF9900"
        Stroke="Black" StrokeThickness="5">
    </Ellipse>

    <Ellipse Canvas.Top="20" Canvas.Left="260"
        Width="180" Height="100" Fill="Red">
    </Ellipse>

    <Ellipse Canvas.Top="120" Canvas.Left="160"
        Width="100" Height="100" Fill="#FF9900"
```

```
                Stroke="Black" StrokeThickness="4">
        </Ellipse>
</Canvas>
```

运行效果如图 6-11 所示，屏幕上绘制了 3 个不同风格的椭圆形，其中第三个为圆形。

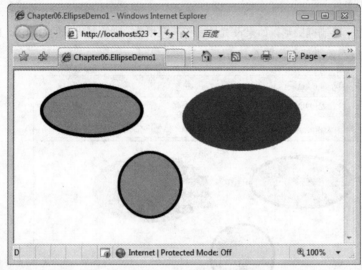

图 6-11

Ellipse 对象的重要属性如下表所示。

属　性	描　述
Width	设置椭圆的宽度
Height	设置椭圆的高度
Fill	设置椭圆内部的填充画刷
Stroke	设置椭圆的边框画刷
StrokeThickness	设置椭圆的边框粗细

6.4.3　用画刷填充 Ellipse

对于 Ellipse 对象，同样可以使用任一种画刷进行填充，例如上面的示例，此处我们使用画刷重新进行填充。如下面的示例代码所示：

XAML

```
<Canvas Background="White">
    <Ellipse Canvas.Top="20" Canvas.Left="40" Width="160" Height="80"
     Stroke="Black" StrokeThickness="5">
        <Ellipse.Fill>
```

```
            <LinearGradientBrush StartPoint="0,1">
                <GradientStop Color="#FFFFFF" Offset="0.0" />
                <GradientStop Color="#FF9900" Offset="1.0" />
            </LinearGradientBrush>
        </Ellipse.Fill>
    </Ellipse>

    <Ellipse Canvas.Top="20" Canvas.Left="260"
     Width="180" Height="100">
        <Ellipse.Fill>
            <RadialGradientBrush GradientOrigin="0.5,0.5" Center="0.5,0.5"
        RadiusX="0.5" RadiusY="0.5">
                <GradientStop Color="#0099FF" Offset="0" />
                <GradientStop Color="#FF0000" Offset="0.25" />
                <GradientStop Color="#FCF903" Offset="0.75" />
                <GradientStop Color="#3E9B01" Offset="1" />
            </RadialGradientBrush>
        </Ellipse.Fill>
    </Ellipse>

    <Ellipse Canvas.Top="120" Canvas.Left="160" Width="100" Height="100"
     Stroke="#FFFFFF" StrokeThickness="4">
        <Ellipse.Fill>
            <RadialGradientBrush GradientOrigin="0.5,0.5" Center="0.5,0.5"
                    RadiusX="0.5" RadiusY="0.5">
                <GradientStop Color="#FFFFFF" Offset="0.0" />
                <GradientStop Color="#000000" Offset="1.0" />
            </RadialGradientBrush>
        </Ellipse.Fill>
    </Ellipse>
</Canvas>
```

运行效果如图 6-12 所示。

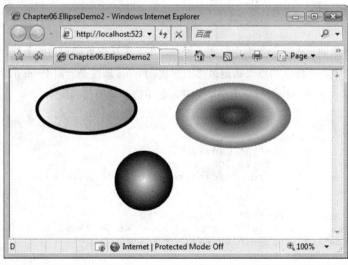

图 6-12

6.5　Polygon 多边形

6.5.1　Polygon 简介

Polygon 对象用来绘制多边形，即几条直线互相连接形成的多边形，可以是三角形、矩形、五角形等任意多边形。Polygon 有一个非常重要的特性：它的几条边构成的图形是封闭的。如图 6-13 所示。

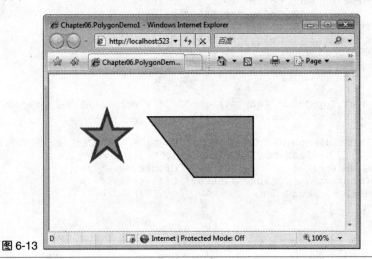

图 6-13

6.5.2　基本使用

使用 Polygon 对象的重点在于各个点位置的控制，由于无法设置图形边的条数，而只能通过 Points 属性控制图形中各个特定的点来确定最终的形状。Points 属性是一组 Point 的集合，每个点都用一个坐标来表示，各个坐标之间使用空格分开。如下面的示例代码所示：

XAML

```
<Canvas Background="White">
    <Polygon Canvas.Left="50" Canvas.Top="50"
        Points="120,20 300,20 300,120 200,120"
        Stroke="Black" StrokeThickness="2" Fill="Orange">
    </Polygon>

    <Polygon Canvas.Left="50" Canvas.Top="50"
        Points="10,40 40,40 50,10 60,40 90,40 65,60 75,90 50,70 25,90 35,60"
        Stroke="Red" StrokeThickness="5" Fill="Orange">
    </Polygon>
</Canvas>
```

运行效果如图 6-14 所示。

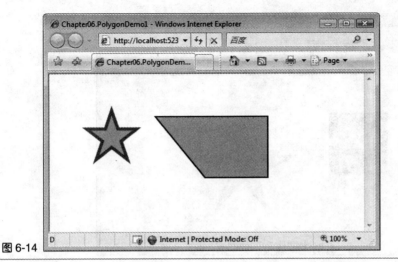

图 6-14

关于 Polygon 对象的重要属性解释如下表所示。

属 性	描 述
Fill	设置多边形内部的填充画刷
Stroke	设置多边形的边框画刷
StrokeThickness	设置多边形的边框粗细
Points	由一组坐标点组成，设置多边形中的一些特定的点，每组坐标之间用空格分开

6.5.3 使用 Polygon 来裁剪图片

Polygon 对象与前面介绍的 Rectangle、Ellipse 对象一样，也可以通过各种画刷来填充。下面的示例使用 Polygon 对象来显示图像的某一部分，如下面的示例代码所示：

XAML

```
<Canvas Background="White">
    <Polygon Canvas.Left="200" Canvas.Top="60"
     Points="10,70 70,70 90,10 110,70 160,70 110,100 130,150 90,110 55,150
65,100"
     Stroke="OrangeRed" StrokeThickness="5">
        <Polygon.Fill>
            <ImageBrush ImageSource="jfm.png" Opacity="0.7"></ImageBrush>
        </Polygon.Fill>
    </Polygon>
    <Image Source="jfm.png" Width="100" Height="100" Canvas.Top="60"
Canvas.Left="50"></Image>
</Canvas>
```

运行效果如图 6-15 所示。

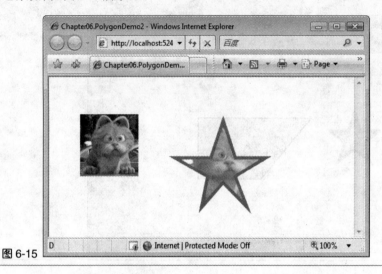

图 6-15

6.6 Polyline 多线形

6.6.1 Polyline 简介

Polyline 对象用来绘制多线性，其实也是多边形，只不过它与 Polygon 不同的是它的不封闭性，其余的用法都是相同的。如图 6-16 所示，可以看到用它绘制出来的图形边不会自动封闭。

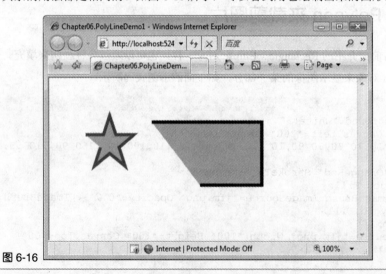

图 6-16

6.6.2 基本使用

尽管 Polyline 使用起来比较简单，与 Polygon 相似，我们还是通过一个示例来加深对不封闭性的认识，如下面的示例代码所示：

XAML

```
<Canvas Background="White">
    <Polyline Canvas.Left="50" Canvas.Top="50"
        Points="120,20 300,20 300,120 200,120"
        Stroke="Black" StrokeThickness="5" Fill="Orange">
    </Polyline>

    <Polyline Canvas.Left="50" Canvas.Top="50"
        Points="10,40 40,40 50,10 60,40 90,40 65,60 75,90 50,70 25,90 35,60
10,40"
        Stroke="Red" StrokeThickness="5" Fill="Orange">
    </Polyline>
</Canvas>
```

运行效果如图 6-17 所示，尽管在 XAML 中设置的五角形的起始点和终结点坐标位置相同，大家仔细观察图中圆圈标注的部分，还是可以看出 Polyline 和 Polygon 的区别，另外，对于右边的四边形，可以看到它的边不是封闭的。

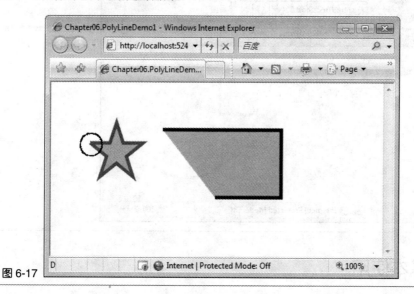

图 6-17

Polyline 对象的重要属性如下表所示。

属　性	描　述
Fill	设置多线形内部的填充画刷
Stroke	设置多线形的边框画刷
StrokeThicknessa	设置多线形的边框粗细
Points	由一组坐标点组成，设置多边形中的一些特定的点，每组坐标之间用空格分开

6.7　Path 路径绘图

6.7.1　Path 简介

和前面介绍的 5 类简单绘图对象相比较，Path 对象稍复杂一些，它甚至包含了前 5 种绘图对象，用它绘制一系列相连的圆弧或者线条，可以称之为"轨迹"。用它可以画出任意复杂的图形。如图 6-18 所示。

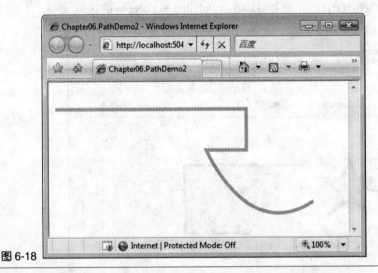

图 6-18

6.7.2　基本使用

要创建出一个 Path 对象，我们可以创建一系列的几何图形（Geometry），并把它赋值给 Path 对象的 Data 属性，关于几何图形（Geometry）我们将在后面的章节的详细讲述。如下面的示例代码所示：

XAML

```xaml
<Canvas Background="White">
    <Path Stroke="OrangeRed" StrokeThickness="4"
          Canvas.Top="20" Canvas.Left="50">
      <Path.Data>
          <GeometryGroup>
              <LineGeometry StartPoint="0,20" EndPoint="50,20"/>
              <RectangleGeometry Rect="50 20 60 90"/>
              <LineGeometry StartPoint="112,110" EndPoint="200,150"/>
              <EllipseGeometry RadiusX="30" RadiusY="30" Center="200,150"/>
          </GeometryGroup>
      </Path.Data>
    </Path>
</Canvas>
```

这里的 Path 只是一个绘图对象，至于最终呈现什么样的图形，则完全由 Data 属性描述，在 Data 属性中我们可以放置任意几何图形，上面的示例运行后如图 6-19 所示。

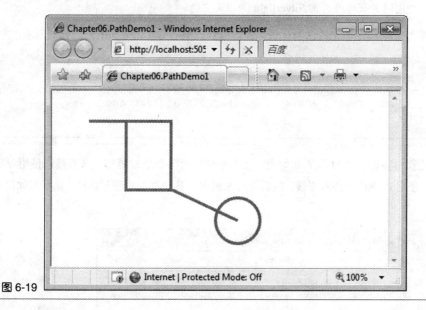

图 6-19

Path 对象的重要属性如下表所示。

属　　性	描　　述
Fill	设置图形内部的填充画刷
Stroke	设置图形的边框画刷
StrokeThickness	设置图形的边框粗细
Data	设置图形的形状，由一系列的几何图形组成

6.7.3 Path 标记语法

上面我们介绍了 Path 对象的基本用法。其实在 Silverlight 2 中，还提供了更加简单的使用，称之为"迷你语言"的 Path 标记语法，使用它来描述路径的形状。Path 标记语法的使用方法如下：

```
<object property ="[fillRule] figureDescription[ figureDescription]*" ... />
```

其中，

fillRule：指定了填充的规则，F0 指定了奇偶填充规则，F1 指定了非零填充规则。

figureDescription：使用一系列的命令来描述图形的形状，有移动命令、绘图命令、关闭命令。对于这些命令分别用单个字母来表示，如：M（移动命令，起始点）、L（直线，结束点）、H（水平线）、V（垂直线）、C（三次贝塞尔曲线）、Q（两次贝塞尔曲线）、A（椭圆弧曲线）、Z（结束命令）等，使用时大家可再查询 Silverlight 的相关文档。

为了加深大家对 Path 标记语法的认识，我们再看一个示例，如下面的示例代码所示：

> XAML

```xaml
<Canvas Background="White">
    <Path Stroke="Orange" StrokeThickness="5"
        Data="M 10,40 L 300,40 V 100 H 240 S 300,240 400,175">
    </Path>
</Canvas>
```

这里首先使用移动命令 M 设置起始点，接下来使用绘图命令 L 画出一条直线，使用 V 画出一条垂直线，使用 H 画出一条水平线，最后使用 S 画出一条平滑的贝塞尔曲线，运行后如图 6-20 所示。

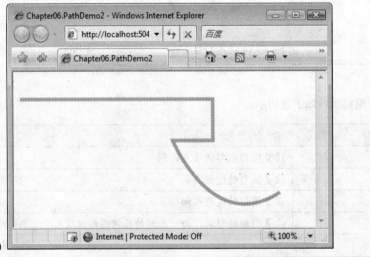

图 6-20

6.7.4 为什么需要 Path 对象

通过上面的讲解，相信大家已经掌握了 Path 对象的用法，但是可能有人会不理解，既然 Path 是由其他几何图形组合而成，为什么不直接使用其他几何图形，而要提供一个 Path 对象呢？原因有以下几点。

第一，Silverlight 中提供的 5 种基本图形无法绘制出复杂的曲线图形，不能满足我们实际的需求。

第二，Silverlight 中提供的 5 种基本图画出的都是单个的图形，我们无法将其组织成为一个整体。

第三，Path 对象可以把任意多的几何图形组合在一起，这在某些情况下将会非常有用，如我们对图形进行画刷填充、进行旋转等处理。

6.8 开发实例：实现柱状图

前面七节内容详细介绍了 Silverlight 对于绘图（Shape）的支持，接下来将使用这些知识给出一个开发综合实例，以便加深对这部分知识的理解。在本实例中，我们将利用 Silverlight 中的图形功能，来开发一个月份销售额柱状图。最终的效果如图 6-21 所示。

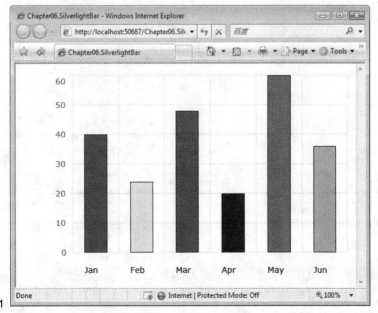

图 6-21

第一步：首先定义页面格状布局。我们可以使用垂直相交的直线，以绝对定位的方式来布局，如下面的示例代码所示。

XAML

```
<Line X1="100" Y1="20" X2="580" Y2="20" Stroke="#D3E5FF"></Line>
<Line X1="100" Y1="70" X2="580" Y2="70" Stroke="#D3E5FF"></Line>
<Line X1="100" Y1="120" X2="580" Y2="120" Stroke="#D3E5FF"></Line>
<Line X1="100" Y1="170" X2="580" Y2="170" Stroke="#D3E5FF"></Line>
<Line X1="100" Y1="220" X2="580" Y2="220" Stroke="#D3E5FF"></Line>
<Line X1="100" Y1="270" X2="580" Y2="270" Stroke="#D3E5FF"></Line>
<Line X1="100" Y1="320" X2="580" Y2="320" Stroke="#D3E5FF"></Line>
<Line X1="100" Y1="20" X2="100" Y2="320" Stroke="#D3E5FF"></Line>
<Line X1="180" Y1="20" X2="180" Y2="320" Stroke="#D3E5FF"></Line>
<Line X1="260" Y1="20" X2="260" Y2="320" Stroke="#D3E5FF"></Line>
<Line X1="340" Y1="20" X2="340" Y2="320" Stroke="#D3E5FF"></Line>
<Line X1="420" Y1="20" X2="420" Y2="320" Stroke="#D3E5FF"></Line>
<Line X1="500" Y1="20" X2="500" Y2="320" Stroke="#D3E5FF"></Line>
<Line X1="580" Y1="20" X2="580" Y2="320" Stroke="#D3E5FF"></Line>
```

完成第一步之后的界面如图 6-22 所示。

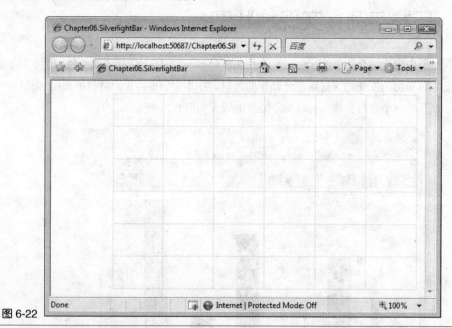

图 6-22

第二步：实现网络左边的标签显示。标示出刻度值，使用 TextBlock 控件显示文字信息，如下面的示例代码所示。

XAML

```
<TextBlock Text="60" Canvas.Top="20" Canvas.Left="70"
Foreground="Red"></TextBlock>
```

```
<TextBlock Text="50" Canvas.Top="60" Canvas.Left="70"
Foreground="Red"></TextBlock>
<TextBlock Text="40" Canvas.Top="110" Canvas.Left="70"
Foreground="Red"></TextBlock>
<TextBlock Text="30" Canvas.Top="160" Canvas.Left="70"
Foreground="Red"></TextBlock>
<TextBlock Text="20" Canvas.Top="210" Canvas.Left="70"
Foreground="Red"></TextBlock>
<TextBlock Text="10" Canvas.Top="260" Canvas.Left="70"
Foreground="Red"></TextBlock>
<TextBlock Text="0" Canvas.Top="310" Canvas.Left="80"
Foreground="Red"></TextBlock>
```

完成第二步后的界面如图 6-23 所示。

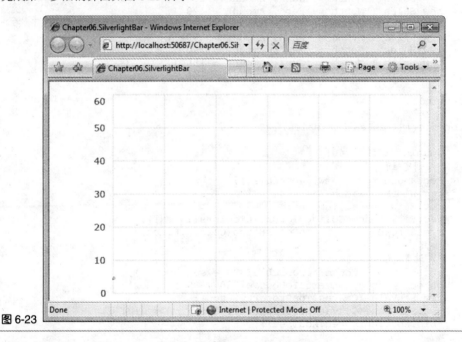

图 6-23

第三步：画出柱状图。大家可能想到用 Rectangle 对象来绘制，但这次我们并不是通过 XAML 而是用托管代码动态创建并设置它们的属性。为了模拟数据，首先创建一个 Sales 类，它具有两个属性，分别表示月份和销售额。

C#
```
public class Sales
{
    public String Month { get; set; }
    public Double Amount { get; set; }
}
```

动态绘制矩形，为了使各个月份显示的颜色不一样，定义了一个简单的颜色字典，保存我们指定的几种特定颜色：

```csharp
// C#
Dictionary<int, Color> colors = new Dictionary<int, Color>();
colors.Add(0, Colors.Red);
colors.Add(1, Colors.Yellow);
colors.Add(2, Colors.Green);
colors.Add(3, Colors.Blue);
colors.Add(4, Colors.Magenta);
colors.Add(5, Colors.Orange);

List<Sales> sales = new List<Sales>
{
    new Sales { Month = "Jan", Amount = 200 },
    new Sales { Month = "Feb", Amount = 120 },
    new Sales { Month = "Mar", Amount = 240 },
    new Sales { Month = "Apr", Amount = 100 },
    new Sales { Month = "May", Amount = 300 },
    new Sales { Month = "Jun", Amount = 180 }
};

int index = 0;

foreach (Sales sal in sales)
{
    double width = 40;
    // 创建矩形
    Rectangle rec = new Rectangle();
    rec.Width = width;
    rec.Height = sal.Amount;
    rec.Fill = new SolidColorBrush(colors[index]);
    rec.Stroke = new SolidColorBrush(Colors.Black);

    // 设置定位
    object top = Convert.ToDouble(320 - sal.Amount);
    object left = Convert.ToDouble(120 + 80 * index);
    rec.SetValue(Canvas.TopProperty, top);
    rec.SetValue(Canvas.LeftProperty, left);
    this.Root.Children.Add(rec);

    index++;
}
```

完成这一步之后的界面如图 6-24 所示。

第四步：经过上面三步之后，可以看到已经绘制出我们想要的柱状图，但是我们并不清楚每一个柱图表示哪个月份，现在再为每一个柱状图加上月份标签，把下面一段代码加在循环语句中。

```csharp
// C#
object top2 = Convert.ToDouble(340);
TextBlock text = new TextBlock();
text.Text = sal.Month;
text.SetValue(Canvas.LeftProperty, left);
```

```
text.SetValue(Canvas.TopProperty, top2);
this.Root.Children.Add(text);
```

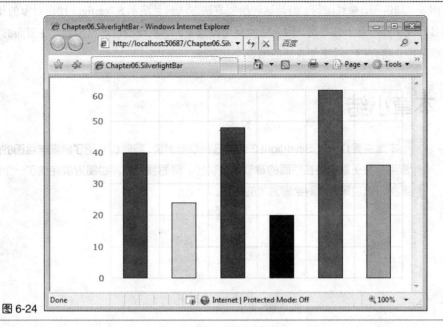

图 6-24

运行效果如图 6-25 所示。

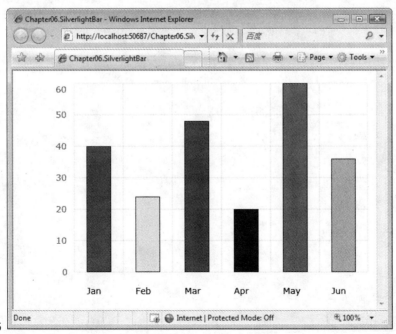

图 6-25

　　至此，我们就完成了一个使用 Silverlight 制作的柱状图，相信大家用其他绘图对象，也能绘制出各种图表，如饼图、曲线图等，但是这种绘制方法方法只是演示 Silverlight 图形对象的使用，在实际项目开发中并不是十分有用，因为它的复用性较差，手工绘图也难以控制。在后面的实例篇的有关章节中，将介绍一种更加灵活的图表绘制方法。

6.9　本章小结

　　本章主要介绍了 Silverlight 2 中的各种绘图对象，同时也介绍了画刷与绘图的配合应用，关于画刷将在后面的章节详细讲述。最后我们利用绘图对象完成了一个综合实例，以加深大家对绘图对象的认识。

第7章 画刷应用

本章内容 画刷（Brush）在 Silverlight 中具有举足轻重的地位，如果没有画刷，Silverlight 的应用程序将显得平淡无奇。画刷可以用来为任意 UI 元素进行填充，本章将详细介绍 Silverlight 内置的 5 种画刷的使用，主要内容如下：

画刷简介
单色实心画刷
线性渐变画刷
径向渐变画刷
图片画刷
视频画刷
本章小结

7.1 画刷简介

屏幕上的所有 UI 元素之所以具有不同的风格，是因为它们由画刷的设置决定的。例如，可以使用画刷来描述按钮的背景、文本的前景或图形的填充内容，可以用来为任意 UI 元素进行填充。使用画刷的输出对区域进行"绘制"。画刷不同，其输出类型也不同。某些画刷使用纯色绘制区域，其他画刷则使用渐变、图案、图像或绘图绘制区域。Silverlight 内置了 5 种画刷，如图 7-1 所示。

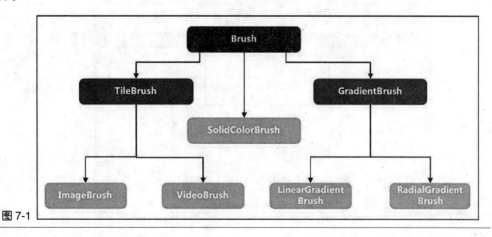

图 7-1

画刷的功能如下表所示。

名　称	描　述
SolidColorBrush	单色实心画刷，使用一种颜色在对象的区域中进行实心填充
LinearGradientBrush	线性渐变画刷，指定多种颜色在对象的区域中以线性渐变的方式填充
RadialGradientBrush	径向渐变画刷，指定多种颜色在对象的区域中以径向渐变的方式填充
ImageBrush	图片画刷，使用图片对对象区域进行填充
VideoBrush	视频填充，使用 Video 影片对对象区域填充，当然填充实现的是一段视频的播放，视频的形状可能会随着对象的形状而变化

在 Silverlight 中，几乎所有的 UI 对象都支持使用画刷进行填充，但是不同的对象使用的属性不尽相同且有些对象的多个属性可以同时支持画刷填充，如 Rectangle 对象，它的内部和边框都可以使用画刷填充。下面几节将详细介绍这 5 种画刷的使用。

7.2　单色实心画刷

7.2.1　单色实心画刷简介

对某个区域进行单一颜色填充是我们经常遇到的问题，这就须要用到 SolidColorBrush 单色实心画刷，它用单一颜色在对象区域中进行实心填充。填充的对象可以是控件的前景色和背景色，也可以是图形对象的内部区域或边框等。

单色实心画刷效果如图 7-2 所示。

图 7-2

7.2.2 基本使用

SolidColorBrush 单色实心画刷的使用比较简单，在 XAML 中，可以通过类型转换语法将 SolidColorBrush 指定为属性值，该语法对指定颜色的字符串的意义进行了约定。如下面的示例代码所示：

```XAML
<Canvas>
    <Rectangle Width="150" Height="80" Stroke="OrangeRed"
        StrokeThickness="5" Fill="LightGreen"/>
    <Ellipse Width="120" Height="120"
        Fill="Red"/>
    <TextBlock Text="SolidColorBrush" FontSize="30" Foreground="Black"/>
</Canvas>
```

运行效果如图 7-3 所示。

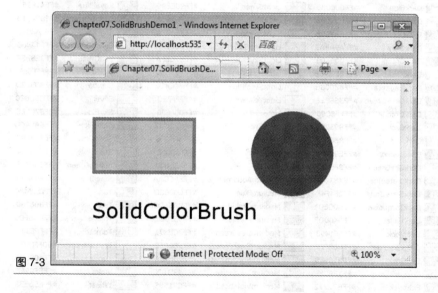

图 7-3

Silverlight 中内置了 256 种命名颜色，如图 7-4 所示。

AliceBlue	#FFF0F8FF	GhostWhite	#FFF8F8FF	NavajoWhite	#FFFFDEAD
AntiqueWhite	#FFFAEBD7	Gold	#FFFFD700	Navy	#FF000080
Aqua	#FF00FFFF	Goldenrod	#FFDAA520	OldLace	#FFFDF5E6
Aquamarine	#FF7FFFD4	Gray	#FF808080	Olive	#FF808000
Azure	#FFF0FFFF	Green	#FF008000	OliveDrab	#FF6B8E23
Beige	#FFF5F5DC	GreenYellow	FFADFF2F	Orange	#FFFFA500
Bisque	#FFFFE4C4	Honeydew	#FFF0FFF0	OrangeRed	#FFFF4500
Black	#FF000000	HotPink	#FFFF69B4	Orchid	#FFDA70D6
BlanchedAlmond	#FFFFEBCD	IndianRed	#FFCD5C5C	PaleGoldenroc	#FFEEE8AA
Blue	#FF0000FF	Indigo	#FF4B0082	PaleGreen	#FF98FB98
BlueViolet	#FF8A2BE2	Ivory	#FFFFFFF0	PaleTurquoise	#FFAFEEEE
Brown	#FFA52A2A	Khaki	#FFF0E68C	PaleVioletRed	#FFDB7093
BurlyWood	#FFDEB887	Lavender	#FFE6E6FA	PapayaWhip	#FFFFEFD5
CadetBlue	#FF5F9EA0	LavenderBlush	#FFFFF0F5	PeachPuff	#FFFFDAB9
Chartreuse	#FF7FFF00	LawnGreen	#FF7CFC00	Peru	FFCD853F
Chocolate	#FFD2691E	LemonChiffon	#FFFFFACD	Pink	#FFFFC0CB
Coral	#FFFF7F50	LightBlue	#FFADD8E6	Plum	#FFDDA0DD
CornflowerBlue	#FF6495ED	LightCoral	#FFF08080	PowderBlue	#FFB0E0E6
Cornsilk	#FFFFF8DC	LightCyan	#FFE0FFFF	Purple	#FF800080
Crimson	#FFDC143C	LightGoldenrodYellow	#FFFAFAD2	Red	#FFFF0000
Cyan	#FF00FFFF	LightGray	#FFD3D3D3	RosyBrown	#FFBC8F8F
DarkBlue	#FF00008B	LightGreen	#FF90EE90	RoyalBlue	#FF4169E1
DarkCyan	#FF008B8B	LightPink	#FFFFB6C1	SaddleBrown	#FF8B4513
DarkGoldenrod	#FFB8860B	LightSalmon	#FFFFA07A	Salmon	#FFFA8072
DarkGray	#FFA9A9A9	LightSeaGreen	#FF20B2AA	SandyBrown	#FFF4A460
DarkGreen	#FF006400	LightSkyBlue	#FF87CEFA	SeaGreen	#FF2E8B57
DarkKhaki	#FFBDB76B	LightSlateGray	#FF778899	SeaShell	#FFFFF5EE
DarkMagenta	#FF8B008B	LightSteelBlue	#FFB0C4DE	Sienna	#FFA0522D
DarkOliveGreen	#FF556B2F	LightYellow	#FFFFFFE0	Silver	#FFC0C0C0
DarkOrange	#FFFF8C00	Lime	#FF00FF00	SkyBlue	#FF87CEEB
DarkOrchid	#FF9932CC	LimeGreen	#FF32CD32	SlateBlue	#FF6A5ACD
DarkRed	#FF8B0000	Linen	#FFFAF0E6	SlateGray	#FF708090
DarkSalmon	#FFE9967A	Magenta	#FFFF00FF	Snow	#FFFFFAFA
DarkSeaGreen	#FF8FBC8F	Maroon	#FF800000	SpringGreen	#FF00FF7F
DarkSlateBlue	#FF483D8B	MediumAquamarine	#FF66CDAA	SteelBlue	#FF4682B4
DarkSlateGray	#FF2F4F4F	MediumBlue	#FF0000CD	Tan	#FFD2B48C
DarkTurquoise	#FF00CED1	MediumOrchid	#FFBA55D3	Teal	#FF008080
DarkViolet	#FF9400D3	MediumPurple	#FF9370DB	Thistle	#FFD8BFD8
DeepPink	#FFFF1493	MediumSeaGreen	#FF3CB371	Tomato	#FFFF6347
DeepSkyBlue	#FF00BFFF	MediumSlateBlue	#FF7B68EE	Transparent	#00FFFFFF
DimGray	#FF696969	MediumSpringGreen	#FF00FA9A	Turquoise	#FF40E0D0
DodgerBlue	#FF1E90FF	MediumTurquoise	#FF48D1CC	Violet	#FFEE82EE
Firebrick	#FFB22222	MediumVioletRed	#FFC71585	Wheat	#FFF5DEB3
FloralWhite	#FFFFFAF0	MidnightBlue	#FF191970	White	#FFFFFFFF
ForestGreen	#FF228B22	MintCream	#FFF5FFFA	WhiteSmoke	#FFF5F5F5
Fuchsia	#FFFF00FF	MistyRose	#FFFFE4E1	Yellow	#FFFFFF00
Gainsboro	#FFDCDCDC	Moccasin	#FFFFE4B5	YellowGreen	#FF9ACD32

图 7-4

如果通过托管代码指定单色实心画刷的颜色，可以使用密封类 Colors，它通过静态属性提供了 16 种预定义颜色，当然这 16 种颜色已包含在上面 256 种命名颜色中，Colors 的定义如下面的示例代码所示：

```
public sealed class Colors
{
    public static Color Black { get; }
    public static Color Blue { get; }
    public static Color Brown { get; }
    public static Color Cyan { get; }
    public static Color DarkGray { get; }
    public static Color Gray { get; }
    public static Color Green { get; }
    public static Color LightGray { get; }
    public static Color Magenta { get; }
    public static Color Orange { get; }
    public static Color Purple { get; }
    public static Color Red { get; }
    public static Color Transparent { get; }
    public static Color White { get; }
    public static Color Yellow { get; }
}
```

除了使用命名颜色指定单色实心画刷之外，还可通过 32 位颜色调色板选择单一颜色指定为画刷的颜色，它可以由 6 个或 8 个字符的十六进制表示。如果是 6 个字符，则前两个字符指定颜色的 R 值，中间两个字符指定其 G 值，最后两个字符指定其 B 值；如果是 8 个字符，则前两个字符指定颜色的 A 值，剩下的与 6 个字符一致。如下面的示例代码所示：

XAML

```
<Canvas>
    <Rectangle Width="150" Height="80" Stroke="#FF4500"
            StrokeThickness="5" Fill="#94EF94"/>
    <Ellipse Width="120" Height="120"
            Fill="#FFFF0000"/>
    <TextBlock Text="SolidColorBrush" FontSize="30"
Foreground="#FF000000"/>
</Canvas>
```

运行后可以看到其效果与图 7-3 是一致的。

前面介绍的两种方式，使用起来比较简单，但是它们无法对 SolidColorbrush 作更多的控制。使用属性元素句法来描述 SolidColorBrush，虽然句法比较冗长，但在某些特定的场景下却非常有用：可以设置附加信息，如画刷的不透明度等；可以把 SolidColorBrush 作为资源处理；可以对 SolidColorBrush 进行动画处理等。如下面的示例代码所示：

XAML

```
<Canvas Background="White">
    <Rectangle Width="150" Height="80"
            StrokeThickness="4">
        <Rectangle.Stroke>
            <SolidColorBrush Color="OrangeRed"/>
        </Rectangle.Stroke>
        <Rectangle.Fill>
            <SolidColorBrush Color="LightGreen"/>
```

```
            </Rectangle.Fill>
        </Rectangle>

    <Ellipse Width="120" Height="120">
        <Ellipse.Fill>
            <SolidColorBrush Color="Red" Opacity="0.5"/>
        </Ellipse.Fill>
    </Ellipse>

    <TextBlock Text="SolidColorBrush" FontSize="30">
        <TextBlock.Foreground>
            <SolidColorBrush Color="OrangeRed" Opacity="0.7"/>
        </TextBlock.Foreground>
    </TextBlock>
</Canvas>
```

其中，Opacity 属性用以设置画刷的不透明度，运行效果如图 7-5 所示。

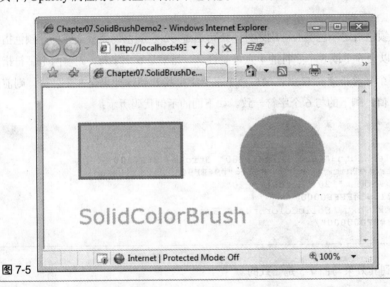

图 7-5

7.3 线性渐变画刷

7.3.1 线性渐变画刷简介

使用线性渐变画刷 LinearGradientBrush 沿一条直线定义渐变区域，该直线称之为"渐变轴"，可以一次指定多个颜色对对象进行填充，通过颜色之间的平滑过渡来达到渐变的效果。根据设置的起始点和结束点的不同，可以实现水平渐变、垂直渐变、对角线渐变等效果。

线性渐变画刷效果如图 7-6 所示。

图 7-6

7.3.2　基本使用

使用 LinearGradientBrush，需要设置渐变轴的起始点 StartPoint 和结束点 EndPoint，两点的坐标最大值为 1，最小值为 0。在默认情况下，LinearGradientBrush 使用对角线渐变，默认的 StartPoint 属性值为（0，0），EndPoint 属性值为（1，1）。

渐变停止点 GradientStop 元素是渐变画刷的基本构造块，渐变停止点指定渐变轴上某个偏移量处的颜色值：渐变停止点的 Color 属性指定渐变停止点的颜色，可以使用预定义的颜色来设置颜色，也可以通过指定十六进制 ARGB 值来设置颜色；渐变停止点的 Offset 属性指定渐变停止点的颜色在渐变轴上的位置，偏移量是一个范围从 0 至 1 的双精度值，渐变停止点的偏移量值越接近 0，颜色越接近渐变起点，渐变偏移量值越接近 1，颜色越接近渐变终点。

下面是一个使用 LinearGradientBrush 的例子，如下面的示例代码所示：

XAML

```xaml
<Canvas Background="#FFFFFF">
    <Rectangle Canvas.Top="40" Canvas.Left="100"
            Width="300" Height="160" Stroke="Green"
            StrokeThickness="4">
    <Rectangle.Fill>
        <LinearGradientBrush StartPoint="0,0.5" EndPoint="1,0.5">
            <GradientStop Color="#FFFFFF" Offset="0.0" />
            <GradientStop Color="#00FF00" Offset="0.25" />
            <GradientStop Color="#FF0000" Offset="0.75" />
            <GradientStop Color="#0099FF" Offset="1.0" />
        </LinearGradientBrush>
    </Rectangle.Fill>
    </Rectangle>
</Canvas>
```

设置渐变轴的起始点为（0，0.5），结束点为（1，0.5），并设置 4 个渐变停止点，运行效果如图 7-7 所示。

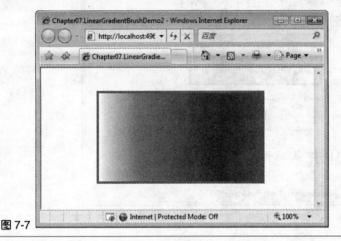

图 7-7

渐变轴的坐标以及各个渐变停止点的偏移量的应用实例，如图 7-8 所示。

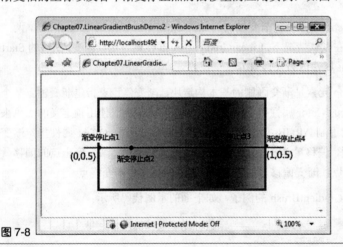

图 7-8

设置不同的渐变轴起始点和结束点以及渐变颜色和偏移量，可以得到不同的渐变效果，通过示例看一下效果。首先设置相同的渐变颜色和偏移量及不同的渐变轴，如下面的示例代码所示：

XAML
```
<StackPanel Background="White" Orientation="Horizontal">
    <Rectangle Width="120" Height="80" Stroke="Green"
            StrokeThickness="4" Margin="20">
        <Rectangle.Fill>
            <LinearGradientBrush StartPoint="0,0.5" EndPoint="1,0.5">
                <GradientStop Color="Yellow" Offset="0.0" />
                <GradientStop Color="Green" Offset="0.25" />
                <GradientStop Color="Red" Offset="0.75" />
```

```
            <GradientStop Color="Blue" Offset="1.0" />
          </LinearGradientBrush>
        </Rectangle.Fill>
    </Rectangle>
    <Rectangle Width="120" Height="80" Stroke="Green"
            StrokeThickness="4" Margin="20">
        <Rectangle.Fill>
          <LinearGradientBrush StartPoint="0.5,0" EndPoint="0.5,1">
            <GradientStop Color="Yellow" Offset="0.0" />
            <GradientStop Color="Green" Offset="0.25" />
            <GradientStop Color="Red" Offset="0.75" />
            <GradientStop Color="Blue" Offset="1.0" />
          </LinearGradientBrush>
        </Rectangle.Fill>
    </Rectangle>
    <Rectangle Width="120" Height="80" Stroke="Green"
            StrokeThickness="4" Margin="20">
        <Rectangle.Fill>
          <LinearGradientBrush StartPoint="0,0" EndPoint="1,1">
            <GradientStop Color="Yellow" Offset="0.0" />
            <GradientStop Color="Green" Offset="0.25" />
            <GradientStop Color="Red" Offset="0.75" />
            <GradientStop Color="Blue" Offset="1.0" />
          </LinearGradientBrush>
        </Rectangle.Fill>
    </Rectangle>
</StackPanel>
```

运行效果如图 7-9 所示，在图上标出了它们的渐变轴。

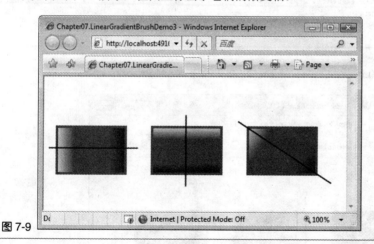

图 7-9

在下面的示例中设置相同的渐变轴和渐变颜色及不同的渐变停止点偏移量，如下面的示例代码所示：

XAML

```
<StackPanel Background="White" Orientation="Horizontal">
    <Rectangle Width="120" Height="80" Stroke="OrangeRed"
```

```
                    StrokeThickness="4" Margin="20">
        <Rectangle.Fill>
            <LinearGradientBrush StartPoint="0,0" EndPoint="1,0">
                <GradientStop Color="Yellow" Offset="0.0" />
                <GradientStop Color="Green" Offset="0.25" />
                <GradientStop Color="Red" Offset="0.75" />
                <GradientStop Color="Blue" Offset="1.0" />
            </LinearGradientBrush>
        </Rectangle.Fill>
    </Rectangle>
    <Rectangle Width="120" Height="80" Stroke="OrangeRed"
                StrokeThickness="4" Margin="20">
        <Rectangle.Fill>
            <LinearGradientBrush StartPoint="0,0" EndPoint="1,0">
                <GradientStop Color="Yellow" Offset="0.25" />
                <GradientStop Color="Green" Offset="0.5" />
                <GradientStop Color="Red" Offset="0.75" />
                <GradientStop Color="Blue" Offset="1.0" />
            </LinearGradientBrush>
        </Rectangle.Fill>
    </Rectangle>
    <Rectangle Width="120" Height="80" Stroke="OrangeRed"
                StrokeThickness="4" Margin="20">
        <Rectangle.Fill>
            <LinearGradientBrush StartPoint="0,0" EndPoint="1,0">
                <GradientStop Color="Yellow" Offset="0.0" />
                <GradientStop Color="Green" Offset="0.25" />
                <GradientStop Color="Red" Offset="0.5" />
                <GradientStop Color="Blue" Offset="1.0" />
            </LinearGradientBrush>
        </Rectangle.Fill>
    </Rectangle>
</StackPanel>
```

运行效果如图 7-10 所示。

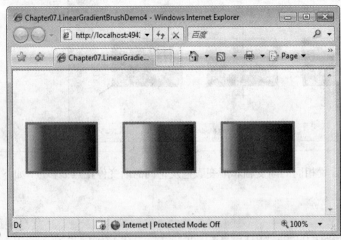

图 7-10

7.4 径向渐变画刷

7.4.1 径向渐变画刷简介

径向渐变画刷 RadialGradientBrush 也可以一次在对象上设置多个颜色填充，它的渐变轴不再是一条直线，而是一个圆，并以它的原点为放射源，以放射状从圆心向外发散的方式进行渐变。

径向渐变画刷的效果如图 7-11 所示。

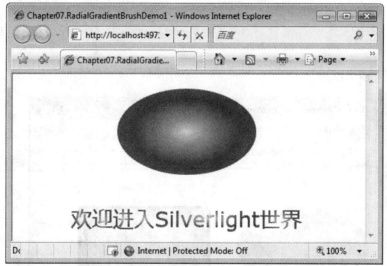

图 7-11

7.4.2 基本使用

RadialGradientBrush 用 GradientOrigin 属性来指定放射源的位置坐标，Center 属性指定 UI 元素的中心位置坐标，RadiusX 和 RadiusY 属性分别指定在 X 轴和 Y 轴上的放射半径，同样使用渐变停止点 GradientStop 指定不同颜色的渐变及偏移量。下面看一个简单使用 RadialGradientBrush 的例子，如下面的示例代码所示：

```XAML
<StackPanel Background="White" Orientation="Horizontal">
    <Ellipse Width="200" Height="120" Margin="20">
        <Ellipse.Fill>
            <RadialGradientBrush GradientOrigin="0.5,0.5" Center="0.5,0.5"
```

```
                    RadiusX="0.5" RadiusY="0.5">
                <GradientStop Color="#FBFE03" Offset="0.0" />
                <GradientStop Color="#41F702" Offset="0.25" />
                <GradientStop Color="#FF0000" Offset="0.75" />
                <GradientStop Color="#0066FF" Offset="1.0" />
            </RadialGradientBrush>
        </Ellipse.Fill>
    </Ellipse>

    <Rectangle Width="200" Height="120" Margin="20"
            Stroke="Black" StrokeThickness="4">
        <Rectangle.Fill>
            <RadialGradientBrush GradientOrigin="0.5,0.5" Center="0.5,0.5"
                    RadiusX="0.5" RadiusY="0.5">
                <GradientStop Color="#FF6600" Offset="0.25" />
                <GradientStop Color="#41F702" Offset="0.75" />
                <GradientStop Color="#FF0000" Offset="1.0" />
            </RadialGradientBrush>
        </Rectangle.Fill>
    </Rectangle>
</StackPanel>
```

运行效果如图 7-12 所示。

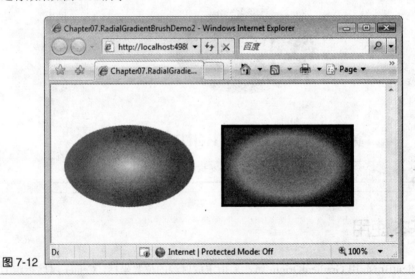

图 7-12

在上面的示例中，我们提到了放射源位置的坐标和图形中心坐标、在 X 轴和 Y 轴上的放射半径 4 个属性。下面我们以 4 个圆为例，分别对其设置不同的属性值，如下面的示例代码所示：

XAML

```
<Canvas Background="#FFFFFF">
    <Ellipse Canvas.Top="20" Canvas.Left="80"
      Width="120" Height="120">
```

```
            <Ellipse.Fill>
                <RadialGradientBrush GradientOrigin="0.5,0.5"
                                     Center="0.5,0.5"
                                     RadiusX="0.5"
                                     RadiusY="0.5">
                    <GradientStop Color="#FFFFFF" Offset="0.0" />
                    <GradientStop Color="#000000" Offset="1.0" />
                </RadialGradientBrush>
            </Ellipse.Fill>
        </Ellipse>

        <Ellipse Canvas.Top="20" Canvas.Left="280"
          Width="120" Height="120">
            <Ellipse.Fill>
                <RadialGradientBrush GradientOrigin="0.75,0.25"
                                     Center="0.5,0.5"
                                     RadiusX="0.5"
                                     RadiusY="0.5">
                    <GradientStop Color="#FFFFFF" Offset="0.0" />
                    <GradientStop Color="#000000" Offset="1.0" />
                </RadialGradientBrush>
            </Ellipse.Fill>
        </Ellipse>

        <Ellipse Canvas.Top="160" Canvas.Left="80"
          Width="120" Height="120">
            <Ellipse.Fill>
                <RadialGradientBrush GradientOrigin="0.5,0.5"
                                     Center="0.5,0.5"
                                     RadiusX="0.25"
                                     RadiusY="0.5">
                    <GradientStop Color="#FFFFFF" Offset="0.0" />
                    <GradientStop Color="#000000" Offset="1.0" />
                </RadialGradientBrush>
            </Ellipse.Fill>
        </Ellipse>

        <Ellipse Canvas.Top="160" Canvas.Left="280"
          Width="120" Height="120">
            <Ellipse.Fill>
                <RadialGradientBrush GradientOrigin="0.5,0.5"
                                     Center="0.5,0.5"
                                     RadiusX="0.5"
                                     RadiusY="0.25">
                    <GradientStop Color="#FFFFFF" Offset="0.0" />
                    <GradientStop Color="#000000" Offset="1.0" />
                </RadialGradientBrush>
            </Ellipse.Fill>
        </Ellipse>
</Canvas>
```

运行效果如图 7-13 所示，在图上标注他们各自的放射源位置坐标、中心位置坐标、X 轴上和 Y 轴上的放射半径。

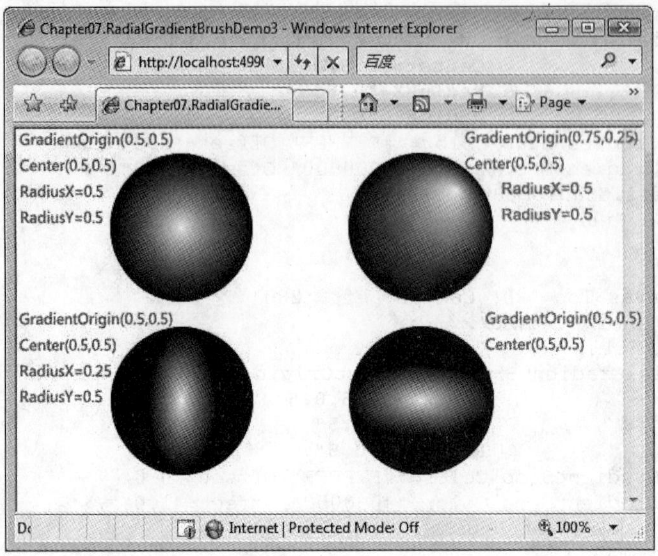

图 7-13

7.5 图片画刷

7.5.1 图片画刷简介

除了前面介绍的使用颜色来作为画刷之外，Silverlight 正提供了图片画刷 ImageBrush 工具，使我们能用图片作为画刷填充对象区域。

图片画刷的效果如图 7-14 所示。

图 7-14

7.5.2 基本使用

图片画刷的使用非常简单，我们只需为 ImageBrush 指定画刷的源图片文件即可，同时还可以设置图片的透明度。默认情况下，ImageBrush 会将其图像拉伸以完全充满要绘制的区域，如果绘制的区域和该图像的长宽比不同，则可能会扭曲该图像，可以将 Stretch 属性从默认值 Fill 更改为 None、Uniform 或 UniformToFill 来更改此行为。下面的示例中，我们使用图片填充矩形区域，如下面的示例代码所示：

XAML

```xaml
<StackPanel Background="White" VerticalAlignment="Center">
    <Rectangle Width="217" Height="127"
               Stroke="OrangeRed" StrokeThickness="4"
               RadiusX="5" RadiusY="5">
        <Rectangle.Fill>
            <ImageBrush ImageSource="a.png"></ImageBrush>
        </Rectangle.Fill>
    </Rectangle>
</StackPanel>
```

运行效果如图 7-15 所示。

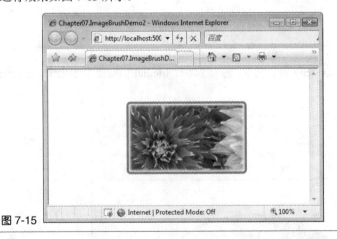

图 7-15

关于图片处理的内容将在本书第 8 章讲解。

7.6 视频画刷

7.6.1 视频画刷简介

在 Silverlight 中，除前述的填充对象区域功能外，还可以使用一段视频来对对象区域进行填充，这就是本节要介绍的视频画刷 VideoBrush，填充到对象区域的将是一段可以播放的视频。

7.6.2 基本使用

VideoBrush 使用 MediaElement 元素来作为视频源，通过属性 Stretch 来指定视频的拉伸模式，如不拉伸、填充等，另外可以使用 AlignmentX 和 AlignmentY 指定填充时视频的水平和垂直对齐方式。如下面的示例代码所示：

XAML

```xaml
<Canvas Background="White">
    <MediaElement x:Name="videBrush" AutoPlay="True"
            Source="Butt.wmv" Volume="2" Opacity="0"/>

    <Ellipse Width="300" Height="200"
            Stroke="OrangeRed" StrokeThickness="3"
            Canvas.Left="100" Canvas.Top="50">
        <Ellipse.Fill>
            <VideoBrush SourceName="videBrush"
                    Stretch="Fill"/>
        </Ellipse.Fill>
    </Ellipse>
</Canvas>
```

这里将 MediaElement 的 Opacity 设置为 0，是为了不让 MediaElement 显示出来，运行效果如图 7-16 所示。

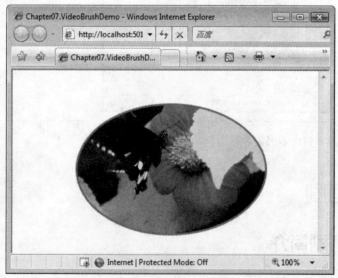

图 7-16

在本书第 14 章还会深入介绍视频处理方面的内容。

7.7　本章小结

本章详细讲解了 Silverlight 内置的 5 种画刷的使用，通过本章的学习，相信大家能在 Silverlight 应用程序中熟练使用画刷，让应用程序更加炫目多彩。

第8章 图片处理

本章内容 Silverlight 内置了强大的图像处理功能，通过本章的学习，你将学会如何创建图像、实现图像拉伸及裁剪图像。本章主要内容如下：

- 图像处理简介
- 创建图像
- 图像拉伸
- 裁剪图像
- 半透明遮罩
- 图像路径探讨
- 实例开发
- 本章小结

8.1 图像处理简介

在 HTML 页面中，显示的图像都是一种非常固定化的模式，如果要实现某些特殊效果，须要用相关的图像处理软件加工后，再显示在页面中。而 Silverlight 中内置了强大的图像处理功能，包括实现图像拉伸、裁剪图像及半透明遮罩效果等，可以直接通过声明 XAML 或者编写托管代码来实现。

8.2 创建图像

8.2.1 使用 XAML 声明

在 Silverlight 中，支持两种方式创建图像，即本书第 2 章介绍的 Image 控件和第 7 章介绍的 ImageBrush 画刷，但是它们使用的场景却不同。一般来说，我们会使用 Image 控件独立地显示一张图像，不需要其他对象的配合；而使用 ImageBrush 作为其他对象的填充元素，它会随着它的父对象（即用 ImageBrush 填充的对象）显示不同的形状。如下面的示例代码所示，分别使用

ImageBrush 和 Image 来显示两张不同的图像：

XAML

```
<Canvas Background="White">
    <Ellipse Canvas.Left="20" Canvas.Top="80"
            Width="240" Height="136">
        <Ellipse.Fill>
            <ImageBrush ImageSource="a1.png"/>
        </Ellipse.Fill>
    </Ellipse>

    <Image Source="b1.png"
            Canvas.Left="320" Canvas.Top="80"></Image>
</Canvas>
```

运行效果如图 8-1 所示。

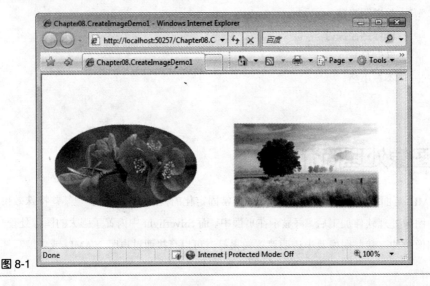

图 8-1

如图 8-1 所示，ImageBrush 随着它的父对象（这里的椭圆形）来显示形状。值得一提的是，使用 ImageBrush 不仅可以填充对象区域，也可以用它来作为文字或其他对象的前景色，如下面的示例代码所示：

XAML

```
<Canvas Background="White">
    <TextBlock Text="银 光 来 了 ！"
            FontSize="60" FontWeight="Bold"
            Canvas.Top="60" Canvas.Left="60">
        <TextBlock.Foreground>
            <ImageBrush ImageSource="a1.png" Opacity="0.5"/>
        </TextBlock.Foreground>
    </TextBlock>
</Canvas>
```

运行效果如图 8-2 所示。

图 8-2

8.2.2　使用托管代码创建

除了在 XAML 中声明图像之外，还可以通过托管代码动态创建图像，在 XAML 中我们直接设置 Image 空间的 Source 属性为图像的路径字符串，Silverlight 内部会进行语法转换，如果在托管代码中，则不能这么做。必须为 Source 属性指定一个 BitmapImage 对象的实例，如下面的示例代码所示：

```csharp
BitmapImage bitmap = new BitmapImage();
bitmap.UriSource = new Uri(
    "http://www.silverlight.net/a1.png");

Image image = new Image();
image.Source = bitmap;
image.Width = 240;
image.Height = 136;

this.LayoutRoot.Children.Add(image);
```

BitmapImage 可以用来为 Image 的 Source 属性和 ImageBrush 的 ImageSource 属性提供实际的对象源类型。

8.3　图像拉伸

当我们创建一个图像的时候，如果不指定它的宽度和高度，它将会使用默认的规格来显示；

如果指定了高和宽，图像将显示在指定高和宽的矩形区域内。可以通过属性 Stretch 来指定图像如何填充在该区域内，即图像拉伸。Stretch 属性具有如下 4 个选项。

* None：不对图像进行拉伸以便填充规定的尺寸。

* Uniform：按比例进行拉伸，直到有一边满足规定的尺寸区域为止，其余部分不会被填充，按最小尺寸填充。

* UniformToFill：按比例进行拉伸，直到完全填充规定的尺寸区域为止，超出该区域的将会被裁剪，按最大尺寸填充。

* Fill：不按比例拉伸，完全填充规定的尺寸区域，将会破坏图像的比例。

Stretch 默认的属性是 Uniform，为了更直观地看到这 4 个值的区别，下面看一个例子，我们使用一个规格尺寸为 160×90 的图像，中间带一个小的正方形，如图 8-3 所示。

图 8-3

在页面上放置 4 个 Border 控件，大小为 220×220，并在其中各放置一个 Image，图像的大小也定义为 220×220，设置 4 个 Image 的 Stretch 属性分别为 None、Uniform、UniformToFill、Fill，如下面的示例代码所示：

XAML

```
<Canvas Background="White">
    <Border BorderBrush="Black" BorderThickness="3"
            Width="220" Height="220"
            Canvas.Left="40" Canvas.Top="50">
        <Image Source="a2.png" Stretch="None"
            Width="220" Height="220"/>
    </Border>

    <Border BorderBrush="Black" BorderThickness="3"
            Width="220" Height="220"
            Canvas.Left="330" Canvas.Top="50">
        <Image Source="a2.png" Stretch="Uniform"
            Width="220" Height="220"/>
    </Border>

    <Border BorderBrush="Black" BorderThickness="3"
            Width="220" Height="220"
            Canvas.Left="330" Canvas.Top="330">
        <Image Source="a2.png" Stretch="UniformToFill"
```

```
                    Width="220" Height="220"/>
    </Border>

    <Border BorderBrush="Black" BorderThickness="3"
            Width="220" Height="220"
            Canvas.Left="40" Canvas.Top="330">
        <Image Source="a2.png" Stretch="Fill"
            Width="220" Height="220"/>
    </Border>
</Canvas>
```

运行后可以很明显地看到它们之间的区别，如图 8-4 所示。

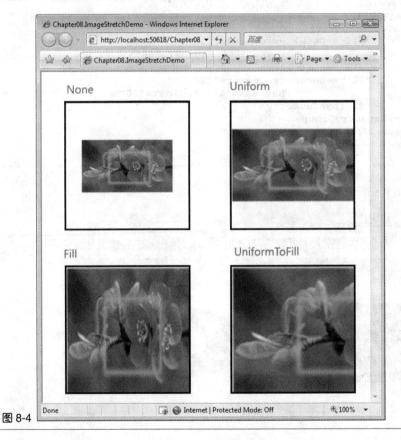

图 8-4

相信通过本示例大家能够更加深入地认识属性 Stretch 的 4 个不同取值。

8.4 裁剪图像

在很多场景中我们只须要显示出图像的一部分，而不是整个图像，这时须要对图像进行裁剪。

在 Silverlight 中可以使用 Clip 属性来完成，Clip 属性中可以设置任意的几何图形，注意是几何图形 Geometry 并非本书第 6 章介绍的 Shape，这意味着可以从图像中裁剪出各种几何形状，如椭圆、矩形或者任意复杂图形。关于几何图形 Geometry 将在第 9 章介绍。

如下面的示例代码所示，分别显示出源图像和裁剪为一个环形的图像：

XAML

```xaml
<StackPanel Background="White" Orientation="Horizontal">
    <Image Source="a1.png" Margin="20"
        Width="240"/>
    <Image Source="a1.png" Margin="20" Width="240">
        <Image.Clip>
            <GeometryGroup>
                <EllipseGeometry Center="120,68"
                        RadiusX="100" RadiusY="60">
                </EllipseGeometry>
                <EllipseGeometry Center="120,68"
                        RadiusX="40" RadiusY="20">
                </EllipseGeometry>
            </GeometryGroup>
        </Image.Clip>
    </Image>
</StackPanel>
```

运行效果如图 8-5 所示。

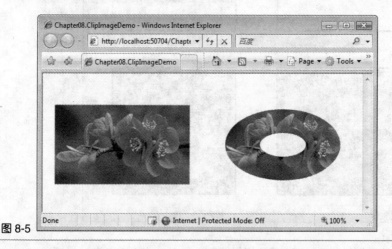

图 8-5

在本书第 9 章介绍了几何图形之后，大家可以对图像进行任意形状的裁剪。

8.5 半透明遮罩

可以对图像使用 OpacityMask 属性来达到半透明遮罩效果，OpacityMask 可以解释为通过用

OpacityMask 属性指定画刷的 alpha 通道值来遮掩图像的 alpha 通道值，支持的画刷有 LinearGradientBrush, RadialGradientBrush 和 ImageBrush，而对于 SolidColorBrush 则可以直接通过 Opacity 属性实现，不必使用 OpacityMask 属性。如下面的示例代码所示：

XAML

```xaml
<StackPanel Background="White" VerticalAlignment="Center">
    <Image Source="a1.png" Width="240" Height="168">
        <Image.OpacityMask>
            <LinearGradientBrush StartPoint="0,0" EndPoint="1,0">
                <GradientStop Offset="0.0" Color="#00000000"/>
                <GradientStop Offset="1.0" Color="#FF000000"/>
            </LinearGradientBrush>
        </Image.OpacityMask>
    </Image>
</StackPanel>
```

运行效果如图 8-6 所示。

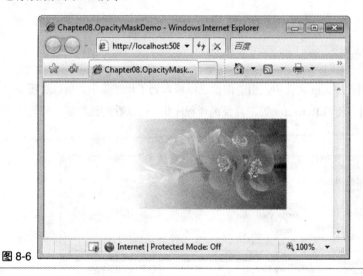

图 8-6

8.6 图像路径探讨

在 Silverlight 中对图像的引用，会有 3 种不同的方式：资源方式、相对路径和绝对路径，对应不同的引用方式会有不同的处理。

8.6.1 资源方式

该方式图像可作为程序集的资源来嵌入，使用方法非常简单，直接指定图像的路径，如下面的示例代码所示：

XAML

```
<Image Source="Images/a1.png"></Image>
<Image Source="a1.png"></Image>
```

在 Visual Studio 2008 图像属性窗口中，可以看到它被设置为 Resource，如图 8-7 所示。

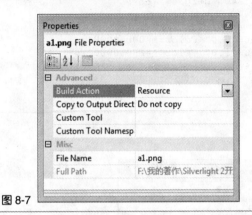

图 8-7

编译之后生成的应用程序 xap 文件中，由于图像已经嵌入到了程序集中，所以解压 xap 文件之后看不到任何图像文件，使用 Reflector 等工具反编译程序集，可以看到已经嵌入到程序集中的图像，如图 8-8 所示。

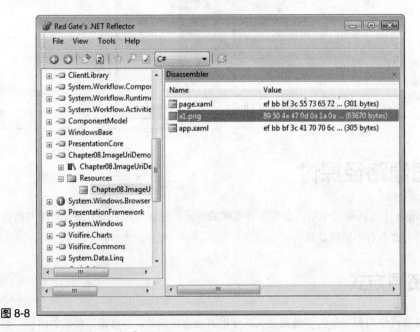

图 8-8

8.6.2 相对路径

相对路径方式，指定图像相对于应用程序根目录的路径，如下面的示例代码所示，注意图像路径前面的斜线：

XAML

```xaml
<Image Source="/Images/a1.png"></Image>
<Image Source="/a1.png"></Image>
```

如果使用这种方式，须要在 Visual Studio 2008 图像属性窗口中把它设置为 Content，如图 8-9 所示。

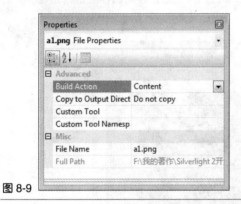

图 8-9

当图像设置为 Content 后， Silverlight 在编译为应用程序 xap 文件时，将会把图像作为 xap 文件的一部分，解压缩 xap 文件，会发现它里面包含的图像，如图 8-10 所示。

图 8-10

8.6.3 绝对路径

使用绝对路径比较简单，没有过多的内容须要设置，只须要指定一个统一资源标识符，如下面的示例代码所示：

XAML

```
<Image
Source="http://www.cnblogs.com/images/cnblogs_com/Terrylee/117085/o_zcover
.jpg"/>
```

在本书第 12 章介绍了网络与通信之后，还可以实现对图像按需下载。

8.7 实例开发

为了让大家更加深入地掌握 Silverlight 中的图像处理功能，接下来我们将开发一个综合实例——实现饱和灯光效果，即页面加载时显示一张黑白色的图像，移动鼠标时，将会显示出饱和灯光效果，完成后的效果如图 8-11 所示。

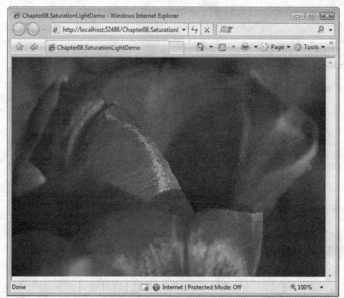

图 8-11

第一步：我们首先准备两张图像，分别为彩色和黑白底色，如图 8-12 所示。

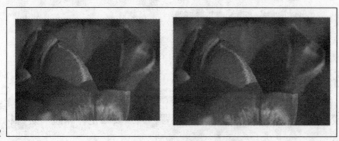

图 8-12

第二步：在页面上放置两张图像，其中第一张为黑白底色，第二张为彩色，并为第二张图像加上半透明遮罩效果，在后面的步骤中，将通过 StoryBoard 来控制该图像的半透明遮罩程度，如下面的示例代码所示。

XAML

```
<Image Source="test_unsat.jpg" />
<Image Source="test.jpg" x:Name="imageSat">
    <Image.OpacityMask>
        <RadialGradientBrush RadiusX="0.46" RadiusY="0.64"
                        GradientOrigin="0,0" Center="0,0"
                        x:Name="brushLight" Opacity="0">
            <GradientStop Offset="0" Color="#FF000000"/>
            <GradientStop Offset="1" Color="#00000000"/>
        </RadialGradientBrush>
    </Image.OpacityMask>
</Image>
```

第三步：为第二张彩色底片的图像加上 2 个故事板 Storyboard，用来控制鼠标进入和移开时的动画效果显示，当使用 Storyboard 来控制 Opacity 属性时，鼠标进入时为 1，鼠标离开时为-1，本书第 15 章将详细讲解 Storyboard。如下面的示例代码所示。

XAML

```
<Image.Resources>
    <Storyboard x:Name="animEnter">
        <DoubleAnimation To="1" FillBehavior="HoldEnd"
                    Storyboard.TargetName="brushLight"
                    Storyboard.TargetProperty="Opacity"
                Duration="0:0:1.0"/>
    </Storyboard>
    <Storyboard x:Name="animLeave">
        <DoubleAnimation To="-1" FillBehavior="HoldEnd"
                    Storyboard.TargetName="brushLight"
                    Storyboard.TargetProperty="Opacity"
                Duration="0:0:1.0"/>
    </Storyboard>
</Image.Resources>
```

第四步：现在我们为图像加上鼠标事件，完成后的全部 XAML 代码如下所示。

XAML

```
<Grid x:Name="LayoutRoot" Background="White">
    <Image Source="test_unsat.jpg" />
    <Image Source="test.jpg" x:Name="imageSat"
        MouseMove="imageSat_MouseMove"
        MouseEnter="imageSat_MouseEnter"
        MouseLeave="imageSat_MouseLeave"
        >
        <Image.Resources>
            <Storyboard x:Name="animEnter">
                <DoubleAnimation To="1" FillBehavior="HoldEnd"
                            Storyboard.TargetName="brushLight"
```

```
                                     Storyboard.TargetProperty="Opacity"
                                     Duration="0:0:1.0"/>
                </Storyboard>
                <Storyboard x:Name="animLeave">
                    <DoubleAnimation To="-1" FillBehavior="HoldEnd"
                                     Storyboard.TargetName="brushLight"
                                     Storyboard.TargetProperty="Opacity"
                                     Duration="0:0:1.0"/>
                </Storyboard>
            </Image.Resources>
            <Image.OpacityMask>
                <RadialGradientBrush RadiusX="0.46" RadiusY="0.64"
                                     GradientOrigin="0,0" Center="0,0"
                                     x:Name="brushLight" Opacity="0">
                    <GradientStop Offset="0" Color="#FF000000"/>
                    <GradientStop Offset="1" Color="#00000000"/>
                </RadialGradientBrush>
            </Image.OpacityMask>
        </Image>
    </Grid>
```

第五步：编写鼠标事件处理程序，在鼠标移动时，计算出当前鼠标的位置，并且重新设置画刷的中心和放射源中心，在鼠标进入和离开图像时，分别启动两个故事板 animEnter 和 animLeave，如下面的示例代码所示。

C#

```
bool _isMouseInside = false;
void imageSat_MouseMove(object sender, MouseEventArgs e)
{
    Point tempPoint = new Point(0, 0);
    _isMouseInside = true;
    Point p = e.GetPosition(imageSat);
    tempPoint.X = p.X / imageSat.ActualWidth;
    tempPoint.Y = p.Y / imageSat.ActualHeight;
    brushLight.Center = tempPoint;
    brushLight.GradientOrigin = tempPoint;
}

void imageSat_MouseEnter(object sender, MouseEventArgs e)
{
    _isMouseInside = true;
    animEnter.Begin();
}

void imageSat_MouseLeave(object sender, MouseEventArgs e)
{
    _isMouseInside = false;
    animLeave.Begin();
}
```

页面起始时效果如图 8-13 所示。

图 8-13

当鼠标进入移动时，将会看到饱和灯光效果，如图 8-14 所示。

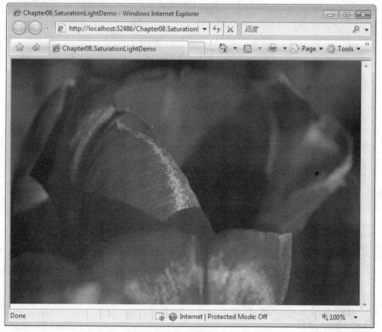

图 8-14

至此，我们就完成了一个完整的饱和灯光效果实例，希望通过该实例，能够加强大家对 Silverlight 中图像处理知识的掌握，开发出更加美观的"银光"程序。

8.8　本章小结

本章详细讲解了 Silverlight 中对于图像处理的支持，希望大家通过本章的学习，能够深入掌握 Silverlight 中图像处理技术，在后面的章节中，我们还会学习到 Transform 的知识。

第9章 几何图形

本章内容 Silverlight 在图形方面的支持除了本书第 6 章讲到的图形 Shape 之外，还有一类称之为几何图形 Geometry 的对象，本章将介绍如何使用 Geometry 来绘制图形，并对 Shape 和 Geometry 进行比较。主要内容：

几何图形简介

几何图形的使用

简单几何图形

复杂几何图形

组合几何图形

本章小结

9.1 几何图形简介

几何图形 Geometry 的对象可以用于描绘 2D 形状的几何图形，它包括 LineGeometry、RectangleGeometry、EllipseGeometry、GeometryGroup、PathGeometry 5 种对象，分别用来绘制直线、矩形、椭圆、路径等图形，如下表所示：

名 称	描 述
LineGeometry	在两点之间绘制一条直线
RectangleGeometry	绘制矩形几何图形
EllipseGeometry	绘制椭圆形几何图形
GeometryGroup	组合几何对象，将多个单一的几何对象组合为一个几何对象
PathGeometry	路径几何对象

所有的几何图形都派生于 Geometry 抽象类，如图 9-1 所示。

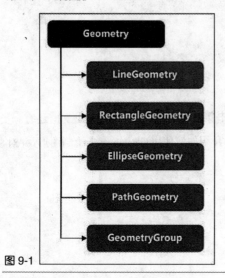

图 9-1

几何图形 Geometry 与前面讲的图形 Shape 两者虽然都可以画直线、矩形等，但它们在本质和用途上却完全不同的。简单来说，Shape 可以独立存在，可以独立画出具体的图形，而 Geometry 没有具体的形体，它必须依赖于某一对象元素而存在，不能直接呈现在画板上，由于 Shape 对象可以进行自我呈现，所以它可以设置 Opacity、OpacityMask 及 Geometry 对象所没有的其他图形属性。

9.2　几何图形的使用

几何图形使用的场景有两个：Path 对象的 Data 属性或其他 UIElement 的 Clip 属性，这在第 8 章图片处理中已经使用过。

9.2.1　使用 Data 属性

在 Silverlight 内置的 UI 元素中，只有 Path 对象具有 Data 属性，我们可以在其中定义几何图形来实现绘图。如下面的示例代码所示：

XAML

```
<Canvas Background="White">
    <Path Fill="OrangeRed" Stroke="Black" StrokeThickness="5"
        Canvas.Top="20" Canvas.Left="100">
        <Path.Data>
            <EllipseGeometry Center="100,100"
                            RadiusX="80" RadiusY="80" />
        </Path.Data>
```

```
    </Path>
</Canvas>
```

运行效果如图9-2所示。

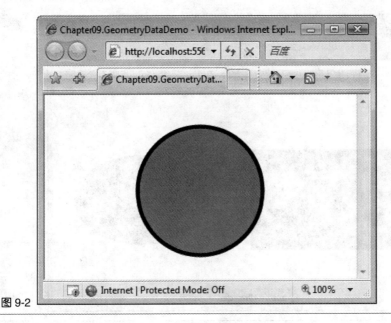

图 9-2

可以看到作为几何图形，它并不能独立存在，只具有描述形状的能力，而没有为其设置颜色、填充等属性。该示例中最后绘制的图形虽然具有边框和填充色，但这些都是在 Path 对象上设置的，而不是在 EllipseGeometry 几何图形上。

9.2.2 使用 Clip 属性

继承于 UIElement 类的对象如 Image、TextBlock 等都具有 Clip 属性，在 Clip 属性中可以定义几何图形来实现一些特殊的效果，如下面的示例代码所示，使用 EllipseGeometry 裁剪出一个椭圆形的区域：

XAML
```
<StackPanel Background="White" Orientation="Horizontal">
    <Image Source="a1.png" Margin="20"
        Width="240"/>
    <Image Source="a1.png" Margin="20" Width="240">
        <Image.Clip>
            <EllipseGeometry Center="120,68"
                        RadiusX="100" RadiusY="60">
            </EllipseGeometry>
        </Image.Clip>
    </Image.Clip>
```

```
        </Image>
</StackPanel>
```

运行效果如图 9-3 所示。

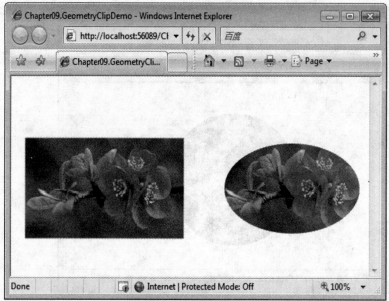

图 9-3

9.3 简单几何图形

在几种几何图形中，LineGeometry、RectangleGeometry 和 EllipseGeometry 称之为简单几何图形，分别用来绘制直线、矩形和椭圆形，它们的使用相对比较简单，只须要设置定义形状的属性即可。下面将分别通过示例来演示它们的使用。

9.3.1 LineGeometry

LineGeometry 的使用如下面的示例代码所示，使用 StartPoint 和 EndPoint 属性设置直线的起始点和结束点：

XAML

```xaml
<Canvas Background="White">
    <Path Stroke="OrangeRed" StrokeThickness="5" >
        <Path.Data>
            <LineGeometry StartPoint="50,50" EndPoint="240,180" />
        </Path.Data>
```

```
    </Path>
</Canvas>
```

运行效果如图 9-4 所示。

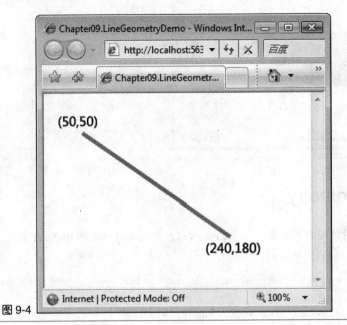

图 9-4

9.3.2 RectangleGeometry

使用 RectangleGeometry 时须要设置它的 Rect 属性，由 4 个数值组成，前 2 位表示矩形顶点坐标，后面 2 位分别表示矩形的宽度和高度，另外，还可以使用 RadiusX 和 RadiusY 属性来设置矩形的圆角效果，如下面的示例代码所示：

XAML

```
<Canvas Background="White">
    <Path Stroke="#FF6600" StrokeThickness="5"
        Fill="Green">
        <Path.Data>
            <RectangleGeometry Rect="100,70,200,100"
                            RadiusX="5" RadiusY="5"/>
        </Path.Data>
    </Path>
</Canvas>
```

运行效果如图 9-5 所示。

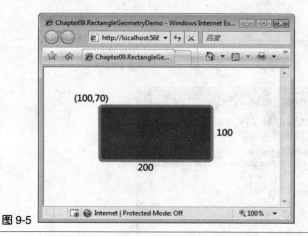

图 9-5

9.3.3 EllipseGeometry

使用 EllipseGeometry 时须要为其设置中心点 Center，以及使用 RadiusX 和 RadiusY 属性来设置在 X 轴和 Y 轴上的半径，如下面的示例代码所示：

XAML

```xaml
<Canvas Background="White">
    <Path Stroke="OrangeRed" StrokeThickness="6">
        <Path.Data>
            <EllipseGeometry Center="200,120"
                             RadiusX="100" RadiusY="60"/>
        </Path.Data>
    </Path>
</Canvas>
```

运行效果如图 9-6 所示。

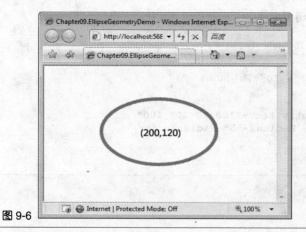

图 9-6

9.4 复杂几何图形

9.4.1 复杂几何图形简介

复杂几何图形是通过 PathGeometry 对象来描述的，它由一系列的路径形状 PathFigure 组成，而每个 PathFigure 又是由一个或多个路径段 PathSegment 组成。在 Silverlight 中，共支持如下表所示的 7 种 PathSegment。

名称	描述
ArcSegment	在 2 点之间绘制一条弧线
BezierSegment	绘制三次方贝塞尔曲线
LineSegment	在两点之间绘制一条直线
PolyBezierSegment	绘制多重三次方贝塞尔曲线
PolyLineSegment	绘制多重线条
PolyQuadraticBezierSegment	绘制多重二次方贝塞尔曲线
QuadraticBezierSegment	绘制二次方贝塞尔曲线

所有的路径段都派生于抽象类 PathSegment，如图 9-7 所示。

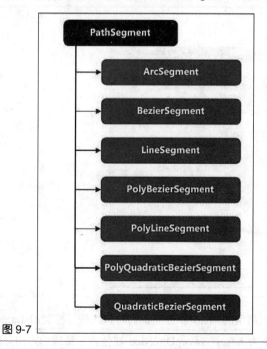

图 9-7

路径形状 PathFigure 中的路径段将合并为一个几何形状，该形状将每一条路径段的终点作为下一条路径段的起点。PathFigure 的 StartPoint 属性指定绘制第一条线段的起始点，后面的每条线段都以上一条线段的终点作为起点。下面将通过示例分别讲述这 7 种 PathSegment 的使用。

9.4.2　ArcSegment

ArcSegment 元素用来在两点之间画出一条弧线，须要设置弧线的结束点 Point 属性，它的起始点由路径形状 PathFigure 来定义，并且使用 Size 属性指定弧线的宽度和高度。如下面的示例代码所示：

XAML

```xaml
<Canvas Background="White">
    <Path Stroke="OrangeRed" StrokeThickness="5">
        <Path.Data>
            <PathGeometry>
                <PathFigure StartPoint="120,60">
                    <ArcSegment Point="360,60"
                            Size="100,100"></ArcSegment>
                </PathFigure>
            </PathGeometry>
        </Path.Data>
    </Path>
</Canvas>
```

运行效果如图 9-8 所示。

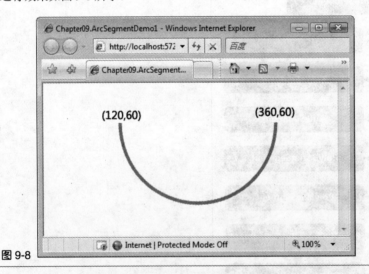

图 9-8

除此之外，ArcSegment 还提供了几个更高级的属性，以方便我们对弧线进行控制：IsLargeArc 属性指示弧线是否大于 180°，默认情况下为 false；SweepDirection 属性指示弧线的方向是顺时针（Clockwise）还是逆时针（Counterclockwise）方向，默认情况下为逆时针方向；RotationAngle
属性指示弧线在 X 轴方向的旋转角度，默认值为 0。

先来看一下 IsLargeArc 属性，如下面的示例代码所示，我们在屏幕上画出两条曲线，它们的
起始点和结束点以及大小都相同，但 IsLargeArc 属性不同：

XAML

```xml
<Canvas Background="White">
    <Path Stroke="#FF3300" StrokeThickness="5">
        <Path.Data>
            <PathGeometry>
                <PathFigure StartPoint="140,60">
                    <ArcSegment Point="240,60" Size="100,100"
                                IsLargeArc="False"/>
                </PathFigure>
            </PathGeometry>
        </Path.Data>
    </Path>
    <Path Stroke="#0099ff" StrokeThickness="4">
        <Path.Data>
            <PathGeometry>
                <PathFigure StartPoint="140,60">
                    <ArcSegment Point="240,60" Size="100,100"
                                IsLargeArc="True"/>
                </PathFigure>
            </PathGeometry>
        </Path.Data>
    </Path>
</Canvas>
```

运行效果如图 9-9 所示。

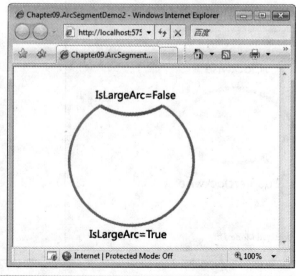

图 9-9

SweepDirection 指示弧线的方向，如下面的示例代码所示，同样画出两条起始点和结束点、以及大小相同的弧线，设置它们为不同的方向：

XAML

```xml
<Canvas Background="White">
    <Path Stroke="#FF6600" StrokeThickness="5">
        <Path.Data>
            <PathGeometry>
                <PathFigure StartPoint="120,120">
                    <ArcSegment Point="280,120" Size="100,120"
                            SweepDirection="Counterclockwise"/>
                </PathFigure>
            </PathGeometry>
        </Path.Data>
    </Path>
    <Path Stroke="#0099ff" StrokeThickness="5">
        <Path.Data>
            <PathGeometry>
                <PathFigure StartPoint="120,120">
                    <ArcSegment Point="280,120" Size="100,120"
                            SweepDirection="Clockwise"/>
                </PathFigure>
            </PathGeometry>
        </Path.Data>
    </Path>
</Canvas>
```

运行效果如图 9-10 所示。

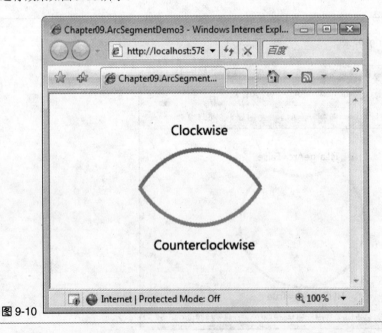

图 9-10

RotationAngle 属性指示弧线在 X 轴上的旋转角度，默认值为 0，如下面的示例代码所示，两条同样大小的弧线，在设置不同的 RotationAngle 后显示出的不同效果：

XAML

```
<Canvas Background="White">
    <Path Stroke="OrangeRed" StrokeThickness="5">
        <Path.Data>
            <PathGeometry>
                <PathFigure StartPoint="80,80">
                    <ArcSegment Point="240,80" Size="100,120"/>
                    <ArcSegment Point="400,80" Size="100,120"
                        RotationAngle="90"/>
                </PathFigure>
            </PathGeometry>
        </Path.Data>
    </Path>
</Canvas>
```

运行效果如图 9-11 所示。

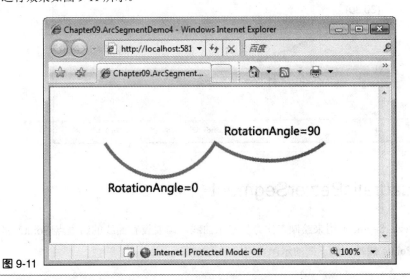

图 9-11

9.4.3 LineSegment

LineSegment 元素在两点之间绘制一条直线，使用起来比较简单，只须要指定其结束点 Point 属性即可，如下面的示例代码所示：

XAML

```
<Canvas Background="White">
    <Path Stroke="#FF6600" StrokeThickness="5">
        <Path.Data>
```

```
            <PathGeometry>
                <PathFigure StartPoint="80,80">
                    <LineSegment Point="240,140"/>
                    <LineSegment Point="440,140"/>
                </PathFigure>
            </PathGeometry>
        </Path.Data>
    </Path>
</Canvas>
```

运行效果如图 9-12 所示。

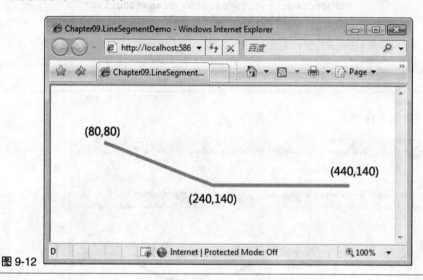

图 9-12

9.4.4 QuadraticBezierSegment

QuadraticBezierSegment 用来绘制二次方贝塞尔曲线，须要设置曲线的结束点 Point2 属性及曲线的控制点 Point1 属性。如下面的示例代码所示：

XAML

```
<Canvas Background="White">
    <Path Stroke="OrangeRed" StrokeThickness="5">
        <Path.Data>
            <PathGeometry>
                <PathFigure StartPoint="50,50">
                    <QuadraticBezierSegment Point1="200,240"
                                            Point2="350,50"/>
                </PathFigure>
            </PathGeometry>
        </Path.Data>
    </Path>
</Canvas>
```

运行效果如图 9-13 所示。

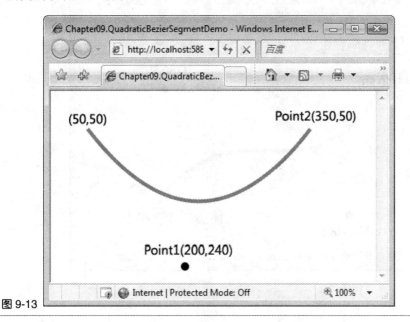

图 9-13

9.4.5 BezierSegment

BezierSegment 用来绘制三次方贝塞尔曲线，同样须要设置结束点 Point3 属性，与 QuadraticBezierSegment 不同的是它有两个控制点，分别为 Point1 和 Point2 属性，如下面的示例代码所示：

XAML

```xaml
<Canvas Background="White">
    <Path Stroke="OrangeRed" StrokeThickness="5">
        <Path.Data>
            <PathGeometry>
                <PathFigure StartPoint="50,50">
                    <BezierSegment Point1="150,200"
                                   Point2="250,50"
                                   Point3="350,200"/>
                </PathFigure>
            </PathGeometry>
        </Path.Data>
    </Path>
</Canvas>
```

运行效果如图 9-14 所示。

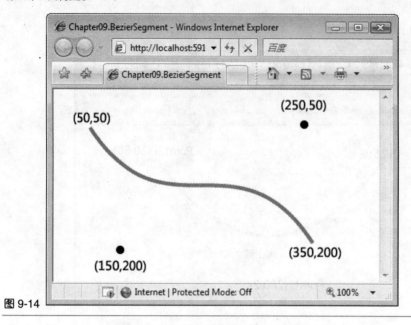

图 9-14

9.4.6 PolyLineSegment

PolyLineSegment 用来绘制多条相连的直线，即多重线条，可以通过属性 Points 指定一系列（任意多）的坐标点进行绘制。如下面的示例代码所示：

XAML
```xaml
<Canvas Background="White">
    <Path Stroke="OrangeRed" StrokeThickness="5">
        <Path.Data>
            <PathGeometry>
                <PathFigure StartPoint="50,50">
                    <PolyLineSegment
Points="150,200,250,100,350,200,450,50"/>
                </PathFigure>
            </PathGeometry>
        </Path.Data>
    </Path>
</Canvas>
```

运行效果如图 9-15 所示。

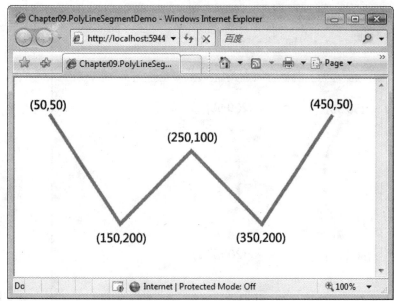

图 9-15

9.4.7 PolyQuadraticBezierSegment

PolyQuadraticBezierSegment 用来绘制包含多条二次方贝塞尔曲线，同样可以通过属性 Points 来指定一系列的控制点和结束点，第一个曲线的结束点将作为下一个曲线的开始点，其中最后一对坐标总是为曲线结束点。如下面的示例代码所示：

XAML

```
<Canvas Background="White">
    <Path Stroke="OrangeRed" StrokeThickness="5">
        <Path.Data>
            <PathGeometry>
                <PathFigure StartPoint="50,50">
                    <PolyQuadraticBezierSegment
                    Points="100,125,50,200,125,175,200,200,175,125,200,50"/>
                </PathFigure>
            </PathGeometry>
        </Path.Data>
    </Path>
</Canvas>
```

运行效果如图 9-16 所示。

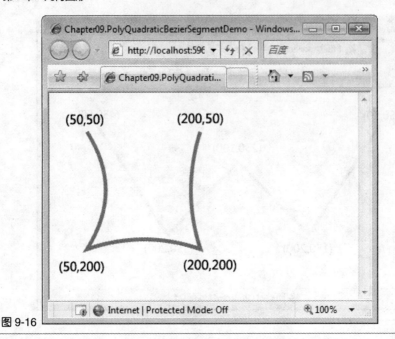

图 9-16

9.4.8 PolyBezierSegment

PolyBezierSegment 用来绘制多条三次方贝塞尔曲线，也是由 Points 属性指定的一系列坐标点作为曲线的控制点及结束点，其中最后一对坐标为整个曲线的结束点。如下面的示例代码所示：

XAML

```
<Canvas Background="White">
    <Path Stroke="OrangeRed" StrokeThickness="5">
        <Path.Data>
            <PathGeometry>
                <PathFigure StartPoint="50,50">
                    <PolyBezierSegment

Points="100,200,150,50,200,200,250,50,300,200,350,50"/>
                </PathFigure>
            </PathGeometry>
        </Path.Data>
    </Path>
</Canvas>
```

运行效果如图 9-17 所示。

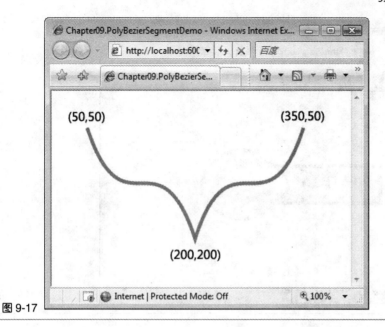

图 9-17

9.4.9　组合多种路径段

上面提到 PathGeometry 是由一系列的路径形状 PathFigure 组成，而每个 PathFigure 又是由一个或者多个路径段 PathSegment 组成。接下来看一个示例，组合多种路径段来进行图形的绘制，如下面的示例代码所示：

```xaml
<Canvas Background="White">
    <Path Stroke="OrangeRed" StrokeThickness="5" Fill="#FECCAB">
        <Path.Data>
            <PathGeometry>
                <PathFigure StartPoint="200,100">
                    <PolyLineSegment Points="50,100,50,150,200,150"/>
                    <QuadraticBezierSegment Point1="160,125"
                                            Point2="200,100"/>
                    <PolyBezierSegment Points="250,50,300,100,300,125"/>
                </PathFigure>
                <PathFigure StartPoint="200,150">
                    <PolyBezierSegment Points="250,200,300,150,300,125"/>
                </PathFigure>
            </PathGeometry>
        </Path.Data>
    </Path>
</Canvas>
```

运行效果如图 9-18 所示。

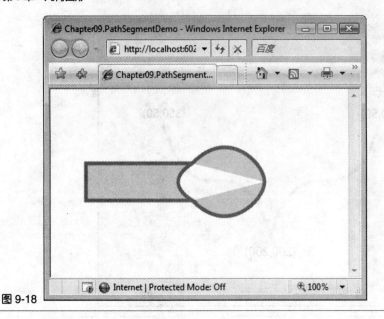

图 9-18

9.5 组合几何图形

组合几何图形 GeometryGroup 就是将多个几何对象，合并为一个单一的几何对象。可以合并的几何对象有 LineGeometry、RectangleGeometry、EllipseGeometry 和 PathGeometry，但并不合并它们的面积，这在有些特定场景中将会非常有用，下面通过示例看一下 GeometryGroup 的使用，如下面的示例代码所示，使用 GeometryGroup 把一张大图片裁剪为 4 张小图片：

XAML

```
<Canvas Background="White">
    <Image Source="jfm.png"
           Canvas.Left="40" Canvas.Top="30"/>
    <Image Source="jfm.png"
           Canvas.Left="280" Canvas.Top="30">
      <Image.Clip>
        <GeometryGroup>
            <RectangleGeometry Rect="0,0,80,80"/>
            <RectangleGeometry Rect="90,0,80,80"/>
            <RectangleGeometry Rect="0,90,80,80"/>
            <RectangleGeometry Rect="90,90,80,80"/>
        </GeometryGroup>
      </Image.Clip>
    </Image>
</Canvas>
```

运行效果如图 9-19 所示。

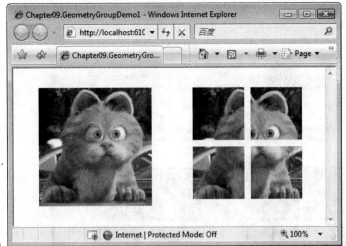

图9-19

接下来再看一个示例，看看使用 GeometryGroup 组合而成的图形和直接使用 Shape 对象绘制的图形有什么区别。分别使用 Rectangle 和 RectangleGeometry 来绘制 4 个矩形，如下面的示例代码所示：

XAML

```
<Canvas Background="White">
    <Path Stroke="Green" StrokeThickness="2"
        Canvas.Left="40" Canvas.Top="40"
        Fill="OrangeRed">
        <Path.Data>
            <GeometryGroup>
                <RectangleGeometry Rect="0,0,80,80"/>
                <RectangleGeometry Rect="90,0,80,80"/>
                <RectangleGeometry Rect="0,90,80,80"/>
                <RectangleGeometry Rect="90,90,80,80"/>
            </GeometryGroup>
        </Path.Data>

    </Path>
    <Rectangle Stroke="Green" StrokeThickness="2"
            Fill="OrangeRed"
            Canvas.Left="280" Canvas.Top="40"
            Width="80" Height="80"/>
    <Rectangle Stroke="Green" StrokeThickness="2"
            Fill="OrangeRed"
            Canvas.Left="370" Canvas.Top="40"
            Width="80" Height="80"/>
    <Rectangle Stroke="Green" StrokeThickness="2"
            Fill="OrangeRed"
            Canvas.Left="280" Canvas.Top="130"
            Width="80" Height="80"/>
    <Rectangle Stroke="Green" StrokeThickness="2"
            Fill="OrangeRed"
            Canvas.Left="370" Canvas.Top="130"
```

```
                  Width="80" Height="80"/>
    </Canvas>
```

运行效果如图 9-20 所示。

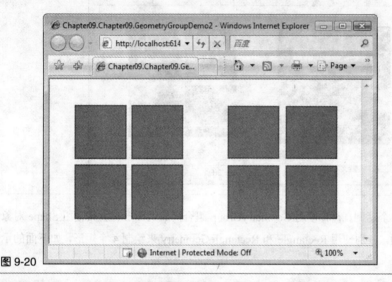

图 9-20

　　仅从最终呈现的效果来看，两者并没有任何区别。下面我们再对它们做一些处理，加上裁剪和渐变效果，如下面的示例代码所示：

XAML

```
<Canvas Background="White">
    <Path Stroke="Green" StrokeThickness="2"
          Canvas.Left="40" Canvas.Top="40">
        <Path.Data>
            <GeometryGroup>
                <RectangleGeometry Rect="0,0,80,80"/>
                <RectangleGeometry Rect="90,0,80,80"/>
                <RectangleGeometry Rect="0,90,80,80"/>
                <RectangleGeometry Rect="90,90,80,80"/>
            </GeometryGroup>
        </Path.Data>
        <Path.Clip>
            <EllipseGeometry Center="85,85"
                             RadiusX="80" RadiusY="80">
            </EllipseGeometry>
        </Path.Clip>
        <Path.Fill>
            <RadialGradientBrush Center="0.5,0.5"
                                 RadiusX="0.5" RadiusY="0.5">
                <GradientStop Color="White" Offset="0"/>
                <GradientStop Color="OrangeRed" Offset="1"/>
            </RadialGradientBrush>
        </Path.Fill>
    </Path>
```

```
<Rectangle Stroke="Green" StrokeThickness="2"
        Canvas.Left="280" Canvas.Top="40"
        Width="80" Height="80">
    <Rectangle.Fill>
        <RadialGradientBrush Center="0.5,0.5"
                            RadiusX="0.5" RadiusY="0.5">
            <GradientStop Color="White" Offset="0"/>
            <GradientStop Color="OrangeRed" Offset="1"/>
        </RadialGradientBrush>
    </Rectangle.Fill>
</Rectangle>
……
</Canvas>
```

运行效果如图 9-21 所示。

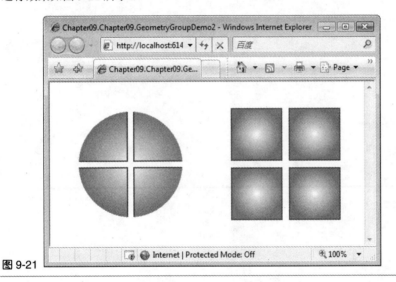

图 9-21

可以看到，我们可以对使用 GeometryGroup 组合起来的 4 个矩形进行统一的渐变或者裁剪，它们将作为一个对象。而使用 Shape 对象则无法做到这一点。相信通过该示例，大家能够很好地区分 GeometryGroup 对象和 Shape 对象，分清它们使用的场合。

9.6 本章小结

本章我们详细介绍了 Silverlight 中关于几何图形的内容，包括简单几何图形、复杂几何图形、组合几何图形等。通过本章的学习，希望大家能够很好地掌握 Geometry，区分 Geometry 对象和 Shape 对象的本质和使用场合，以便在你的应用程序中能够更好地使用几何图形。

第 10 章　变形效果应用

本章内容　前几章介绍了关于 Silverlight 中图形图像处理的一些内容，包括基本图形、图片处理、画刷、几何图形等。本章将介绍图形图像处理的另一个重要内容——使用变换，使用它可以让对象在二维空间中进行旋转、平移、按比例缩放或扭曲等，主要内容如下：

> 变换对象简介
>
> RotateTransform 旋转变换
>
> ScaleTransform 缩放变换
>
> SkewTransform 倾斜变换
>
> TranslateTransform 移动变换
>
> TransformGroup 变换组
>
> MatrixTransform 矩阵变换
>
> 实现动画变换
>
> 动态添加变换
>
> 实例开发
>
> 本章小结

10.1　变换简介

使用变换可以让 UI 元素在二维空间中产生旋转、平移、按比例缩放或扭曲等效果。Silverlight 中的变换由 Transform 类来定义，它指定了如何将一个坐标空间中的点映射或变换到另一个坐标空间，并且内置了 RotateTransform、ScaleTransform、SkewTransform、TranslateTransform、TransformGroup、MatrixTransform 6 种变换，所有的变换都派生于 Transform 类，如图 10-1 所示。

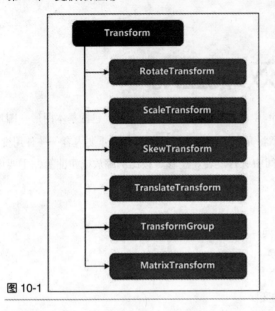

图 10-1

6 种变换对象的解释分别如下表所示。

名称	描述
RotateTransform	旋转变换，让对象围绕一点旋转一定的角度
ScaleTransform	缩放变换，对对象进行缩放
SkewTransform	倾斜变换，让对象围绕一点进行倾斜
TranslateTransform	移动变换，让对象在 X 轴或 Y 轴上做一定的位置移动
TransformGroup	变换组，组合多个变换对象在一起
MatrixTransform	矩阵变换，最强大最复杂的变换对象，通过矩阵来控制对象的变换效果

这些变换对象可以应用在几何图形、画刷以及任何 UI 元素上面，使它们产品变形效果，对于不同的对象，变换所作用的属性不同，如下所示。

- ◆ 画刷：作用于 Transform 和 RelativeTransform 属性。
- ◆ 几何图形：作用于 Transform 属性。
- ◆ UI 元素：作用于 RenderTransform 属性。

接下来将详细对这 6 种变换对象进行讲解。

10.2 RotateTransform 旋转变换

RotateTransform 称之为旋转变换，它能够在二维坐标系内围绕指定点按照顺时针方向旋转对象，指定点由 CenterX 和 CenterY 属性来定义，旋转的角度由 Angle 属性定义。默认情况下，将围绕元素的顶点（0，0）处进行旋转，如下示例代码所示，让图像旋转 45 度：

XAML

```
<Canvas Background="White">
    <Image Source="a1.png" Opacity="0.3"
        Canvas.Left="160" Canvas.Top="20" >
    </Image>
    <Image Source="a1.png" Canvas.Left="160" Canvas.Top="20">
        <Image.RenderTransform>
            <RotateTransform Angle="45"/>
        </Image.RenderTransform>
    </Image>
</Canvas>
```

为了明显起见，在原图的位置处声明了两个图像，运行效果如图 10-2 所示。

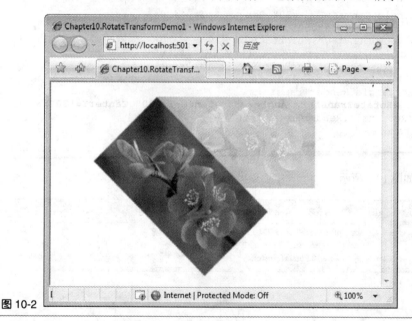

图 10-2

除了可以设定旋转角度之外，还可以通过属性 CenterX 和 CenterY 来指定旋转的中心点，默认值为元素的顶点（0，0），如下面的示例代码所示，分别对 3 个矩形进行旋转，并设置不同的旋转中心点：

XAML

```
<Canvas Background="White">
    <Rectangle Canvas.Top="50" Canvas.Left="50"
            Stroke="#505050" StrokeThickness="1"
            Width="80" Height="80"/>
    <Rectangle Canvas.Top="50" Canvas.Left="50"
            Stroke="OrangeRed" StrokeThickness="3"
```

```
                Width="80" Height="80">
            <Rectangle.RenderTransform>
                <RotateTransform Angle="30"
                        CenterX="0" CenterY="0"/>
            </Rectangle.RenderTransform>
        </Rectangle>

        <Rectangle Canvas.Top="50" Canvas.Left="240"
                Stroke="#505050" StrokeThickness="1"
                Width="80" Height="80"/>
        <Rectangle Canvas.Top="50" Canvas.Left="240"
                Stroke="OrangeRed" StrokeThickness="3"
                Width="80" Height="80">
            <Rectangle.RenderTransform>
                <RotateTransform Angle="30"
                        CenterX="40" CenterY="40"/>
            </Rectangle.RenderTransform>
        </Rectangle>

        <Rectangle Canvas.Top="50" Canvas.Left="420"
                Stroke="#505050" StrokeThickness="1"
                Width="80" Height="80"/>
        <Rectangle Canvas.Top="50" Canvas.Left="420"
                Stroke="OrangeRed" StrokeThickness="3"
                Width="80" Height="80">
            <Rectangle.RenderTransform>
                <RotateTransform Angle="30" CenterX="80" CenterY="80"/>
            </Rectangle.RenderTransform>
        </Rectangle>
    </Canvas>
```

运行效果如图 10-3 所示。

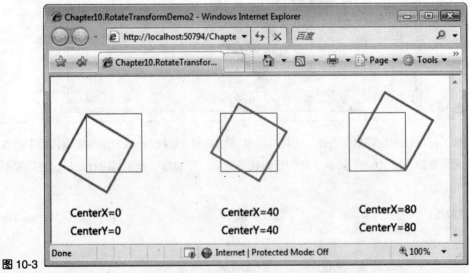

图 10-3

10.3 ScaleTransform 缩放变换

ScaleTransform 称之为缩放变换，它可以对元素沿 X 轴方向和 Y 轴方向按比例进行拉伸或收缩，ScaleX 属性指定使对象沿 X 轴拉伸或收缩的量，ScaleY 属性指定使对象沿 Y 轴拉伸或收缩的量，缩放操作以 CenterX 和 CenterY 属性指定的点为中心，默认值为（0，0）。如下面的示例代码所示：

XAML

```
<Canvas Background="White">
    <Image Source="a1.png" Opacity="0.3"
        Canvas.Left="40" Canvas.Top="40">
    </Image>
    <Image Source="a1.png" Canvas.Left="40" Canvas.Top="40">
        <Image.RenderTransform>
            <ScaleTransform ScaleX="0.5" ScaleY="0.5"/>
        </Image.RenderTransform>
    </Image>

    <Image Source="a1.png" Opacity="0.3"
        Canvas.Left="320" Canvas.Top="40">
    </Image>
    <Image Source="a1.png" Canvas.Left="320" Canvas.Top="40">
        <Image.RenderTransform>
            <ScaleTransform ScaleX="0.5" ScaleY="0.5"
                CenterX="120" CenterY="68"/>
        </Image.RenderTransform>
    </Image>
</Canvas>
```

运行效果如图 10-4 所示。

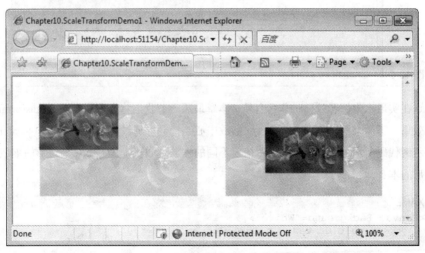

图 10-4

除了可以为属性 ScaleX 和 ScaleY 指定正数之外，还可以指定缩放比例为负数，将会对原图按比例进行倒立缩放。如下面的示例代码所示：

XAML

```
<Canvas Background="White">
    <Image Source="a1.png" Opacity="0.3"
           Canvas.Left="300" Canvas.Top="160">
    </Image>
    <Image Source="a1.png" Canvas.Left="300" Canvas.Top="160">
        <Image.RenderTransform>
            <ScaleTransform ScaleX="-1" ScaleY="-1"/>
        </Image.RenderTransform>
    </Image>
</Canvas>
```

运行效果如图 10-5 所示。

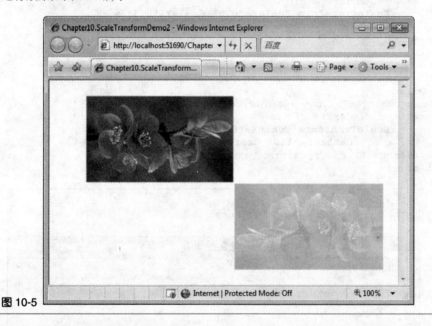

图 10-5

这在实现水中倒影效果时非常有效，本章最后一节我们将会利用 ScaleTransform 来实现水中倒影效果。下面来探讨 ScaleTransform 缩放中心点，同样通过属性 CenterX 和 CenterY 来指定，如下示例代码所示，分别为 3 个矩形指定不同的缩放中心点，其中第三个矩形的缩放中心点超出了矩形的本身：

XAML

```
<Canvas Background="White">
    <Rectangle Canvas.Top="50" Canvas.Left="50"
               Stroke="#505050" StrokeThickness="1"
               Width="80" Height="80"/>
```

```
<Rectangle Canvas.Top="50" Canvas.Left="50"
        Stroke="OrangeRed" StrokeThickness="3"
        Width="80" Height="80">
    <Rectangle.RenderTransform>
        <ScaleTransform ScaleX="0.5" ScaleY="0.5"
                CenterX="0" CenterY="0"/>
    </Rectangle.RenderTransform>
</Rectangle>

<Rectangle Canvas.Top="50" Canvas.Left="240"
        Stroke="#505050" StrokeThickness="1"
        Width="80" Height="80"/>
<Rectangle Canvas.Top="50" Canvas.Left="240"
        Stroke="OrangeRed" StrokeThickness="3"
        Width="80" Height="80">
    <Rectangle.RenderTransform>
        <ScaleTransform ScaleX="0.5" ScaleY="0.5"
                CenterX="40" CenterY="40"/>
    </Rectangle.RenderTransform>
</Rectangle>

<Rectangle Canvas.Top="50" Canvas.Left="420"
        Stroke="#505050" StrokeThickness="1"
        Width="80" Height="80"/>
<Rectangle Canvas.Top="50" Canvas.Left="420"
        Stroke="OrangeRed" StrokeThickness="3"
        Width="80" Height="80">
    <Rectangle.RenderTransform>
        <ScaleTransform ScaleX="0.5" ScaleY="0.5"
                CenterX="120" CenterY="120"/>
    </Rectangle.RenderTransform>
</Rectangle>
</Canvas>
```

运行效果如图 10-6 所示。

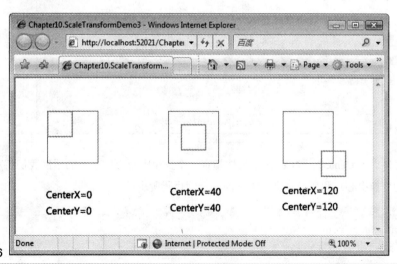

图 10-6

10.4 SkewTransform 倾斜变换

SkewTransform 称之为倾斜变换或扭曲变换，使用它可以对元素围绕一点进行一定角度的倾斜，从而在二维空间中产生三维的感觉，它是一种以非均匀方式拉伸坐标空间的变换。通过属性 AngleX 和 AngleY 可以分别设置在 X 轴和 Y 轴上倾斜角度。如下面的示例代码所示，对 TextBlock 上的文字做一定程度的倾斜：

XAML

```xml
<Canvas Background="White">
    <TextBlock Text="欢迎进入 Silverlight 世界"
            Canvas.Left="80" Canvas.Top="20"
            Opacity="0.5">
    </TextBlock>
    <TextBlock Text="欢迎进入 Silverlight 世界"
            Canvas.Left="80" Canvas.Top="80"
            Foreground="OrangeRed">
        <TextBlock.RenderTransform>
            <SkewTransform AngleX="-45" AngleY="0"/>
        </TextBlock.RenderTransform>
    </TextBlock>
</Canvas>
```

运行效果如图 10-7 所示。

图 10-7

同样可以通过 CenterX 和 CenterY 属性指定一个变换中心点，下面的示例我们将对 3 个矩形设置不同的变换中心点和变换角度，如下面的示例代码所示：

XAML

```xml
<Canvas Background="White">
    <Rectangle Canvas.Top="50" Canvas.Left="30"
            Stroke="#505050" StrokeThickness="1"
```

```
              Width="80" Height="80"/>
     <Rectangle Canvas.Top="50" Canvas.Left="30"
             Stroke="OrangeRed" StrokeThickness="3"
             Width="80" Height="80">
        <Rectangle.RenderTransform>
           <SkewTransform AngleX="45" AngleY="0"
                       CenterX="0" CenterY="0"/>
        </Rectangle.RenderTransform>
     </Rectangle>

     <Rectangle Canvas.Top="50" Canvas.Left="240"
             Stroke="#505050" StrokeThickness="1"
             Width="80" Height="80"/>
     <Rectangle Canvas.Top="50" Canvas.Left="240"
             Stroke="OrangeRed" StrokeThickness="3"
             Width="80" Height="80">
        <Rectangle.RenderTransform>
           <SkewTransform AngleX="45" AngleY="0"
                       CenterX="40" CenterY="40"/>
        </Rectangle.RenderTransform>
     </Rectangle>

     <Rectangle Canvas.Top="50" Canvas.Left="420"
             Stroke="#505050" StrokeThickness="1"
             Width="80" Height="80"/>
     <Rectangle Canvas.Top="50" Canvas.Left="420"
             Stroke="OrangeRed" StrokeThickness="3"
             Width="80" Height="80">
        <Rectangle.RenderTransform>
           <SkewTransform AngleX="0" AngleY="45"
                       CenterX="40" CenterY="40"/>
        </Rectangle.RenderTransform>
     </Rectangle>
</Canvas>
```

运行效果如图 10-8 所示。

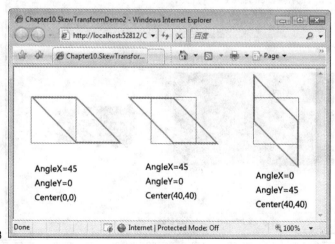

图 10-8

10.5 TranslateTransform 移动变换

TranslateTransform 称之为移动变换，使用它可以对元素在 X 轴和 Y 轴上做平移，通过 X 和 Y 两个属性来指定，如下面的示例代码所示，对图片和文字做一些平移，使其显示出阴影效果：

```XAML
<Canvas Background="White">
    <Image Source="a1.png" Opacity="0.3"
           Canvas.Left="80" Canvas.Top="60">
    </Image>
    <Image Source="a1.png" Canvas.Left="80" Canvas.Top="60">
        <Image.RenderTransform>
            <TranslateTransform X="-12" Y="-12"/>
        </Image.RenderTransform>
    </Image>

    <TextBlock Canvas.Top="80" Canvas.Left="360"
               FontWeight="Bold" Text="银光"
               FontSize="60" Foreground="Green">
        <TextBlock.RenderTransform>
            <TranslateTransform X="5" Y="5"/>
        </TextBlock.RenderTransform>
    </TextBlock>
    <TextBlock Canvas.Top="80" Canvas.Left="360"
               FontWeight="Bold" Text="银光"
               FontSize="60" Foreground="#FF0000"/>
</Canvas>
```

运行效果如图 10-9 所示。

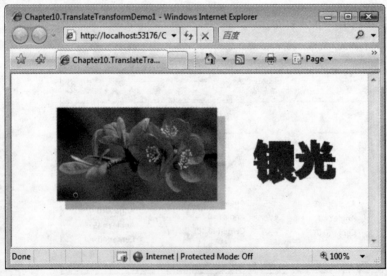

图 10-9

10.6 TransformGroup 变换组

在很多场景中，不仅会用到前面介绍的某一种简单变换对象，而是希望能够同时运用多个变换对象，这就要用到 TransformGroup 变换组对象，它可以组合多个变换对象在一起，从而让作用的元素一次产生多种变形效果。

在 XAML 中声明将在 TransformGroup 中进行的变换，须要声明一个或多个变换作为对象元素，按照 TransformGroup 子元素的顺序排列这些元素，并且允许嵌套多个 TransformGroup。添加到 TransformGroup 中的变化对象，可以是 RotateTransform、ScaleTransform、SkewTransform、TranslateTransform、MatrixTransform 或 TransformGroup。如下面的示例代码所示：

XAML

```
<Canvas x:Name="LayoutRoot" Background="White">
    <TextBlock Text="欢迎进入 Silverlight 世界"
            Canvas.Top="30" Canvas.Left="30"
            Opacity="0.5">
    </TextBlock>
    <TextBlock Text="欢迎进入 Silverlight 世界"
            Canvas.Top="30" Canvas.Left="30"
            Foreground="OrangeRed">
    <TextBlock.RenderTransform>
        <TransformGroup>
            <SkewTransform AngleX="45" AngleY="0"/>
            <TranslateTransform X="5" Y="5"/>
            <RotateTransform Angle="15"/>
        </TransformGroup>
    </TextBlock.RenderTransform>
    </TextBlock>
</Canvas>
```

运行效果如图 10-10 所示。

图 10-10

　　在变换组中，单个变换对象的顺序特别重要。例如，依次旋转、缩放和平移与依次平移、旋转和缩放得到的结果将不同。造成顺序的很重要一个原因就是，如旋转和缩放是针对坐标系的原点进行的，缩放以原点为中心的对象与缩放已离开原点的对象所得到的结果不同。同样，旋转以原点为中心的对象与旋转已离开原点的对象所得到的结果也不同。

10.7　MatrixTransform 矩阵变换

　　矩阵变换 MatrixTransform 是所有变换对象中功能最强大最灵活也是最复杂的一种变换，前面讲解的几种简单变换如果不能满足实际开发中的需求，可以使用矩阵变换进行自定义，它允许我们直接对变换矩阵进行操作。

　　在 Silverlight 中，变换是提供一个 3×3 的矩阵，通过修改矩阵中成员的值来实现变换，矩阵的定义如图 10-11 所示。

M11 Default: 1.0	M12 Default: 0.0	0.0
M21 Default: 0.0	M22 Default: 1.0	0.0
OffsetX Default: 0.0	OffsetY Default: 0.0	1.0

图 10-11

　　该矩阵的最后一列值是固定的，不会改变，如果修改矩阵中 OffsetX 的值，元素将会在 X 轴上进行移动；修改 OffsetY，元素将在 Y 轴上移动；修改 M22 为 2，元素的高度将会拉伸 2 倍，通过修改该矩阵，能实现前面提到的几种简单变换的所有功能，事实上前几种简单变换只是矩阵变换的特例而已，单独使用 MatrixTransform 对象，可以实现所有的变换。如下面的示例代码所示：

XAML

```
<Canvas x:Name="LayoutRoot" Background="White">
    <TextBlock Text="欢迎进入 Silverlight 世界"
            Canvas.Top="30" Canvas.Left="30"
            Opacity="0.5">
    </TextBlock>

    <TextBlock Text="欢迎进入 Silverlight 世界"
            Canvas.Top="30" Canvas.Left="30"
            Foreground="OrangeRed">
        <TextBlock.RenderTransform>
```

```
      <MatrixTransform>
        <MatrixTransform.Matrix>
          <Matrix M11="1" M12="0.3"
                  M21="0.3" M22="0.8"
                  OffsetX="10" OffsetY="20"/>
        </MatrixTransform.Matrix>
      </MatrixTransform>
    </TextBlock.RenderTransform>
  </TextBlock>
</Canvas>
```

运行效果如图 10-12 所示。

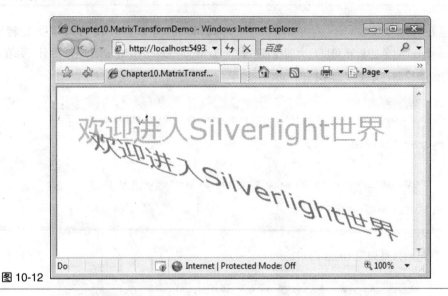

图 10-12

10.8　实现动画变换

变换对象可以与 Silverlight 中支持的动画类型相结合，实现动画变换的效果，关于动画处理将在本书第 15 章进行详细的介绍。如下示例代码所示，实现鼠标放在图像上时，图像开始旋转，鼠标离开时停止旋转：

XAML

```
<Canvas Background="White">
    <Canvas.Resources>
        <Storyboard x:Name="myStoryboard">
            <DoubleAnimation
                Storyboard.TargetName="myTransform"
                Storyboard.TargetProperty="Angle"
                From="0" To="180" Duration="0:0:5"
                RepeatBehavior="Forever" />
```

```
        </Storyboard>
    </Canvas.Resources>
    <Image x:Name="imgTarget" Source="a1.png"
        Canvas.Left="180" Canvas.Top="80"
        MouseEnter="imgTarget_MouseEnter"
        MouseLeave="imgTarget_MouseLeave">
      <Image.RenderTransform>
        <RotateTransform x:Name="myTransform"
                         Angle="15"
                         CenterX="120" CenterY="68" />
      </Image.RenderTransform>
    </Image>
</Canvas>
```

这 里 在 Canvas.Resources 中 声 明 了 一 个 Storyboard 对 象 ， 使 用 它 来 控 制 旋 转 变 换 RotateTransform 对象的旋转角度，为图像控件注册了 MouseEnter 和 MouseLeave 事件，并在事件 中进行动画的控制，如下面的示例代码所示：

C#

```
void imgTarget_MouseEnter(object sender, MouseEventArgs e)
{
    myStoryboard.Begin();
}

void imgTarget_MouseLeave(object sender, MouseEventArgs e)
{
    myStoryboard.Stop();
}
```

运行后起始效果如图 10-13 所示。

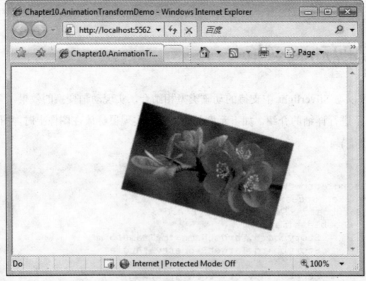

图 10-13

当鼠标放到图片上时它将开始旋转，鼠标离开时停止旋转，如图 10-14 所示。

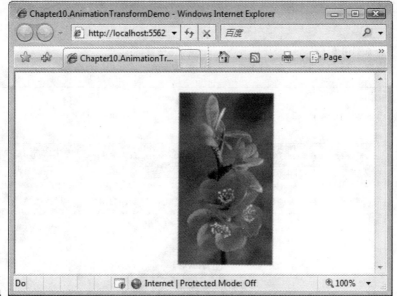

图 10-14

10.9　动态添加变换

除了可以在 XAML 中声明各种变换对象之外，同样可以使用托管代码进行访问或操作变换对象，只需要对变换对象进行命名，就可以访问托管代码，同时还可以直接在托管代码中创建变换对象。如下示例代码所示，完全通过托管代码来为图像添加旋转效果：

XAML

```
<Canvas Background="White" Loaded="Canvas_Loaded">
    <Image Source="a1.png" Opacity="0.3"
        Canvas.Left="180" Canvas.Top="80">
    </Image>
    <Image x:Name="imgTarget" Source="a1.png"
        Canvas.Left="180" Canvas.Top="80">
    </Image>
</Canvas>
```

在 Canvas_Loaded 事件中动态的创建一个 RotateTransform 对象，并附加到图像 RenderTransform 属性上，如下面的示例代码所示：

C#

```
void Canvas_Loaded(object sender, RoutedEventArgs e)
{
```

```
// 创建 RotateTransform 对象
RotateTransform transform = new RotateTransform();
transform.Angle = 45;
transform.CenterX = 120;
transform.CenterY = 68;

// 附加到图像上
imgTarget.RenderTransform = transform;
}
```

运行效果如图 10-15 所示。

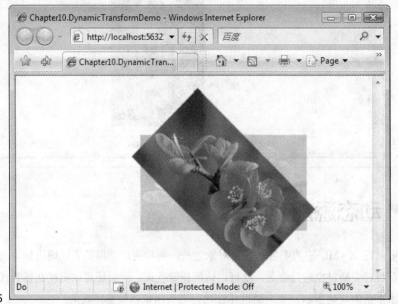

图 10-15

10.10 实例开发

前面已详细介绍了 Silverlight 中内置的各种变换对象，为了加深认识，本节我们将开发一个综合实例，利用变换对象来实现水中倒影效果，最终完成的效果如图 10-16 所示。

图 10-16

第一步：素材准备，我们首先准备一张"漂亮"的图片，这里我使用了一张液晶电视的照片，如图 10-17 所示。

图 10-17

第二步：创建要进行倒影的源图片，使用 Image 控件，并对其进行定位，如下面的示例代码所示：

XAML

```xaml
<Canvas Background="Black">
    <Image Canvas.Top="20" Canvas.Left="182"
        Source="a.png">
    </Image>
</Canvas>
```

第三步：创建倒影，复制一张图片，使其位置与原始图片一样，然后使用 ScaleTransform 进行创建图片的倒影，大家可能还记得设置它的 ScaleY 为-1，这时图片已经翻转到了屏幕的外面，通过调节 Canvas.Top 进行调节，或者使用 TranslateTransform，如下面的示例代码所示：

XAML

```xaml
<Canvas Background="Black">
    <Image Canvas.Top="20" Canvas.Left="182"
        Source="a.png">
    </Image>
    <Image Canvas.Top="20" Canvas.Left="182"
        Source="a.png">
        <Image.RenderTransform>
            <TransformGroup>
                <ScaleTransform ScaleY="-1"/>
                <TranslateTransform Y="320"/>
            </TransformGroup>
        </Image.RenderTransform>
    </Image>
</Canvas>
```

完成这一步后运行效果如图 10-18 所示。

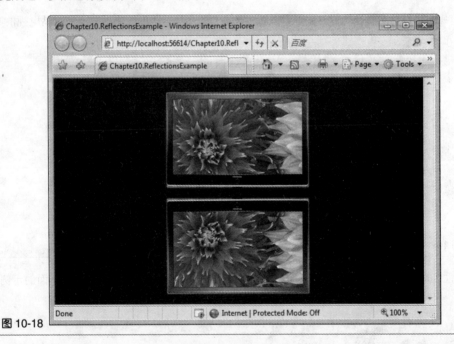

图 10-18

第四步：添加半透明遮罩，利用我们在图像处理一章讲过的 OpacityMask 属性实现半透明遮罩，使其看起来更加像倒影，如下面的示例代码所示：

XAML

```xaml
<Canvas Background="Black">
    <Image Canvas.Top="20" Canvas.Left="182"
        Source="a.png">
    </Image>
    <Image Canvas.Top="20" Canvas.Left="182"
        Source="a.png">
        <Image.RenderTransform>
            <TransformGroup>
                <ScaleTransform ScaleY="-1"/>
                <TranslateTransform Y="320"/>
            </TransformGroup>
        </Image.RenderTransform>
        <Image.OpacityMask>
            <LinearGradientBrush StartPoint="0.5,0.0"
                                 EndPoint="0.5,1.0">
                <GradientStop Offset="0.0" Color="#00000000" />
                <GradientStop Offset="1.0" Color="#FF000000" />
            </LinearGradientBrush>
        </Image.OpacityMask>
    </Image>
</Canvas>
```

完成这步后运行效果如图 10-19 所示。

图 10-19

第五步：对倒影图片做进一步的扭曲，用 ScaleTransform 变换对象来实现，使其在 Y 轴上做一些缩小，从-1 修改为-0.75，以达到扭曲的效果，并重新调整倒影图片的位置，如下面的示例代码所示：

XAML

```
<Canvas Background="Black">
    <Image Canvas.Top="20" Canvas.Left="182"
        Source="a.png">
    </Image>
    <Image Canvas.Top="20" Canvas.Left="182"
        Source="a.png">
        <Image.RenderTransform>
            <TransformGroup>
                <ScaleTransform ScaleY="-0.75"/>
                <TranslateTransform Y="280"/>
            </TransformGroup>
        </Image.RenderTransform>
        <Image.OpacityMask>
            <LinearGradientBrush StartPoint="0.5,0.0"
                            EndPoint="0.5,1.0">
                <GradientStop Offset="0.0" Color="#00000000" />
                <GradientStop Offset="1.0" Color="#FF000000" />
            </LinearGradientBrush>
        </Image.OpacityMask>
    </Image>
</Canvas>
```

第六步：对倒影做进一步的斜化，让它看起来并不是垂直的，大家可能想到了使用倾斜变换对象 SkewTransform 来实现，并重新调整倒影位置，让其在 X 轴上向相反方向移动 30，如下面的示例代码所示：

XAML

```
<Canvas Background="Black">
    <Image Canvas.Top="20" Canvas.Left="182"
        Source="a.png">
    </Image>
    <Image Canvas.Top="20" Canvas.Left="182"
        Source="a.png">
        <Image.RenderTransform>
            <TransformGroup>
                <ScaleTransform ScaleY="-0.75"/>
                <SkewTransform AngleX="-15"/>
                <TranslateTransform Y="280" X="-30"/>
            </TransformGroup>
        </Image.RenderTransform>
        <Image.OpacityMask>
            <LinearGradientBrush StartPoint="0.5,0.0"
                            EndPoint="0.5,1.0">
                <GradientStop Offset="0.0" Color="#00000000" />
                <GradientStop Offset="1.0" Color="#FF000000" />
            </LinearGradientBrush>
        </Image.OpacityMask>
    </Image>
</Canvas>
```

完成这步后运行效果如图 10-20 所示。

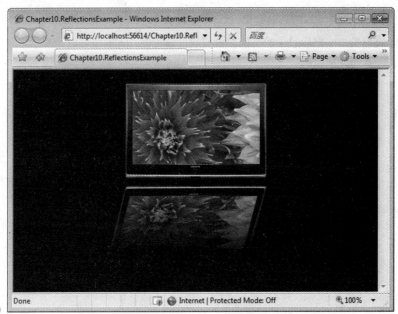

图 10-20

第七步：完成第六步后，可以看到已经显示出了倒影的效果，为了使最终的倒影效果更加逼真，再对倒影做点修饰，进一步淡化倒影，调整它的不透明度 Opacity 属性为 0.5，如下面的示例代码所示：

XAML

```xaml
<Canvas Background="Black">
    <Image Canvas.Top="20" Canvas.Left="182"
        Source="a.png">
    </Image>
    <Image Canvas.Top="20" Canvas.Left="182"
        Source="a.png" Opacity="0.5">
        <Image.RenderTransform>
            <TransformGroup>
                <ScaleTransform ScaleY="-0.75"/>
                <SkewTransform AngleX="-15"/>
                <TranslateTransform Y="280" X="-30"/>
            </TransformGroup>
        </Image.RenderTransform>
        <Image.OpacityMask>
            <LinearGradientBrush StartPoint="0.5,0.0"
                            EndPoint="0.5,1.0">
                <GradientStop Offset="0.0" Color="#00000000" />
                <GradientStop Offset="1.0" Color="#FF000000" />
            </LinearGradientBrush>
        </Image.OpacityMask>
    </Image>
</Canvas>
```

　　最终完成后如图 10-16 所示的效果。这样我们利用多个变换对象及图片的半透明遮罩等技术，实现了一个完整的水中倒影效果的实例，希望通过该实例，大家能够进一步掌握各种变换对象，在实际应用程序中灵活运用。

10.11　本章小结

　　变形效果的应用非常广泛，正是有了本文所介绍的这些变换对象，才使得应用程序更加生动，希望通过本章的学习，大家能够很好地掌握各种变换对象的使用，并把它们运用到自己的程序中去。

Silverlight 2

第 II 部分
进阶篇

第 11 章　数据绑定

本章内容　数据绑定是用户界面和数据对象或其他数据提供源之间的桥梁，为基于 Silverlight
的应用程序提供一种显示数据并与数据进行交互的简便方法，数据的显示方式独立
于数据的管理。本章将对数据绑定进行详细的介绍，主要内容如下：

数据绑定简介

绑定数据对象

数据绑定模式

绑定对象集合

构建数据服务

使用数据模板

DataGrid 控件

数据转换

数据验证

本章小结

11.1　数据绑定简介

11.1.1　数据绑定概述

　　数据绑定是用户界面和数据对象或其他数据提供源之间的桥梁，用户界面和数据对象之间的
连接或绑定使数据得以在这二者之间流动。绑定建立后，如果数据更改，则绑定到该数据的用户
界面元素可以自动反映更改。同样，用户对用户界面元素所做的更改也可以在数据对象中反映出
来。

　　用户界面称之为目标（Target），数据对象称之为数据源（Source）。对于用户界面来说，它
所看到的数据源完全是一个黑盒模型，如图 11-1 所示。

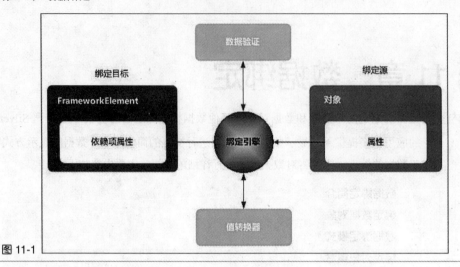

图 11-1

数据绑定由包含在 System.Windows.Data 命名空间中 Binding 对象来完成，绑定引擎在执行数据绑定时，它将从 Binding 获取如下信息。

- ◆ 包含在源和目标之间流动的数据的源对象，源对象可以是任一 CLR 对象。

- ◆ 目标依赖项属性，用于显示数据，并且可能允许用户对数据进行更改。

- ◆ 数据绑定模式，由 Binding 对象的 Mode 属性指定。

- ◆ 可选值转换器，适用于所传递的数据，值转换器是一个实现 IValueConverter 的类。

- ◆ 是否进行数据验证并捕获异常，由 Binding 对象的 ValidatesOnExceptions 属性指定。

11.1.2 数据绑定简单示例

数据源绑定在 Silverlight 中 UI 元素的数据上下文 DataContext 属性上，数据上下文是可继承的，如果对父控件设置了数据上下文，所有子控件都将使用这一上下文，前提是子控件没有另外设置数据上下文。子控件的属性获取数据源中的数据，支持 XAML 通过 Binding 标记获取数据源中的值，使用{Binding Path}的语法。

下面通过一个示例来看一下数据绑定的简单使用，首先创建用于数据绑定的数据对象类：

```
C#
public class Person
{
    public String Name { get; set; }
    public int Age { get; set; }
    public String Address { get; set; }
}
```

编写一个简单的用户界面用来显示数据信息，如下示例代码所示，这里省略了部分代码，绑定引擎将创建一个绑定，把 TextBlock 的 Text 属性连接到相应的 Person 类属性上：

XAML

```
<Grid x:Name="LayoutRoot" Background="White"
    Loaded="LayoutRoot_Loaded">
    <TextBlock Grid.Row="1" Grid.Column="1"
            HorizontalAlignment="Left"
            Text="{Binding Name}"/>
    <TextBlock Grid.Row="2" Grid.Column="1"
            HorizontalAlignment="Left"
            Text="{Binding Age}"/>
    <TextBlock Grid.Row="3" Grid.Column="1"
            HorizontalAlignment="Left"
            Text="{Binding Address}"/>
</Grid>
```

在控件加载时创建一个 Person 类的实例，并把它赋值给根元素的 DataContext 属性，如下面的示例代码所示：

C#

```
void LayoutRoot_Loaded(object sender, RoutedEventArgs e)
{
    Person person = new Person()
    {
        Name = "TerryLee",
        Age = 25,
        Address = "Beijing"
    };

    this.LayoutRoot.DataContext = person;
}
```

运行效果如图 11-2 所示。

图 11-2

11.2 绑定数据对象

11.2.1 创建数据对象

通过前面的示例可以看到，实现数据绑定时须要创建相关的数据对象。任何类都可以作为数据对象，只要它们具有修饰符为 public 的属性，当然数据对象中仍然可以包含私有的成员，只是它们无法显示。一个简单的数据对象如下面的示例代码所示：

```C#
public class Person
{
    private String _name;
    public String Name
    {
        get { return _name; }
        set { _name = value; }
    }

    private int _age;
    public int Age
    {
        get { return _age; }
        set { _age = value; }
    }

    private String _address;
    public String Address
    {
        get { return _address; }
        set { _address = value; }
    }
}
```

由于 Silverlight 2 构建在 CoreCLR 之上，在语言方面也引入了 C#3.0 的新特性，所以还可以使用自动属性，如下面的示例代码所示：

```C#
public class Person
{
    public String Name { get; set; }
    public int Age { get; set; }
    public String Address { get; set; }
}
```

11.2.2 使用数据上下文

任何继承于 FrameworkElement 的元素都会具有数据上下文 DataContext 属性，所谓数据上下文，是指允许对象从它们在对象树中的父级来继承绑定指定信息，所以数据上下文是可继承的，如果对父控件设置了数据上下文，所有子控件都将使用它，前提是子控件没有另外设置数据上下文。数据上下文最重要的一个功能就是用于绑定的数据源。它在 FrameworkElement 中的定义如下面的代码所示：

```csharp
C#
public abstract class FrameworkElement : UIElement
{
    public object DataContext { get; set; }
    // 更多成员
}
```

使用托管代码设置数据上下文非常简单，在前面的示例我们已经看到了，只要把相应的数据对象赋值为 DataContext 属性即可，如下面的示例代码所示：

```csharp
C#
Person person = new Person()
{
    Name = "TerryLee",
    Age = 25,
    Address = "Beijing"
};

this.LayoutRoot.DataContext = person;
```

11.2.3 使用资源存储数据对象

除了直接使用托管代码设置数据上下文之外，还可以在 XAML 中把数据对象定义为静态资源，然后为绑定表达式设置 Source 属性，如下面的示例代码所示：

```xaml
XAML
<UserControl x:Class="Chapter11.BindingToDataObject.Page"
    xmlns="http://schemas.microsoft.com/winfx/2006/xaml/presentation"
    xmlns:x="http://schemas.microsoft.com/winfx/2006/xaml"
    xmlns:local="clr-namespace:Chapter11.BindingToDataObject"
>
    <UserControl.Resources>
        <local:Person x:Name="myPerson"
                    LastName="TerryLee"
                    Age="25"
                    Address="Beijing">
        </local:Person>
    </UserControl.Resources>
    ……
</UserControl>
```

首先需要声明命名空间，并且为静态资源指定一个唯一的 Key 值，然后在绑定表达式中通过

Source 属性引用该静态资源，如下面的示例代码所示：

XAML

```
<Grid x:Name="LayoutRoot" Background="White">
    <TextBlock Grid.Row="1" Grid.Column="1"
            HorizontalAlignment="Left"
            Text="{Binding LastName, Source={StaticResource myPerson}}"/>
    <TextBlock Grid.Row="2" Grid.Column="1"
            HorizontalAlignment="Left"
            Text="{Binding Age, Source={StaticResource myPerson}}"/>
    <TextBlock Grid.Row="3" Grid.Column="1"
            HorizontalAlignment="Left"
            Text="{Binding Address, Source={StaticResource myPerson}}"/>
</Grid>
```

虽然使用 Source 属性引用静态资源可以实现绑定，但是要为每一个绑定表达式都指定 Source 属性，也是一件非常麻烦的事。幸运的是，如果要为所有的子元素绑定同一个数据对象，则可以非常容易地将 DataContext 属性设置为静态资源，此时就不用再为每一个绑定表达式设置 Source 属性，如下面的示例代码所示：

XAML

```
<Grid x:Name="LayoutRoot" Background="White"
        DataContext="{StaticResource myPerson}">
    <TextBlock Grid.Row="1" Grid.Column="1"
            HorizontalAlignment="Left"
            Text="{Binding LastName}"/>
    <TextBlock Grid.Row="2" Grid.Column="1"
            HorizontalAlignment="Left"
            Text="{Binding Age}"/>
    <TextBlock Grid.Row="3" Grid.Column="1"
            HorizontalAlignment="Left"
            Text="{Binding Address}"/>
</Grid>
```

上面的示例运行效果如图 11-3 所示。

图 11-3

可以看到，它与图 11-2 所显示的效果是一致的。

11.3 数据绑定模式

11.3.1 数据绑定模式概述

对于用户界面来说，它所看到的数据源完全是一个黑盒模型，数据流动的方向和时间则完全由数据绑定模式决定，在 Silverlight 中支持 3 种模式的数据绑定。

- OneTime：一次绑定，在绑定创建时使用源数据更新目标，适用于只显示数据而不进行数据的更新。
- OneWay：单向绑定，在绑定创建时或源数据发生变化时更新到目标，适用于显示变化的数据。
- TwoWay：双向绑定，即数据的更新可以在目标中或在数据源中，都将通知到对方。

举个简单的例子，使用 Silverlight 开发一个在线书店，显示书籍的书名、作者等信息时会使用 OneTime 模式，因为这些数据一般不会发生变化；显示价格信息时使用 OneWay 模式，因为管理员可能会在一天内调整价格，即数据源发生了变换须要通知到目标；显示书籍的剩余数量时用 TwoWay 模式，数量随着用户的订购会随时发生变化，即目标和数据源都在同时发生着变化。

在 Silverlight 中进行数据绑定时，如果不指定绑定模式，则默认情况下会使用 OneWay 模式，可以在 Binding 语法中通过 Mode 属性进行更改，如下面的示例代码所示：

XAML
```
<TextBlock Text="{Binding Age,Mode=OneTime}"/>
```

11.3.2 一次绑定

一次绑定，即 OneTime 模式，只在绑定创建时使用源数据更新目标，适用于只显示数据而不进行数据更新的场景，它的作用过程可用图 11-4 表示。

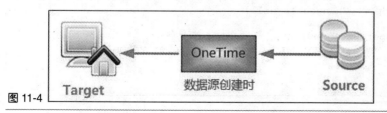

图 11-4

现在通过一个示例演示一下 OneTime 模式的使用。创建数据对象，让 Person 类实现 INotifyPropertyChanged 接口， INotifyPropertyChanged 接口具有 PropertyChanged 事件，该事件能够在数据源发生变化时通知绑定引擎，在本章的变更通知一节会详细介绍。Person 类的实现如下面的示例代码所示：

```csharp
C#
public class Person : INotifyPropertyChanged
{
    public event PropertyChangedEventHandler PropertyChanged;

    private String _name;
    public String Name
    {
        get { return this._name; }
        set
        {
            this._name = value;
            NotifyPropertyChanged("Name");
        }
    }

    private int _age;
    public int Age
    {
        get { return this._age; }
        set
        {
            this._age = value;
            NotifyPropertyChanged("Age");
        }
    }

    private String _address;
    public String Address
    {
        get { return this._address; }
        set
        {
            this._address = value;
            NotifyPropertyChanged("Address");
        }
    }

    public void NotifyPropertyChanged(String propertyName)
    {
        if (PropertyChanged != null)
        {
            PropertyChanged(this,
                new PropertyChangedEventArgs(propertyName));
        }
    }
}
```

实现用户界面，在数据绑定时指定绑定模式为一次绑定模式，然后在界面上添加一个按钮，使用它来控制数据对象值的改变，如下面的示例代码所示：

XAML

```xaml
<Grid x:Name="LayoutRoot" Background="White"
      Loaded="LayoutRoot_Loaded">
    <TextBox Grid.Row="1" Grid.Column="1"
             Width="200" Height="30"
             HorizontalAlignment="Left"
             Text="{Binding Name, Mode=OneTime}"/>
    <TextBox Grid.Row="2" Grid.Column="1"
             Width="200" Height="30"
             HorizontalAlignment="Left"
             Text="{Binding Age, Mode=OneTime}"/>
    <TextBox Grid.Row="3" Grid.Column="1"
             Width="200" Height="30"
             HorizontalAlignment="Left"
             Text="{Binding Address, Mode=OneTime}"/>
    <Button x:Name="btnUpdate" Width="150" Height="35"
        Content="更 新" Click="btnUpdate_Click"/>
</Grid>
```

编写数据绑定代码，并实现按钮单击事件，在按钮单击时改变数据对象的值，如下面的示例代码所示：

C#

```csharp
Person person;
void LayoutRoot_Loaded(object sender, RoutedEventArgs e)
{
    person = new Person()
    {
        Name = "TerryLee",
        Age = 25,
        Address = "Beijing"
    };

    this.LayoutRoot.DataContext = person;
}

void btnUpdate_Click(object sender, RoutedEventArgs e)
{
    person.Name = "李会军";
    person.Age = 25;
    person.Address = "中国 北京";
}
```

运行效果如图 11-5 所示。

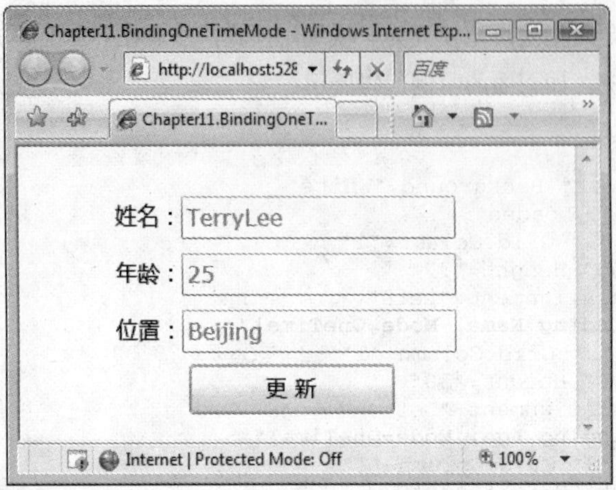

图 11-5

单击"更新"按钮，尽管它改变了数据对象的属性值，但是可以看到，用户界面上显示的数据仍然不会发生变化，这就是 OneTime 绑定模式的作用所在，它只在绑定创建时使用源数据更新目标。

11.3.3 单向绑定

单向绑定，即 OneWay 模式，在绑定创建时或者数据源发生变化时更新目标，适用于显示变化的数据，该模式为数据绑定默认模式，它的作用过程可用图 11-6 表示。

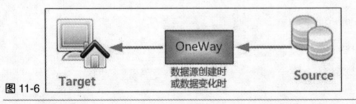

图 11-6

对于单向绑定模式，要求数据对象必须实现 INotifyPropertyChanged 接口，否则它将不能够实现数据的单向传递。仍然使用前一节的示例，但将数据绑定模式修改为 OneWay 模式，如下面的示例代码所示：

XAML

```
<Grid x:Name="LayoutRoot" Background="White"
    Loaded="LayoutRoot_Loaded">
    <TextBox Grid.Row="1" Grid.Column="1"
             Width="200" Height="30"
             HorizontalAlignment="Left"
             Text="{Binding Name, Mode=OneWay}"/>
    <TextBox Grid.Row="2" Grid.Column="1"
             Width="200" Height="30"
```

```
                HorizontalAlignment="Left"
                Text="{Binding Age, Mode=OneWay}"/>
    <TextBox Grid.Row="3" Grid.Column="1"
             Width="200" Height="30"
             HorizontalAlignment="Left"
             Text="{Binding Address, Mode=OneWay}"/>
    <Button x:Name="btnUpdate" Width="150" Height="35"
            Content="更 新" Click="btnUpdate_Click"/>
</Grid>
```

运行后起始界面如图 11-7 所示。

图 11-7

单击"更新"按钮时，可以看到用户界面上显示的数据将会发生变化，如图 11-8 所示。

图 11-8

可以看到，由于数据绑定模式为单向绑定，所以数据源发生变化时，将更新用户界面，注意在单向绑定中数据对象必须实现 INotifyPropertyChanged 接口，否则数据源变化时将无法通知绑定引擎。

11.3.4 双向绑定

双向绑定，即 TwoWay 模式，数据的更新可以在目标或者在数据源，当目标更改时将通知到数据源；当数据源更改时将通知到目标，它的作用过程如图 11-9 表示。

图 11-9

对于双向绑定模式，同样也要求数据对象必须实现 INotifyPropertyChanged 模式，否则它将不能够实现数据的双向传递。对前一节的示例做一些修改，在界面上再添加 3 个 TextBox 控件，用来进行数据的修改，并移除"更新"按钮，在数据绑定时使用 TwoWay 模式，如下面的示例代码所示：

XAML

```
<Grid x:Name="LayoutRoot" Background="White"
    Loaded="LayoutRoot_Loaded">
   <TextBox Grid.Row="1" Grid.Column="1"
            Width="200" Height="30"
            HorizontalAlignment="Left"
            Text="{Binding Name, Mode=TwoWay}"/>
   <TextBox Grid.Row="1" Grid.Column="2"
            Width="200" Height="30"
            HorizontalAlignment="Left"
            Text="{Binding Name, Mode=TwoWay}"/>
   <TextBox Grid.Row="2" Grid.Column="1"
            Width="200" Height="30"
            HorizontalAlignment="Left"
            Text="{Binding Age, Mode=TwoWay}"/>
   <TextBox Grid.Row="2" Grid.Column="2"
            Width="200" Height="30"
            HorizontalAlignment="Left"
            Text="{Binding Age, Mode=TwoWay}"/>
   <TextBox Grid.Row="3" Grid.Column="1"
            Width="200" Height="30"
            HorizontalAlignment="Left"
            Text="{Binding Address, Mode=TwoWay}"/>
   <TextBox Grid.Row="3" Grid.Column="2"
            Width="200" Height="30"
            HorizontalAlignment="Left"
            Text="{Binding Address, Mode=TwoWay}"/>
</Grid>
```

这次只在控件加载时创建数据绑定，如下面的示例代码所示：

```C#
Person person;
void LayoutRoot_Loaded(object sender, RoutedEventArgs e)
{
    person = new Person()
    {
        Name = "TerryLee",
        Age = 25,
        Address = "Beijing"
    };

    this.LayoutRoot.DataContext = person;
}
```

运行后起始界面如图 11-10 所示，由于两组 TextBox 控件绑定了同样的属性，所以它们的值是相同的。

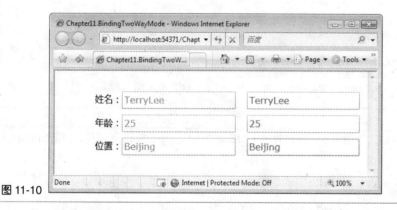

图 11-10

在右边 TextBox 中修改相关值，可以看到在控件失去焦点时，对应的左边 TextBox 上绑定的数据也会随之发生变化，如图 11-11 所示。

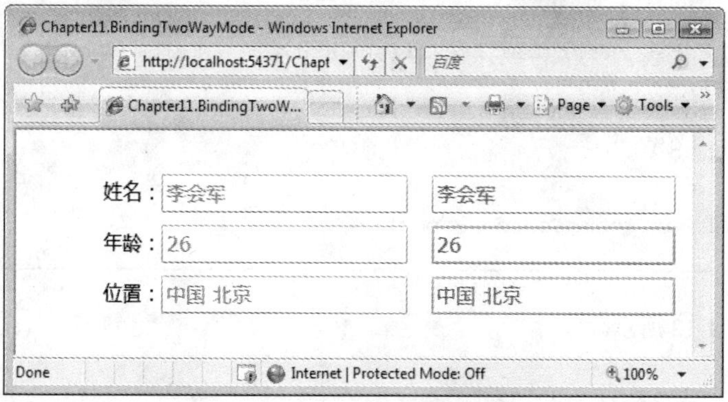

图 11-11

分析一下整个过程，当在右边 TextBox 控件中输入值时，用户界面发生了变化，将会通知到数据源，而引发数据源发生了变化，将会通知到左边的 TextBox 控件。

11.4 绑定对象集合

11.4.1 对象集合绑定

前面的示例都是使用单一的对象作为数据源，同样也可以使用对象集合作为数据源。在 Silverlight 中从 ItemsPanel 派生的控件都能够显示列表集合，如 ListBox、ComboBox 控件等，它们都具有 ItemsSource 属性，可以直接为该属性设置数据集合，在本书第 2 章已有介绍。下面示例将演示如何显示对象集合定义一个数据对象类，如下面的示例代码所示：

```csharp
public class Post
{
    public String Title { get; set; }
    public String Author { get; set; }
    public DateTime PublishedDate { get; set; }
}
```

在页面加载时创建数据集合，并设置给 ListBox 控件的 ItemsSource 属性，如下面的示例代码所示：

```csharp
void Page_Loaded(object sender, RoutedEventArgs e)
{
    List<Post> posts = new List<Post>() {
        new Post { Title = "开发第一个 Silverlight 应用程序",
            Author = "TerryLee", PublishedDate = DateTime.Now },
        new Post { Title = "控件模型",
            Author = "TerryLee", PublishedDate = DateTime.Now },
        new Post { Title = "界面布局",
            Author = "TerryLee", PublishedDate = DateTime.Now },
        //......省略
    };

    this.mylistBox.ItemsSource = posts;
}
```

运行效果如图 11-12 所示。

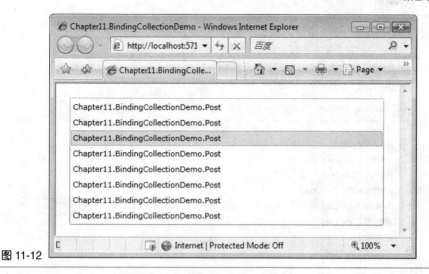

图 11-12

可以看到在 ListBox 中并没有显示出我们所定义的数据集合，而是集合中数据对象名称，有3 种方法来解决这个问题。

- 设置 ItemsControl 控件的 DisplayMemberPath 属性，如在前面的示例中设置显示 "Title" 属性的值：

XAML
```xaml
<ListBox x:Name="mylistBox" Margin="20"
         DisplayMemberPath="Title">
</ListBox>
```

- 覆写数据对象中的 ToString()方法，以便返回需要在用户界面上显示的信息，如下面的示例代码所示：

C#
```csharp
public class Post
{
    public String Title { get; set; }
    public String Author { get; set; }
    public DateTime PublishedDate { get; set; }

    public override string ToString()
    {
        return String.Format("{0} [{1}]",Title, Author);
    }
}
```

- 使用数据模板，通过为 ItemsControl 控件定义数据模板，可以解决该问题，在 11.9 节中将详细介绍。

如使用上述的第二种方法，最终的显示结果如图 11-13 所示。

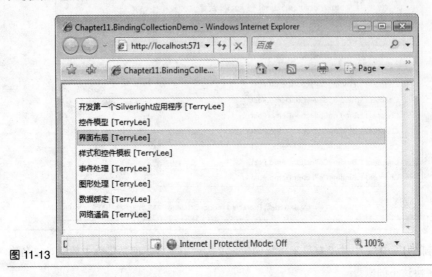

图 11-13

在绑定数据集合到列表控件上之后，列表中的每一项都表示在数据集合中定义的数据对象，从列表中获取到选择项之后，可以直接作为数据对象绑定到另外的元素上去。如图 11-14 所示。

图 11-14

ListBox 控件的 SelectionChanged 事件处理代码如下：

```
C#
void mylistBox_SelectionChanged(object sender,
    SelectionChangedEventArgs e)
{
    if (this.mylistBox.SelectedItem != null)
    {
        this.LayoutRoot.DataContext = this.mylistBox.SelectedItem;
    }
}
```

11.4.2　使用 ObservableCollection

通过 11.3 节中我们知道，在单向绑定和双向绑定时，当数据源发生变化时，能够通知到用户界面，那么绑定数据集合的场景中，当数据源发生变化时，又该如何呢？如果要获取绑定到 ItemsControl 控件的集合的更改通知，除了要实现 INotifyPropertyChanged 接口之外，还要实现 INotifyCollectionChanged 接口，才能将对集合的更改（如添加或移除对象）通知到用户界面，如果要获取集合中对象的属性更改通知，则这些对象也必须实现 INotifyPropertyChanged 接口。INotifyCollectionChanged 接口定义一个成员，即 CollectionChanged 事件，此事件的数据报告有关集合更改的信息，如下示例代码实现了具有变更通知的集合类：

```
C#
public class MyList<T> : Collection<T>,
            INotifyCollectionChanged,
            INotifyPropertyChanged
{
    public event NotifyCollectionChangedEventHandler CollectionChanged;
    public event PropertyChangedEventHandler PropertyChanged;

    // 更多成员
}
```

幸运的是，Silverlight 已经内置了这样的集合类型 ObservableCollection<T>，位于 System. Collections.ObjectModel 命名空间中，实现了 InotifyCollectionChanged 和 INotifyPropertyChanged 接口，具有变更通知的功能，它的定义如下面的代码所示：

```
C#
public class ObservableCollection<T> : Collection<T>,
    INotifyCollectionChanged,
    INotifyPropertyChanged
{
    public ObservableCollection();
    public event NotifyCollectionChangedEventHandler CollectionChanged;
    protected event PropertyChangedEventHandler PropertyChanged;
```

```
    protected override void ClearItems();
    protected override void InsertItem(int index, T item);
    protected virtual void
OnCollectionChanged(NotifyCollectionChangedEventArgs e);
    protected virtual void OnPropertyChanged(PropertyChangedEventArgs e);
    protected override void RemoveItem(int index);
    protected override void SetItem(int index, T item);
}
```

下面的示例在 ListBox 控件上绑定一个 ObservableCollection<T>集合，并在按钮单击事件中更改数据集合，用户界面代码如下所示：

XAML
```
<StackPanel x:Name="LayoutRoot" Background="White">
    <ListBox x:Name="mylistBox" Margin="20"
             DisplayMemberPath="Title">
    </ListBox>
    <Button x:Name="myButton" Content="更 新"
            Width="150" Height="35"
            Click="myButton_Click"/>
</StackPanel>
```

页面加载事件中构造数据集合，并绑定到 ListBox 控件上，如下面的示例代码所示：

C#
```
ObservableCollection<Post> posts = null;
void LayoutRoot_Loaded(object sender, RoutedEventArgs e)
{
    posts = new ObservableCollection<Post>() {
        new Post { Title = "开发第一个 Silverlight 应用程序",
            Author = "TerryLee", PublishedDate = DateTime.Now },
        new Post { Title = "控件模型",
            Author = "TerryLee", PublishedDate = DateTime.Now }
        ……
    };

    this.mylistBox.ItemsSource = posts;
}
```

按钮单击事件中更改数据集合，添加一个新项，但并没有再次进行绑定，如下面的示例代码所示：

C#
```
void myButton_Click(object sender, RoutedEventArgs e)
{
    posts.Add(
        new Post { Title = "新添加的项", Author = "TerryLee" }
        );
}
```

运行后单击"更新"按钮,可以看到数据源的变化通知到了用户界面,如图 11-15 所示。

图 11-15

11.4.3 使用 LINQ

在 Silverlight 中数据操作方面,还有一个亮点就是支持 LINQ,LINQ 是.NET 3.5 中推出的一项新功能,可以非常方便地进行数据集合的操作。使用 LINQ 表达式查询的结果,由于实现 IEnumerable 接口,所以可以直接绑定到 ItemsControl 控件上。如下面的示例代码中查询作者名为 "TerryLee" 的 Post:

```csharp
C#
void LayoutRoot_Loaded(object sender, RoutedEventArgs e)
{
    List<Post> posts = GetPosts();
    var result = from post in posts
                        where post.Author == "TerryLee"
                        select post;
    this.mylistBox.ItemsSource = result;
}
```

运行结果如图 11-16 所示。

图 11-16

11.5 构建数据服务

在前面的示例中，所有绑定到用户界面上的数据对象都是直接在 Silverlight 通过托管代码构建的，然而大多数场景中，数据都应该是从外部数据源中获取，如数据库、XML 文件等。因为 Silverlight 是一种客户端技术，它将无法直接进行数据库的访问，然而 Silverlight 支持丰富的网络交互功能，它能够与 WCF 进行很好的集成，所以我们可以使用 WCF 来构建数据服务。事实上，Silverlight 的网络通信功能远不止此，本书第 12 章将详细介绍。

11.5.1 创建数据服务

创建数据服务的操作与构建普通的 WCF 服务并没有什么区别，唯一须要注意的是在 Silverlight 仅支持 basicHttpBinding。作为替代 WCF 的方法，可以在 Visual Studio 中选择文件项目模板来创建启用 Silverlight 的 WCF 服务。图 11-17 显示的是 Visual Studio 中的新项目模板，使用该模板会自动将绑定设置为 basicHttpBinding 并添加一些属性，以使服务与 ASP.NET 兼容。尽管此方法可以设置正确的绑定配置，但是我们仍然可以使用现有的 WCF 服务，前提是这些绑定是针对 basicHttpBinding 设置的。

在服务端创建数据契约，尽管是在服务端，仍然可以使用 INotifyPropertyChanged 接口，当在 Silverlight 添加引用时，该数据对象将会在本地创建一份拷贝，它仍然实现了 INotifyPropertyChanged 接口，所以具有变更通知的功能，如下面的示例代码所示：

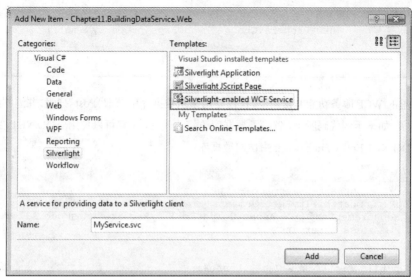

图 11-17

C#

```csharp
[DataContract]
public class Post : INotifyPropertyChanged
{
    public event PropertyChangedEventHandler PropertyChanged;

    private string _title;
    [DataMember]
    public string Title
    {
        get { return _title; }
        set
        {
            _title = value;
            NotifyPropertyChanged("Title");
        }
    }

    private string _author;
    [DataMember]
    public string Author
    {
        get { return _author; }
        set
        {
            _author = value;
            NotifyPropertyChanged("Author");
        }
    }

    public void NotifyPropertyChanged(String propertyName)
    {
        if (PropertyChanged != null)
        {
```

```
        PropertyChanged(this,
            new PropertyChangedEventArgs(propertyName));
    }
  }
}
```

这里的 WCF 服务功能非常简单，仅仅是用来从数据库中获取"Post"列表，并返回给 Silverlight 应用程序，如下示例代码所示，省略了数据库访问的代码，大家可以使用 ADO.NET、LINQ to SQL 或者 ADO.NET Entity Framework 来访问数据库：

C#

```csharp
[ServiceContract(Namespace = "")]
[AspNetCompatibilityRequirements(
    RequirementsMode = AspNetCompatibilityRequirementsMode.Allowed)]
public class MyService
{
    [OperationContract]
    public List<Post> GetAllPosts()
    {
        List<Post> posts = new List<Post>();
        // 从数据库获取数据
        return posts;
    }
}
```

11.5.2 调用数据服务

在创建完成数据服务后，就可以开始调用。在 Visual Studio 资源管理器上单击右键，选择添加服务引用，如图 11-18 所示。

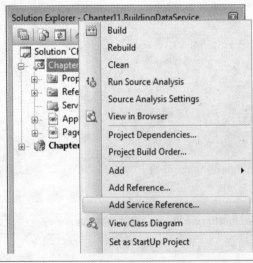

图 11-18

将会弹出添加服务引用对话框，在该对话框中，可以选择浏览所有本地的服务，如图 11-19 所示。

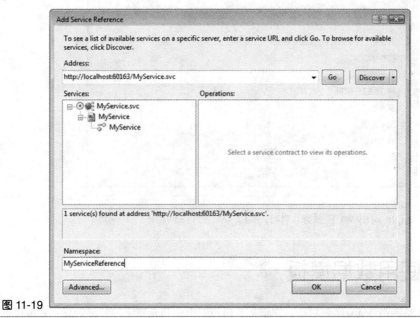

图 11-19

点击"确定"按钮之后，服务的客户端配置和生成的代理类将被添加到 Silverlight 项目中，现在就可以在 Silverlight 中调用数据服务了，在 Silverlight 调用 WCF 服务只能使用异步的方式，如下面的示例代码所示：

C#
```csharp
void Page_Loaded(object sender, RoutedEventArgs e)
{
    MyServiceClient client = new MyServiceClient();
    client.GetAllPostsCompleted +=
        new
EventHandler<GetAllPostsCompletedEventArgs>(client_GetAllPostsCompleted);
    client.GetAllPostsAsync();
}

void client_GetAllPostsCompleted(object sender,
GetAllPostsCompletedEventArgs e)
{
    if (e.Error != null)
    {
        return;
    }
    this.mylistBox.ItemsSource = e.Result;
}
```

运行效果如图 11-20 所示。

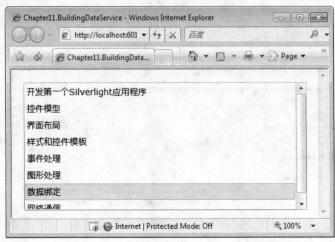

图 11-20

关于 Silverlight 调用 WCF 服务，本书第 12 章还会详细介绍。

11.6 使用数据模板

数据模板是一个 XAML 标记块，它定义如何显示绑定到元素上的数据对象。数据模板允许开发者完全自定义数据的显示方式。如数据对象可包含一个图像和一个字符串，可以定义数据模板以便在图像的右侧、左侧显示字符串或覆盖图像，可以使用数据模板增加图像与文本、边框或背景色之间的间距等。

ItemsControl 控件通过 ItemTemplate 属性定义数据模板，该模板用户显示绑定到控件上的数据集合中的一项。如下面的示例代码：

XAML
```xaml
<ListBox x:Name="mylistBox" Margin="20">
    <ListBox.ItemTemplate>
        <DataTemplate>
            <Border BorderBrush="OrangeRed"
                    BorderThickness="2"
                    CornerRadius="3">
                <StackPanel Margin="5" Width="300">
                    <TextBlock Text="{Binding Title}"
                               FontSize="14" Margin="5"/>
                    <TextBlock Text="{Binding Author}"
                               Foreground="OrangeRed" Margin="5"/>
                </StackPanel>
            </Border>
        </DataTemplate>
    </ListBox.ItemTemplate>
</ListBox>
```

当绑定数据集合到上面示例中的 ListBox 控件上时，列表中的每项都被 Border 分隔开，如图 11-21 所示。

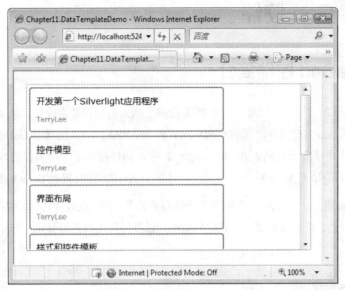

图 11-21

可以看到使用数据模板，数据对象的显示方式可以由开发者自由灵活的控制。但是上面定义数据模板的方式存在一些问题，数据模板的定义是放在控件中的，其他控件将无法复用该控件的数据模板定义。把数据模板定义为静态资源，然后所有控件都通过引用资源的方式使用数据模板，可以很好地解决这个问题，也能极大地提高数据模板的复用性。如下面的示例代码所示：

XAML

```xaml
<UserControl.Resources>
    <DataTemplate x:Key="myPostTemplate">
        <Border BorderBrush="OrangeRed"
                    BorderThickness="2"
                    CornerRadius="3">
            <StackPanel Margin="5" Width="300">
                <TextBlock Text="{Binding Title}"
                                FontSize="14" Margin="5"/>
                <TextBlock Text="{Binding Author}"
                                Foreground="OrangeRed" Margin="5"/>
            </StackPanel>
        </Border>
    </DataTemplate>
</UserControl.Resources>

<Grid x:Name="LayoutRoot" Background="White">
    <ListBox x:Name="mylistBox" Margin="20"
            ItemTemplate="{StaticResource myPostTemplate}">
    </ListBox>
</Grid>
```

运行后可以看到与前面的示例效果一致。

11.7 DataGrid 控件

11.7.1 DataGrid 控件简介

做过 ASP.NET 开发的朋友都知道，ASP.NET 提供了强大的列表数据控件，从 ASP.NET 1.1 时代的 DataGird，到 ASP.NET 2.0 时代的 GridView，再到 ASP.NET 3.5 时代的 ListView，功能越来越强大，使用起来也非常的灵活。在 Silverlight 2 中，同样提供了一个类似的数据列表控件 DataGrid，虽然 Silverlight 是 WPF 的一个子集，但是在 WPF 却并没有提供 DataGrid 控件。

DataGrid 控件提供了一个非常灵活的方式来进行表格数据的显示，内置的列类型有文本框列、复选框列和模板列，内置支持排序、锁定列功能，以及内置支持下拉显示一条记录详细信息的功能。

11.7.2 简单使用

DataGrid 控件位于命名空间 System.Windows.Controls 下，但是它在 System.Windows.Controls. Data 程序集中，该程序集并不包含在 Silverlight 运行时库中，所以在使用之前需要先声明命名空间，如下示例代码所示，声明了一个名为 data 的命名空间：

XAML
```
<UserControl x:Class="Chapter11.SimpleDataGrid.Page"
    xmlns="http://schemas.microsoft.com/winfx/2006/xaml/presentation"
    xmlns:x="http://schemas.microsoft.com/winfx/2006/xaml"
    xmlns:data="clr-namespace:System.Windows.Controls;
            assembly=System.Windows.Controls.Data"
    Width="500" Height="300">
    <Grid x:Name="LayoutRoot" Background="White">

    </Grid>
</UserControl>
```

看一个简单使用 DataGrid 控件的示例，首先声明一个数据对象类，如下面的示例代码所示：

C#
```
public class Post
{
    public String Title { get; set; }
    public String Author { get; set; }
    public DateTime CreatedDate { get; set; }
```

```
    public bool IsHiden { get; set; }
}
```

声明 DataGrid 控件，并设置它的 AutoGenerateColumns 属性为 true，以便 DataGrid 控件能够自动生成列，注意前面命名空间的设置，如下面的示例代码所示：

XAML
```
<UserControl x:Class="Chapter11.SimpleDataGrid.Page"
    xmlns="http://schemas.microsoft.com/winfx/2006/xaml/presentation"
    xmlns:x="http://schemas.microsoft.com/winfx/2006/xaml"
    xmlns:data="clr-namespace:System.Windows.Controls;
            assembly=System.Windows.Controls.Data"
    Width="500" Height="300">
    <Grid x:Name="LayoutRoot" Background="White">
        <data:DataGrid x:Name="dgPost"
                        Height="260" Width="450"
            AutoGenerateColumns="True"/>
    </Grid>
</UserControl>
```

编写代码在页面加载时获取数据对象集合，并实现数据绑定，如下面的示例代码所示：

C#
```
void LayoutRoot_Loaded(object sender, RoutedEventArgs e)
{
    List<Post> posts = GetAllPosts();
    dgPost.ItemsSource = posts;
}
```

运行效果如图 11-22 所示。

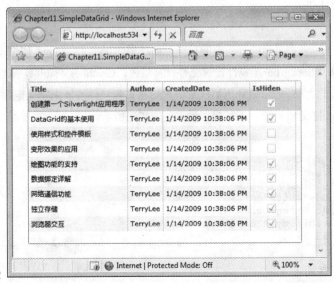

图 11-22

可以看到 DataGrid 控件自动生成了数据的显示，并且还能够根据属性是否为布尔类型来生成复选框列，后面我们会进一步详细讲解。当单击其中的单元格时，可以对数据进行编辑，如图 11-23 所示。

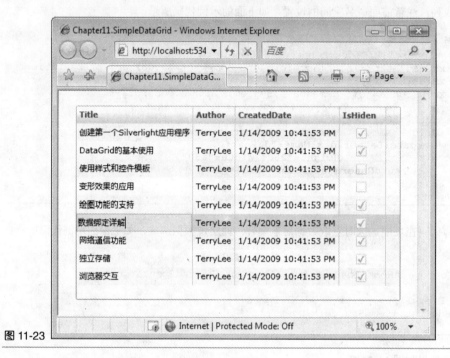

图 11-23

11.7.3 定制外观

DataGrid 控件提供了强大灵活的外观定制功能。如使用 RowBackground 属性来设置行背景色，使用 AlternatingRowBackground 属性设置交替行背景色，GridlinesVisibility 属性指示以何种方式来显示分隔线。除此之外，还可以利用第 3 章讲过的样式和控件模板来完全定制控件的外观。对上面示例中的 DataGrid 简单设置一下外观，如下面的代码所示：

XAML
```
<data:DataGrid x:Name="dgPost"
          Height="260" Width="450"
    AutoGenerateColumns="True"
    RowBackground="White"
    AlternatingRowBackground="#FCEDD5"
    GridLinesVisibility="Horizontal"
    RowHeight="35"/>
```

运行效果如图 11-24 所示。

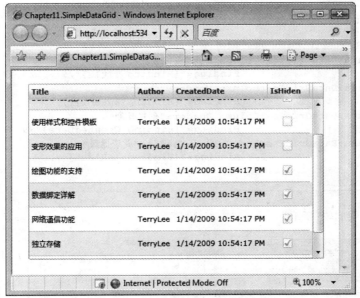

图 11-24

可以看到，垂直分隔线不再显示，并且添加了不同的交替行背景色。

11.7.4 使用文本列和复选框列

DataGrid 控件提供了一个非常灵活的方式来进行表格数据的显示，内置的列类型有文本列、复选框列和模板列，所有的列都将作为 DataGrid 控件 Columns 属性的子元素存在。本节介绍如何使用文本列和复选框，下一节将讲述模板列。它们声明的语法如下面的代码所示，分别使用 DataGridTextColumn 和 DataGridCheckBoxColumn：

XAML

```xaml
<data:DataGrid>
    <data:DataGrid.Columns>
        <data:DataGridTextColumn Header="标题"
                        Binding="{Binding 属性}"/>
        <data:DataGridCheckBoxColumn Header="标题"
                        Binding="{Binding 属性}"/>
    </data:DataGrid.Columns>
</data:DataGrid>
```

使用 Binding 属性指定要绑定的属性名称，通过 Header 属性设置列标题名称。对前面使用过的示例进行修改，不使用自动生成列显示，如下面的示例代码所示：

XAML

```xaml
<data:DataGrid x:Name="dgPost"
```

```
                Height="260" Width="450"
    AutoGenerateColumns="False"
    RowHeight="35">
    <data:DataGrid.Columns>
        <data:DataGridTextColumn Header="标 题"
                            Binding="{Binding Title}"/>
        <data:DataGridTextColumn Header="作 者"
                            Binding="{Binding Author}"/>
        <data:DataGridTextColumn Header="创建日期"
                            Binding="{Binding CreatedDate}"/>
        <data:DataGridCheckBoxColumn Header="是否隐藏"
                            Binding="{Binding IsHiden}"/>
    </data:DataGrid.Columns>
</data:DataGrid>
```

运行效果如图 11-25 所示。

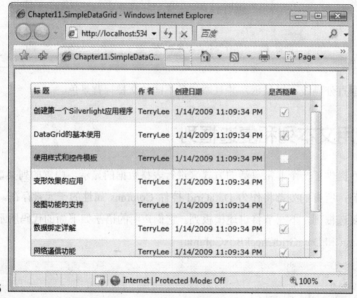

图 11-25

对于 DataGrid 控件中的列, 都有一些通用的属性, 如下所示。

◆ CanUserReorder：指示用户是否可拖动列标题来更改列的显示位置。

◆ CanUserResize：指定用户是否可以改变列的宽度。

◆ IsReadOnly：指定最终用户是否可以对列数据进行编辑。

◆ Width：指定当前列宽度。

◆ MinWidth：指定当前列的最小宽度。

◆ Visibility：指定当前列的显示与隐藏。

- ElementStyle：指定当前列中显示元素的样式，如在文本框列中，最终的显示元素为 TextBlock。

- EditingElementStyle：指定当前列的编辑元素样式，如在文本框中，最终的显示元素为 TextBox。

其中对于复选框列还有一个特殊的属性可以进行设置：

- IsThreeState：指定 CheckBox 控件的 IsThreeState 属性。

11.7.5 使用模板列

DataGrid 控件提供了对于模板列的支持，功能更加强大，允许开发者完全对数据列进行灵活定制，包括数据的显示和编辑，它的声明语法如下所示：

XAML

```
<data:DataGridTemplateColumn Header="标题">
    <data:DataGridTemplateColumn.CellTemplate>
        <DataTemplate>

        </DataTemplate>
    </data:DataGridTemplateColumn.CellTemplate>
            <data:DataGridTemplateColumn.CellEditingTemplate>
        <DataTemplate>

        </DataTemplate>
</data:DataGridTemplateColumn.CellEditingTemplate>
</data:DataGridTemplateColumn>
```

我们还是使用前面用过的示例，对"作者"和"创建日期"两列使用模板列进行定制，如下面的代码所示：

XAML

```
<data:DataGrid x:Name="dgPost"
            Height="260" Width="450"
    AutoGenerateColumns="False"
    RowHeight="35">
    <data:DataGrid.Columns>
        <data:DataGridTextColumn Header="标 题"
                            Binding="{Binding Title}"/>
        <data:DataGridTemplateColumn Header="作 者">
            <data:DataGridTemplateColumn.CellTemplate>
                <DataTemplate>
                    <StackPanel Orientation="Horizontal">
                        <Image Source="user.png" Width="24" Height="24"/>
                        <TextBlock Text="{Binding Author}"
                                VerticalAlignment="Center"/>
                    </StackPanel>
```

```
                    </DataTemplate>
                </data:DataGridTemplateColumn.CellTemplate>
                <data:DataGridTemplateColumn.CellEditingTemplate>
                    <DataTemplate>
                        <StackPanel>
                            <TextBox Text="{Binding Author,Mode=TwoWay}" />
                        </StackPanel>
                    </DataTemplate>
                </data:DataGridTemplateColumn.CellEditingTemplate>
            </data:DataGridTemplateColumn>
            <data:DataGridTemplateColumn Header="创建日期">
                <data:DataGridTemplateColumn.CellTemplate>
                    <DataTemplate>
                        <TextBlock Text="{Binding CreatedDate}"></TextBlock>
                    </DataTemplate>
                </data:DataGridTemplateColumn.CellTemplate>
                <data:DataGridTemplateColumn.CellEditingTemplate>
                    <DataTemplate>
                        <ctl:DatePicker SelectedDate="{Binding
CreatedDate,Mode=TwoWay}"/>
                    </DataTemplate>
                </data:DataGridTemplateColumn.CellEditingTemplate>
            </data:DataGridTemplateColumn>
            <data:DataGridCheckBoxColumn Header="是否隐藏"
                                Binding="{Binding IsHiden}"/>
        </data:DataGrid.Columns>
</data:DataGrid>
```

运行效果如图 11-26 所示。

图 11-26

当对"创建日期"一列进行编辑时，它会显示 DatePicker 控件，以便选择日期，如图 11-27 所示。

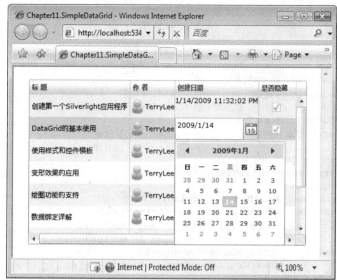

图 11-27

11.7.6 显示行详细信息

DataGrid 控件提供了一个非常实用的功能，可以显示数据项的详细信息并通过属性 RowDetailsVisibility 来控制详细信息面板的开关，它提供了如下 3 个选项。

- ◆ Collapsed：详细信息关闭。

- ◆ Visible：始终显示相信面板。

- ◆ VisibleWhenSelected：当选中数据项时再显示详细信息面板。

如果须要显示行详细信息，还须要定制行详细信息模板，它的声明语法如下所示：

XAML

```
<data:DataGrid.RowDetailsTemplate>
    <DataTemplate>
        ......
    </DataTemplate>
</data:DataGrid.RowDetailsTemplate>
```

仍然使用前面讲解过的示例，为其添加显示行详细信息的功能，如下面的代码所示：

XAML

```
<data:DataGrid x:Name="dgPost"
            Height="260" Width="450"
    AutoGenerateColumns="False"
    RowHeight="35"
    RowDetailsVisibilityMode="VisibleWhenSelected">
```

```
        <data:DataGrid.Columns>
          <data:DataGridTextColumn Header="标 题"
                              Binding="{Binding Title}"/>
          <data:DataGridTextColumn Header="作者"
                              Binding="{Binding Author}">
          </data:DataGridTextColumn>
          <data:DataGridTextColumn Header="创建日期"
                              Binding="{Binding CreatedDate}">
          </data:DataGridTextColumn>
          <data:DataGridCheckBoxColumn Header="是否隐藏"
                              Binding="{Binding IsHiden}"/>
        </data:DataGrid.Columns>
        <data:DataGrid.RowDetailsTemplate>
          <DataTemplate>
            <StackPanel Width="460" Height="80">
              <StackPanel Orientation="Horizontal">
                <TextBlock Text="摘要: " Margin="5"/>
                <TextBlock Text="{Binding Description}"
                    Foreground="OrangeRed"
                    TextWrapping="Wrap" Margin="5"/>
              </StackPanel>
              <StackPanel Orientation="Horizontal">
                <TextBlock Text="创建日期: "/>
                <TextBlock Text="{Binding CreatedDate}"
                    Foreground="OrangeRed" Margin="5"/>
              </StackPanel>
            </StackPanel>
          </DataTemplate>
        </data:DataGrid.RowDetailsTemplate>
</data:DataGrid>
```

当运行并选中一行时将显示当前行的详细信息，效果如图 11-28 所示。

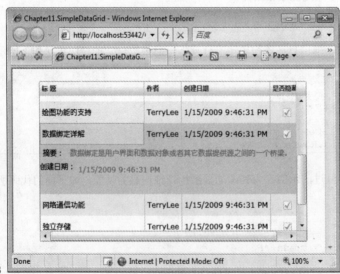

图 11-28

11.7.7 行选择

DataGrid 控件在用户对其中的数据项选中时将会触发 SelectionChanged 事件，如果要获取当前选择行的数据对象，使用 SelectedItem 属性，并且提供了如下两种行选择模式。

- ❖ Single：一次只可以选中一行

- ❖ Extended：在按下 Shift 键或者 Ctrl 键时可以同时选中多行

如下示例代码所示，设置 DataGrid 的行选择模式为 Extended：

XAML

```
<data:DataGrid x:Name="dgPost"
               Height="260" Width="450"
    AutoGenerateColumns="False"
    RowHeight="35"
    SelectionMode="Extended">
    <data:DataGrid.Columns>
        <data:DataGridTextColumn Header="标 题"
                                 Binding="{Binding Title}"/>
        <data:DataGridTextColumn Header="作者"
                                 Binding="{Binding Author}">
        </data:DataGridTextColumn>
        <data:DataGridTextColumn Header="创建日期"
                                 Binding="{Binding CreatedDate}">
        </data:DataGridTextColumn>
        <data:DataGridCheckBoxColumn Header="是否隐藏"
                                 Binding="{Binding IsHiden}"/>
    </data:DataGrid.Columns>
</data:DataGrid>
```

运行后按住 Ctrl 键选择多行，效果如图 11-29 所示。

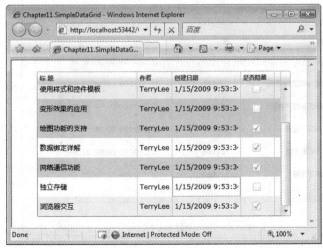

图 11-29

11.7.8 列冻结

当在 DataGrid 控件中列数过多时，将会出现横向滚动条，拖动横向滚动条会导致用户无法准确定位某一行具体的数据上，DataGrid 控件提供了列冻结功能，可以通过属性 FrozenColumnCount 来设置用户水平滚动的列数。如下面的示例代码所示：

XAML

```
<data:DataGrid x:Name="dgPost"
               Height="260" Width="450"
    AutoGenerateColumns="False"
    RowHeight="35"
    FrozenColumnCount="1">
    <data:DataGrid.Columns>
        <data:DataGridTextColumn Header="标 题"
                                 Binding="{Binding Title}"/>
        <data:DataGridTextColumn Header="作者"
                                 Binding="{Binding Author}">
        </data:DataGridTextColumn>
        <data:DataGridTextColumn Header="创建日期"
                                 Binding="{Binding CreatedDate}">
        </data:DataGridTextColumn>
        <data:DataGridCheckBoxColumn Header="是否隐藏"
                                 Binding="{Binding IsHiden}"/>
    </data:DataGrid.Columns>
</data:DataGrid>
```

运行效果如图 11-30 所示。

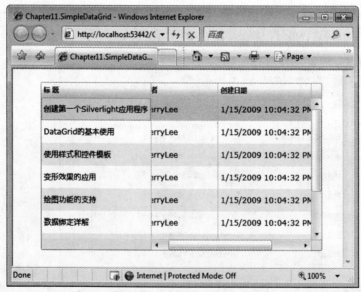

图 11-30

11.7.9 其他功能

除了前面介绍的功能之外，DataGrid 控件还有其他一些非常酷的特性，通过属性 CanUser-ReorderColumns 设置用户是否可以通过拖动来对列重新排序，通过属性 CanUserSortColumns 设置用户是否可以通过点击列头进行数据的排序。如下面的示例代码所示：

```XAML
<data:DataGrid x:Name="dgPost"
            Height="260" Width="450"
    AutoGenerateColumns="False"
    RowHeight="35"
    CanUserReorderColumns="True"
    CanUserSortColumns="True">
    <data:DataGrid.Columns>
    ……
    </data:DataGrid.Columns>
</data:DataGrid>
```

拖动列重新排序功能如图 11-31 所示。

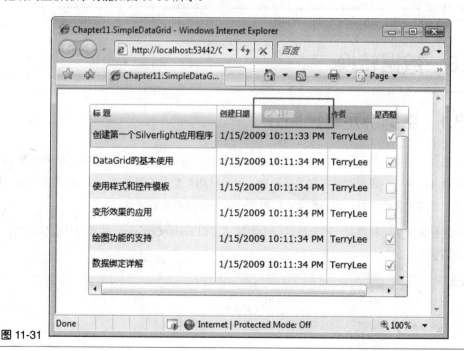

图 11-31

单击列标头进行排序，效果如图 11-32 所示。

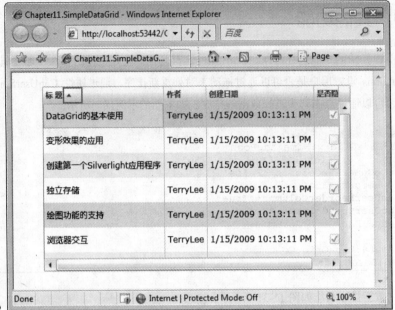

图 11-32

11.8 数据转换

11.8.1 数据绑定转换简介

在某些场景中，进行数据绑定时数据显示和数据存储不一定相同，如颜色存储时为 ARGB 值而显示时则是一个表示颜色名称的字符串，对于日期类型存储时是 DateTime 类型而显示时则可能是一个图形化的时钟，诸如此类，都须要在数据绑定时进行转换。

在进行数据绑定转换时，须要提供一个实现了接口 IvalueConverter 的类来作为转换器，该接口的声明如下：

```C#
public interface IValueConverter
{
    object Convert(object value, Type targetType,
        object parameter, CultureInfo culture);

    object ConvertBack(object value, Type targetType,
        object parameter, CultureInfo culture);
}
```

该接口中定义了两个方法：数据绑定引擎在将值从绑定源传递给绑定目标时，将调用 Convert()

方法；数据绑定引擎将值从绑定目标传递给绑定源时，会调用 ConvertBack()方法。在 XAML 中进行数据绑定时，转换器将作为静态资源提供，如下面的示例代码所示：

XAML

```
<Grid.Resources>
    <local:ColorConverter x:Key="colorConverter"/>
</Grid.Resources>
<Ellipse Fill="{Binding Status,Converter={StaticResource
colorConverter}}"/>
```

11.8.2 数据绑定转换示例

下面通过一个示例来演示数据绑定转换，定义一个椭圆形，用它来表示交通灯的 3 种状态：停止、行进、准备，分别用 Red、Green、Orange 3 个颜色来表示。如下面的示例代码所示，创建一个枚举类表示 3 种不同的状态：

C#

```
public enum TrafficStatus
{
    Stop,
    Ready,
    Go
}
```

创建数据对象用于数据绑定，它实现了 **INotifyPropertyChanged** 接口，如下面的示例代码所示：

```
public class TrafficLight : INotifyPropertyChanged
{
    public event PropertyChangedEventHandler PropertyChanged;
    public TrafficStatus Status
    {
        get { return status; }
        set
        {
            status = value;
            if (PropertyChanged != null)
            {
                PropertyChanged(this,
                    new PropertyChangedEventArgs("Status"));
            }
        }
    }
    private TrafficStatus status;
}
```

在 XAML 中声明一个椭圆形，通过数据绑定来指定它的填充颜色，如下面的示例代码所示：

XAML
```
<Grid x:Name="LayoutRoot" Background="White">
    <Ellipse Width="300" Height="200"
            Fill="{Binding Status}"/>
</Grid>
```

并在页面加载时构造数据对象并进行数据绑定，如下面的示例代码所示：

C#
```
void LayoutRoot_Loaded(object sender, RoutedEventArgs e)
{
    TrafficLight traffic = new TrafficLight()
    {
        Status = TrafficStatus.Stop
    };

    this.DataContext = traffic;
}
```

此时运行应用程序时，将不会看到所要的结果，因为枚举类型 TrafficStatus 无法直接转换为 Color，需要对其进行数据转换。添加一个 ColorConverter 类，让它实现自 IValueConverter 接口，这里只实现了 Convert() 方法，通过判断 TrafficStatus 来指定不同的颜色，并返回一个 SolidColorBrush 类型的实例，如果有需要还可以实现 ConvertBack 方法。如下面的示例代码所示：

C#
```
public class ColorConverter : IValueConverter
{
    public object Convert(object value, Type targetType,
                object parameter, CultureInfo culture)
    {
        TrafficStatus status = (TrafficStatus)value;
        SolidColorBrush brush = new SolidColorBrush(Colors.Red);
        switch (status)
        {
            case TrafficStatus.Stop:
                break;
            case TrafficStatus.Ready:
                brush = new SolidColorBrush(Colors.Orange);
                break;
            case TrafficStatus.Go:
                brush = new SolidColorBrush(Colors.Green);
                break;
            default:
                break;
        }
        return brush;
    }

    public object ConvertBack(object value, Type targetType,
                object parameter, CultureInfo culture)
    {
```

```
            return null;
        }
    }
```

把数据转换器作为静态资源在 XAML 中声明，并为它指定唯一的标识，然后在数据绑定时，通过 Converter 属性指定该转换器，如下面的示例代码所示：

XAML

```
<UserControl x:Class="Chapter11.BindingConverterDemo.Page"
    xmlns="http://schemas.microsoft.com/winfx/2006/xaml/presentation"
    xmlns:x="http://schemas.microsoft.com/winfx/2006/xaml"
    xmlns:local="clr-namespace:Chapter11.BindingConverterDemo"
    Width="500" Height="300">
    <Grid x:Name="LayoutRoot" Background="White"
        Loaded="LayoutRoot_Loaded">
        <Grid.Resources>
            <local:ColorConverter x:Key="colorConverter"/>
        </Grid.Resources>
        <Ellipse Width="300" Height="200"
                Fill="{Binding Status,Converter={StaticResource
colorConverter}}"/>
    </Grid>
</UserControl>
```

现在运行程序后，可以看到，椭圆形可以正确地填充了，如图 11-33 所示。

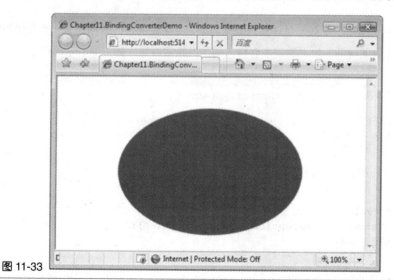

图 11-33

11.9 数据验证

众所周知，在 ASP.NET 应用程序中，可以使用验证控件进行数据输入验证，遗憾的是在

Silverlight 2 中并没有提供任何验证控件，但是 Silverlight 对于双向数据绑定还是提供了一些基本的数据验证支持，可以在数据对象的属性 Set 设置器中定义数据验证规则，对于验证不合法数据抛出异常，最后通过捕获验证错误事件来实现数据的验证。

Silverlight 在如下两种情况下，将会触发验证错误。

- 在绑定引擎中执行数据转换时抛出异常。
- 在业务实体的 Set 设置器中抛出异常。

为了在验证出错时能够接收到通知，必须要在绑定对象上设置如下两个属性为 true。

- ValidatesOnExceptions：指示绑定引擎当有异常发生时创建一个验证异常。
- NotifyOnValidationError：指示绑定引擎当有验证错误发生或者错误排除时触发 BindingValidationError 事件。

BindingValidationError 事件为路由事件，因此如果不在引发该事件的元素上予以处理，它将不断向上冒泡，直到得到处理。BindingValidationError 事件定义在 FrameworkElement 中，通过它可以接收到 ValidationErrorEventArgs 类型的参数，在 ValidationErrorEventArgs 类型中定义了一个很重要的属性 Action，它有两个选项：Added 表示新增一个验证异常；Removed 表示排除了一个验证异常。

下面通过一个示例演示一下如何具体实现数据验证。定义要绑定的数据对象，并在相关属性的 Set 设置器中定义验证规则，如果验证不合格，则抛出异常信息，如下面的示例代码所示：

```csharp
C#
public class Person : INotifyPropertyChanged
{
    public event PropertyChangedEventHandler PropertyChanged;
    private int _age;
    public int Age
    {
        get { return _age; }
        set
        {
            if (value < 0)
                throw new Exception("年龄输入不合法！");
            _age = value;
            if (PropertyChanged != null)
            {
                PropertyChanged(this, new PropertyChangedEventArgs("Age"));
            }
        }
    }

    private String _name = "Terry";
    public String Name
```

```
        {
            get { return _name; }
            set
            {
                if (value.Length < 4)
                    throw new Exception("姓名输入不合法! ");
                _name = value;
                if (PropertyChanged != null)
                {
                    PropertyChanged(this, new PropertyChangedEventArgs("Name"));
                }

            }
        }

    public void NotifyPropertyChanged(String propertyName)
    {
        if (PropertyChanged != null)
        {
            PropertyChanged(this, new
PropertyChangedEventArgs(propertyName));
        }
    }
}
```

编写数据绑定，要实现数据验证，必须采用双向绑定模式，设置 NotifyOnValidationError 和 ValidatesOnExceptions 属性为 true，并且定义 BindingValidationError 事件，如下面的示例代码所示：

XAML

```
<StackPanel Background="White">
    <StackPanel Orientation="Horizontal" Margin="10">
        <TextBlock Text="姓名: " Margin="5"/>
        <TextBox x:Name="txtName"  Margin="5"
            Width="240" Height="30"
            Text="{Binding Name,Mode=TwoWay,
            NotifyOnValidationError=true,
            ValidatesOnExceptions=true}"
            BindingValidationError="txtName_BindingValidationError">
        </TextBox>
        <TextBlock x:Name="tblNameMsg"  Margin="5"
                Foreground="OrangeRed"/>
    </StackPanel>
    <StackPanel Orientation="Horizontal" Margin="10">
        <TextBlock Text="年龄: " Margin="5"/>
        <TextBox x:Name="txtAge" Margin="5"
            Width="240" Height="30"
            Text="{Binding Age,Mode=TwoWay,
            NotifyOnValidationError=true,
            ValidatesOnExceptions=true}"
            BindingValidationError="txtAge_BindingValidationError">
        </TextBox>
        <TextBlock x:Name="tblAgeMsg" Margin="5"
                Foreground="OrangeRed"/>
```

```
    </StackPanel>
</StackPanel>
```

实现 BindingValidationError 事件，在这里可以根据 ValidationErrorEventAction 来判断如何进行处理，在界面给出相关的提示信息等，如下面的示例代码所示：

C#

```csharp
void txtAge_BindingValidationError(object sender,
    ValidationErrorEventArgs e)
{
    if (e.Action == ValidationErrorEventAction.Added)
    {
        this.tblAgeMsg.Text = e.Error.Exception.Message;
        this.tblAgeMsg.Foreground = new SolidColorBrush(Colors.Red);
    }

    if (e.Action == ValidationErrorEventAction.Removed)
    {
        this.tblAgeMsg.Text = "年龄验证合格";
        this.tblAgeMsg.Foreground = new SolidColorBrush(Colors.Green);
    }
}
```

运行效果如图 11-34 所示。

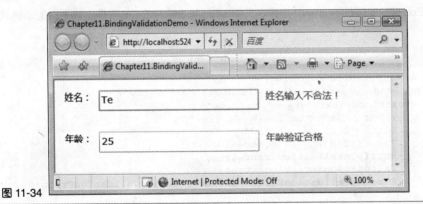

图 11-34

11.10   本章小结

本章首先介绍了数据绑定，并详细介绍了 Silverlight 中支持的 3 种数据绑定模式：一次绑定、单向绑定和双向绑定，以及如何构建数据服务，使用 DataGrid 控件，进行数据转换和验证，希望通过这些内容的学习，大家能够很好地掌握 Silverlight 中的数据绑定，以便更好地运用到实际开发中去。

第 12 章　网络与通信

本章内容　Silverlight 2 使得利用大量图形处理技术构建富 Internet 应用程序变得非常容易；同时，Silverlight 2 可以轻松构建相当专业的企业应用程序也是不争的事实。这主要得益于 Silverlight 2 中丰富的网络通信支持，包括对 SOAP 服务的访问、RESTful 服务的访问、基于 HTTP 通信以及 Socket 通信等，本章将详细讲解 Silverlight 2 中的网络与通信。主要内容如下：

数据与通信概述

调用 Web Service

调用 WCF 服务

使用 WebClient 通信

访问 RESTful 服务

使用 HttpWebRequest 通信

数据操作格式

访问 ADO.NET Data Service

跨域通信处理

本章小结

12.1　网络与通信概述

Silverlight 2 使得利用大量图形处理技术构建富 Internet 应用程序变得非常容易，Silverlight 2 还可以轻松构建相当专业的企业应用程序。这主要得益于 Silverlight 2 强大的网络通信支持能力，包括对 SOAP 服务的访问、RESTful 服务的访问、基于 HTTP 通信以及 Socket 通信等。

在 Silverlight 应用程序中有一些基本功能适用于所有 HTTP 和 HTTPS 通信，如下所示。

- 始终允许同域调用。
- 如果正确配置了承载 Web 服务的 Web 服务器，则支持跨域调用。
- 所有通信都是异步的。
- 仅支持 GET 和 POST 谓词。

- 支持大多数标准请求标头和所有自定义请求标头，跨域请求的跨域策略文件中必须允许有标头。

- 只有"00 确定"和"404 未找到"状态代码可用。

12.2 调用 Web Service

12.2.1 调用 Web Service 简介

Silverlight 2 对于调用 Web Service 提供了很好的支持，目前支持的 Web Service 是基于 SOAP 1.1 协议，在服务端则可以是任何语言创建的服务，如基于.NET 平台的 ASMX Web Service、WCF 服务或者基于 Java 语言等，现在并不支持 SOAP Faults。很多情况下，我们看到的 Web Service 调用使用如下的方式：

```csharp
SimpleWebServiceSoapClient ws = new SimpleWebServiceSoapClient();
string result = ws.HelloWorld();
```

这是一种典型的同步调用方式，在 Silverlight 2 中，调用 Web Service 只能使用异步的方式进行。所谓异步调用，其主要目的是让调用方法的主线程不必同步等待在这个函数调用上，从而允许主线程继续执行它下面的代码。

12.2.2 调用自定义 Web Service 示例

总体来说，在 Silverlight 2 中，调用自定义的 Web Service 分为如下 4 个步骤。

- 创建自定义 Web Service。
- 实现 Web Service。
- 在 Silverlight 项目中添加服务引用。
- 使用异步方法调用 Web Service。

现在我们开发一个简单的示例，展示一下如何通过 Silverlight 来调用自定义的 Web Service。该示例中，通过一个 ASMX Web Service 来查询数据库中的书籍，最终在 Silverlight 应用程序中进行展示。首先在项目中添加一个 ASMX Web Service，如图 12-1 所示。

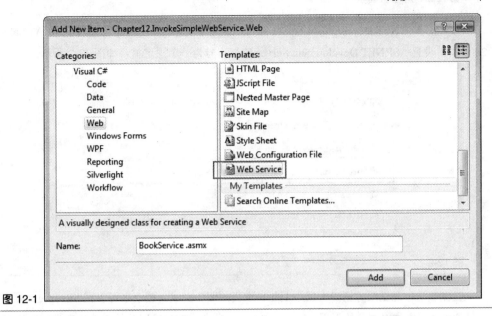

图 12-1

为了返回书籍集合，这里须要定义一个 Book 业务类，如下面的示例代码所示：

C#
```csharp
[Serializable]
public class Book
{
    public String Name { get; set; }
    public String Author { get; set; }
    public int Inventories { get; set; }
    public String PublishedDate { get; set; }
    public String ImageUrl { get; set; }
}
```

实现 Web Service，从数据库中获取书籍的列表，并返回结果，至于访问数据库，大家可以使用 ADO.NET、LINQ to SQL 或 ADO.NET Entity Framework，这里就不再具体演示，如下面的示例代码所示：

C#
```csharp
public class BookService : WebService
{
    [WebMethod]
    public List<Book> GetBooks()
    {
        List<Book> books = new List<Book>();
        // 这里从数据库中获取
        // ……
        return books;
    }
}
```

为了使 ASP.NET Development Server 在每次运行服务时，都使用固定的端口，在 Visual Studio 2008 中，设置 ASP.NET Development Server 的端口号为一个固定值，如图 12-2 所示。

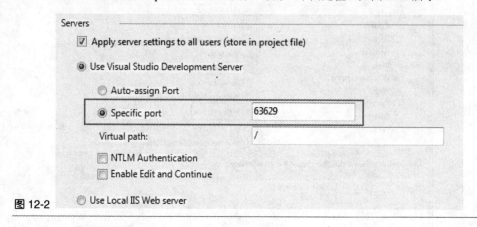

图 12-2

在浏览器中测试服务正确无误，至此自定义的服务完成。接下来可以在 Silverlight 项目中调用该服务了，添加对服务的引用，以便在 Silverlight 项目中生成服务的本地代理类，如图 12-3 所示。

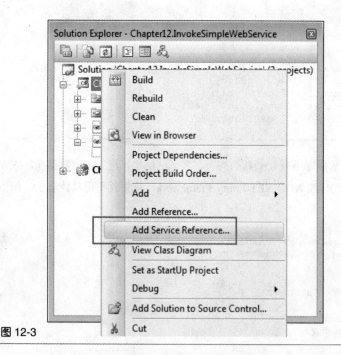

图 12-3

点击"Add Service Reference"菜单之后，将会弹出添加服务引用对话框，如图 12-4 所示。

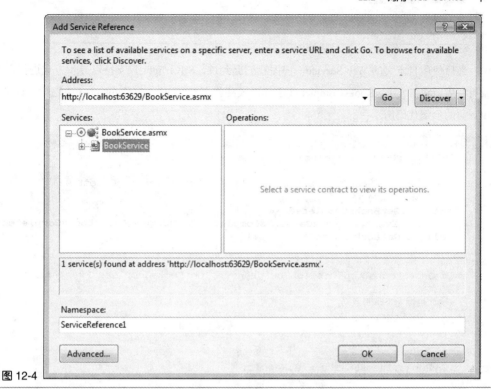

图 12-4

点击"确定"后，会在 Silverlight 项目中添加该服务对应的本地代理，代理类基于 System.ServiceModel 命名空间下的 ClientBase 类构建。并且会在 Silverlight 应用程序中添加一个名为 ServiceReferences.ClientConfig 的客户端配置文件，在该配置文件中会添加服务的地址、绑定和契约等信息，内容如下面的示例代码所示：

XML

```xml
<configuration>
    <system.serviceModel>
        <bindings>
            <basicHttpBinding>
                <binding name="BookServiceSoap"
                        maxBufferSize="2147483647"
                        maxReceivedMessageSize="2147483647">
                    <security mode="None" />
                </binding>
            </basicHttpBinding>
        </bindings>
        <client>
            <endpoint address="http://localhost:63629/BookService.asmx"
                    binding="basicHttpBinding"
                    bindingConfiguration="BookServiceSoap"
                    contract="BookServiceReference.BookServiceSoap"
                    name="BookServiceSoap" />
        </client>
```

```
      </system.serviceModel>
</configuration>
```

最后使用自定义的 Web Service，前面我们提到过，Silverlight 只支持以异步方式进行调用，调用完成后将触发 GetBooksCompleted 事件，最终将在 OnGetBooksCompleted 中进行数据绑定，如下面的示例代码所示：

C#

```
void LayoutRoot_Loaded(object sender, RoutedEventArgs e)
{
    BookServiceSoapClient client = new BookServiceSoapClient();
    //注册调用成功事件
    client.GetBooksCompleted +=
        new EventHandler<GetBooksCompletedEventArgs>(OnGetBooksCompleted);
    client.GetBooksAsync();
}

void OnGetBooksCompleted(object sender, GetBooksCompletedEventArgs e)
{
    // 检测是否调用成功
    if (e.Error != null)
    {
        return;
    }
    myBooks.ItemsSource = e.Result;
}
```

运行效果如图 12-5 所示。

图 12-5

可以看到，Silverlight 应用程序正确调用了我们自定义的 Web Service，并显示出了最终结果。

12.2.3 使用 Web Service 上传文件

现在我们已经知道了如何去调用自定义 Web Service，本节将通过一个示例来展示如何使用 Web Service 实现文件上传。首先创建 Silverlight 项目，并在 Web 测试项目中添加一个 ASP.NET Web Service 文件；现在来实现相关的 WebMethod，在此方法中，将会接收两个参数：字节数组和文件扩展名，并会在服务器上创建文件，如下面的示例代码所示：

```C#
[WebMethod]
public int UploadFile(byte[] FileByte, String FileExtention)
{
    string filePath = String.Format(@"D:\example{0}", FileExtention);
    FileStream stream = new FileStream(filePath, FileMode.CreateNew);
    stream.Write(FileByte, 0, FileByte.Length);
    stream.Close();
    return FileByte.Length;
}
```

在 Silverlight 中实现一个简单的界面，供用户选择本地文件，仅放置一个 Button 控件即可，在 Button 控件单击事件中调用 Web Service 实现上传文件，此处使用 OpenFileDialog 对象弹出文件选择窗口以便用户选择文件，此对象将选择的文件作为 FileInfo 对象返回，如下面的示例代码所示：

```C#
void btnUpload_Click(object sender, RoutedEventArgs e)
{
    OpenFileDialog dialog = new OpenFileDialog();
    if (dialog.ShowDialog().Value)
    {
        // 读取文件
        FileInfo file = dialog.File;
        Stream stream = file.OpenRead();
        stream.Position = 0;
        byte[] buffer = new byte[stream.Length + 1];
        stream.Read(buffer, 0, buffer.Length);
        String fileExtention = file.Extension;

        // 调用 Web Service 上传文件
        FileWebServiceSoapClient client = new FileWebServiceSoapClient();
        client.UploadFileCompleted +=
            new
EventHandler<UploadFileCompletedEventArgs>(OnUploadFileCompleted);
        client.UploadFileAsync(buffer, fileExtention);
    }
}
```

```
void OnUploadFileCompleted(object sender, UploadFileCompletedEventArgs e)
{
    if (e.Error == null)
    {
        HtmlPage.Window.Alert("上传成功");
    }
}
```

运行程序后测试，文件被正确上传到服务端。注意由于安全性等诸多原因，虽然 OpenFileDialog 返回 FileInfo 对象，但并不意味着我们可以使用 FileInfo 对象的所有属性，如试图 访问 FullName 属性将会引发安全异常。

虽然使用 Web Service 可以上传文件，但我们并不推荐，因为这会涉及一些配置问题，如消 息字节的长度限制等，本章后面将会介绍其他上传文件的方式。

12.2.4 使用 Web Service 发送邮件

众所周知，发送电子邮件须要使用 SMTP 协议，遗憾的是 Silverlight 2 中并不支持 SMTP 通 信，但是我们可以借助 Web Service 来发送电子邮件。本节将通过示例讲解这一内容。在 ASP.NET Web Service 实现发送邮件时，该方法将接收 4 个参数：发件人、收件人、邮件主题及邮件内容， 并使用 SmtpClient 对象发送邮件，关于 SmtpClient 的使用，大家可以参考 MSDN，位于 System.Net.Mail 命名空间下。如下面的示例代码所示：

C#
```csharp
[WebMethod]
public bool Send(String fromAddress, String toAddress,
    String subject, String body)
{
    try
    {
        MailMessage msg = new MailMessage();
        msg.From = new MailAddress(fromAddress);
        msg.To.Add(new MailAddress(toAddress));
        msg.Subject = subject;
        msg.Body = body;
        msg.IsBodyHtml = false;

        SmtpClient smtp = new SmtpClient();
        smtp.EnableSsl = true;
        smtp.Send(msg);

        return true;
    }
    catch
    {
        return false;
```

```
        }
    }
```

使用 SmtpClient 须要在 Web.config 配置文件中设置邮件服务器，这里使用 Google 的 Gmail 邮件服务器，大家可以使用自己的 Gmail 账号，如下面的示例代码所示：

XML

```xml
<system.net>
  <mailSettings>
    <smtp>
      <network host="smtp.gmail.com" port="587"
               userName="terrylee@gmail.com" password=""/>
    </smtp>
  </mailSettings>
</system.net>
```

在浏览器中测试 Web Service，确保它可以正确发送邮件。在 Silverlight 项目中添加 Web Service 引用，并编写代码调用 Web Service 发送邮件，如下面的示例代码所示：

C#

```csharp
void OnSendClick(object sender, RoutedEventArgs e)
{
    void btnSend_Click(object sender, RoutedEventArgs e)
{
    // 发送邮件地址
    String fromAddress = "terrylee@gmail.com";

    EmailWebServiceSoapClient client = new EmailWebServiceSoapClient();
    client.SendCompleted +=
        new EventHandler<SendCompletedEventArgs>(OnSendCompleted);
    client.SendAsync(fromAddress,
                this.txtToEmailAddress.Text,
                this.txtSubject.Text,
                this.txtBody.Text);
}

void OnSendCompleted(object sender, SendCompletedEventArgs e)
{
    if (e.Result)
    {
        HtmlPage.Window.Alert("发送邮件成功！");
    }
    else
    {
        HtmlPage.Window.Alert("发送邮件成功！");
    }
}
```

在 OnSendCompleted 中使用 HtmlPage 对象弹出一个浏览器对话框，这部分内容将在本书第 13 章详细讲解。运行后输入相关信息，并发送邮件，如图 12-6 所示。

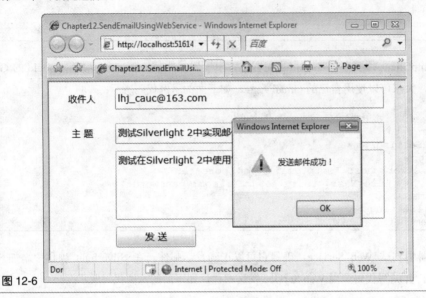

图 12-6

至此我们完成了一个在 Silverlight 应用程序中发送电子邮件的示例，大家如果有兴趣，还可以为其加上更加丰富的功能，如添加抄送人、密送人及附件等。

12.3 调用 WCF 服务

12.3.1 调用 WCF 服务简介

Windows 通信基础（Windows Communication Foundation， WCF）是微软为构建面向服务应用程序而提供的统一编程模型。在 Silverlight 2 中，同样支持调用 WCF，但是 WCF 服务所使用的绑定只能是 basicHttpBinding，调用的过程与调用 ASMX Web Service 极其类似，主要分为如下 5 个步骤：

- 创建服务契约；
- 实现服务；
- 配置 WCF 服务，指定绑定为 basicHttpBinding；
- 添加服务引用；
- 使用异步方式调用 WCF 服务。

可以通过在 Visual Studio 中创新建一个 WCF 项目来构建可与 Silverlight 应用程序进行通信的 WCF 服务，但必须确保将 WCF 服务的默认绑定从 wsHttpBinding 更改为 basicHttpBinding。

除此之外，还有一种可替代的方案，可以在 Visual Studio 中选择文件项目模板来创建启用 Silverlight 的 WCF 服务。图 12-7 显示的是 Visual Studio 中的新项目模板，此模板可自动将绑定设置为 basicHttpBinding 并添加一些属性，以使服务与 ASP.NET 兼容。尽管此方法可以设置正确的绑定配置，但不要忘记仍可使用现有的 WCF 服务，但前提是这些绑定是针对 basicHttpBinding 设置的。

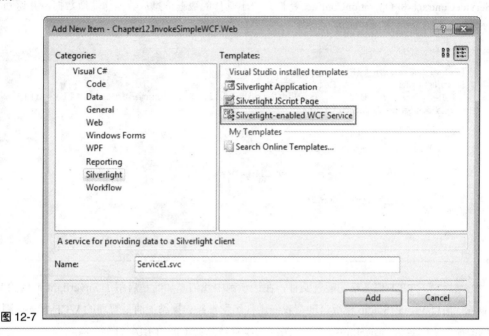

图 12-7

12.3.2 调用 WCF 服务示例

接下来通过一个示例来说明，在 Silverlight 中如何调用 WCF 服务，与调用自定义 Web Service 示例类似，仍然开发一个书籍展示的例子。在建立完项目后，首先定义需要用到的数据契约，如下面的示例代码所示：

```csharp
C#
[DataContract]
public class Book
{
    [DataMember]
    public String Name { get; set; }

    [DataMember]
    public String Author { get; set; }

    [DataMember]
```

```
    public int Inventories { get; set; }

    [DataMember]
    public String PublishedDate { get; set; }
}
```

编码实现 WCF 服务，与编写普通的 WCF 没有什么两样，分别在服务和操作上加上 ServiceContract 和 OperationContract 特性。对于具体的数据信息从数据库获取数据，并返回相应的结果，如下面的示例代码所示：

C#

```
[ServiceContract(Namespace = "")]
[AspNetCompatibilityRequirements(
    RequirementsMode = AspNetCompatibilityRequirementsMode.Allowed)]
public class BookService
{
    [OperationContract]
    public List<Book> GetBooks()
    {
        List<Book> books = new List<Book>();

        // 这里从数据库中读取

        return books;
    }
}
```

来看一下 WCF 服务端的配置文件，在该示例中我们添加的是启用了 Silverlight 调用的 WCF 服务，所以 Visual Studio 模板自动帮我们进行了配置；如果添加的是普通的 WCF 服务，则确保修改配置中绑定为 basicHttpBinding。最终的配置信息如下面的示例代码所示：

XML

```
<system.serviceModel>
    <behaviors>
        <serviceBehaviors>
            <behavior
name="Chapter12.InvokeSimpleWCF.Web.BookServiceBehavior">
                <serviceMetadata httpGetEnabled="true" />
                <serviceDebug includeExceptionDetailInFaults="false" />
            </behavior>
        </serviceBehaviors>
    </behaviors>
    <serviceHostingEnvironment aspNetCompatibilityEnabled="true" />
    <services>
        <service
behaviorConfiguration="Chapter12.InvokeSimpleWCF.Web.BookServiceBehavior"
            name="Chapter12.InvokeSimpleWCF.Web.BookService">
            <endpoint address="" binding="basicHttpBinding"
contract="Chapter12.InvokeSimpleWCF.Web.BookService" />
            <endpoint address="mex" binding="mexHttpBinding"
contract="IMetadataExchange" />
```

```
        </service>
    </services>
</system.serviceModel>
```

　　Silverlight 中界面实现的代码，可以参考调用自定义 Web Service 示例中的代码，编写代码调用 WCF 服务与调用 ASMX 服务是一样的，仍然需要使用异步方式进行调用，如下面的示例代码所示：

```C#
void LayoutRoot_Loaded(object sender, RoutedEventArgs e)
{
    BookServiceClient client = new BookServiceClient();
    //注册调用成功事件
    client.GetBooksCompleted +=
        new EventHandler<GetBooksCompletedEventArgs>(OnGetBooksCompleted);
    client.GetBooksAsync();
}

void OnGetBooksCompleted(object sender, GetBooksCompletedEventArgs e)
{
    // 检测是否调用成功
    if (e.Error != null)
    {
        return;
    }
    myBooks.ItemsSource = e.Result;
}
```

　　最终的运行结果如图 12-8 所示。

图 12-8

在 Silverlight 项目中添加 WCF 服务时，会自动生成客户端配置文件 ServiceReferences.ClientConfig，当然客户端也可以不使用配置文件，直接在代码中指定调用服务地址等，但在实际项目开发中，强烈推荐大家使用配置文件，这样可以实现服务的灵活切换。

12.4 使用 WebClient 通信

12.4.1 WebClient 通信简介

Silverlight 2 移除了原有的 Downloader 对象，使用 WebClient 来代替，它为 Silverlight 插件提供了一整套的 HTTP 客户端功能，可以下载应用程序数据，比如 XAML 内容，附加的程序集或者视频图片等媒体文件。WebClient 可以根据程序须要即时下载内容，可以异步呈现和使用下载的内容，而不是随 HTML 页面一起下载。

WebClient 类提供了发起请求、监视请求的进度以及检索下载内容、上传数据到指定资源等功能。在 Silverlight 2 中，只能使用 WebClient 发起异步的请求，如开发一个视频播放应用程序，在应用程序加载时，选择开始请求每一部影片，使其加载到浏览器缓存中，这样可以避免缓冲延迟。

由于 WebClient 请求都是异步的，使用的是基于异步事件编程模型，大部分交互操作都是依靠事件处理来完成的，通常须要定义如下一个或多个事件处理函数。

- DownloadProgressChanged
- DownloadStringCompleted
- OpenReadCompleted
- OpenWriteCompleted
- UploadProgressChanged
- UploadStringCompleted
- WriteStreamClosed

根据请求下载或上传的资源无论是字符串还是流，须要使用不同的方法，下面通过示例逐个演示。

12.4.2 以字符串形式下载和上传数据

使用 WebClient 可以以字符串形式下载数据，当请求一个指定地址的字符串时，调用

DownloadStringAsync 方法，操作完成后将触发 DownloadStringCompleted 事件，在该事件处理方法中能够接收到一个类型为 DownloadStringCompletedEventArgs 的参数，它的 Result 属性的类型为 String，我们可以通过该属性来获得最终的字符串结果，它可以是一段普通的文本或一段 XML 文本等。

下面示例介绍如何通过 WebClient 以字符串形式下载数据。在该示例中，使用 WebClient 获取一段简单的文本，并在界面上显示出来。首先在 Silverlight 测试项目中添加一个 HttpHandler，用来提供字符串输出，如下面的示例代码所示：

C#

```csharp
public class MyHandler : IHttpHandler
{
    public void ProcessRequest(HttpContext context)
    {
        context.Response.ContentType = "text/plain";
        context.Response.Write("欢迎进入 Silverlight 世界");
    }

    public bool IsReusable
    {
        get
        {
            return false;
        }
    }
}
```

编写一个简单的界面，用 TextBlock 来显示文本，在 Button 控件单击事件中使用 WebClient 对象下载字符串，如下面的示例代码所示：

C#

```csharp
void btnInvoke_Click(object sender, RoutedEventArgs e)
{
    Uri endpoint = new Uri("http://localhost:64162/MyHandler.ashx");
    WebClient client = new WebClient();
    client.DownloadStringCompleted +=
        new
DownloadStringCompletedEventHandler(client_DownloadStringCompleted);
    client.DownloadStringAsync(endpoint);
}

void client_DownloadStringCompleted(object sender,
    DownloadStringCompletedEventArgs e)
{
    this.tblMsg.Text = e.Result;
}
```

可以看到，调用 DownloadStringAsync 完成后，通过事件参数的 Result 属性获取最终结果。运行后并单击"调用"按钮，效果如图 12-9 所示。

图 12-9

同样，使用 WebClient 能够以字符串形式上传数据到指定资源，调用 UploadStringAsync 方法可以完成此功能，当上载完成之后会触发 DownloadStringCompleted 事件。现在通过示例介绍如何使用 WebClient 以字符串形式上传数据，首先在 Silverlight 测试项目中添加一个 HttpHandler，用来接受上传到服务端的数据，如下面的示例代码所示：

```csharp
public class MyHandler : IHttpHandler
{
    public void ProcessRequest(HttpContext context)
    {
        int length = context.Request.ContentLength;
        byte[] bytes = context.Request.BinaryRead(length);
        string name = Encoding.Default.GetString(bytes);
        context.Response.ContentType = "text/plain";
        context.Response.Write("Hello " + name);
    }

    public bool IsReusable
    {
        get
        {
            return false;
        }
    }
}
```

在 Silverlight 中使用 WebClient 上传数据，调用 UploadStringAsync 方法，如下面的示例代码所示：

```csharp
void btnInvoke_Click(object sender, RoutedEventArgs e)
{
    // 要上传的数据
    string data = "Silverlight";
```

```
    Uri endpoint = new Uri("http://localhost:49514/MyHandler.ashx");
    WebClient client = new WebClient();
    client.UploadStringCompleted +=
        new
UploadStringCompletedEventHandler(client_UploadStringCompleted);
    client.UploadStringAsync(endpoint, "POST", data);
}

void client_UploadStringCompleted(object sender,
    UploadStringCompletedEventArgs e)
{
    this.tblMsg.Text = e.Result;
}
```

运行后测试效果如图 12-10 所示。

图 12-10

12.4.3　以流形式下载和上传数据

使用 WebClient 同样可以以流形式下载数据，当请求下载的资源是一个流时，可调用 OpenReadAsync 方法，此操作完成后将触发 OpenReadCompleted 事件，在该事件处理方法中能够接收到一个类型为 OpenReadCompletedEventArgs 的参数，它的 Result 属性类型为 Stream，使用此属性能够获取到最终的流结果。

下面的示例中，我们将通过 WebClient 下载一张图像，并使用 Image 控件显示出来。编写简单的用户界面：

XAML
```
<StackPanel Background="White">
    <Image x:Name="imgResult" Width="240"
        Height="136" Margin="15"/>
    <Button x:Name="btnDownload" Content="加 载"
        Width="150" Height="35" Margin="15"
```

```
                Click="btnDownload_Click"/>
</StackPanel>
```

在 Button 控件单击事件中，调用 OpenReadAsync 方法，如下面的示例代码所示：

```csharp
C#
void btnDownload_Click(object sender, RoutedEventArgs e)
{
    // 图片路径
    String imgUrl = "http://localhost:52319/a1.png";

    Uri endpoint = new Uri(imgUrl);
    WebClient client = new WebClient();
    client.OpenReadCompleted +=
        new OpenReadCompletedEventHandler(OnOpenReadCompleted);
    client.OpenReadAsync(endpoint);
}

void OnOpenReadCompleted(object sender,
    OpenReadCompletedEventArgs e)
{
    // 下载的结果
    Stream stream = e.Result;

    BitmapImage bitmap = new BitmapImage();
    bitmap.SetSource(stream);
    imgResult.Source = bitmap;
}
```

可以看到最后得到的结果是 Stream，通过 BitmapImage 对象设置 Image 控件的 Source 属性，
运行效果如图 12-11 所示。

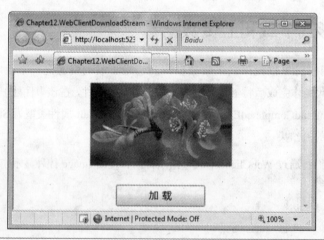

图 12-11

同样可以使用 WebClient 以流的形式上传数据，当须要以流的形式把数据写入指定的资源时，
调用 OpenWriteAsync 方法，在操作完成时将触发 OpenWriteCompleted 事件，这里不再演示。

12.4.4 监视请求进度

无论是使用 WebClient 下载还是上传数据，都可以对操作进度进行监视，分别使用 DownloadProgressChanged 事件和 UploadProgressChanged 事件。整个过程中，能够获取的数据如下所示。

- BytesReceived：获取收到的字节数。

- BytesSent：获取已发送的字节数。

- TotalBytesToReceive：获取数据上传操作中的总字节数。

- TotalBytesToSend：获取要发送的总字节数。

- ProgressPercentage：获取已完成的异步操作的百分比。

下面的示例代码使用 WebClient 下载图片资源并呈现在界面上，在下载过程中使用 ProgressBar 提示操作进度：

```csharp
C#
void btnDownload_Click(object sender, RoutedEventArgs e)
{
    // 图片路径
    String imgUrl = "http://localhost:53411/DSC.JPG";

    Uri endpoint = new Uri(imgUrl);
    WebClient client = new WebClient();
    client.OpenReadCompleted +=
        new OpenReadCompletedEventHandler(OnOpenReadCompleted);
    // 注册监视进度事件
    client.DownloadProgressChanged +=
        new
DownloadProgressChangedEventHandler(client_DownloadProgressChanged);
    client.OpenReadAsync(endpoint);
}

void client_DownloadProgressChanged(object sender,
DownloadProgressChangedEventArgs e)
{
    this.Dispatcher.BeginInvoke(() =>{

        // 设置进度条
        progressBar.Value = e.ProgressPercentage;

        // 显示下载百分比
        tblStatus.Text = e.ProgressPercentage.ToString() + "%";

        // 显示接收的字节数
        tblBytesReceived.Text = e.BytesReceived.ToString();

        // 显示总字节数
```

```
        tblTotalBytes.Text = e.TotalBytesToReceive.ToString();
    });
}

void OnOpenReadCompleted(object sender,
    OpenReadCompletedEventArgs e)
{
    // 下载的结果
    Stream stream = e.Result;

    BitmapImage bitmap = new BitmapImage();
    bitmap.SetSource(stream);
    imgResult.Source = bitmap;
}
```

运行效果如图 12-12 所示。

图 12-12

12.5 访问 RESTful 服务

12.5.1 RESTful 服务简介

REST 是英文 Representational State Transfer 的缩写，中文翻译为 "表述性状态转移"，它是由 Roy Thomas Fielding 博士在他的论文 "Architectural Styles and the Design of Network-based

Software Architectures"中提出的一个术语。REST 本身只是为分布式超媒体系统设计的一种架构风格，而不是标准。REST 架构是针对 Web 应用而设计的，其目的是降低开发的复杂性，提高系统的可伸缩性。REST 提出了如下设计准则：

- 网络上的所有事物都被抽象为资源（Resource）；
- 每个资源对应一个唯一的资源标识符（Resource Identifier）；
- 通过通用的连接器接口（Generic Connector Interface）对资源进行操作；
- 对资源的各种操作不会改变资源标识符；
- 所有的操作都是无状态的（Stateless）。

12.5.2 访问 RESTful 服务示例

本节将通过一个示例来介绍如何访问 RESTful 服务，该示例中，我们通过访问 Flickr 的 REST API 返回图片信息，有关 Flickr 的 API 大家可以访问 http://flickr.com/services/api/查看。开始使用之前需要在 http://flickr.com/services/api/keys/申请一个 API Key，如图 12-13 所示。

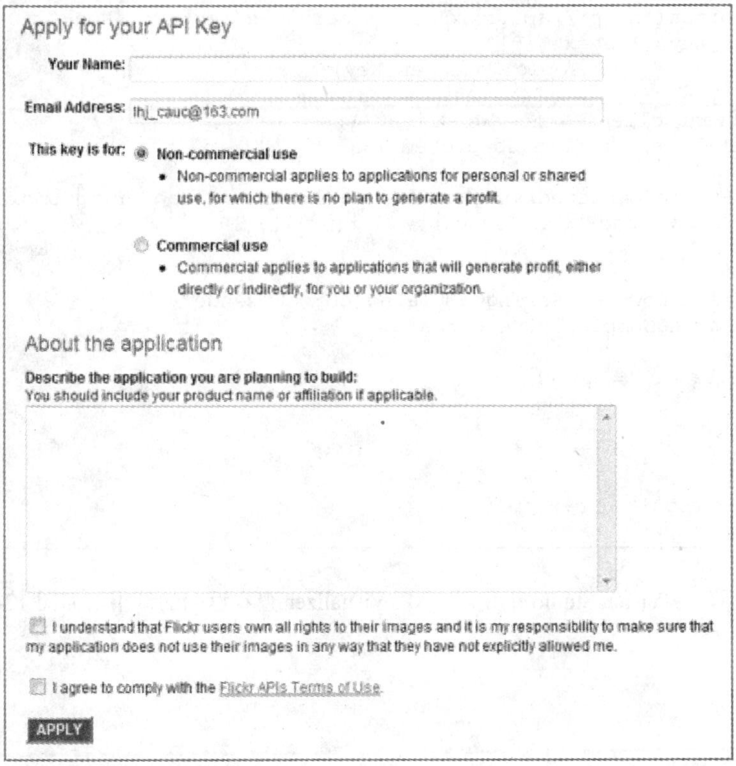

图 12-13

编写一个简单的用户界面，供用户输入搜索主题，如下面的示例代码所示：

```XAML
<StackPanel x:Name="LayoutRoot" Background="White">
    <StackPanel Orientation="Horizontal">
        <TextBox x:Name="txtTopic" Width="300" Height="30"
                Margin="10"/>
        <Button x:Name="btnSearch" Content="搜 索"
                Width="100" Height="30" Margin="5"/>
    </StackPanel>
    <Image x:Name="imgTarget" Margin="20"/>
</StackPanel>
```

在"搜索"Button 控件单击事件中调用 Flickr 的 REST API，访问 RESTful 服务并无特别方式，只要发起一个基于 HTTP 的请求即可，可以使用 WebClient 或后面将要介绍的 HttpWebRequest，然后对请求的数据做处理，如下面的示例代码所示：

```C#
void btnSearch_Click(object sender, RoutedEventArgs e)
{
    String apiKey = "3b6ed657779c5c27bb05e73b551d0e7e";
    String url =
String.Format("http://api.flickr.com/services/rest/?method=flickr.photos.s
earch&api_key={1}&text={0}",
                txtTopic.Text, apiKey);

    WebClient client = new WebClient();
    client.DownloadStringCompleted +=
        new
DownloadStringCompletedEventHandler(OnFlickrDownloadStringCompleted);
    client.DownloadStringAsync(new Uri(url));
}

void OnFlickrDownloadStringCompleted(object sender,
DownloadStringCompletedEventArgs e)
{
    if (e.Error != null)
    {
        return;
    }

    string result = e.Result;
}
```

运行程序后，在 Visual Studio 中使用 XML Visualizer 查看返回的结果，如图 12-14 所示。

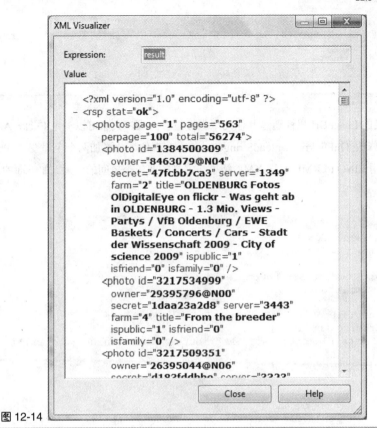

图 12-14

可以看到返回的结果是一个标准的、且不复杂的 XML 文档。对于该 XML 的处理有很多种方法，可以使用 Silverlight 2 中操作 XML 的 API 或者使用 LINQ to XML。现在定义一个业务类来对应 XML 返回的结果，因为我们最终需要的是图片的 URL 值，如下面的示例代码所示：

```csharp
public class FlickrPhoto
{
    public String Id { get; set; }
    public String Owner { get; set; }
    public String Secret { get; set; }
    public String Server { get; set; }
    public String Farm { get; set; }
    public String Title { get; set; }

    public String ImageUrl
    {
        get
        {
```

```
            return
String.Format("http://farm{0}.static.flickr.com/{1}/{2}_{3}.jpg", Farm,
Server, Id, Secret);
        }
    }
}
```

该 FlickrPhoto 类的 ImageUrl 属性通过其他几个属性组合而成，大家可以参考 Flickr API 的有关文档。现在重新修改 OnFlickrDownloadStringCompleted 事件，并添加两个全局变量 Photos 和 ImageNumber，使用 LINQ to XML 实现 XML 结果与定义的业务类之间的映射，如下面的示例代码所示：

C#

```
IEnumerable<FlickrPhoto> Photos;
    int ImageNumber = 0;

    void OnFlickrDownloadStringCompleted(object sender,
DownloadStringCompletedEventArgs e)
    {
        XDocument xmlPhotos = XDocument.Parse(e.Result);
        if (e.Error != null ||
            xmlPhotos.Element("rsp").Attribute("stat").Value == "fail")
        {
            return;
        }

        Photos = from photo in
xmlPhotos.Element("rsp").Element("photos").Descendants().ToList()
                select new FlickrPhoto
                {
                    Id = (String)photo.Attribute("id"),
                    Owner = (String)photo.Attribute("owner"),
                    Secret = (String)photo.Attribute("secret"),
                    Server = (String)photo.Attribute("server"),
                    Farm = (String)photo.Attribute("farm"),
                    Title = (String)photo.Attribute("title"),
                };

        FlickrPhoto p = Photos.Skip(ImageNumber).First();
        BitmapImage bitmap = new BitmapImage();
        bitmap.UriSource = new Uri(p.ImageUrl);
        this.imgTarget.SetValue(Image.SourceProperty, bitmap);
    }
}
```

运行程序后，输入查询条件，可以看到效果如图 12-15 所示。

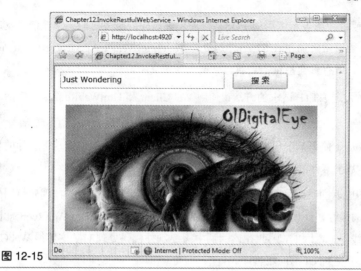

图 12-15

根据搜索的结果，应该是一个图片的集合，但现在仅仅显示一张图片，接下来实现单击图片时，显示下一张图片，在 Image 控件的 MouseLeftButtonDown 事件中实现，如下面的示例代码所示：

```csharp
void imgTarget_MouseLeftButtonDown(object sender, MouseButtonEventArgs e)
{
    if (Photos == null) return;
    if (ImageNumber >= Photos.Count()) ImageNumber = 0;

    FlickrPhoto p = Photos.Skip(ImageNumber).First();
    BitmapImage bitmap = new BitmapImage();
    bitmap.UriSource = new Uri(p.ImageUrl);
    this.imgTarget.SetValue(Image.SourceProperty, bitmap);

    ImageNumber++;

}
```

现在再单击图片时，将会继续显示下一张。通过上面的示例可以看到，调用 RESTful 服务与调用其他服务并没有什么特别的地方，仅仅是使用 WebClient 或 HttpWebRequest 发起请求，并针对请求结果进行处理。

12.6　使用 HttpWebRequest 通信

12.6.1　使用 HttpWebRequest 通信简介

向特定的 URI 发送 HTTP 时，基于 HTTP 的服务将返回结果数据。配置 HTTP 请求通常使用表示检索的 GET 谓词，或者使用表示调用的 POST 谓词。被访问的服务可能要求随请求发送参数。对于 GET 谓词，参数通常附加在 URI 的结尾处，如 http://live.com/service/getResult?text=terrylee；对于 POST 谓词，所有参数都包括在 HTTP 请求的正文中。

Silverlight 2 支持两种发送 HTTP 请求的方法：使用 WebClient 和 HttpWebRequest，但两者有较大差异。

- ◆ HttpWebRequest 使用基于代理的异步编程模型，而 WebClient 使用基于事件的异步编程模型，基于事件的模型更容易使用。
- ◆ 在 HTTP 响应返回时引发的 WebClient 回调是在 UI 线程中调用的，因此可用于更新 UI 元素的属性，例如可用于显示 HTTP 响应中的数据；而 HttpWebRequest 回调不是在 UI 线程上返回的，因此在该回调中需要额外代码处理 UI。这使得 WebClient 更适合于须要更新 UI 的应用程序。

WebClient 的使用在本章 12.4 节中已经详细介绍过，本节主要介绍使用 HttpWebRequest 进行通信。

12.6.2　使用 HttpWebRequest 通信示例

使用 HttpWebRequest 进行通信，主要分为如下几个步骤。

- ◆ 创建 HttpWebRequest 对象，由于 HttpWebRequest 是一个抽象类，所以不可以直接通过构造函数创建，而须要使用 WebRequest.Create 方法创建。
- ◆ 发起 HTTP 请求，调用 BeginGetResponse 或 BeginGetRequestStream 方法。
- ◆ 在请求回调函数中，接收到 HttpWebResponse 对象，调用 EndGetResponse 或 EndGetRequestStream 方法。
- ◆ 对请求结果进行处理，由于 HttpWebRequest 回调不是在 UI 线程上返回的，因此在该回调中不能直接对 UI 元素进行操作。

下面通过示例演示如何使用 HttpWebRequest 进行通信，首先在服务端定义 HttpHandler，用来对请求进行处理，并返回响应信息，如下面的示例代码所示：

```csharp
C#
public class MyHandler : IHttpHandler
{
    public void ProcessRequest(HttpContext context)
    {
        string data = context.Request.QueryString["name"];
        context.Response.ContentType = "text/plain";
```

```
        context.Response.Write("Hello " + data);
    }

    public bool IsReusable
    {
        get
        {
            return false;
        }
    }
}
```

发起 HTTP 请求，并指定回调函数为 ResponseReady，如下面的示例代码所示：

C#
```
void GetDataByWebRequest()
{
    string data = this.txtName.Text;
    Uri uri = new
Uri(String.Format("http://localhost:49523/MyHandler.ashx?name={0}",
        data));
    HttpWebRequest request = WebRequest.Create(uri) as HttpWebRequest;
    request.Method = "GET";
    request.BeginGetResponse(new AsyncCallback(ResponseReady), request);
}
```

接收请求结果，并对结果做处理，如下面的示例代码所示：

C#
```
delegate void ResponseInvoke(string text);
void ResponseReady(IAsyncResult result)
{
    HttpWebRequest request = result.AsyncState as HttpWebRequest;
    using (HttpWebResponse response = request.EndGetResponse(result)
        as HttpWebResponse)
    {
        Stream stream = response.GetResponseStream();
        StreamReader reader = new StreamReader(stream);
        string text = reader.ReadToEnd();

        this.Dispatcher.BeginInvoke((ResponseInvoke)GetResponse, text);
    }
}

void GetResponse(string text)
{
    this.tblResult.Text = text;
}
```

运行程序后，效果如图 12-16 所示：

图 12-16

可以看到，在整个调用过程中，全部使用了基于代理的异步编程模型，比基于事件的异步编程模型的代码量大一些。

12.7　数据操作格式

12.7.1　数据格式简介

本章前面几节我们学习了通过各种不同的方式访问服务，但其实现方式不同，所以返回的数据格式也不尽相同。如访问 RESTful 风格的服务，返回的是标准的 XML 数据，事实上基于 HTTP 的服务返回的数据格式远不止 XML 数据，可能是一段简单的文本，还可能是 JSON 格式数据，还可能是基于 RSS 2.0 和 Atom 1.0 联合源格式。

本节将介绍如何处理各种不同格式的数据，包括 XML 数据、JSON 数据和联合源格式。

12.7.2　使用 XML 数据

基于 HTTP 的 Web 服务经常使用 XML 消息将数据返回到客户端，对于 XML 数据处理分成两种情况：如果返回的 XML 是基于标准架构，如 SOAP 消息格式，我们会使用生成客户端代理实现，如前面介绍过的调用 WCF 服务等；如果返回的是开发人员自定义的格式，我们会采用直接操作 XML 数据的方式做处理。

直接操作 XML 数据，在 Silverlight 2 中，有 3 种方式可供选择：

- 使用 XmlReader
- 使用 LINQ to XML
- 使用 XmlSerializer

下面演示使用这 3 种方式操作 XML 数据，首先编写一个用于提供 XML 数据的 HttpHandler，如下面的示例代码所示：

C#

```csharp
public class XMLHandler : IHttpHandler
{
    public void ProcessRequest(HttpContext context)
    {
        context.Response.ContentType = "xml/plain";
        context.Response.Write(@"<Person><Name>TerryLee</Name>
                                <Email>TerryLee@cnblogs.com</Email>
                        </Person>");
    }

    public bool IsReusable
    {
        get
        {
            return false;
        }
    }
}
```

该 HttpHandler 最终将返回如下面的代码所示的 XML 数据：

XML

```xml
<Person>
  <Name>TerryLee</Name>
  <Email>TerryLee@cnblogs.com</Email>
</Person>
```

通过 WebClient 以流形式下载 XML 数据，并对结果进行处理。首先使用 XmlReader 读取，XmlReader 提供了对 XML 数据进行快速、非缓存、只进访问的读取器，如下面的示例代码所示：

C#

```csharp
void ResolverUsingXMLReader(Stream stream)
{
    XmlReader reader = XmlReader.Create(stream);
    reader.Read();

    reader.ReadToFollowing("Name");
    name = reader.ReadElementContentAsString();
```

```
    reader.ReadToFollowing("Email");
    email = reader.ReadElementContentAsString();
}
```

使用 LINQ to XML 处理 XML 数据。LINQ to XML 是 LINQ 家族中的一员，在.NET Framework
3.5 中支持，它将 XML 文档加载到内存中，并可以使用查询语法对 XML 进行查询或者修改。在
Silverlight 应用程序中使用 LINQ to XML 之前，需要添加 System.Xml.Linq 程序集到项目引用中。
如下面的示例代码所示：

C#
```
void ResolverUsingXLINQ(Stream stream)
{
    XElement person = XElement.Load(stream);

    name = (string)person.Element("Name");
    email = (string)person.Element("Email");
}
```

操作 XML 数据的第三种方式就是反序列化，将 XML 数据反序列化为复杂的 CLR 类型，由
开发人员控制从 XML 元素到对象属性的映射。创建如下一个类型与 XML 中的名称相对应，如
下面的示例代码所示：

C#
```
public class Person
{
    [XmlElement]
    public string Name { get; set; }

    [XmlElement]
    public string Email { get; set; }
}
```

使用 XmlSerializer 反序列化 XML 文档，如下面的示例代码所示：

C#
```
void ResolverXmlSerializer(Stream stream)
{
    XmlSerializer serializer = new XmlSerializer(typeof(Person));
    Person person = (Person)serializer.Deserialize(stream);

    name = person.Name;
    email = person.Email;
}
```

运行效果如图 12-17 所示，3 种不同的处理方式最终结果是相同的：

图 12-17

12.7.3 使用 JSON 数据

JSON（JavaScript 对象表示法）是一种轻量级的基于文本的数据交换格式，可用于序列化结构化数据以便通过网络进行传输。它具有以下 3 种基元数据类型：字符串、数字和布尔值；具有以下两种数据结构：数组和对象。数组是多个值的有序集合，值可以是 JSON 基元、对象或数组。对象是一组无序键/值对。键是字符串，与数组相同，值可以是 JSON 基元、对象或数组。

Silverlight 2 中内置支持 JSON 格式数据的操作，有两种方式可供选择。

♦ 使用 DataContractJsonSerializer 类：用于将对象序列化为 JSON 或反序列化为对象实例，位于 System.Runtime.Serialization.Json 命名空间下。其中 ReadObject 方法用于以 JSON 格式读取文档流，并返回反序列化的对象；WriteObject 方法用于将指定对象序列化为 JSON 数据，并将生成的 JSON 写入流中。

♦ 使用 JsonObject 和 LINQ：Silverlight 2 在 System.Json 命名空间中提供了 JsonPrimitive、JsonArray 和 JsonObject 类型，这些类型允许以弱类型方式处理 JSON 数据，我们能够动态访问基元 JSON 类型（string、number、Boolean）的值，并索引为结构化 JSON 类型（Object 和 Array），而不须要预定义反序列化的目标类型。

下面示例演示如何使用这两种方式操作 Json 格式数据，首先编写一个提供 Json 格式数据的 HttpHandler，如下面的示例代码所示：

```C#
public class MyHandler : IHttpHandler
{
    public void ProcessRequest(HttpContext context)
    {
        Post post = new Post() {
```

```
            Title = "Silverlight 网络与通信",
            Author = "TerryLee"
        };
        context.Response.ContentType = "text/plain";
        JavaScriptSerializer serializer = new JavaScriptSerializer();
        string result = serializer.Serialize(post);
        context.Response.Write(result);
    }

    public bool IsReusable
    {
        get
        {
            return false;
        }
    }
}
```

在 Visual Studio 中使用 Text Visualizer 可以看到该 HttpHandler 最终产生的 Json 格式的数据，如图 12-18 所示。

图 12-18

在 Silverlight 应用程序中使用反序列化方式处理 Json 数据，如下示例代码所示，定义一个类型与 Json 数据中的名称相对应：

C#
```
[DataContract]
public class Post
{
    [DataMember]
    public string Title { get; set; }

    [DataMember]
    public string Author { get; set; }
}
```

使用 DataContractJsonSerializer 进行数据的反序列化，调用 ReadObject 方法，如下面的示例代码所示：

```C#
void ResolverJsonSerializer(Stream stream)
{
    DataContractJsonSerializer serializer =
        new DataContractJsonSerializer(typeof(Post));

    Post post = (Post)serializer.ReadObject(stream);

    title = post.Title;
    author = post.Author;
}
```

使用 JsonObject 处理 Json 数据，JsonObject 是一个具有零或多个键/值对的无序集合，可以直接调用 Load 方法创建一个 JsonObject 对象，如下面的示例代码所示：

```C#
void ResolverJsonObject(Stream stream)
{
    JsonObject post = (JsonObject)JsonObject.Load(stream);

    title = post["Title"];
    author = post["Author"];
}
```

运行效果如图 12-19 所示，可以看到两种方式处理的结果是一致的。

图 12-19

大多数情况下，推荐大家使用第二种方式进行 Json 格式数据的处理，可以避免预定义反序列化的类型。如果返回的 Json 数据是一个集合，可以使用 JsonArray 类型，它表示具有零或多个 JsonValue 对象的有序序列，当获取一个 JsonArray 实例之后，完全可以使用 LINQ 对它进行操作。

虽然 Silverlight 2 中内置对于 Json 格式数据非常完美的支持，但并不是任何情况下都可以使用 Json 格式进行数据传递，建议大家在如下几种场景中使用。

- 只传递非常少量的数据。

- 访问一个已经存在的服务，它提供的是 JSON 格式的数据。

- 自定义的服务需要同时为 Silverlight 和 AJAX 程序提供数据。

12.7.4 使用联合源数据

网络上有很多基于 HTTP 的服务会使用联合源将数据返回到客户端，Silverlight 2 内置支持 RSS 2.0 和 Atom 1.0 联合源格式。下面示例演示 Silverlight 中如何使用联合源数据，首先定义一个 HttpHandler 用于提供 RSS 联合源，如下面的示例代码所示：

```csharp
public class RSSHandler : IHttpHandler
{
    public void ProcessRequest(HttpContext context)
    {
        context.Response.ContentType = "text/plain";
        WebClient client = new WebClient();
        client.Encoding = Encoding.UTF8;
        string result =

client.DownloadString("http://www.cnblogs.com/Terrylee/category/78190.html/rss");
        context.Response.Write(result);
        context.Response.End();
    }

    public bool IsReusable
    {
        get
        {
            return false;
        }
    }
}
```

使用 WebClient 返回数据，并且创建 SyndicationFeed 对象，直接调用静态的 Load 方法，SyndicationFeed 表示顶级联合源对象，Atom 1.0 中为<feed>，而 RSS 2.0 中为<rss>。如下面的示例代码所示：

```csharp
void Page_Loaded(object sender, RoutedEventArgs e)
{
    Uri uri = new Uri("http://localhost:50436/RSSHandler.ashx");
    WebClient client = new WebClient();
    client.OpenReadCompleted += new
OpenReadCompletedEventHandler(client_OpenReadCompleted);
    client.OpenReadAsync(uri);
}

void client_OpenReadCompleted(object sender, OpenReadCompletedEventArgs e)
{
    XmlReader reader = XmlReader.Create(e.Result);
    SyndicationFeed feed = SyndicationFeed.Load(reader);

    this.lstResult.ItemsSource = feed.Items;
}
```

运行效果如图 12-20 所示。

图 12-20

大家还可以测试 Atom 1.0 格式的数据，可以看到仍然能够进行正确解析。使用 SyndicationFeed 类时，须要添加 System.Runtime.Serialization.dll 和 System.Xml.Serialization.dll 程序集到 Silverlight 项目。

12.8 访问 ADO.NET Data Service

12.8.1 ADO.NET Data Service 简介

ADO.NET Data Service 是.NET Framework 3.5 SP1 提供的一项新特性，它能够根据实体数据

模型 (EDM) 规范将数据定义为实体和关系，并且以 RESTful 样式部署数据，本质上它还是基于 WCF 服务。Silverlight 应用程序可以读取和修改由 ADO.NET Data Service 部署的数据，能够通过标准 HTTP 协议访问数据。可以从 Silverlight 应用程序发出 LINQ 查询，以便与数据服务进行通信、执行查询以及更新服务器上的数据。基于 URI 的语法可以控制通过筛选、排序和分页进行的数据检索。ADO.NET Data Service 使用数据传输格式，当前为 ATOM 和 JSON。

由于 ADO.NET Data Service 是基于实体数据框架的，所以在创建 ADO.NET Data Service 之前需要建立实体数据模型，如图 12-21 所示，在 Visual Studio 添加新项对话框中选择"ADO.NET Data Entity Model"。

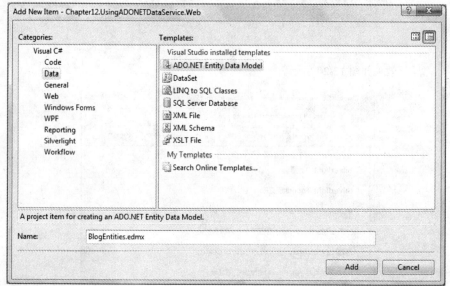

图 12-21

在数据库中选择要建立数据实体模型的表，会生成如图 12-22 所示的实体模型图。

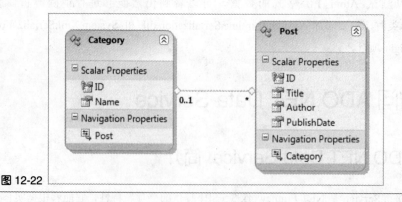

图 12-22

有了数据实体模型之后，就可以开始构建 ADO.NET Data Service，在 Visual Studio 添加新项对话框中选择"ADO.NET Data Server"，如图 12-23 所示。

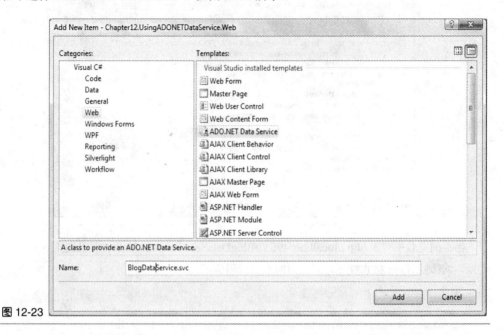

图 12-23

完成后可以看到在项目中新添加了.svc 文件，ADO.NET Data Service 同样也是基于 WCF 构建的，所以它的后缀和 WCF 服务的后缀是相同的。修改 ADO.NET Data Service 的后端代码如下所示，传递 DataService 的泛型参数为 BlogEntities，这里的 BlogEntities 就是刚才所创建的数据实体模型，并在初始化服务函数 InitializeService 中配置访问权限：

```csharp
C#
public class BlogDataService : DataService<BlogEntities>
{
    public static void InitializeService(IDataServiceConfiguration config)
    {
        // 访问权限配置
        config.SetEntitySetAccessRule("*", EntitySetRights.All);
    }
}
```

至此就完成了一个简单的 ADO.NET Data Service，运行后在浏览器中可以看到效果如图 12-24 所示。

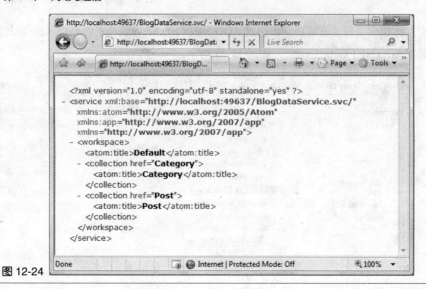

图 12-24

当在浏览器中输入 http://localhost:49637/BlogDataService.svc/Post 后，可以浏览到所有"Post"
数据，默认以 Atom 格式打开，如下面的示例代码所示：

XML

```xml
<?xml version="1.0" encoding="utf-8" standalone="yes"?>
<feed xml:base="http://localhost:49637/BlogDataService.svc/"
     xmlns:d="http://schemas.microsoft.com/ado/2007/08/dataservices"

xmlns:m="http://schemas.microsoft.com/ado/2007/08/dataservices/metadata"
     xmlns="http://www.w3.org/2005/Atom">
  <title type="text">Post</title>
  <id>http://localhost:49637/BlogDataService.svc/Post</id>
  <updated>2009-01-25T07:31:30Z</updated>
  <link rel="self" title="Post" href="Post" />
  <entry>
    <id>http://localhost:49637/BlogDataService.svc/Post(2)</id>
    <title type="text"></title>
    <updated>2009-01-25T07:31:30Z</updated>
    <author>
      <name />
    </author>
    <link rel="edit" title="Post" href="Post(2)" />
    <link
rel="http://schemas.microsoft.com/ado/2007/08/dataservices/related/Categor
y"
        type="application/atom+xml;type=entry" title="Category"
href="Post(2)/Category" />
    <category term="BlogEntities2.Post"

scheme="http://schemas.microsoft.com/ado/2007/08/dataservices/scheme" />
    <content type="application/xml">
     <m:properties>
       <d:ID m:type="Edm.Int32">2</d:ID>
```

```
        <d:Title>网络通信</d:Title>
        <d:Author>TerryLee</d:Author>
        <d:PublishDate
m:type="Edm.DateTime">2009-01-20T00:00:00</d:PublishDate>
      </m:properties>
    </content>
  </entry>
  ......
</feed>
```

当然还可以直接在浏览器中进行 filter 和 orderby 等操作,这里不再介绍。关于 ADO.NET Data Service 的详细信息,大家可以访问:http://msdn.microsoft.com/zh-cn/library/cc668792.aspx。

12.8.2　访问 ADO.NET Data Service 示例

通过前面的介绍,我们知道 ADO.NET Data Service 本质上仍然是 WCF 服务,所以在 Silverlight 应用程序中调用 ADO.NET Data Service 可以通过生成本地代理的方式完成。除此之外,由于 ADO.NET Data Service 能够返回 Atom 和 Json 格式的数据,Silverlight 对于这两种数据格式提供了很好的支持,所以可以通过 WebClient 或 HttpWebRequest 以流形式下载数据,并进行处理。

本示例将采用生成本地代理类的方式来完成。首先在 Silverlight 项目中添加服务引用,与添加普通的 WCF 服务没有区别。页面加载时,调用 ADO.NET Data Service,同样必须采用异步方式进行,如下面的示例代码所示:

```csharp
C#
BlogEntities entities;
void Page_Loaded(object sender, RoutedEventArgs e)
{
    // 服务地址
    Uri uri = new Uri("http://localhost:49637/BlogDataService.svc");
    entities = new BlogEntities(uri);

    // 查询所有 Post
    entities.BeginExecute<Post>(
        new Uri("http://localhost:49637/BlogDataService.svc/Post"),
        new AsyncCallback(ExecuteCallback), null);
}

void ExecuteCallback(IAsyncResult result)
{
    var posts = entities.EndExecute<Post>(result);
    this.lstResult.ItemsSource = posts;
}
```

运行程序后,效果如图 12-25 所示。

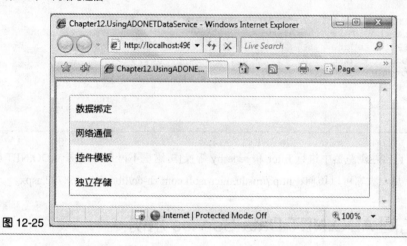

图 12-25

可以看到正确读取了数据。在 Silverlight 应用程序中，调用 ADO.NET Data Service 除了可以查询数据之外，还可以对数据进行其他操作，如新增、更新和删除等。

12.9　跨域调用策略

使用跨域通信须要预防几种类型的安全漏洞，它们可被用于违法利用 Web 应用程序。"跨站点伪造"（Cross-site forgery）作为一种手段，在允许跨域调用时会成为威胁，利用此手段包括在用户不知情的情况下向第三方服务传输未授权命令的恶意控制，为了避免跨站点请求伪造，对于除图像和媒体之外的其他所有请求，默认情况下，Silverlight 仅支持在同域或源站点上调用 Web 服务，这意味着调用必须使用同一子域、协议和端口，如图 12-26 所示。

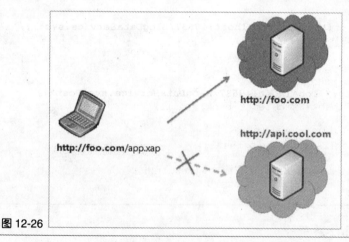

图 12-26

所谓同域，是指必须满足如下 3 个条件。

- 相同子域：如 http://foo.com 和 http://bar.foo.com 以及 http://www.foo.com 都是不相同的。

- 相同协议：如 http://foo.com 和 https://foo.com 是不相同的。

- 相同端口：http://foo.com 和 http://foo.com:8080 是不相同的。

通过在其他域的根目录部署使用正确跨域策略文件的 Web 服务，可以在该域中启用基于 Silverlight 的应用程序要调用的 Web 服务，Silverlight 支持两种类型的跨域策略文件。

- Silverlight 跨域策略(clientaccesspolicy.xml)

- Flash 跨域策略(crossdomain.xml)的子集

如图 12-27 所示：

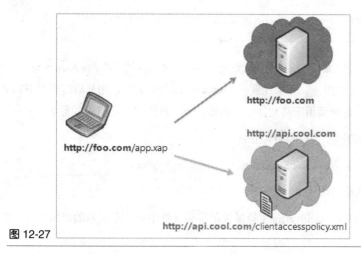

图 12-27

在图 12-27 中，由于在 http://api.cool.com 根目录下部署了跨域调用策略文件 clientaccesspolicy.xml，所以 http://foo.com 中的应用程序能够正确地调用它的服务。基于 Silverlight 的应用程序检测到其请求是一个跨域请求，首先在 Web 服务的应用程序根处查找 Silverlight 跨域策略文件，如果这个请求导致"404 未找到"或其他错误，应用程序将在应用程序根处查找 Flash 跨域策略文件，如果还是未找到 Flash 跨域策略文件，则会返回一个异常信息。

如下示例代码所示的 Silverlight 跨域调用策略文件，它将配置允许从任何其他域访问当前域上的所有资源：

XML

```
<?xml version="1.0" encoding="utf-8"?>
<access-policy>
  <cross-domain-access>
    <policy>
      <allow-from http-request-headers="*">
```

```
      <domain uri="*"/>
    </allow-from>
    <grant-to>
      <resource path="/" include-subpaths="true"/>
    </grant-to>
  </policy>
 </cross-domain-access>
</access-policy>
```

如下示例代码所示的 Flash 跨域调用策略文件，必须将该文件配置为允许从任何其他域访问服务，否则 Silverlight 应用程序将无法识别它。

XML

```
<?xml version="1.0"?>
<!DOCTYPE cross-domain-policy
  SYSTEM "http://www.macromedia.com/xml/dtds/cross-domain-policy.dtd">
<cross-domain-policy>
  <allow-http-request-headers-from domain="*" headers="*"/>
</cross-domain-policy>
```

在 Silverlight 跨域调用策略文件中，可以使用通配符，如上面示例代码中的<domain uri="*"/>，将启用所有 HTTP 和 HTTPS 调用方，如果配置为<domain uri= http://*>，则只启用所有 HTTP 调用方。除此之外，还可以在跨域调用策略文件中，通过如下 3 种方式启用特定的标头。

- 指定单个标头类型，如 SOAPAction。
- 逗号分隔的标头列表，如 SOAPAction, x-custom-header。
- 启用所有标头的通配符（*）。

在 Silverlight 开发文档中，有 Silverlight 跨域调用策略文件中每一个元素的详细介绍，大家可以在使用时查阅。

12.10 本章小结

本章详细介绍了 Silverlight 2 中网络与通信的各个方面，包括调用 Web Service、WCF 服务、RESTful 服务，以及如何使用 WebClient 和 HttpWebRequest 进行通信，并且介绍了针对各种不同格式的数据的操作，最后又介绍了 Silverlight 2 中在调用服务时的跨域调用策略。

第 13 章　浏览器交互

本章内容　Silverlight 2 应用程序使用托管代码和 XAML 标记构建，它运行在浏览器的插件中，拥有自己独立的子窗口，所以无须考虑 HTML、JavaScript 和浏览器的兼容问题，但在有些场景中，开发的 Silverlight 应用程序可能仍须访问 HTML DOM 元素，这就须要了解 Silverlight 应用程序和浏览器的交互知识，本章将详细对此进行介绍，主要内容如下：

> 浏览器交互简介
>
> 访问文档对象模型
>
> 使用托管代码调用 JavaScript
>
> 使用 JavaScript 调用托管代码
>
> 使用托管代码处理 DOM 元素事件
>
> 使用 JavaScript 处理托管事件
>
> 混合 HTML 和 Silverlight
>
> 与浏览器交互相关辅助方法
>
> 安全设置
>
> 实例开发
>
> 本章小结

13.1　浏览器交互概览

13.1.1　浏览器互操作支持

　　Silverlight 2 在运行库中内置了一个浏览器互操作性层，它允许使用托管代码访问页面的文档对象模型，并允许注册页面级事件的托管代码处理程序。同时，页面中运行的 JavaScript 代码可以访问插件中的 XAML 内容，甚至可以进行修改，页面中运行的 JavaScript 代码也可以调用托管函数。如图 13-1 所示。

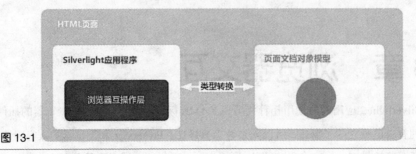

图 13-1

13.1.2　ScriptObject 简介

ScriptObject 对象定义了 HtmlObject 类的核心行为，并为浏览器文档对象模型访问类型提供基类。所有浏览器对象均由 ScriptObject 类表示，包括标准 JavaScript 和 DOM 对象，以及在浏览器内使用的窗口、文档、元素、元素集合，甚至托管对象。它们都定义在 Silverlight 2 运行库中 System.Windows.Browser 的命名空间下。

- ◆ HtmlPage：允许访问和操作浏览器的文档对象模型。
- ◆ HtmlDocument：表示浏览器中的 HTML 文档。
- ◆ HtmlElement：表示文档对象模型中的 HTML 元素。
- ◆ HtmlWindow：提供 JavaScript 中 Window 对象的托管表示形式。

13.2　访问文档对象模型

13.2.1　文档对象模型简介

Silverlight 中使用 HtmlDocument 类来表示浏览器中的 HTML 文档对象模型，使用 HtmlElement 表示文档对象模型中的 HTML 元素。HtmlDocument 的主要属性如下所示：

```csharp
public sealed class HtmlDocument : HtmlObject
{
    public HtmlElement Body { get; }
    public string Cookies { get; set; }
    public HtmlElement DocumentElement { get; }
    public Uri DocumentUri { get; }
    public bool IsReady { get; }
    public IDictionary<string, string> QueryString { get; }
}
```

各个属性的解释如下所示。

* ◆ Body：获取对 HTML 文档的 BODY 元素的引用。
* ◆ Cookies：获取或设置浏览器的 Cookie 字符串。
* ◆ DocumentElement：获取对浏览器的 DOCUMENT 元素的引用。
* ◆ DocumentUri：获取统一资源标识符 URI 对象，该对象表示宿主 Silverlight 插件的 HTML 文档。
* ◆ IsReady：指示浏览器是否完全加载了 HTML 页。
* ◆ QueryString：表示当前页面 URL 上的查询字符串参数。

HtmlElement 的主要属性如下所示：

```C#
public sealed class HtmlElement : HtmlObject
{
    public ScriptObjectCollection Children { get; }
    public string CssClass { get; set; }
    public string Id { get; set; }
    public HtmlElement Parent { get; }
    public string TagName { get; }
}
```

各个属性的解释如下所示。

* ◆ Children：获取只读的 HTML 元素集合，这些元素是当前 HTML 元素的直接子元素。
* ◆ CssClass：获取或设置当前 HTML 元素 CSS 类字符串。
* ◆ Id：获取当前 HTML 元素标识符。
* ◆ Parent：获取对当前 HTML 元素的父级引用。
* ◆ TagName：获取当前 HTML 元素的 HTML 标记名称。

下面看一个示例，使用以上对象来获取 HTML 页面文档对象模型中的 HTML 元素树，通过 HtmlPage 静态类的 Document 属性可以获得当前页面文档对象模型的引用，然后通过递归的方式找到所有的元素，如下面的示例代码所示：

```C#
void LayoutRoot_Loaded(object sender, RoutedEventArgs e)
{
    HtmlElement element = HtmlPage.Document.DocumentElement;
    GetElement(element, 0);
}

StringBuilder reuslt = new StringBuilder();
void GetElement(HtmlElement element, int indent)
```

```
{
    if (element.TagName == "!") return;

    reuslt.Append(new String(' ', indent * 4));
    reuslt.Append("<" + element.TagName);
    if (element.Id != "")
    {
        reuslt.Append(" id=\"" + element.Id + "\"");
    }
    reuslt.Append(">\n");

    foreach (HtmlElement childElement in element.Children)
    {
        GetElement(childElement, indent + 1);
    }

    this.tblTree.Text = reuslt.ToString();
}
```

运行效果如图 13-2 所示。

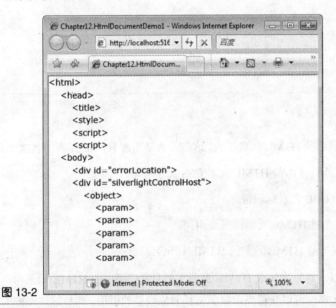

图 13-2

13.2.2 访问 DOM 元素

在 HtmlDocument 类中提供了两个方法：GetElementsByTagName 和 GetElementById 方法，分别用于通过 Tag 名称和 Id 来获取 DOM 元素；在 HtmlElement 类中提供了一组方法 GetAttribute 和 SetAttribute，用来获取或设置 DOM 元素的属性。以上方法非常方便对 DOM 元素进行操作。

下面的示例中在 HTML 页面放置一个 div 和 span 元素，Id 分别为"MsgDiv"和"MsgSpan"，并通过 Silverlight 应用程序来访问它们的相关属性。对测试页做一下修改，因为默认的 Silverlight 插件所占的高度是 100%，修改为 200px，如下面的示例代码所示：

ASP.NET

```
<div style="height:200px;">
    <asp:Silverlight ID="Xaml1" runat="server"
    Source="~/ClientBin/Chapter12.HtmlDocumentDemo2.xap"
    MinimumVersion="2.0.31005.0" Width="100%" Height="200"/>
</div>
```

在 HTML 页面上放置 div 和 span 元素，如下面的示例代码所示：

HTML

```
<span id="MsgSpan">此处是一个 Span, id 为 MsgSpan</span>
<div id="MsgDiv">此处是一个 Div, id 为 MsgDiv</div>
```

为了一目了然，为它们定义一些简单的样式，如下面的代码所示：

CSS

```
#MsgDiv
{
    background:#FDF4E7;
    border:solid 1px #FF9900;
    width:500px;
    height:50px;
    margin-bottom:20px;
}
#MsgSpan
{
    background:#D3F1FE;
    border:solid 1px #49C9FE;
    width:500px;
    height:50px;
    display:block;
    margin-bottom:20px;
}
```

在 Silverlight 页面中放置两个 Button 控件，在它们的单击事件中访问 DOM 元素。分别使用 GetElementById 和 GetElementsByTag 方法得到想要的 HtmlElement 对象，并且调用它们的 GetAttribute 方法来获取文本信息，如下面的示例代码所示：

C#

```
void btnAccessDiv_Click(object sender, RoutedEventArgs e)
{
    HtmlElement element = HtmlPage.Document.GetElementById("MsgDiv");
    this.tblResult.Text = element.GetAttribute("innerText");
}

void btnAccessSpan_Click(object sender, RoutedEventArgs e)
{
```

```
ScriptObjectCollection elements =
    HtmlPage.Document.GetElementsByTagName("span");
if (elements.Count > 0)
{
    HtmlElement element = elements[0] as HtmlElement;
    this.tblResult.Text = element.GetAttribute("innerText");
}
}
```

运行程序后，单击第一个按钮，可以看到效果如图 13-3 所示。

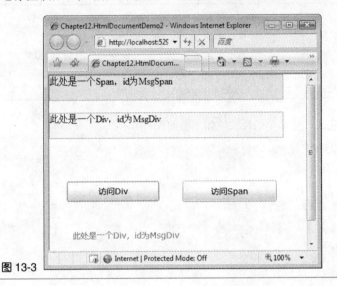

图 13-3

再对前面的示例做一些修改，在单击按钮时修改 div 和 span 元素上的文本，调用 SetAttribute 方法，如下面的示例代码所示：

C#
```
void btnAccessDiv_Click(object sender, RoutedEventArgs e)
{
    HtmlElement element = HtmlPage.Document.GetElementById("MsgDiv");
    element.SetAttribute("innerText", "现在是修改之后的内容");
}

void btnAccessSpan_Click(object sender, RoutedEventArgs e)
{
    ScriptObjectCollection elements =
        HtmlPage.Document.GetElementsByTagName("span");
    if (elements.Count > 0)
    {
        HtmlElement element = elements[0] as HtmlElement;
        element.SetAttribute("innerText", "现在是修改之后的内容");
    }
}
```

运行后单击按钮，可以看到 DOM 元素上的内容已经被修改，效果如图 13-4 所示。

图 13-4

HtmlElement 对象除了提供 GetAttribute 和 SetAttribute 方法用于获取或设置 DOM 元素的内容之外，还提供了一组 GetStyleAttribute 和 SetStyleAttribute 方法，用来获取和设置 DOM 元素的样式。

13.2.3 创建和移除 DOM 元素

在 HtmlDocument 对象中，提供了 CreateElement 方法，用于页面中创建新的 DOM 元素，同时在 HtmlElement 对象中提供 AppendChild 方法，可以把创建的 DOM 元素作为子元素添加在当前元素之上，使用 RemoveChild 方法可以移除 DOM 元素。

下面看一个示例，在 Silverlight 应用程序中，创建 li 元素，添加到页面预定义的 ul 元素中。如下示例代码所示，其中"parent"是在测试页面中定义的 ul 元素 id：

```csharp
void btnSubmit_Click(object sender, RoutedEventArgs e)
{
    // 获取父元素
    HtmlElement parent = HtmlPage.Document.GetElementById("parent");

    // 创建新元素
    HtmlElement child = HtmlPage.Document.CreateElement("li");
    child.SetAttribute("innerText", this.txtContent.Text);

    parent.AppendChild(child);
}
```

运行效果如图 13-5 所示。

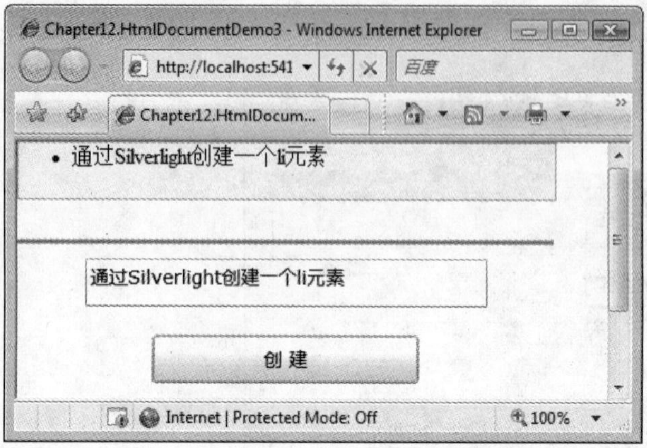

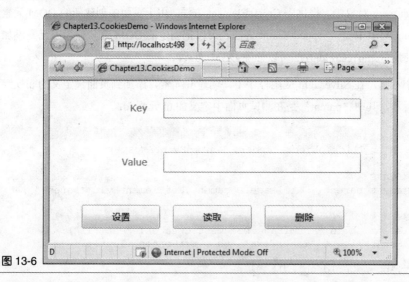

图 13-5

13.2.4 操作 Cookies

利用 Silverlight 提供的 HtmlDocument 对象，可以轻松实现在 Silverlight 操作 Cookies。使用 SetProperty 和 GetProperty 可以实现 Cookies 读写，并且在 HtmlDocument 中提供已经封装好的 Cookies 属性。

现在通过一个示例来展示一下如何实现 Cookie 的读写。编写一个简单的用户界面，使其看起来如图 13-6 所示。

图 13-6

编写设置 Cookies 的实现，得到 Cookies 字符串之后，使用 SetProperty 方法写入 Cookies，如下面的示例代码所示：

```
C#
void btnSet_Click(object sender, RoutedEventArgs e)
{
    DateTime expiration = DateTime.UtcNow + TimeSpan.FromDays(2000);
    String cookie = String.Format("{0}={1};expires={2}",
                this.txtKey.Text,
                this.txtValue.Text,
                expiration.ToString("R"));

    HtmlPage.Document.SetProperty("cookie", cookie);
}
```

编写读取 Cookies 的实现，如下面的示例代码所示：

```
C#
void btnRead_Click(object sender, RoutedEventArgs e)
{
    String[] cookies = HtmlPage.Document.Cookies.Split(';');

    String key = this.txtKey.Text;
    key += '=';

    foreach (String cookie in cookies)
    {
        String cookieStr = cookie.Trim();

        if (cookieStr.StartsWith(key, StringComparison.OrdinalIgnoreCase))
        {
            String[] vals = cookieStr.Split('=');
            if (vals.Length >= 2)
            {
                this.txtValue.Text = vals[1];
            }
        }
    }
}
```

编写删除 Cookies 的实现，只要设置 Cookies 的过期时间即可，如下面的示例代码所示：

```
C#
void btnDelete_Click(object sender, RoutedEventArgs e)
{
    String oldCookie = HtmlPage.Document.GetProperty("cookie") as String;
    DateTime expiration = DateTime.UtcNow - TimeSpan.FromDays(1);

    String cookie = String.Format("{0}=;expires={1}",
        this.txtKey.Text,
        expiration.ToString("R"));

    HtmlPage.Document.SetProperty("cookie", cookie);
}
```

运行效果如图 13-7 所示。

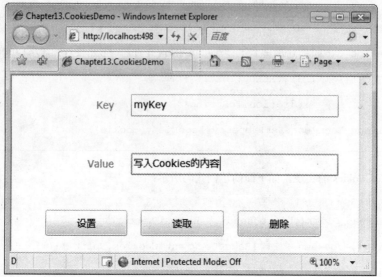

图 13-7

当单击"设置"按钮后，可以看到，在 Temporary Internet Files 文件夹中写入了 Cookies。

项目开发中可能会经常用到 Cookies 操作，笔者总结了一个简单的 Silverlight 2 中操作 Cookies 帮助类，大家可以直接在自己的项目中使用，主要有如下几个功能：

- 写入 Cookies
- 读取 Cookies
- 删除 Cookies
- 判断 Cookies 键值是否存在

该 Cookies 的帮助类完整代码如下所示：

C#

```
public class CookiesUtils
{
    public static void SetCookie(String key, String value)
    {
        SetCookie(key, value, null, null, null, false);
    }

    public static void SetCookie(String key, String value, TimeSpan expires)
    {
        SetCookie(key, value, expires, null, null, false);
    }

    public static void SetCookie(String key, String value, TimeSpan? expires,
        String path, String domain, bool secure)
    {
        StringBuilder cookie = new StringBuilder();
```

```
        cookie.Append(String.Concat(key, "=", value));

        if (expires.HasValue)
        {
            DateTime expire = DateTime.UtcNow + expires.Value;
            cookie.Append(String.Concat(";expires=", expire.ToString("R")));
        }

        if (!String.IsNullOrEmpty(path))
        {
            cookie.Append(String.Concat(";path=", path));
        }

        if (!String.IsNullOrEmpty(domain))
        {
            cookie.Append(String.Concat(";domain=", domain));
        }

        if (secure)
        {
            cookie.Append(";secure");
        }

        HtmlPage.Document.SetProperty("cookie", cookie.ToString());
    }

    public static string GetCookie(String key)
    {
        String[] cookies = HtmlPage.Document.Cookies.Split(';');

        String result = (from c in cookies
                    let keyValues = c.Split('=')
                    where keyValues.Length == 2 && keyValues[0].Trim() ==
key.Trim()
                    select keyValues[1]).FirstOrDefault();
        return result;
    }

    public static void DeleteCookie(String key)
    {
        DateTime expir = DateTime.UtcNow - TimeSpan.FromDays(1);

        string cookie = String.Format("{0}=;expires={1}",
            key, expir.ToString("R"));

        HtmlPage.Document.SetProperty("cookie", cookie);
    }

    public static bool Exists(String key, String value)
    {
        return HtmlPage.Document.Cookies.Contains(
            String.Format("{0}={1}", key, value)
            );
    }
}
}
```

13.3 使用托管代码调用 JavaScript

13.3.1 托管代码调用 JavaScript 简介

在某些特定场景中，我们编写的 Web 应用程序中用了一些 JavaScript 脚本或 AJAX 框架，我们希望能够在 Silverlight 应用程序中仍然可以调用这些脚本方法，或者在 Silverlight 应用程序中触发某个脚本的执行，这时就涉及使用托管代码调用 JavaScript 脚本的功能。

在 Silverlight 中通过 HtmlPage 静态类的 Window 属性可以获取到 HtmlWindow 对象引用，HtmlWindow 提供了 JavaScript 中 window 对象的托管表示形式，使用托管代码调用 JavaScript，主要使用 HtmlWindow 对象提供的方法，总结起来有如下 4 种方法。

- 直接调用 HtmlWindow 对象内置的 Alert 方法和 Confirm 方法。
- 使用 HtmlWindow 对象的 GetProperty 方法来获取一个 ScriptObject，并调用它的 Invoke 或 InvokeSelf 方法。
- 使用 HtmlWindow 对象的 CreateInstance 方法来创建一个 ScriptObject，并调用它的 Invoke/InvokeSelf 方法。
- 直接使用 HtmlWindow 的 Eval 方法来执行一段 JavaScript 脚本。

13.3.2 使用 Alert 和 Confirm 方法

在 HtmlWindow 对象中提供了两个方法 Alert 和 Confirm，用于支持在 JavaScript 中最常用的两种对话框的实现，只要传递想要显示的文字信息，HtmlWindow 会自动帮我们调用 JavaScript 中 alert 和 confirm 函数，其中 Confirm 方法返回一个 bool 类型的值，用来指示用户选择了确定或取消，它们的签名如下面的代码所示：

```C#
public sealed class HtmlWindow : HtmlObject
{
    public void Alert(string alertText);
    public bool Confirm(string confirmText);
}
```

下面看一个简单的示例，在界面上放置两个 Button 控件，点击时弹出两种对话框，并且根据用户选择 confirm 对话框的不同，给出不同的提示。如下示例代码所示：

```csharp
C#
void btnCallAlert_Click(object sender, RoutedEventArgs e)
{
    HtmlPage.Window.Alert("这是 Alert 对话框！");
}

void btnCallConfirm_Click(object sender, RoutedEventArgs e)
{
    bool result = HtmlPage.Window.Confirm("您确定要点击吗？");

    if (result)
    {
        HtmlPage.Window.Alert("点击了确定");
    }
    else
    {
        HtmlPage.Window.Alert("点击了取消");
    }
}
```

运行后点击"调用 Alert"按钮，效果如图 13-8 所示。

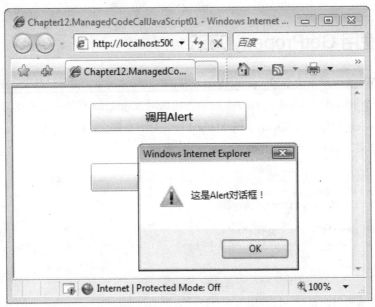

图 13-8

点击"调用 Confirm"按钮，效果如图 13-9 所示。

图 13-9

13.3.3 使用 GetProperty 方法

使用 HtmlWindow 对象的 GetProperty 方法可以获取到脚本对象，该方法从 ScriptObject 中继承，下面通过一个示例演示如何通过 GetProperty 方法调用 JavaScript 代码。首先在测试页中编写一段简单的 JavaScript 代码，方法 myScriptMethod 接收两个参数，并在一个 Id 为 "result" 的 div 元素中显示出结果，如下面的示例代码所示：

JavaScript

```
<script type="text/javascript">
    function myScriptMethod(a, b)
    {
        var resultDiv = $get("result");
        resultDiv.innerText = "A: " + a + ", B: " + b;
    }
</script>
```

编写一个简单的用户界面，以便输入两个值作为参数，传递给 JavaScript 中的方法，如下面的示例代码所示：

XAML

```
<StackPanel Background="White" Orientation="Horizontal">
    <TextBox x:Name="txtA" Width="160" Height="35"
            Margin="10"/>
    <TextBox x:Name="txtB" Width="160" Height="35"
            Margin="10"/>
```

```
        <Button x:Name="btnInvoke" Content="调用"
               Height="35" Width="100"></Button>
</StackPanel>
```

编写调用 JavaScript 代码，调用 GetProperty 方法返回一个脚本对象，参数是我们在 JavaScript 代码中定义的方法名称，并调用 InvokeSelf 方法，传递两个参数，如下面的代码所示：

C#
```
void btnInvoke_Click(object sender, RoutedEventArgs e)
{
    ScriptObject myScript =
        HtmlPage.Window.GetProperty("myScriptMethod") as ScriptObject;
    myScript.InvokeSelf(this.txtA.Text, this.txtB.Text);
}
```

运行效果如图 13-10 所示。

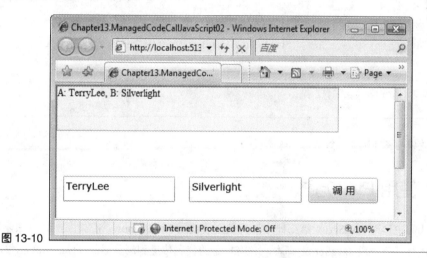

图 13-10

可以看到，最终执行了 JavaScript 代码，并在页面上显示出了结果。

13.3.4　使用 CreateInstance 方法

在 HtmlWindow 对象中提供了一个 CreateInstance 方法，用于创建指定 JavaScript 类型的实例，创建的实例仍然是 ScriptObject，并调用它的 Invoke 或 InvokeSelf 方法。还是使用前面的示例，不过对 JavaScript 做一点小的改动，使用 prototype 来为 myScriptType 加入 Display 的功能，如下面的示例代码所示：

JavaScript
```
<script type="text/javascript">
    myScriptType = function(x, y) {
```

```
        this.X = x; this.Y = y;
    }

    myScriptType.prototype =
    {
        Display: function() {
            var resultDiv = $get("result");
            resultDiv.innerText = "A: " + this.X + ", B: " + this.Y;
        }
    }
</script>
```

用户界面的代码与前面的示例一致，这里就不再给出。现在来看调用实现代码，调用 CreateInstance 方法来创建一个 ScriptObject，并且调用它的 Invoke 方法，注意参数是在调用 CreateInstance 方法时就已经传入了，如下面的代码所示：

C#
```
void btnInvoke_Click(object sender, RoutedEventArgs e)
{
    ScriptObject myScript = HtmlPage.Window.CreateInstance("myScriptType",
            this.txtA.Text,
            this.txtB.Text);

    myScript.Invoke("Display");
}
```

运行后效果与图 13-10 一致。

13.3.5　使用 Eval 方法

在托管代码中调用 JavaScript 第三种方法就是直接使用 HtmlWinows 对象的 Eval 方法，该方法可以直接执行任意一段 JavaScript 脚本，它将指定的代码传递到浏览器的 JavaScript 引擎，以供分析和执行。还是使用前面用过的示例，修改"调用"按钮的实现代码，定义一段脚本，然后调用 Eval 方法执行该脚本，如下面的示例代码所示：

C#
```
void btnInvoke_Click(object sender, RoutedEventArgs e)
{
    // 定义一段脚本
    String script = "$get('result').innerText = 'A: {0}, B: {1}'";

    HtmlPage.Window.Eval(
        String.Format(script, this.txtA.Text, this.txtB.Text));
}
```

运行后效果如图 13-11 所示，可以看到，与前面的两个示例效果一致。

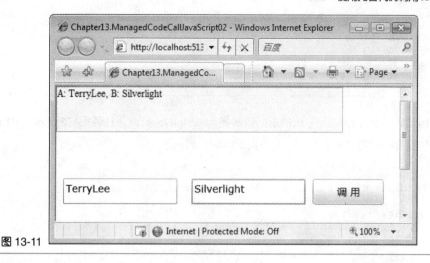

图 13-11

直接调用 Eval 方法执行 JavaScript 脚本虽然比较简单，但是它对于应用程序中已经存在的 JavaScript 代码就无能为力了，必须采用前两种方法实现。

13.3.6 调用 JavaScript 中的 JSON 对象

第 12 章介绍过在 Silverlight 中基于 JSON 进行通信，现在介绍如何使用托管代码调用 JavaScript 中的 JSON 对象，HtmlWindow 的 GetProperty 方法和 Invoke/InvokeSelf 方法的返回值是 Object 类型的，代表 DOM 对象或脚本对象（HtmlDocument、HtmlElement、HtmlObject、ScriptObject）。我们须要在托管代码中声明一个类对应于 JavaScript 中的 JSON 对象，并且调用 ScriptObject 对象的 ConvertTo<T>方法将其转换为我们定义的类。

现在看一个简单的示例，在 JavaScript 中定义一个简单的 JSON 对象，如下面的示例代码所示：

```
<script type="text/javascript">
    var Person = {
                Name:'TerryLee',
                Age:25
            };

    function myObject()
    {
      return Person;
    }
</script>
```

在托管代码中定义一个类，类的属性与 JSON 对象的属性相对应，如下面的示例代码所示：

C#
```csharp
public class Person
{
    public String Name { get; set; }
    public int Age { get; set; }
}
```

编写调用代码，对于 Invoke 方法的返回值转换为 ScriptObject，并且调用它的 ConvertTo<T> 方法，将其转换为我们自定义的类型，如下面的示例代码所示：

C#
```csharp
void btnInvoke_Click(object sender, RoutedEventArgs e)
{
    ScriptObject script =
        HtmlPage.Window.Invoke("myObject", null) as ScriptObject;

    Person person = script.ConvertTo<Person>();

    this.tblStatus.Text =
        String.Format(@"这里是JavaScript中的JSON对象，Name={0}，Age={1}",
                    person.Name,
                    person.Age.ToString());
}
```

运行效果如图 13-12 所示。

图 13-12

13.4 使用 JavaScript 调用托管代码

13.4.1 使用 JavaScript 调用托管代码简介

在 Silverlight 应用程序中，我们可以使用托管代码来调用 JavaScript，反过来也可以在 JavaScript 中调用托管代码。HtmlPage 静态类为我们提供了如下两组方法。

- ✦ RegisterScriptableObject：允许注册一个可以被 JavaScript 调用的对象，使用 UnregisterScriptableObject 方法取消注册。

- ✦ RegisterCreateableType：允许注册一个可以在 JavaScript 中创建对象实例的类型，使用 UnregisterCreateableType 方法取消注册。

它们的签名如下面的代码所示：

C#

```
public static class HtmlPage
{
    public static void RegisterScriptableObject(string scriptKey, object
instance);
    public static void UnregisterScriptableObject(string scriptKey);

    public static void RegisterCreateableType(string scriptAlias, Type type);
    public static void UnregisterCreateableType(string scriptAlias);
}
```

不管是注册对象还是注册类型，我们都要对公开给 JavaScript 的类型或成员添加如下特性。

- ✦ ScriptableType：公开类型给 JavaScript 代码。

- ✦ ScriptableMember：公开成员给 JavaScript 代码。

下面的示例将介绍上述两种方法如何在 JavaScript 中调用托管代码。

13.4.2 使用 RegisterScriptableObject

本小节通过示例看一下如何使用 RegisterScriptableObject 实现在 JavaScript 中调用托管代码，该示例中，我们期望通过 JavaScript 传递两个参数给 Silverlight 中的托管代码方法，由该方法计算出结果后并在 Silverlight 中显示，最终界面如图 13-13 所示。

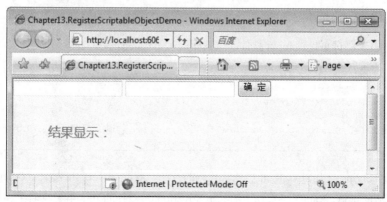

图 13-13

编写一个简单的 Silverlight 界面布局，如下面的示例代码所示：

```XAML
<StackPanel Background="LightCyan" Orientation="Horizontal">
    <Border CornerRadius="10" Width="100"
            Height="40" Margin="50 10 0 0">
        <TextBlock Text="结果显示: "
                   Foreground="OrangeRed"/>
    </Border>
    <Border CornerRadius="10" Width="300" Height="40">
        <TextBlock x:Name="result"
                   Foreground="OrangeRed"
                   Margin="20 5 0 0"/>
    </Border>
</StackPanel>
```

在当前页面加载时注册一个可以被脚本调用的当前页面的对象实例，使用 RegisterScriptableObject 方法，其中 "Calculator" 为脚本块的键值，在脚本中用于创建托管对象，如下面的示例代码所示：

```C#
void UserControl_Loaded(object sender, RoutedEventArgs e)
{
    HtmlPage.RegisterScriptableObject("Calculator", this);
}
```

编写一个 Add 方法，该方法将在 JavaScript 中被调用，注意访问修饰符必须为 public，并且用 ScriptableMember 特性公开给脚本，如下面的示例代码所示：

```C#
[ScriptableMember]
public void Add(int x, int y)
{
    int z = x + y;
    this.result.Text = String.Format("{0} + {1} = {2}", x, y, z);
}
```

在 ASP.NET 测试页提供 input 控件，如下面的示例代码所示：

```HTML
<div class="main">
    <input id="txt1" type="text" />
    <input id="txt2" type="text" />
    <input type="button" value="确 定" onclick="callSilverlight()" />
</div>
```

编写 JavaScript 调用 Silverlight 中托管代码的方法，获取 Silverlight 插件，Calculator 就是我们刚才所注册的键值，Xaml1 是页面中的<asp:Silverlight/>控件的 ID，由于我们在 Silverlight 页面

中注册的是实例，所以这里可以直接进行调用，如下面的示例代码所示：

JavaScript

```javascript
<script type="text/javascript">
    function callSilverlight()
    {
        var slPlugin = $get('Xaml1');

        slPlugin.content.Calculator.Add(
                $get('txt1').value,$get('txt2').value);
    }
</script>
```

运行效果如图 13-14 所示。

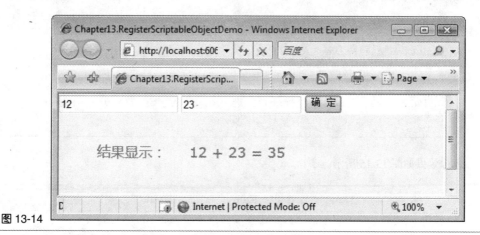

图 13-14

13.4.3 使用 RegisterCreateableType

本小节通过示例看一下如何使用 ResisterCreateableType 实现 JavaScript 调用托管代码。仍然使用前面的示例，在 Silverlight 项目中添加一个 Calculator 类，给它加上 ScriptableType 特性，并且对要公开的方法加上 ScriptableMember 特性，以便它们能够脚本化，如下面的示例代码所示：

C#

```csharp
[ScriptableType]
public class Calculator
{
    [ScriptableMember]
    public int Add(int x, int y)
    {
        return x + y;
    }
}
```

在页面加载时修改为如下代码，使用 ResisterCreateableType 注册一个可供 JavaScript 调用的类型，该方法须要指定一个类型别名和要注册的类型。如下示例代码所示：

```C#
void UserControl_Loaded(object sender, RoutedEventArgs e)
{
    HtmlPage.RegisterCreateableType("calculator", typeof(Calculator));
}
```

现在编写 JavaScript 代码来调用该类型，由于我们使用 ResisterCreateableType 方法，所以须要先创建一个类型实例，这里的 calculator 就是我们在 Silverlight 项目中注册时指定的类型别名，如下面的示例代码所示：

```JavaScript
<script type="text/javascript">
    function callSilverlight() {
        var slPlugin = $get('Xaml1');
        var cal = slPlugin.content.services.createObject("calculator");

        alert(cal.Add($get('txt1').value, $get('txt2').value));
    }
</script>
```

运行效果如图 13-15 所示。

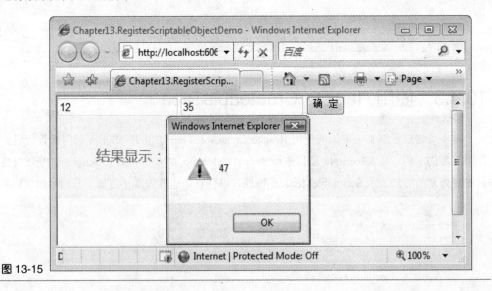

图 13-15

13.5 使用托管代码处理 DOM 元素事件

13.5.1 使用托管代码处理 DOM 元素事件简介

本章第 2 节介绍了使用托管代码访问文档对象模型中的元素，我们可以动态创建及移除 DOM 元素，除此之外，还可以使用托管代码来处理 DOM 元素事件。我们知道在 Silverlight 中所有的 DOM 元素都可以用 HtmlElement 对象表示，而 HtmlElement 又派生于 HtmlObject 类，HtmlObject 类中为我们定义了一组方法 AttachEvent 和 DetachEvent，以便在托管代码中处理 DOM 元素的事件，如下面的代码所示：

```csharp
C#
public abstract class HtmlObject : ScriptObject
{
    public bool AttachEvent(string eventName,
        EventHandler<HtmlEventArgs> handler);
    public bool AttachEvent(string eventName, EventHandler handler);

    public void DetachEvent(string eventName,
        EventHandler<HtmlEventArgs> handler);
    public void DetachEvent(string eventName, EventHandler handler);
}
```

在上面两个方法中，第一个参数是注册给 DOM 元素的事件名称，如 onclick、onmouseover 等，第二个参数是事件处理函数。注意在附加事件时的事件参数是 HtmlEventArgs，该参数在获取事件参数时非常有用，此如可以获取当前按下键盘的键值以及是否按下了 Shift 键等，该类型的定义如下所示：

```csharp
C#
public class HtmlEventArgs : EventArgs
{
    public bool AltKey { get; }
    public int CharacterCode { get; }
    public int ClientX { get; }
    public int ClientY { get; }
    public bool CtrlKey { get; }
    public ScriptObject EventObject { get; }
    public string EventType { get; }
    public int KeyCode { get; }
    public MouseButtons MouseButton { get; }
    public int OffsetX { get; }
    public int OffsetY { get; }
    public int ScreenX { get; }
    public int ScreenY { get; }
    public bool ShiftKey { get; }
```

```
    public HtmlObject Source { get; }
    public void PreventDefault();
    public void StopPropagation();
}
```

13.5.2　注册和移除事件

现在看一个简单的示例，在 Silverlight 测试页中添加一个按钮，我们将在 Silverlight 获取该按钮，并为它附加 onclick 事件，如下面的示例代码所示：

C#

```
void UserControl_Loaded(object sender, RoutedEventArgs e)
{
    HtmlElement element =
        HtmlPage.Document.GetElementById("mybutton");

    element.AttachEvent("onclick", OnClick);
}

void OnClick(object sender, HtmlEventArgs e)
{
    this.tblStatus.Text =
        "接收到了来自于 DOM 元素的事件，EventType: " + e.EventType;
}
```

运行后单击 HTML 中的按钮，可以看到效果如图 13-16 所示。

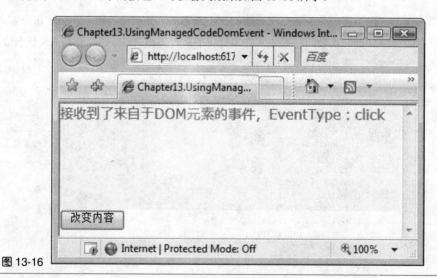

图 13-16

当然我们还可以使用 DetachEvent 方法移除相关的事件，这里不再赘述。

13.6   使用 JavaScript 处理托管事件

本章第 4 节介绍了使用 JavaScript 调用托管代码，同样我们也可以使用 JavaScript 处理 Silverlight 中的托管事件，主要还是利用 ScriptableType 和 ScriptableMember 特性来公开相关的类型或者成员，我们通过一个示例来说明这一点。首先定义一个简单的实体类，该类型须要公开给 JavaScript，所以对相关成员加上 ScriptableType 和 ScriptableMember 特性，如下面的示例代码所示：

C#
```csharp
[ScriptableType]
public class Cell
{
    [ScriptableMember]
    public String Key { get; set; }

    [ScriptableMember]
    public String Value { get; set; }
}
```

编写事件参数类型，须要派生于 EventArgs，它带有一个 "Cells" 数组的属性，同样须要公开给 JavaScript，如下面的示例代码所示：

C#
```csharp
[ScriptableType]
public class CellsEventArgs : EventArgs
{
    [ScriptableMember]
    public Cell[] Cells { get; set; }
}
```

编写一个简单的业务类用来提供事件，由于这里定义的事件会在 JavaScript 进行访问，所以仍须添加 ScriptableMember 特性，我们会将它的实例注册为可被 JavaScript 访问的对象，以便能够在 JavaScript 对其添加事件处理程序，如下面的示例代码所示：

C#
```csharp
[ScriptableType]
public class MyCellObject
{
    public void FireCellsHandle(Cell[] cells)
    {
        if (CellsHandle != null)
        {
            CellsHandle(this, new CellsEventArgs { Cells = cells });
        }
    }
```

```
[ScriptableMember]
public event EventHandler<CellsEventArgs> CellsHandle;
}
```

编写实现 Silverlight 页面，只有一个 Button 控件，在页面加载时使用 RegisterScriptableObject 注册 MyCellObject 实例可被 JavaScript 访问，在 Button 单击事件中我们暂时先不传入任何数据，如下面的示例代码所示：

C#
```
MyCellObject myobject;
void UserControl_Loaded(object sender, RoutedEventArgs e)
{
    myobject = new MyCellObject();
    HtmlPage.RegisterScriptableObject("myobject", myobject);
}

void Button_Click(object sender, RoutedEventArgs e)
{
    myobject.FireCellsHandle(null);
}
```

在页面上放置一个 HTML 按钮控件，如下面的代码所示：

HTML
```
<button onclick="onClick()">调用 .NET 事件</button>
```

编写 JavaScript，访问到我们在 Silverlight 中注册的对象后，给它添加事件处理程序，注意此处真正的事件处理程序是 cellsHandle 函数，它只弹出一个对话框，显示 sender 参数，如下面的示例代码所示：

JavaScript
```
<script type="text/javascript">
    function onClick()
    {
        document.getElementById("Xaml1").content.myobject.CellsHandle =
cellsHandle;
    }

    function cellsHandle(sender,args)
    {
        alert(sender.toString());
    }
</script>
```

现在运行程序后效果如图 13-17 所示。

图 13-17

这说明我们在 JavaScript 中获得了触发事件的源对象，现在再获取事件参数 args，在 Silverlight 页面中修改按钮单击事件，为其传入一些参数，如下面的代码所示：

C#
```
void Button_Click(object sender, RoutedEventArgs e)
{
    myobject.FireCellsHandle(
        new Cell[]{
            new Cell{ Key = "R", Value = "#FF0000"},
            new Cell{ Key = "G", Value = "#00FF00"},
            new Cell{ Key = "B", Value = "#0000FF"}
        });
}
```

在 JavaScript 事件处理函数中，获取参数的第 1 项值，并显示出来，如下面的代码所示：

JavaScript
```
<script type="text/javascript">
    function onClick()
    {
        var slPlugin = $get('Xaml1');
        slPlugin.content.myobject.CellsHandle = cellsHandle;
    }

    function cellsHandle(sender,args)
    {
        var key = args.Cells[0].Key;
        var value = args.Cells[0].Value;
        alert("键:" + key + " 值:" + value);
    }
</script>
```

运行效果如图 13-18 所示。

图 13-18

可以看到正确获取了参数的值。这样，在 JavaScript 事件处理中我们既可以获取触发事件的源对象，也能获取到参数的值，从而在 JavaScript 中随心所欲地进行.NET 事件处理。

13.7 混合 HTML 和 Silverlight

13.7.1 混合 HTML 和 Silverlight 简介

默认情况下，Silverlight 插件都有自己的窗口，它是浏览器的一个子窗口，所以 Silverlight 应用程序虽然展现在浏览器中，但是它的呈现和输入处理都是在该子窗口中实现。这种方式非常高效和简单，因为它在浏览器和 Silverlight 插件之间定义了非常清楚的责任界限。但是，在某些情况下也会有限制，如 Silverlight 应用程序和 HTML 可以分别在不同的窗口中呈现，却无法实现它们的混合显示。本节将介绍利用 Silverlight 的无窗口模式以及其他的技巧来实现混合 HTML 和 Silverlight。

13.7.2 无窗口模式实现

Silverlight 中提供了无窗口模式的实现，可以通过设置 Silverlight 插件的 Windowless 参数实现。首先编写一个简单的 Silverlight 界面，如下面的示例代码所示：

XAML

```
<StackPanel>
    <StackPanel.Background>
        <LinearGradientBrush StartPoint="1,0" EndPoint="0,0">
            <GradientStop Color="Transparent" Offset="0" />
            <GradientStop Color="#FF6600" Offset="1" />
        </LinearGradientBrush>
    </StackPanel.Background>
    <TextBlock Text="这里是 Silverlight 的内容"
            Margin="10 100 0 0" Foreground="White"/>
</StackPanel>
```

然后在 Silverlight 测试页中定义两个样式，分别用来控制 Silverlight 插件和 HTML 内容的样式：

CSS

```
<style type="text/css">
    .slPlugin
    {
        position: absolute;
        top: 0px;
        left: 0px;
        width: 50%;
        height: 200px;
        border:solid 2px #FF6600;
    }
    .content
    {
        position: absolute;
        top: 0px;
        left: 0px;
        border:dotted 2px #11FE02;
    }
</style>
```

为 Silverlight 控件设置样式，并将控件背景颜色设置为 Transparent，如下面的示例代码所示：

ASP.NET

```
<asp:Silverlight ID="Xaml1" runat="server"
    Source="~/ClientBin/Chapter13.WindowlessDemo.xap"
    MinimumVersion="2.0.31005.0"
    CssClass="slPlugin"
    PluginBackground="Transparent"/>
```

在测试页中放置一个 div，并添加一些文本，如下面的示例代码所示：

HTML

```
<div class="content">
    ......
</div>
```

现在运行程序后，效果如图 13-19 所示。

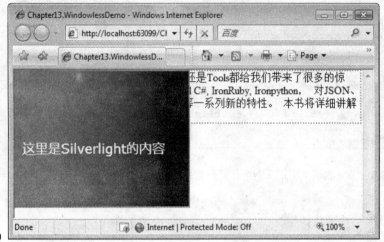

图 13-19

可以看到，我们在 div 中放置的文本，有一部分被 Silverlight 区域挡住了，因为这时候 Silverlight 仍然以默认模式运行，它在浏览器中作为独立的一个子窗口存在，设置 Windowless 属性为 true，使 Silverlight 应用程序以无窗口模式运行，如下面的示例代码所示：

ASP.NET

```
<asp:Silverlight ID="Xaml1" runat="server"
    Source="~/ClientBin/Chapter13.WindowlessDemo.xap"
    MinimumVersion="2.0.31005.0"
    CssClass="slPlugin"
    Windowless="true"
    PluginBackground="Transparent"/>
```

然后运行程序，效果如图 13-20 所示。

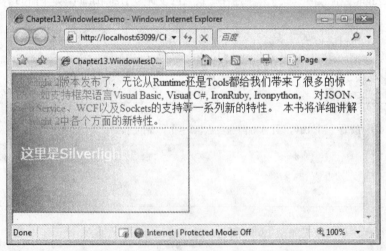

图 13-20

现在，文字信息显示在 Silverlight 插件之上，这样就可以通过无窗口模式实现混合 Silverlight 和 HTML。

13.7.3 Silverlight 位于 HTML 之上

前面示例中，虽然我们使用无窗口模式实现了混合 Silverlight 和 HTML，但是可以看到 Silverlight 应用程序的位置相对比较固定，如何实现让 Silverlight 程序动态的出现在 HTML 中呢？来看一个示例，编写一个简单的 Silverlight 界面，如下面的示例代码所示：

XAML

```
<Grid x:Name="LayoutRoot">
    <Rectangle Stroke="#FF6600" StrokeThickness="2"
            RadiusX="5" RadiusY="5" Fill="#FFEDE1"/>
    <TextBlock HorizontalAlignment="Center"
            Text="此处是 Silverlight!" />
</Grid>
```

在 Silverlight 测试页中定义几个样式，如下面的示例代码所示：

CSS

```
<style type="text/css">
    .container
    {
        position: relative;
    }
    .slPlugin
    {
        position: absolute;
        top: 0px;
        left: 0px;
        width: 0px;
        height: 0px;
    }
    .target
    {
        background-color: #FFFF00;
        font-size: large;
        font-weight: bold;
    }
</style>
```

编写测试页，放置一个"span"作为我们的目标元素，并对其他元素使用相关的样式，如下面的示例代码所示：

HTML

```
<div class="container">
    ……
    <span id="target" class="target">Silverlight</span>
```

```
… …
<div class="slPlugin" id="slPluginHost">
    <asp:Silverlight ID="Xaml1" runat="server"
            Source="~/ClientBin/Chapter13.SilverlightOverHTML.xap"
            MinimumVersion="2.0.31005.0"
            Width="100%" Height="100%"/>
</div>
</div>
```

现在在 Grid 控件的 Loaded 事件中编写代码，首先获取目标元素及放置 Silverlight 插件的元素，并为目标元素附加 onclick 事件，如下面的示例代码所示：

C#
```
HtmlElement target;
HtmlElement plugInHostDiv;
void LayoutRoot_Loaded(object sender, RoutedEventArgs e)
{
    target = HtmlPage.Document.GetElementById("target");
    plugInHostDiv = HtmlPage.Document.GetElementById("slPluginHost");
    target.AttachEvent("onclick", OnClickTarget);
}
```

实现 OnClickTarget 事件，获取目标元素的相对位置及它的宽度和高度，重新设置 Silverlight 程序所在元素的位置，如下面的示例代码所示：

C#
```
void OnClickTarget(object sender, HtmlEventArgs e)
{
    double targetLeft = Convert.ToDouble(target.GetProperty("offsetLeft"));
    double LargetTop = Convert.ToDouble(target.GetProperty("offsetTop"));
    double targetWidth =
Convert.ToDouble(target.GetProperty("offsetWidth"));
    double targetHeight =
Convert.ToDouble(target.GetProperty("offsetHeight"));

    double plugInLeft = targetLeft + 20;
    double plugInTop = targetTop + 20;
    double plugInWidth = targetWidth + 40;
    double plugInHeight = targetHeight + 40;

    plugInHostDiv.SetStyleAttribute("left", plugInLeft.ToString() + "px");
    plugInHostDiv.SetStyleAttribute("top", plugInTop.ToString() + "px");
    plugInHostDiv.SetStyleAttribute("width", plugInWidth.ToString() + "px");
    plugInHostDiv.SetStyleAttribute("height", plugInHeight.ToString() +
"px");
}
```

运行后起始效果如图 13-21 所示。

图 13-21

当鼠标放在目标元素（即图中的"Silerlight"文本）之上时，效果如图 13-22 所示。

图 13-22

可以看到，Silverlight 应用程序成功显示在 HTML 之上。

13.8　与浏览器交互相关辅助方法

13.8.1　Url 与 HTML 编码

与开发 ASP.NET 应用程序一样，Silverlight 2 中同样提供一个静态的类 HttpUtility，提供用于对 HTML 和 URL 字符串进行编码和解码的方法，如下所示。

- HtmlEncode：将文本字符串转换为 HTML 编码的字符串。

- HtmlDecode：将已经为 HTTP 传输进行过 HTML 编码的字符串转换为已解码的字

符串。

- ◆ UrlEncode：将文本字符串转换为 URL 编码的字符串。

- ◆ UrlDecode：将已经为在 URL 中传输而编码的字符串转换为解码的字符串。

现在编写一个简单的示例，调用 HttpUtility 中的 4 个方法，如下示例代码所示：

```csharp
void btnHtmlEncode_Click(object sender, RoutedEventArgs e)
{
    this.txtHtmlDecode.Text =
        HttpUtility.HtmlEncode(this.txtHtmlEncode.Text);
}

void btnHtmlDecode_Click(object sender, RoutedEventArgs e)
{
    this.txtHtmlEncode.Text =
        HttpUtility.HtmlDecode(this.txtUrlDecode.Text);
}

void btnUrlEncode_Click(object sender, RoutedEventArgs e)
{
    this.txtUrlDecode.Text =
        HttpUtility.UrlEncode(this.txtUrlEncode.Text);
}

void btnUrlDecode_Click(object sender, RoutedEventArgs e)
{
    this.txtUrlEncode.Text =
        HttpUtility.UrlDecode(this.txtUrlDecode.Text);
}
```

运行效果如图 13-23 所示。

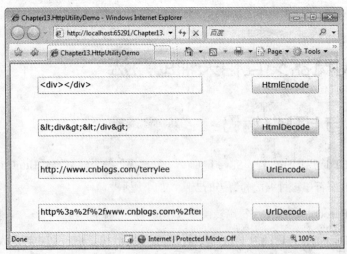

图 13-23

13.8.2　获取浏览器信息

在任何 Web 应用程序开发中，获取浏览器相关信息经常必不可少，Silverlight 应用程序也不例外，Silverlight 设计者早为我们想到了这一点，提供了一个 BrowserInformation 类，可以通过 HtmlPage 来获取当前页面所在的浏览器信息。如下面的示例代码所示：

```csharp
void UserControl_Loaded(object sender, RoutedEventArgs e)
{
    BrowserInformation browser = HtmlPage.BrowserInformation;

    Name.Text = browser.Name;
    BrowserVersion.Text = browser.BrowserVersion.ToString();
    CookiesEnabled.Text = browser.CookiesEnabled.ToString();
    Platform.Text = browser.Platform;
    UserAgent.Text = browser.UserAgent;
}
```

运行效果如图 13-24 所示。

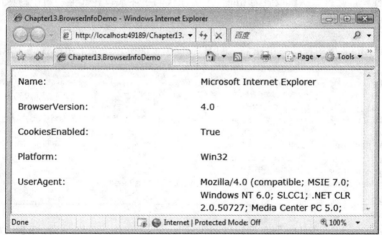

图 13-24

13.9　安全设置

13.9.1　安全设置概述

前面的章节介绍了 Silverlight 应用程序和浏览器之间的交互，但是并没有对相关的安全性进行限制，这可能会导致一些恶意的访问。在 Silverlight 中，有 3 个安全设置选项控制在同域访问和跨域访问的情况下，Silverlight 应用程序如何与 JavaScript 和文档对象模型进行交互。

- ◆ EnableHtmlAccess：用于禁止恶意的基于 Silverlight 的跨域应用程序访问主页面的 JavaScript 和文档对象模型，在宿主 Silverlight 应用程序的插件上设置。

- ◆ ExternalCallersFromCrossDomain：用于禁止恶意的跨域宿主访问由基于 Silverlight 应用程序公开的可进行脚本化的属性、方法或事件，在 Silverlight 应用程序部署清单中设置。

- ◆ AllowHtmlPopupwindow：用于控制基于 Silverlight 的跨域应用程序打开的弹出窗口，当设置为 false 时，不允许调用 HtmlPage.PopupWindow。

13.9.2　从 Silverlight 向 JavaScript 向外调用

EnableHtmlAccess 参数只能在插件初始化期间设置，在初始化后将是只读的。它使 Silverlight 应用程序文件（.xap 文件）中的托管代码能够访问宿主页面上的 JavaScript 和文档对象模型。对于同域应用程序，此参数默认设置为 true，不必在代码中显式设置其值；对于跨域应用程序，此参数默认设置为 false，必须显式启用它。

如果 Silverlight 应用程序宿主在普通的 HTML 中页面中，按如下示例代码所示进行设置：

HTML
```
<object data="data:application/x-silverlight-2,"
        type="application/x-silverlight-2">
    <param name="source" value="ClientBin/Chapter13.SecurityDemo.xap"/>
    <param name="onerror" value="onSilverlightError" />
    <param name="background" value="white" />
    <param name="minRuntimeVersion" value="2.0.31005.0" />
    <param name="autoUpgrade" value="true" />
    <param name="enableHtmlAccess" value="false" />
</object>
```

如果使用<asp:Silverlight/>服务器控件宿主 Silverlight 应用程序在 ASP.NET 页面中，则有 3 个选项：SameDomain、Enabled 和 Disabled，按如下示例代码所示进行设置：

ASP.NET
```
<asp:Silverlight ID="Xaml1" runat="server"
        Source="~/ClientBin/Chapter13.SecurityDemo.xap"
        MinimumVersion="2.0.31005.0"
        HtmlAccess="Disabled"/>
```

当设置 EnableHtmlAccess 参数为 false 之后，HtmlPage 静态类的相关属性将会失效。如果须要在 Silverlight 应用程序中进行判断，是否启用 EnableHtmlAccess 参数，有两种选择：使用 HtmlPage 静态类的 HtmlPage.IsEnabled 属性和使用应用程序配置类，如下面的示例代码所示：

```
C#
SilverlightHost host = Application.Current.Host;
Settings settings = host.Settings;
bool isEnableHtml = settings.EnableHTMLAccess;
```

13.9.3 从 JavaScript 到 Silverlight 向内调用

ExternalCallersFromCrossDomain 属性用于禁止恶意的跨域宿主访问由基于 Silverlight 应用程序公开的可进行脚本化的属性、方法或事件，该参数在 Silverlight 应用程序部署清单（AppManifest.xml 文件）中设置。它有两个可选值：ScriptableOnly 和 NoAccess，如果将该属性设置为 ScriptableOnly，宿主的本机 JavaScript 只能访问 Silverlight 应用程序代码向运行库注册的可脚本化对象，不能查询或设置任何其他对象的属性，也不能不接收事件通知；如果属性设置为 NoAccess，JavaScript 无法通过 Content 和 createObject 使用可脚本化入口点和可创建的类型。如下面的示例代码所示：

```XML
XML
<Deployment xmlns="http://schemas.microsoft.com/client/2007/deployment"
        xmlns:x="http://schemas.microsoft.com/winfx/2006/xaml"
        ExternalCallersFromCrossDomain="ScriptableOnly">
    <Deployment.Parts>
    </Deployment.Parts>
</Deployment>
```

Silverlight 应用程序默认情况下将生成部署清单，但是可以通过项目属性更改，如果禁用了生成部署清单，则所做的 ExternalCallersFromCrossDomain 设置会失效，如图 13-25 所示。

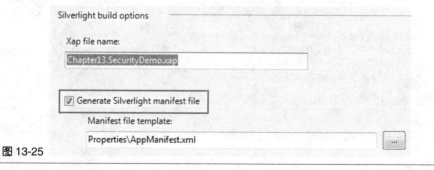

图 13-25

13.10 实例开发

前面几节详细讲解了有关 Silverlight 应用程序与浏览器交互的相关知识，本节将综合运用这些知识，实现一个实例——基于 Live Search 的搜索功能。

第一步：在创建 Silverlight 项目后，首先添加 Live Search 的 Web Service，地址为 http://soap.search.live.com/webservices.asmx?wsdl，正确添加后，在 Visual Studio 中使用对象浏览器应该能看到如下对象，如图 13-26 所示。

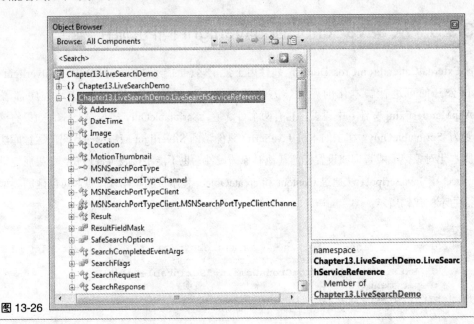

图 13-26

第二步：修改 Silverlight 插件样式，并添加一个 div 用来显示搜索结果，如下面的示例代码所示：

HTML

```
<div>
    <asp:Silverlight ID="Xaml1" runat="server"
        Source="~/ClientBin/Chapter13.LiveSearchDemo.xap"
        MinimumVersion="2.0.31005.0"
        Width="857" Height="140" />
</div>
<div id="result"></div>
```

定义几个简单样式，以便对搜索结果进行控制，如下面的示例代码所示：

CSS

```
<style type="text/css">
    #result
    {
        margin-left:20px;
    }
    .urlstyle
    {
        color:#59990E;
```

```
    }
    .itemstyle
    {
        border-bottom:dotted 1px #59990E;
        margin-bottom:20px;
    }
</style>
```

第三步：编写搜索界面，供用户输入搜索关键字，这部分功能在 Silverlight 中完成，如下面的示例代码所示：

XAML

```
<Grid x:Name="LayoutRoot" Background="White">
    <Grid.RowDefinitions>
        <RowDefinition Height="55"/>
        <RowDefinition Height="50"/>
        <RowDefinition Height="35"/>
    </Grid.RowDefinitions>
    <Grid.ColumnDefinitions>
        <ColumnDefinition Width="*"/>
    </Grid.ColumnDefinitions>
    <Image Source="LiveSearch.png" Grid.Column="0"></Image>
    <StackPanel Grid.Row="1" Orientation="Horizontal">
        <TextBox x:Name="txtQuery" Width="400" Height="35"
                Margin="50 0 0 0" BorderBrush="#3F7801"/>
        <Button x:Name="btnSearch" Width="120" Height="35"
                Background="#62A21D" Margin="20 0 0 0"
                Content="Search" FontSize="16"
                Click="btnSearch_Click"></Button>
    </StackPanel>
    <TextBlock Grid.Row="2" Text="网页搜索结果"
                Foreground="#59990E"
                FontSize="16"
                Margin="20 0 0 0"/>
</Grid>
```

完成后效果如图 13-27 所示。

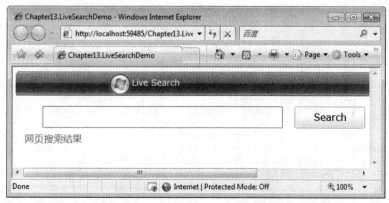

图 13-27

第四步：编写 "Search" 按钮的实现，我们需要构造一个 SearchRequest 对象，并设置相关的参数，如下面的示例代码所示：

```csharp
void btnSearch_Click(object sender, RoutedEventArgs e)
{
    MSNSearchPortTypeClient client = new MSNSearchPortTypeClient();
    SearchRequest searchRequest = new SearchRequest();
    int arraySize = 1;
    SourceRequest[] sr = new SourceRequest[arraySize];

    sr[0] = new SourceRequest();
    sr[0].Source = SourceType.Web;

    searchRequest.Query = this.txtQuery.Text;
    searchRequest.Requests = sr;

    searchRequest.AppID = "C0680205851CCC0E38946DB8FF74156C1C826A86";
    searchRequest.CultureInfo = "zh-CN";

    client.SearchCompleted +=
        new EventHandler<SearchCompletedEventArgs>(OnSearchCompleted);
    client.SearchAsync(searchRequest);
}
```

在 SearchCompleted 事件中，根据查询结果动态创建 DOM 元素将最终结果展现出来，如下面的示例代码所示：

```csharp
void OnSearchCompleted(object sender, SearchCompletedEventArgs e)
{
    SearchResponse searchResponse = e.Result;

    HtmlElement result = HtmlPage.Document.GetElementById("result");

    foreach (SourceResponse sourceResponse in searchResponse.Responses)
    {
        Result[] sourceResults = sourceResponse.Results;
        foreach (Result sourceResult in sourceResults)
        {
            HtmlElement itemElement = HtmlPage.Document.CreateElement("div");
            itemElement.CssClass = "itemstyle";

            HtmlElement titleElement = HtmlPage.Document.CreateElement("a");
            titleElement.SetAttribute("href", sourceResult.Url);
            titleElement.SetAttribute("innerText", sourceResult.Title);

            HtmlElement descriptElement =
HtmlPage.Document.CreateElement("div");
            descriptElement.SetAttribute("innerText",
sourceResult.Description);

            HtmlElement urlElement = HtmlPage.Document.CreateElement("span");
```

```
urlElement.SetAttribute("innerText", sourceResult.Url);
urlElement.CssClass = "urlstyle";

itemElement.AppendChild(titleElement);
itemElement.AppendChild(descriptElement);
itemElement.AppendChild(urlElement);

result.AppendChild(itemElement);
        }
    }
}
```

运行程序后，输入"TerryLee"结果如图 13-28 所示。

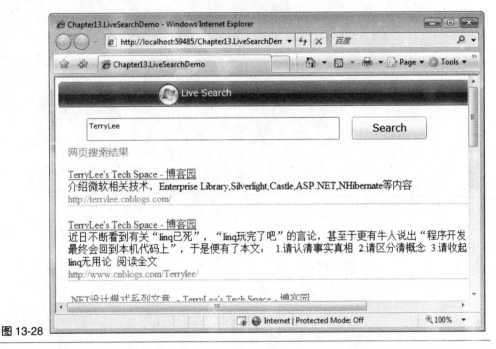

图 13-28

13.11 本章小结

　　本章详细介绍了如何在 Silverlight 应用程序中操作文档对象模型，如何使用托管代码调用 JavaScript 脚本，如何使用 JavaScript 调用托管代码，以及 Silverlight 应用程序与浏览器交互中的相关安全设置等内容，最后，又综合运用以上知识开发了一个实例。

第 14 章 影音播放

本章内容 视频和音频是用来传递信息和用户体验的富媒体方法，Silverlight 在多媒体方面的一个核心功能就是对视频和音频的支持，本章将详细介绍如何在 Silverlight 中实现影音播放，主要内容如下：

> 影音播放概述
>
> MediaElement 对象
>
> 媒体状态控制
>
> VideoBrush 和 MediaElement
>
> 本章小结

14.1　影音功能概述

与其他系统相比，在 Silverlight 应用程序中实现影音播放的功能，不用考虑客户端机器是否安装了 Media Player 等播放软件，这是因为 Silverlight 对于影音播放的支持完全是内置的。微软在 Silverlight 官方社区中，提供了一个视频播放的示例，大家可以访问地址：*http://www.silverlight.net/fox*，效果如图 14-1 所示。

图 14-1

在 Silverlight 2 中，支持的音频和视频的格式如下，不管文件的扩展名是什么，都支持这些编码。

1. 音频格式支持 MP3 和 WMA，包括：
    - WMA 7：Windows Media Audio 7
    - WMA 8：Windows Media Audio 8
    - WMA 9：Windows Media Audio 9
    - WMA 10：Windows Media Audio 10
    - MP3：ISO/MPEG Layer-3

2. 视频格式支持 WMV，包括：
    - WMV1：Windows Media Video 7
    - WMV2：Windows Media Video 8
    - WMV3：Windows Media Video 9
    - WMVA：Windows Media 视频高级配置文件，非 VC-1
    - WMVC1：Windows Media 视频高级配置文件，VC-1

注意，Silverlight 并不是只能支持这些格式，在 Silverlight 的下一个版本，即 Silverlight 3 会支持更多的音频和视频编码。

在 Silverlight 中实现影音播放非常简单，甚至不用编写任何托管代码，只用一行 XAML 声明就可以完成，音频和视频的播放都是通过 MediaElement 对象实现的。

14.2　MediaElement 对象

14.2.1　MediaElement 控件简介

向 Silverlight 页面添加影音播放功能，只须将 MediaElement 控件添加到 XAML 中并为要播放的媒体提供统一资源标识符（URI）即可。MediaElement 是一个矩形区域，可以在其画面框显示视频，或者播放音频（在这种情况下将不显示视频，但 MediaElement 仍然充当具有相应 API 的播放器对象）。因为它是一个 UIElement，所以，MediaElement 支持输入操作（如鼠标和键盘事件），并可以捕获焦点或鼠标。使用属性 Height 和 Width 可以指定视频显示画面的高度和宽度。MediaElement 控件的定义如下面的代码所示：

C#

```
public sealed class MediaElement : FrameworkElement
```

```
{
    // 属性
    public bool AutoPlay { get; set; }
    public double Balance { get; set; }
    public double BufferingProgress { get; }
    public TimeSpan BufferingTime { get; set; }
    public bool CanPause { get; }
    public bool CanSeek { get; }
    public MediaElementState CurrentState { get; }
    public TimeSpan Position { get; set; }
    public Uri Source { get; set; }
    public double Volume { get; set; }

    // 方法
    public void Pause();
    public void Play();
    public void Stop();

    // 更多方法
}
```

可以看到，MediaElement 控件提供大量的属性和方法用于对多媒体播放进行控制，后面会作详细介绍。下面的示例创建一个 MediaElement 并将其 Source 属性设置为某视频文件的 URI，加载该页时，MediaElement 将开始播放视频。如下面的示例代码所示：

XAML
```
<Grid x:Name="LayoutRoot" Background="White">
    <MediaElement x:Name="media" Source="Bear2.wmv"
                Width="400" Height="240" />
</Grid>
```

运行后在页面加载时，可以看到视频开始播放，如图 14-2 所示。

图 14-2

14.2.2 播放控制

可以使用 MediaElement 控件的 API 以交互方式控制媒体的播放、暂停和停止，这些 API 包括如下 3 种。

- Play()：控制媒体播放。
- Pause()：控制媒体暂停。
- Stop()：控制媒体停止。

另外，MediaElement 控件还提供一个 AutoPlay 属性，用来指定 MediaElement 是否应自动开始播放，默认值为 true。

下面的示例中，使用三个按钮来控制视频播放，并且让视频在页面加载时不自动播放，如下面的示例代码所示：

XAML

```xaml
<StackPanel x:Name="LayoutRoot" Background="White">
    <StackPanel>
        <MediaElement x:Name="media" Source="Bear2.wmv"
            Width="400" Height="240" AutoPlay="False" />
    </StackPanel>
    <StackPanel Orientation="Horizontal"
            HorizontalAlignment="Center">
        <Button x:Name="btnPlay" Content="播 放"
            Width="100" Height="30" Margin="10"
            Click="btnPlay_Click"/>
        <Button x:Name="btnPause" Content="暂 停"
            Width="100" Height="30" Margin="10"
            Click="btnPause_Click"/>
        <Button x:Name="btnStop" Content="停 止"
            Width="100" Height="30" Margin="10"
            Click="btnStop_Click"/>
    </StackPanel>
</StackPanel>
```

事件处理程序，如下面的示例代码所示：

C#

```csharp
void btnPlay_Click(object sender, RoutedEventArgs e)
{
    media.Play();
}

void btnPause_Click(object sender, RoutedEventArgs e)
{
    media.Pause();
}
```

```
void btnStop_Click(object sender, RoutedEventArgs e)
{
    media.Stop();
}
```

运行后可以看到，页面启动时视频并没有播放，我们可以通过按钮控制视频播放，如图 14-3 所示。

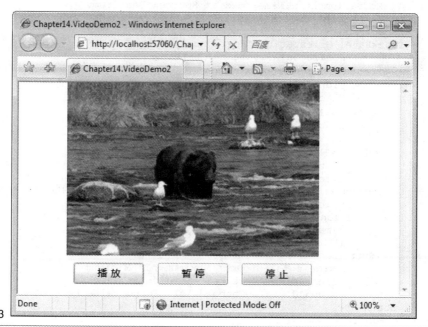

图 14-3

14.2.3   声音控制

除了可以控制媒体播放之外，还可以控制播放媒体的声音，在声音控制方面，我们经常会用到如下 3 个属性。

- Volume：可以指定介于 0 到 1 之间的 MediaElement 对象的音量值，1 表示最大音量，默认值为 0.5。

- IsMuted 属性可以指定 MediaElement 是否静音。true 值将使 MediaElement 处于静音状态，默认值为 false。

- Balance 属性设置立体声扬声器的左右声道平衡比，范围为 -1 到 1。默认值为 0。值为 -1 表示左侧扬声器达到 100%音量，而值为 1 表示右侧扬声器达到 100%音量，0 表示在左右扬声器之间平均分布音量。

我们对前面的示例进一步完善，添加上对声音的控制，在页面上添加一个 Button 控件控制静音状态，并使用 Slider 控件控制音量大小，如下面的示例代码所示：

XAML

```xaml
<StackPanel x:Name="LayoutRoot" Background="White">
    <StackPanel>
        <MediaElement x:Name="media" Source="Bear2.wmv"
            Width="400" Height="240" AutoPlay="False" />
    </StackPanel>
    <StackPanel Orientation="Horizontal"
            HorizontalAlignment="Center">
        <Button x:Name="btnPlay" Content="播 放"
            Width="100" Height="30" Margin="5"
            Click="btnPlay_Click"/>
        <Button x:Name="btnPause" Content="暂 停"
            Width="100" Height="30" Margin="5"
            Click="btnPause_Click"/>
        <Button x:Name="btnStop" Content="停 止"
            Width="100" Height="30" Margin="5"
            Click="btnStop_Click"/>
        <Button x:Name="btnSound" Width="60" Height="30" Margin="5"
            Click="btnSound_Click">
            <Button.Content>
                <Image Source="sound.png"/>
            </Button.Content>
        </Button>
        <Slider x:Name="slidSound" Maximum="1" Minimum="0"
            Orientation="Vertical" Margin="5" Height="40"
            Value="0" ValueChanged="slidSound_ValueChanged"/>
    </StackPanel>
</StackPanel>
```

事件处理程序，如下面的代码所示：

C#

```csharp
void slidSound_ValueChanged(object sender,
RoutedPropertyChangedEventArgs<double> e)
{
    media.Volume = slidSound.Value;
}

void btnSound_Click(object sender, RoutedEventArgs e)
{
    media.IsMuted = true;
}
```

运行效果如图 14-4 所示，可以通过 Slider 控件调整音量的大小。

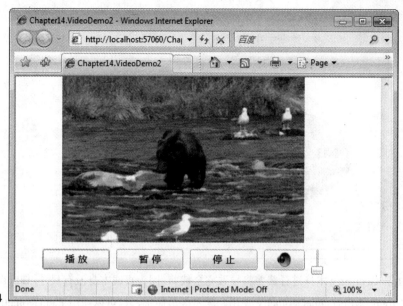

图 14-4

14.2.4 视频裁剪

由于 MediaElement 控件本质上还是一个 UI 元素，也能像其他 UI 控件一样进行裁剪，使用 Clip 属性设置一个 MediaElement 控件内容边框的几何图形，在本书第 9 章讲过的所有几何图形 EllipseGeometry、GeometryGroup、LineGeometry、PathGeometry 和 RectangleGeometry 都可以在这里使用。

以下示例代码使用椭圆形几何图形来裁剪视频：

XAML

```
<Grid x:Name="LayoutRoot" Background="White">
    <MediaElement x:Name="media" Source="Bear2.wmv"
            Width="320" Height="240">
        <MediaElement.Clip>
            <EllipseGeometry RadiusX="150" RadiusY="80"
                        Center="160,120"/>
        </MediaElement.Clip>
    </MediaElement>
</Grid>
```

运行效果如图 14-5 所示。

图 14-5

使用 LineGeometry 本身进行裁剪将导致完全裁剪，因为直线本身没有尺寸。EllipseGeometry、GeometryGroup 或 RectangleGeometry 使用起来可能最简单，也可以使用 PathGeometry 来获得更复杂的结果。如果指定单个 GeometryGroup 作为值并使用子几何图形填充该组，则可以裁剪出更复杂的几何图形。

由于使用 MediaElement 控件既可以播放视频，也能够播放音频，当播放音频时，UI 上不会有任何图像显示出来，所以使用裁剪也就没有任何效果。

14.3 媒体状态控制

14.3.1 MediaElement 状态

MediaElement 控件的当前状态会影响到使用媒体的用户。例如，如果某用户正在尝试查看一个大型视频，则 MediaElement 将可能长时间保持在缓冲（Buffering）状态。在这种情况下，可能希望用户界面中显示尚未播放媒体的提示或缓冲的百分比等信息。当缓冲完成时，则希望显示现在可以播放媒体。可以使用 CurrentState 属性检测 MediaElement 状态，使用 CurrentStateChanged 事件检测状态更改。MediaElement 的状态由 MediaElementState 枚举来定义，如下面的代码所示：

```csharp
C#
public enum MediaElementState
{
    Closed,
```

```
Opening,
Buffering,
Playing,
Paused,
Stopped,
Individualizing,
AcquiringLicense
}
```

各个状态解释如下。

* Closed：MediaElement 不包含媒体，MediaElement 显示透明帧。

* Opening：MediaElement 正在进行验证，并尝试打开由其 Source 属性指定的统一资源标识符。当处于此状态时，MediaElement 对其接收的任何 Play、Pause 或 Stop 命令进行排队，并对它们进行处理。

* Buffering：MediaElement 正在加载要播放的媒体，在此状态中，它的 Position 不前进。

* Playing：MediaElement 正在播放其源属性指定的媒体，它的 Position 向前推进。

* Paused：MediaElement 不会使它的 Position 前进。

* Stopped：MediaElement 包含媒体，但未播放或已停止，它的 Position 为 0，并且不前进。如果加载的媒体为视频，则 MediaElement 显示第一帧。

* Individualizing 和 AcquiringLicense 都是与数字版权管理相关的属性，这里不再解释。

14.3.2 状态检测

下面这个示例展示如何使用 CurrentState 和 CurrentStateChanged 来检测 MediaElement 的状态。本示例将显示 MediaElement 控件的当前状态 CurrentState 属性，创建一个 MediaElement 控件和几个 Button 控件，以便控制媒体播放。为了显示 MediaElement 的当前状态，须要注册 CurrentStateChanged 事件并使用事件处理程序更新 TextBlock。如下面的示例代码所示：

XAML

```
<StackPanel x:Name="LayoutRoot" Background="White">
    <StackPanel>
        <MediaElement x:Name="media" Source="Bear2.wmv"
          Width="400" Height="240" AutoPlay="False"
          CurrentStateChanged="media_CurrentStateChanged"/>
    </StackPanel>
    <StackPanel>
        <StackPanel Orientation="Horizontal"
            HorizontalAlignment="Center">
            <Button x:Name="btnPlay" Content="播 放"
            Width="100" Height="30" Margin="5"
            Click="btnPlay_Click"/>
```

```
        <Button x:Name="btnPause" Content="暂 停"
        Width="100" Height="30" Margin="5"
        Click="btnPause_Click"/>
        <Button x:Name="btnStop" Content="停 止"
        Width="100" Height="30" Margin="5"
        Click="btnStop_Click"/>
    </StackPanel>
    <TextBlock x:Name="state"/>
  </StackPanel>
</StackPanel>
```

编写事件处理程序，如下面的代码所示：

```C#
void btnPlay_Click(object sender, RoutedEventArgs e)
{
    media.Play();
}

void btnPause_Click(object sender, RoutedEventArgs e)
{
    media.Pause();
}

void btnStop_Click(object sender, RoutedEventArgs e)
{
    media.Stop();
}

void media_CurrentStateChanged(object sender, RoutedEventArgs e)
{
    state.Text = String.Format("当前状态: {0}",
        media.CurrentState.ToString());
}
```

运行后通过控制按钮改变 MediaElement 的状态，如图 14-6 所示，处于 Playing 状态。

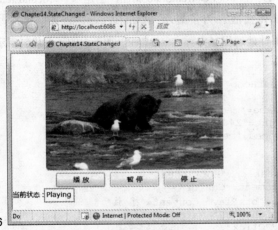

图 14-6

图 14-7 MediaElement 处于 Paused 状态。

图 14-7

须要注意的一点是，当状态迅速更改时，CurrentStateChanged 事件可能合并到一个事件引发中。例如，CurrentState 属性可能会从 Playing 切换为 Buffering 并很快又切换回 Playing，以致只引发了单个 CurrentStateChanged 事件。

14.3.3 状态转换

在本节前面介绍了 MediaElement 所有的状态及如何进行状态变换的检测，当调用 MediaElement 的 API 时，引起状态发生转换有一定的规则，总结为图 14-8 所示。

由图 14-8 可以看出，可供 MediaElement 使用的状态取决于其当前状态。例如对于当前处于 Playing 状态的 MediaElement，如果更改了 MediaElement 的源，则状态更改为 Opening；如果调用了 Play 方法，则不会有任何变化；如果调用了 Pause 方法，则状态更改为 Paused，等等。

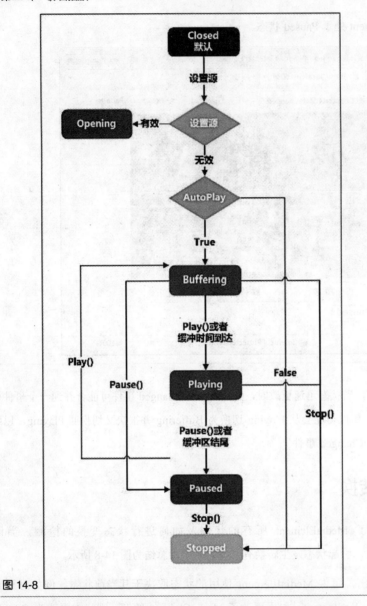

图 14-8

14.4　VideoBrush 和 MediaElement

在本书第 7 章介绍了 VideoBrush 画刷，它使用视频绘制一个区域，如绘制 Rectangle 的 Fill、Canvas 的 Background 或 TextBlock 的 Foreground。然而 VideoBrush 是使用 MediaElement 对象提供视频流，它们之间的关系如图 14-9 所示。

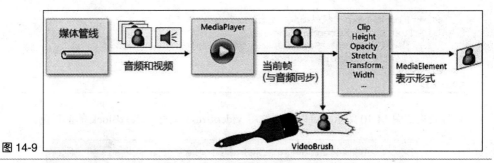

图 14-9

当 MediaElement 对象加载媒体并且 VideoBrush 将该 MediaElement 用作 SourceName 时，将下载作为 MediaElement 对象的 Source 属性引用的视频，并且仅解码一次。尽管 VideoBrush 依赖于 MediaElement 对象，但并不是所有 MediaElement 对象的属性都会对 VideoBrush 产生影响，以下属性和方法会影响到 VideoBrush：

* Play

* Pause

* Stop

* Position

以下 MediaElement 方法和属性不影响 VideoBrush：

* Clip

* Height

* IsHitTestVisible

* Opacity

* Stretch

* Transform

* Width

下面的示例使用 VideoBrush 填充 TextBlock 的 Foreground，指定 VideoBrush 的 SourceName 属性为定义的 MediaElement 控件名，为了避免同时显示 MediaElement 和 VideoBrush，可以设置 MediaElement 的不透明度属性 Opacity 为 0，如下面的示例代码所示：

XAML

```
<Grid x:Name="LayoutRoot" Background="White">
    <MediaElement
        x:Name="media"
        Source="Bear2.wmv" IsMuted="True"
        Opacity="0.0" IsHitTestVisible="False" />
```

```
<TextBlock Text="视频播放" FontWeight="Bold">
    <TextBlock.Foreground>
        <VideoBrush SourceName="media"></VideoBrush>
    </TextBlock.Foreground>
</TextBlock>
</Grid>
```

运行效果如图 14-10 所示，可以看到使用 VideoBrush 填充了 TextBlock 的前景色。

图 14-10

14.5　本章小结

本章详细讲解了 Silverlight 2 中对于音频和视频播放功能的支持，尽管目前 Silverlight 2 在这方面做的还不够好，如不支持麦克风和摄像头等，但是下一个版本中将会有很大的改进。

第 15 章 动画制作

本章内容 Silverlight 2 除了本书前面讲过的具有丰富的控件、图形处理能力和媒体播放能力之外，还可以使用动画为 UI 元素添加移动和交互性增强图形的创建效果，可以创建出生动的屏幕效果，带来视觉上的震撼。本章将详细介绍 Silverlight 2 中对动画的支持，主要内容如下：

动画概述

时间线

故事板

From/To/By 动画

关键帧动画

编程方式控制动画

实例开发

本章小结

15.1 动画概述

15.1.1 动画原理及简介

不管是电影也好，动画也罢，其实都是利用人类视觉暂留原理营造出的动态效果，通过快速播放一系列图像给人造成的一种幻觉，使人的大脑感觉这组图像是一个变化的场景。然而使用传统的技术，要实现一个简单的动画，过程将会非常繁琐，大家不妨试想一下，如果单纯使用 C# 语言在 ASP.NET 页面中实现一个图片的"飘移"，将会用到哪些技术？

在 Silverlight 2 中，可以对对象的个别属性应用动画，也可以对整个对象进行动画处理。例如，若要使 UI 元素增大，须对其 Width 和 Height 属性进行动画处理，若要对 UI 元素改变填充颜色，可以对背景色进行动画处理；若要使 UI 元素逐渐从视野中消失，可以对其 Opacity 属性进行动画处理。

15.1.2　动画三要素

在 Silverlight 中实现动画，有三个必备的条件：动画对象、事件触发和故事板，如图 15-1 所示。

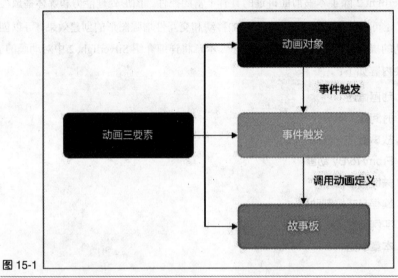

图 15-1

其中，

- ◆ 动画对象：指定须要为 Silverlight 中哪个 UI 元素制作动画效果，基本上所有 Silverlight 中的 UI 元素都可以作为动画对象，如各种控件和绘图元素等。

- ◆ 事件触发：指定开始动画的触发点，如按下鼠标或按下键盘中的某个键，或者是页面加载等。

- ◆ 故事板：指定动画效果的脚本定义，包括运行动画的各种参数定义，如动画的运行行为等。

15.1.3　基本示例

为使大家对 Silverlight 中的动画有一个基本的认识，接下来先看一个简单的在 Silverlight 中实现动画的示例，本示例中，我们将实现椭圆形元素逐渐变化为圆形。按照上节介绍的动画三要素，第一步须要准备动画对象，很明显在该示例中动画对象就是椭圆形，它的声明如下面的示例代码所示：

```XAML
<Ellipse x:Name="myEllipse" Stroke="OrangeRed"
        StrokeThickness="5" Fill="#66CCFF"
        Width="240" Height="100" Margin="30"/>
```

要将椭圆形变为圆形，只须在动画中修改 Height 属性值，让其等于 Width 属性即可。须要创建动画并将其应用于椭圆形的 Height 属性，可以按以下步骤进行：

- 创建 DoubleAnimation；

- 创建 Storyboard；

- 开始故事板以响应事件。

由于 Height 属性的类型是 Double，因此须要一个生成 Double 值的动画。DoubleAnimation 就是这样一种动画；它可以创建两个 Double 值之间的过渡。指定 DoubleAnimation 的起始值，可设置其 From 属性；指定其终止值，可设置其 To 属性。如下面的示例代码所示：

```XAML
<DoubleAnimation From="100" To="240" Duration="0:0:2"/>
```

若要使椭圆形变为圆形后，再回到原来的形状，须要设置属性 AutoReverse 为 true；若要使动画无限期地重复，须要设置 RepeatBehavior 属性为 Forever，关于该属性后面还会讲到，如下面的示例代码所示：

```XAML
<DoubleAnimation From="100" To="240" Duration="0:0:2"
            AutoReverse="True" RepeatBehavior="Forever"/>
```

接下来定义故事板，将故事板作为资源块嵌入，可以在任意资源块中声明 Storyboard，只要该资源块与希望进行动画处理的对象位于同一个作用域中，注意必须为 Storyboard 指定唯一的一个名称，同时须要使用附加属性为 DoubleAnimation 设置目标控件和目标属性，如下面的示例代码所示：

```XAML
<StackPanel x:Name="LayoutRoot" Background="White">
   <StackPanel.Resources>
       <Storyboard x:Name="myStory">
           <DoubleAnimation From="100" To="240" Duration="0:0:2"
                       AutoReverse="True" RepeatBehavior="Forever"
                       Storyboard.TargetName="myEllipse"
                       Storyboard.TargetProperty="Height"/>
       </Storyboard>
   </StackPanel.Resources>

   <Ellipse x:Name="myEllipse" Stroke="OrangeRed"
           StrokeThickness="5" Fill="#66CCFF"
```

```
        Width="240" Height="100" Margin="30"/>
</StackPanel>
```

上面创建了动画运行的定义和参数设置，而这些正是我们制作动画三要素中的故事板要素。最后一个要素就是事件触发，这里定义在椭圆形上按下鼠标时动画开始运行，为椭圆形注册事件，如下面的示例代码所示：

XAML
```
<Ellipse x:Name="myEllipse" Stroke="OrangeRed"
        StrokeThickness="5" Fill="#66CCFF"
        Width="240" Height="100" Margin="30"
        MouseLeftButtonDown="myEllipse_MouseLeftButtonDown"/>
```

在事件处理程序中开始运行动画，调用故事板的 Begin()方法，如下面的示例代码所示：

C#
```
void myEllipse_MouseLeftButtonDown(object sender,
                        MouseButtonEventArgs e)
{
    this.myStory.Begin();
}
```

运行后起始效果如图 15-2 所示。

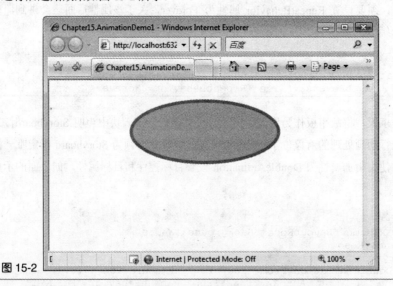

图 15-2

单击椭圆形后，它会逐渐变为圆形，又回到原来的状态，如图 15-3 所示。

除此之外，还可以在 XAML 中通过声明的方式指定事件触发器，目前，Silverlight XAML 中仅支持一种触发器类型，即 EventTrigger。每个 UI 元素都具有一个 Triggers 集合属性，用来定义一个或多个触发器（即一个或多个 EventTrigger）。

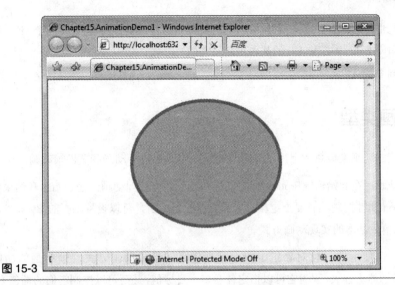

图 15-3

对于前面的示例，可以先定义 Ellipse 的 Trigger 集合，然后须要向已创建的集合中至少添加一个 EventTrigger，并且指定 EventTrigger 的触发事件，如下面的示例代码所示：

```
XAML
<Ellipse x:Name="myEllipse" Stroke="OrangeRed"
    StrokeThickness="5" Fill="#66CCFF"
    Width="240" Height="100" Margin="30">
    <Ellipse.Triggers>
        <EventTrigger RoutedEvent="Ellipse.Loaded">
        </EventTrigger>
    </Ellipse.Triggers>
</Ellipse>
```

然后在 EventTrigger 中定义动画脚本，与前面示例没有区别，如下面的示例代码所示：

```
XAML
<Ellipse x:Name="myEllipse" Stroke="OrangeRed"
    StrokeThickness="5" Fill="#66CCFF"
    Width="240" Height="100" Margin="30">
    <Ellipse.Triggers>
        <EventTrigger RoutedEvent="Ellipse.Loaded">
            <BeginStoryboard>
                <Storyboard x:Name="myStory2">
                    <DoubleAnimation From="100" To="240" Duration="0:0:2"
                        AutoReverse="True" RepeatBehavior="Forever"
                        Storyboard.TargetName="myEllipse"
                        Storyboard.TargetProperty="Height"/>
                </Storyboard>
            </BeginStoryboard>
        </EventTrigger>
    </Ellipse.Triggers>
</Ellipse>
```

运行后可以看到，在加载 Ellipse 对象时，动画将开始运行，效果与前面的示例一致。以上为大家演示了在 Silverlight 中实现动画的基本步骤及它的三要素，接下来我们会进一步深入认识 Silverlight 中的动画系统。

15.1.4　动画类型

Silverlight 内置的动画类型总体上可以分为两大类：From/To/By 动画和关键帧动画。

From/To/By 动画：在起始值（From）和结束值（To）之间处理动画，在起始值和结束值之间的时间由 Duration 属性控制，若要指定相对于起始值的结束值，可以设置动画的 By 属性。该类型的动画是最简单最基本的实现动画方式。

关键帧动画：在使用关键帧对象指定的一系列值之间播放动画。关键帧动画的功能比 From/To/By 动画的功能更强大，因为它可以指定任意多个目标值，甚至可以控制它们的插值方法。

根据动画所作用的属性类型不同，每一类动画又可以分为如下表所示的其他不同类型的动画。

属性	对应的 From/To/By 动画	对应的关键帧动画
Color	ColorAnimation	ColorAnimationUsingKeyFrames
Double	DoubleAnimation	DoubleAnimationUsingKeyFrames
Point	PointAnimation	PointAnimationUsingKeyFrames
Object	无	ObjectAnimationUsingKeyFrames

可以用图 15-4 来表示。

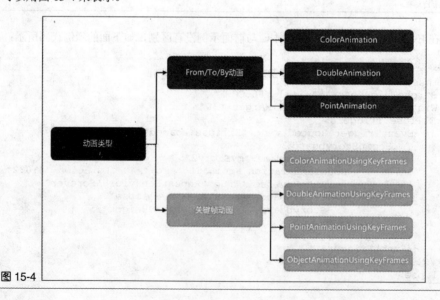

图 15-4

15.2 时间线

15.2.1 时间线简介

在 Silverlight 中，所有的动画本质上都是专用类型的时间线，它们都派生于 Timeline 类，各种动画类型之间的派生关系如图 15-5 所示。

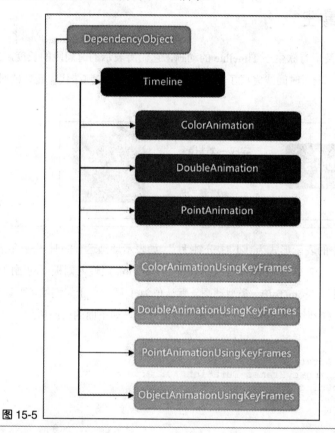

图 15-5

既然所有的动画类型对象都派生于 Timeline 类，所以它们都表示一个时间线，具有一些共有属性，这些属性定义在 Timeline 类中，如下面的代码所示：

```csharp
C#
public abstract class Timeline : DependencyObject
{
    public bool AutoReverse { get; set; }
    public TimeSpan? BeginTime { get; set; }
    public Duration Duration { get; set; }
    public FillBehavior FillBehavior { get; set; }
```

```
public RepeatBehavior RepeatBehavior { get; set; }
public double SpeedRatio { get; set; }

public event EventHandler Completed;

// 更多成员
}
```

下面的内容将对其中的一些重要属性作详细解释。

15.2.2 Duration 属性

Duration 属性表示时间线及所有派生于 Timeline 的动画，它们所表示的时间段的长度，当时间线达到其持续时间的终点时，表示时间线完成了一次重复，即完成一次向前迭代所花费的时间，如图 15-6 所示。

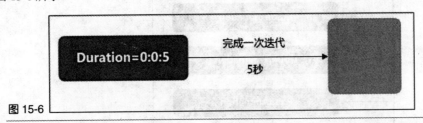

图 15-6

Duration 属性在 XAML 中的表示形式为"小时:分钟:秒"，如表示动画运行的时间段长度是 1 小时 2 分 30 秒，可以表示为"1:2:30"。如果没有为动画指定 Duration 属性，则根据动画的类型不同，会有不同的默认值：对于 From/To/By 类型动画，默认值为 1 秒；对于关键帧类型动画，将一直运行，直到所有的关键帧都结束。设置 Duration 属性的示例，如下面的代码所示：

```
<Storyboard>
    <DoubleAnimation Duration="0:0:2"/>
    <DoubleAnimationUsingKeyFrames Duration="0:10:30">
    </DoubleAnimationUsingKeyFrames>
</Storyboard>
```

15.2.3 AutoReverse 属性

AutoReverse 属性指定时间线在到达其 Duration 的终点后是否倒退。如果将此动画属性设置为 true，则动画在到达其 Duration 的终点后将倒退，即从其终止值向其起始值反向播放，默认情况下，该属性为 false。

有一点须要大家特别注意，当设置 AutoReverse 属性为 true 时，时间线播放的时间长度是其 Duration 属性指定时间长度的二倍。因为时间线须要向前播放一次，再向后播放一次，如图 15-7

所示。

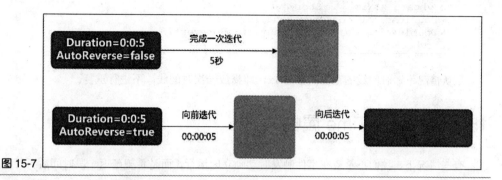

图 15-7

设置 AutoReverse 属性的示例，如下面的代码所示：

XAML
```xaml
<Storyboard x:Name="myStory">
    <DoubleAnimation AutoReverse="False"/>
    <ColorAnimation AutoReverse="True"/>
</Storyboard>
```

15.2.4 RepeatBehavior 属性

RepeatBehavior 属性指定时间线的播放行为，可以采用 3 种不同类型的值。

- 以秒为单位定义的时间。时间线会等待这段时间过后再次演示动画。
- 为实现不断重复而设置为 Forever 的重复行为。
- 通过指定后面带有 x 的数字设置的离散重复数，如果希望该动画运行 3 次，则指定值 3x。

RepeatBehavior 属性的类型为 RepeatBehavior 结构，它的定义如下面的代码所示：

C#
```csharp
public struct RepeatBehavior : IFormattable
{
    public double Count { get; }
    public TimeSpan Duration { get; }
    public static RepeatBehavior Forever { get; }

    // 更多成员
}
```

可以看到，这三个主要属性代表我们前面提到的三种不同的播放行为。如下面的示例代码，两个动画播放行为分别是三次和不断重复：

XAML

```
<Storyboard x:Name="myStory">
    <DoubleAnimation RepeatBehavior="3x"/>
    <DoubleAnimation RepeatBehavior="Forever"/>
</Storyboard>
```

默认情况下，时间线的重复次数为 1x，即播放一次时间线，不进行重复。

15.2.5　BeginTime 属性

有些情况下，我们不希望在事件触发时动画立即运行，而是希望延迟一段时间后再开始，此时 BeginTime 属性将非常有用，通过它可以调整动画的开始时间，如设置 BeginTime 属性为 0:0:5，动画将在事件触发 5 秒之后再开始运行。另外 BeginTime 还可以是负值，负的 BeginTime 值使动画的行为如同在过去某个时间开始一样。例如 BeginTime 为-2.5 秒且 Duration 属性为 5 秒的动画将看起来像是一开始就已完成了一半。

设置 BeginTime 属性的示例，如下面的代码所示：

XAML

```
<Storyboard x:Name="myStory">
    <DoubleAnimation BeginTime="0:0:10"/>
    <DoubleAnimation BeginTime="-2:5"/>
</Storyboard>
```

默认情况下，BeginTime 属性的值为 0，即动画立即执行，不做任何延迟或提前。

15.2.6　SpeedRatio 属性

SpeedRatio 属性用来设置时间线的时间相对于其父级的前进速率。该值用因子表示，其中 1 表示正常速度，2 表示双倍速度，0.5 表示半速等，默认值为 1。

注意，SpeedRatio 对于 BeginTime 有一定的影响，具体如下：由 BeginTime 属性描述的时间以动画父级的时间为单位进行度量。例如 BeginTime 为 5 且其父级的 SpeedRatio 为 2 的动画，实际将是在 2.5 秒后开始；动画自己的 SpeedRatio 设置将不影响其 BeginTime。例如 BeginTime 属性为 5 秒、SpeedRatio 属性为 2 且其父级时间线的 SpeedRatio 属性为 1 的时间线将在 5 秒后开始，而不是 2.5 秒。

设置 SpeedRatio 属性的示例，如以下代码所示：

XAML

```
<Storyboard x:Name="myStory">
    <DoubleAnimation SpeedRatio="2"/>
```

```
<DoubleAnimation SpeedRatio="0.5"/>
</Storyboard>
```

15.2.7　FillBehavior 属性

FillBehavior 属性用于指定动画在其活动周期结束后但其父级仍处于活动周期或填充周期时的行为方式，它有两个可选项，由 FillBehavior 枚举来指定，如以下代码所示：

```csharp
C#
public enum FillBehavior
{
    HoldEnd
    Stop
}
```

如果希望动画在活动周期结束时保留其值，则将动画 FillBehavior 属性设置为 HoldEnd。如果动画的活动周期已结束且 FillBehavior 的设置为 HoldEnd，则说明动画进入填充周期。如果不希望动画在其活动周期结束时保留其值，则将其 FillBehavior 属性设置为 Stop。

设置 FillBehavior 属性的示例，如以下代码所示：

```xaml
XAML
<Storyboard x:Name="myStory">
    <DoubleAnimation FillBehavior="HoldEnd"/>
    <DoubleAnimation FillBehavior="Stop"/>
</Storyboard>
```

默认情况下，FillBehavior 属性的值为 HoldEnd。

15.3　故事板

15.3.1　故事板简介

前面的示例中，每次创建动画时，都会把动画类型放在一个叫 Storyboard 的元素中，Storyboard 就是本节要介绍的故事板（也有人翻译为演示图板）。故事板是一种特殊的时间线，它提供了对属性应用动画的一种方法，是一个为其所包含的动画提供目标信息的容器时间线。它的定义如以下代码所示：

```csharp
C#
public sealed class Storyboard : Timeline
{
```

```
public void Begin();
public void Pause();
public void Resume();
public void Seek(TimeSpan offset);
public void Stop();

// 更多成员
}
```

故事板的使用方式如下：

```
<Storyboard>
    oneOrMoreChildTimelines
</Storyboard>
```

oneOrMoreChildTimelines 代表从 Timeline 类派生一个或多个动画类型，可以是许多动画类型中的任意一种，也可以是另一个故事板，即故事板嵌套使用。也就是说，可以将故事板视作其他动画对象（例如 DoubleAnimation）以及其他故事板对象的容器，如图 15-8 所示。

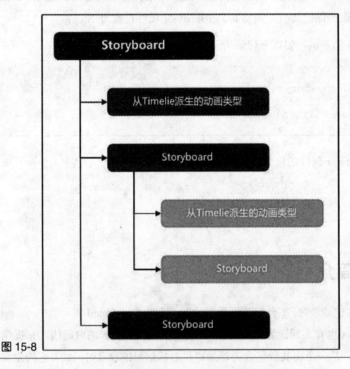

图 15-8

15.3.2 控制动画播放

在故事板对象中，提供了一系列的 API 用于控制对象的播放，如开始、暂停、继续和停止动画等。下面用一个示例来演示如何使用这些 API，在页面上定义 4 个按钮，分别控制调用故事板的 Begin、Pause、Resume 和 Stop 方法，如以下代码所示：

XAML

```xaml
<Canvas Background="White">
    <Canvas.Resources>
        <Storyboard x:Name="myStoryboard">
            <PointAnimation Storyboard.TargetProperty="Center"
                Storyboard.TargetName="myEllipse"
                Duration="0:0:5"
                From="20,200"
                To="400,100"
                RepeatBehavior="Forever"/>
        </Storyboard>
    </Canvas.Resources>
    <Path Fill="OrangeRed">
        <Path.Data>
            <EllipseGeometry x:Name="myEllipse"
                Center="35,35" RadiusX="30" RadiusY="30" />
        </Path.Data>
    </Path>

    <StackPanel Orientation="Horizontal" Canvas.Left="10" Canvas.Top="265">
        <Button Click="Animation_Begin"
                Width="80" Height="30" Margin="5" Content="开始" />
        <Button Click="Animation_Pause"
                Width="80" Height="30" Margin="5" Content="暂停" />
        <Button Click="Animation_Resume"
                Width="80" Height="30" Margin="5" Content="继续" />
        <Button Click="Animation_Stop"
                Width="80" Height="30" Margin="5" Content="停止" />
    </StackPanel>
</Canvas>
```

事件处理代码如下所示：

C#

```csharp
void Animation_Begin(object sender, RoutedEventArgs e)
{
    myStoryboard.Begin();
}

void Animation_Pause(object sender, RoutedEventArgs e)
{
    myStoryboard.Pause();
}

void Animation_Resume(object sender, RoutedEventArgs e)
{
    myStoryboard.Resume();
}

void Animation_Stop(object sender, RoutedEventArgs e)
```

```
{
    myStoryboard.Stop();
}
```

运行效果如图 15-9 所示，可以通过点击这些按钮来控制动画的播放。

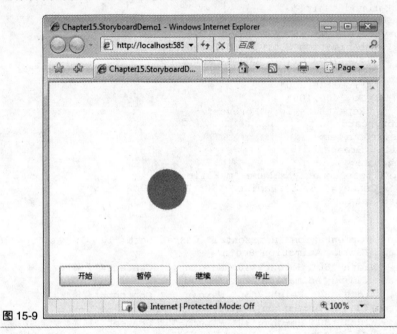

图 15-9

注意，不要在页面的构造函数中调用故事板的 API，例如 Begin()方法，这将导致动画失败，并且没有任何提示。

15.3.3 以对象和属性为目标

故事板提供了名为 TargetName 和 TargetProperty 的附加属性，通过在动画上设置这些属性，告诉动画对哪些内容进行动画处理。有两种不同的使用方式，使用对象的直接属性作为处理目标或间接以属性作为处理目标。

使用对象的直接属性作为处理目标时必须使用 x:Name 属性为该对象提供一个名称，如下面的示例代码：

XAML

```
<Storyboard x:Name="myStoryboard">
    <DoubleAnimation Storyboard.TargetName="myEllipse"
                Storyboard.TargetProperty="Height"
                From="20" To="100"/>
</Storyboard>
```

此示例的动画以 myEllipse 的 Height 属性作为处理目标。除此之外，还可以间接以属性作为目标，如下面的示例代码：

```XAML
<Storyboard x:Name="myStoryboard">
    <ColorAnimation Storyboard.TargetName="myEllipse"
                Storyboard.TargetProperty="(Ellipse.
Fill).(SolidColorBrush.Color)"
                From="Red" To="Green"/>

</Storyboard>
```

此示例中，动画处理对象其实不是 myEllipse，而是未命名甚至未显式声明的 SolidColorBrush 对象，变化的是它的属性 Color，只不过此处使用特殊绑定语法来间接以属性作为目标，如果想直接指定 SolidColorBrush 对象作为处理目标，可用如下示例代码处理：

```XAML
<Canvas.Resources>
    <Storyboard x:Name="myStoryboard">
        <ColorAnimation Storyboard.TargetName="myBrush"
                    Storyboard.TargetProperty="Color"
                    From="Red" To="Green"/>

    </Storyboard>
</Canvas.Resources>
<Ellipse x:Name= "myEllipse">
    <Ellipse.Fill>
        <SolidColorBrush x:Name="myBrush" Color="Red"/>
    </Ellipse.Fill>
</Ellipse>
```

此示例运行效果与前面的示例一样，只不过显示声明了 SolidColorBrush 对象，且以它的 Color 属性作为处理目标。如果要处理一些与填充等有关的属性，并且直接指定元素的 Fill 属性，将会出错，如下面的代码所示：

```XAML
<Canvas.Resources>
    <Storyboard x:Name="myStoryboard">
        <ColorAnimation Storyboard.TargetName="myEllipse"
                    Storyboard.TargetProperty="Fill"
                    From="Red" To="Green"/>

    </Storyboard>
</Canvas.Resources>
```

此处直接指定了以 myEllipse 对象的 Fill 属性作为处理目标，这是一种错误的方法，应该使用我们前面所讲到的显示声明一个画刷或间接以属性为处理目标。

15.3.4 故事板嵌套

本节开始时讲到故事板可以嵌套任何一种动画类型，甚至于嵌套另外一个故事板，如以下示例代码所示：

```xaml
<StackPanel.Resources>
    <Storyboard x:Name="parentStory">
        <Storyboard x:Name="childStory">
            <DoubleAnimation Storyboard.TargetName="myRect"
                            Storyboard.TargetProperty="Width"
                            From="50" To="200"/>
            <DoubleAnimation Storyboard.TargetName="myRect"
                            Storyboard.TargetProperty="Height"
                            From="50" To="100"/>
        </Storyboard>
        <ColorAnimation Storyboard.TargetName="myRect"
                        Storyboard.TargetProperty="(Rectangle.
Fill).(SolidColorBrush.Color)"
                        From="OrangeRed" To="Green"/>
    </Storyboard>
</StackPanel.Resources>
```

如果此时调用父故事板的 API 方法，将对它所包含的所有动画对象产生影响，包括子故事板。如调用 parentStory 的 Begin()方法，则它所包含的所有子动画都将开始运行。

15.4 From/To/By 动画

15.4.1 From/To/By 动画简介

From/To/By 动画是 Silverlight 内置两大动画类型系统中较为简单的一种，所以有时候又称之为"基本动画"。根据所处理的对象属性不同，又分为如下 3 种动画。

- DoubleAnimation：用于处理 Double 类型的属性，例如对 Rectangle 的 Width 或 Ellipse 的 Height 进行动画处理。

- ColorAnimation：用于处理 Color 类型的属性，例如对 SolidColorBrush 或 GradientStop 的 Color 属性进行动画处理。

- PointAnimation：用于处理 Point 类型的属性，例如对 EllipseGeometry 对象的 Center 位置进行动画处理。

它们之间的继承关系如图 15-10 所示。

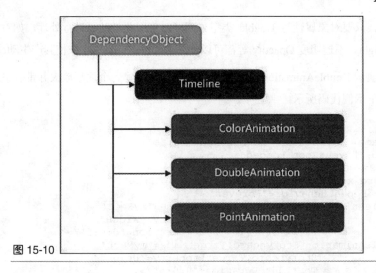

图 15-10

之所以称它们为 From/To/By 动画，是因为这类动画都是通过设置起始值和结束值来完成动画的过程。

- 若要指定起始值，设置动画的 From 属性。
- 若要指定结束值，设置动画的 To 属性。
- 若要指定相对于起始值的结束值，设置动画的 By 属性，而不是 To 属性。

在指定 From、To 和 By 属性时必须遵循一些规则，如下表所示：

指定的属性	表现的行为
From	动画从 From 属性指定的值继续到正在进行动画处理的属性的基值或前一动画的输出值，具体取决于前一动画的配置方式
From 和 To	动画从 From 属性指定的值继续到 To 属性指定的值
From 和 By	动画从 From 属性指定的值继续到 From 与 By 属性之和所指定的值
To	动画从进行动画处理的属性的基值或前一动画的输出值继续到 To 属性指定的值
By	动画从正在进行动画处理的属性的基值或前一动画的输出值继续到该值与 By 属性指定的值之和
From、To 和 By	To 属性优先，动画从 From 属性指定的值继续到 To 属性指定的值，而 By 属性会被忽略

15.4.2　使用 DoubleAnimation 动画

DoubleAnimation 动画用于对 Double 类型的属性进行动画处理，使对象属性在两个设定的目标值之间过渡，换言之，只要对象属性为 Double 类型，都可以使用此类动画进行处理，如对象的宽度 Width、高度 Height、不透明度 Opactity 等都可以使用 DoubleAnimation 来使其产生动画。

下面通过一个示例演示 DoubleAnimation 动画的使用，我们将创建一个逐渐放大并带有淡入淡出效果的矩形，如以下示例代码所示：

XAML

```
<StackPanel x:Name="LayoutRoot" Background="White"
        Loaded="LayoutRoot_Loaded">
    <StackPanel.Resources>
        <Storyboard x:Name="myStory" AutoReverse="True"
                RepeatBehavior="Forever">
            <DoubleAnimation Storyboard.TargetName="myRect"
                    Storyboard.TargetProperty="Width"
                    From="100" To="200" Duration="0:0:5"/>
            <DoubleAnimation Storyboard.TargetName="myRect"
                    Storyboard.TargetProperty="Height"
                    To="200" Duration="0:0:5"/>
            <DoubleAnimation Storyboard.TargetName="myRect"
                    Storyboard.TargetProperty="Opacity"
                    From="1.0" To="0.0" Duration="0:0:5"/>
        </Storyboard>
    </StackPanel.Resources>
    <Rectangle x:Name="myRect" Width="100" Height="100"
            Stroke="OrangeRed" StrokeThickness="5"
            Fill="#9CCF00" Margin="20"/>
</StackPanel>
```

运行后起始效果如图 15-11 所示。

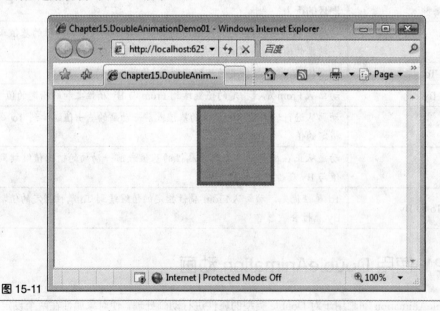

图 15-11

动画开始运行后，可以看到放大并带有淡入淡出效果的矩形，如图 15-12 所示。

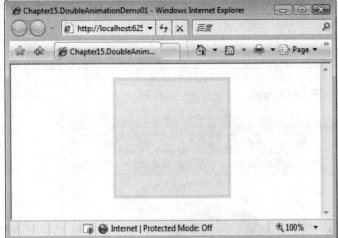

图 15-12

15.4.3 使用 ColorAnimation 动画

ColorAnimation 动画用于对 Color 类型的属性进行动画处理，使对象的属性在两个设定的目标值之间过渡，颜色会自动从起始值过渡到结束值，而在整个过程中会显示不同的插补色，并且插补色由插补算法自动计算，而无须开发人员关心。

下面通过一个示例来演示 ColorAnimation 动画的使用，我们将创建一个背景色渐变的椭圆形，如以下示例代码所示：

XAML

```
<StackPanel x:Name="LayoutRoot" Background="White"
        Loaded="LayoutRoot_Loaded">
    <StackPanel.Resources>
        <Storyboard x:Name="myStory" AutoReverse="True"
                RepeatBehavior="Forever">
            <ColorAnimation Storyboard.TargetName="startGradient"
                    Storyboard.TargetProperty="Color"
                    From="White" To="OrangeRed" Duration="0:0:5"/>
            <ColorAnimation Storyboard.TargetName="endGradient"
                    Storyboard.TargetProperty="Color"
                    From="OrangeRed" To="Yellow" Duration="0:0:5"/>
        </Storyboard>
    </StackPanel.Resources>
    <Ellipse x:Name="myEllipse" Width="200" Height="200"
        Margin="50">
        <Ellipse.Fill>
            <RadialGradientBrush GradientOrigin="0.5,0.5" Center="0.5,0.5"
                        RadiusX="0.5" RadiusY="0.5">
```

```
                <GradientStop x:Name="startGradient"
                        Color="White" Offset="0.5" />
                <GradientStop x:Name="endGradient"
                        Color="OrangeRed" Offset="1" />
            </RadialGradientBrush>
        </Ellipse.Fill>
    </Ellipse>
</StackPanel>
```

运行后起始效果如图 15-13 所示。

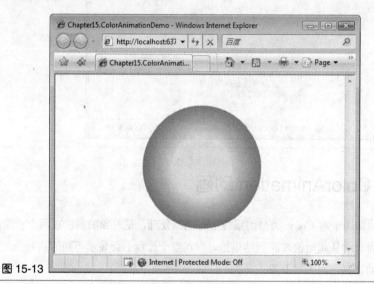

图 15-13

当动画开始运行后，椭圆形的渐变填充色将发生变化，如图 15-14 所示。

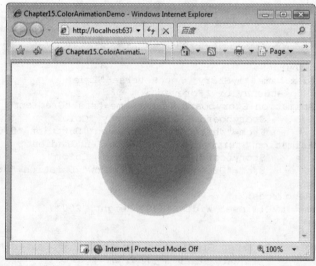

图 15-14

15.4.4 使用 PointAnimation 动画

PointAnimation 动画用于对 Point 类型的属性进行动画处理，使对象的属性在两个设定的目标值之间过渡，它只能处理具有成对 X 轴和 Y 轴坐标的对象。

下面通过一个示例演示 PointAnimation 动画的使用，在该示例中，我们将移动一个放置在 Path 中的 EllipseGeometry 几何图形，该几何图形的中心点属性 Center 具备成对的 X 轴和 Y 轴坐标。如以下示例代码所示：

XAML

```xaml
<Canvas Background="White" Loaded="Canvas_Loaded">
    <Canvas.Resources>
        <Storyboard x:Name="myStoryboard">
            <PointAnimation
                Storyboard.TargetProperty="Center"
                Storyboard.TargetName="myEllipseGeometry"
                Duration="0:0:5"
                From="50,50"
                To="450,250"
                RepeatBehavior="Forever" />
        </Storyboard>
    </Canvas.Resources>
    <Path Fill="Green">
        <Path.Data>
            <EllipseGeometry x:Name="myEllipseGeometry"
                        Center="50,50" RadiusX="40" RadiusY="40" />
        </Path.Data>
    </Path>
</Canvas>
```

运行后的效果如图 15-15 所示。

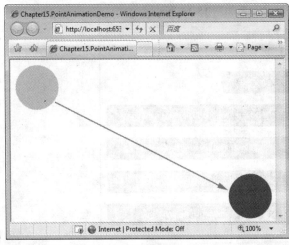

图 15-15

15.5 关键帧动画

15.5.1 关键帧动画简介

与 From/To/By 动画相似，关键帧动画也是以通过目标属性来实现动画效果的，只不过 From/To/By 动画只能在两个值之间过渡，而关键帧动画则可以在创建的任意多的值之间过渡。与 From/To/By 动画不同，关键帧动画没有设置其目标值所需的 From、To 或 By 属性，而是使用关键帧对象描述关键帧动画的目标值。若要指定动画的目标值，需要创建关键帧对象并将其添加到动画的 KeyFrames 属性。动画运行时，将在指定的帧之间过渡。根据关键帧动画处理的目标属性不同，它又可以分为如下 4 种动画。

- DoubleAnimationUsingKeyFrames：用于处理 Double 类型的属性，例如对 Rectangle 的 Width 或 Ellipse 的 Height 进行动画处理。

- ColorAnimationUsingKeyFrames：用于处理 Color 类型的属性，例如对 SolidColorBrush 或 GradientStop 的 Color 属性进行动画处理。

- PointAnimationUsingKeyFrames：用于处理 Point 类型的属性，例如对 EllipseGeometry 对象的 Center 位置进行动画处理。

- ObjectAnimationUsingKeyFrames：用于处理 Object 类型的属性，例如对 Fill 属性进行动画处理，使其在不同的 GradientBrush 之间进行转换。

关键帧动画的命名都是以它们所支持的属性类型名加上后缀 AnimationUsingKeyFrames 来表示的，各种关键帧动画之间的继承关系如图 15-16 所示。

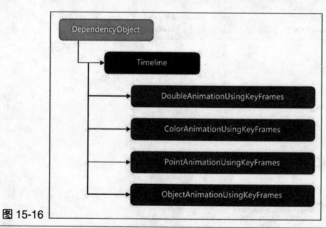

图 15-16

若要使用关键帧动画进行动画处理，须要完成下列步骤。

 ◆ 按照对 From/To/By 动画使用的方法声明动画并指定其 Duration 属性。

 ◆ 对于每一个目标值，创建相应类型的关键帧，设置其值和 KeyTime，并将其添加到
   动画的 KeyFrames 集合内。

 ◆ 按照对 From/To/By 动画使用的方法，将动画与属性相关联。

如下面的示例代码：

XAML

```
<Canvas.Resources>
    <Storyboard x:Name="myStoryboard">
        <DoubleAnimationUsingKeyFrames
            Storyboard.TargetName="MyAnimatedTranslateTransform"
            Storyboard.TargetProperty="X"
            Duration="0:0:10">
            <DoubleAnimationUsingKeyFrames.KeyFrames>
                <LinearDoubleKeyFrame Value="500" KeyTime="0:0:3" />
                <DiscreteDoubleKeyFrame Value="400" KeyTime="0:0:4" />
                <SplineDoubleKeyFrame KeySpline="0.6,0.0 0.9,0.00"
                                Value="0" KeyTime="0:0:6" />
            </DoubleAnimationUsingKeyFrames.KeyFrames>
        </DoubleAnimationUsingKeyFrames>
    </Storyboard>
</Canvas.Resources>
```

该示例在 DoubleAnimationUsingKeyFrames 动画的 KeyFrames 集合中添加了三个关键帧。指
定关键帧动画中的关键帧，也可以不用显式声明 KeyFrames 集合，而是直接放在关键帧动画标签
内，如以下示例代码所示，并没有指定 KeyFrames 集合属性：

XAML

```
<Canvas.Resources>
    <Storyboard x:Name="myStoryboard">
        <DoubleAnimationUsingKeyFrames
            Storyboard.TargetName="MyAnimatedTranslateTransform"
            Storyboard.TargetProperty="X"
            Duration="0:0:10">
                <LinearDoubleKeyFrame Value="500" KeyTime="0:0:3" />
                <DiscreteDoubleKeyFrame Value="400" KeyTime="0:0:4" />
                <SplineDoubleKeyFrame KeySpline="0.6,0.0 0.9,0.00"
                                Value="0" KeyTime="0:0:6" />
        </DoubleAnimationUsingKeyFrames>
    </Storyboard>
</Canvas.Resources>
```

15.5.2　关键帧类型

就像对不同属性类型进行动画处理时有不同类型的关键帧动画一样，关键帧对象的类型也各不相同，对于每种进行动画处理的值和所支持的内插方法，都有一个对象类型。Silverlight 中关键帧动画支持的内插方法有三种：线性、离散和样条，每一种关键帧动画所支持的内插方法不尽相同，关于内插方法在下一节我将详细讲解。

关键帧类型在命名上遵循如下规则：内插方法名加上对应的关键帧动画目标属性类型，再加上 "KeyFrame" 字符。如对于 DoubleAnimationUsingKeyFrames 动画，支持所有的内插方法，所以它对应的关键帧类型有：DiscreteDoubleKeyFrame、LinearDoubleKeyFrame 和 SplineDouble-KeyFrame 三种。

关键帧的主要用途是指定关键帧事件和目标值，通过 KeyTime 和 Value 属性。每一个关键帧类型都提供了这两个属性。

- ◆　Value 属性指定关键帧的目标值。
- ◆　KeyTime 属性指定在动画的 Duration 之内到达关键帧的目标值的时间。

关键帧动画开始后，它会按照由其 KeyTime 属性定义的顺序循环访问其关键帧。如果时间 0 上没有关键帧，动画将在目标属性当前值和第一个关键帧的目标值之间创建一个过渡；否则，动画的输出值将成为第一个关键帧的值。

动画会使用由第二个关键帧指定的内插方法创建第一个和第二个关键帧的目标值之间的过渡。过渡起始自第一个关键帧的 KeyTime，在到达第二个关键帧的 KeyTime 时结束。

动画继续执行，并创建每个后续关键帧及其前面的关键帧之间的过渡。

最终，动画过渡到关键时间最大（等于或小于动画的 Duration）的关键帧值。

如果动画的 Duration 为 "Automatic" 或其 Duration 等于最后一个关键帧的时间，动画将结束；如果动画的 Duration 大于最后一个关键帧的关键时间，动画将保持关键帧值，直到到达其 Duration 的末尾为止；如果动画的 Duration 小于最后一个关键帧，动画将在到达持续时间后立即进入填充期。　与所有动画类似，关键帧动画使用其 FillBehavior 属性确定在到达其活动期末尾时是否保留最终值。

通过下面的示例我们来分析一下关键帧的 KeyTime 和 Value 属性的工作方式，该示例中创建了 4 个关键帧，如以下示例代码所示：

XAML

```
<Canvas>
    <Canvas.Resources>
```

```
<Storyboard x:Name="myStoryboard">
    <DoubleAnimationUsingKeyFrames
            Storyboard.TargetName="MyAnimatedTranslateTransform"
            Storyboard.TargetProperty="X"
            Duration="0:0:10" FillBehavior="Stop">
        <LinearDoubleKeyFrame Value="0" KeyTime="0:0:0" />
        <LinearDoubleKeyFrame Value="350" KeyTime="0:0:2" />
        <LinearDoubleKeyFrame Value="50" KeyTime="0:0:7" />
        <LinearDoubleKeyFrame Value="200" KeyTime="0:0:8" />
    </DoubleAnimationUsingKeyFrames>
</Storyboard>
</Canvas.Resources>
<Rectangle MouseLeftButtonDown="Mouse_Clicked"
        Fill="Blue" Width="50" Height="50">
    <Rectangle.RenderTransform>
        <TranslateTransform
            x:Name="MyAnimatedTranslateTransform"
            X="0" Y="0" />
    </Rectangle.RenderTransform>
</Rectangle>
</Canvas>
```

对该示例中 4 个关键帧的动画过程分析如图 15-17 所示。

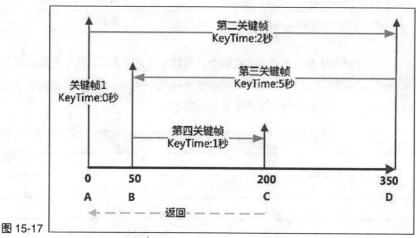

图 15-17

- 第一个关键帧立即将动画的输出值设置为 0，矩形仍然在 A 点。

- 第二个关键帧在 0 和 350 之间进行动画移动。它的起始位置是第一个关键帧的结束位置（时间 = 0 秒），播放 2 秒钟，结束位置时间为 0:0:2，矩形停留在 D 点。

- 第三个关键帧在 350 和 50 之间进行动画移动。它的起始位置是第二个关键帧的结束位置（时间 = 2 秒），播放 5 秒钟，结束位置时间为 0:0:7，矩形停留在 B 点。

- 第四个关键帧在 50 和 200 之间进行动画移动。它的起始位置是第三个关键帧的结束位置（时间 = 7 秒），播放 1 秒钟，在时间为 0:0:8 处结束，矩形停留在 C 点。

◆ 由于动画的 Duration 属性设置为 10 秒，因此当在时间为 0:0:10 处结束之前，动画
将保留在 C 点 2 秒钟。由于 FillBehavior 属性设置为 Stop，因此当时间结束时，矩
形将返回到其原始位置 A 点。

15.5.3 内插方法

上一节提到了内插方法这个概念，它定义了动画在其持续时间内如何在各个值之间进行过
渡，通过选择动画将要使用哪种关键帧类型，定义该关键帧段的内插方法。Silverlight 中有三种
不同类型的内插方法：线性、离散和样条，对于每一种关键帧动画类型，不一定支持所有的内插
方法，具体如下表所示。

属性类型	关键帧动画	内插方法
Color	ColorAnimationUsingKeyFrames	线性、离散、样条
Double	DoubleAnimationUsingKeyFrames	线性、离散、样条
Point	PointAnimationUsingKeyFrames	线性、离散、样条
Object	ObjectAnimationUsingKeyFrames	离散

线性内插方法使用线性内插算法计算动画在每个点的输出值，该算法在两个已知数据之间的
变化为线性关系，所以动画将以段持续期间内的固定速度播放。例如，如果关键帧段在 5 秒内从
0 过渡到 10，则该动画会在指定的时间产生如下表所示的值。

时间	输出值
0	0
1	2
2	4
3	6
4	8
4.25	8.5
4.5	9
5	10

使用离散内插方法动画将从一个值跳到下一个离散点的值，动画在段持续期间恰好结束之前
不会更改其输出值。如果关键帧段在 5 秒内从 0 过渡到 10，则该动画会在指定的时间产生如
下表所示的值。

时间	输出值
0	0
1	0
2	0
3	0
4	0
4.25	0
4.5	0
5	10

样条内插更加复杂，可用于达到更贴近实际的计时效果，由于动画通常用于模拟现实世界中发生的效果，因此须要精确控制对象的加速和减速，并且须要严格地对计时段进行操作。通过样条关键帧，可以使用样条内插进行动画处理。使用其他关键帧，可以指定一个 Value 和 KeyTime。使用样条关键帧，还可以指定一个 KeySpline 属性更加精确控制动画。

例如一条三次方贝塞尔曲线由一个起点、一个终点和两个控制点来定义。样条关键帧的 KeySpline 属性定义从 (0,0) 延伸到 (1,1) 的贝塞尔曲线的两个控制点。第一个控制点控制贝塞尔曲线前半部分的曲线因子，第二个控制点控制贝塞尔线段后半部分的曲线因子。所得到的曲线是对该样条关键帧的更改速率所进行的描述。曲线陡度越大，关键帧更改其值的速度越快。曲线趋于平缓时，关键帧更改其值的速度也趋于缓慢。如以下示例代码所示：

XAML

```
<SplineDoubleKeyFrame Value="500"
        KeyTime="0:0:7" KeySpline="0.0,1.0 1.0,0.0" />
```

该贝塞尔曲线样条如图 15-18 所示。

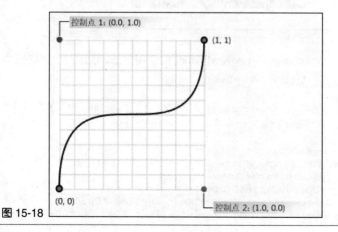

图 15-18

15.5.4 使用 ColorAnimationUsingKeyFrames 动画

ColorAnimationUsingKeyFrames 用于对指定 Duration 内的一组关键帧中的 Color 属性值进行动画处理，与 ColorAnimation 不同，它可以有两个以上的目标值，还可以控制单个关键帧的内插方法。ColorAnimationUsingKeyFrames 支持三种内插方法：线性、离散和样条，分别对应三种不同的关键帧类型：

- ◆ LinearColorKeyFrame：支持线性内插

- ◆ DiscreteColorKeyFrame：支持离散内插

- ◆ SplineColorKeyFrame：支持样条内插

它们都派生于 ColorKeyFrame 类，这意味着添加到 ColorAnimationUsingKeyFrames 的关键帧集合中的关键帧类型必须是 ColorKeyFrame 的子类，它们之间的派生关系如图 15-19 所示。

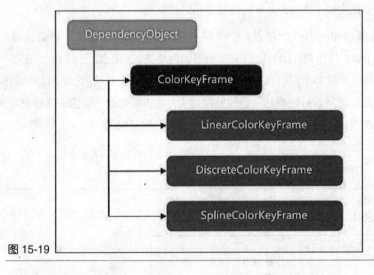

图 15-19

下面通过一个示例演示 ColorAnimationUsingKeyFrames 的使用方法，该示例中创建三个关键帧，分别修改矩形元素的填充色，如以下示例代码所示：

XAML

```
<StackPanel Background="White">
    <StackPanel.Resources>
        <Storyboard x:Name="colorStoryboard">
            <ColorAnimationUsingKeyFrames BeginTime="00:00:00"
                    Storyboard.TargetName="myBrush"
                    Storyboard.TargetProperty="Color">
                <LinearColorKeyFrame Value="Red" KeyTime="00:00:02" />
                <DiscreteColorKeyFrame Value="Yellow" KeyTime="00:00:2.5" />
```

```
                <SplineColorKeyFrame Value="Green" KeyTime="00:00:4.5"
                                     KeySpline="0.6,0.0 0.9,0.00" />

            </ColorAnimationUsingKeyFrames>
        </Storyboard>
    </StackPanel.Resources>
    <Rectangle x:Name="myRect" Stroke="Black"
            StrokeThickness="3" Width="140"
            Height="100" Margin="30"
            RadiusX="15" RadiusY="15"
            MouseLeftButtonDown="myRect_MouseLeftButtonDown">
        <Rectangle.Fill>
            <SolidColorBrush x:Name="myBrush" Color="White"/>
        </Rectangle.Fill>
    </Rectangle>
</StackPanel>
```

运行后大家可以看到矩形填充色的变化过程，如图 15-20 所示。

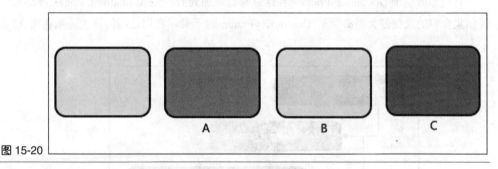

图 15-20

我们分析一下该示例中动画的执行过程。

- 开始两秒内，LinearColorKeyFrame 逐渐将颜色从绿色变为红色，能够看到过渡颜色的变化，此时为线性内插方法，结束点为 A 点。

- 接下来的半秒结束时，DiscreteColorKeyFrame 快速将颜色从红色变为黄色，此时为离散内插方法，离散关键帧会使值发生突然变化，动画是快速发生的，值之间根本没有任何内插，结束点为 B。

- 最后两秒内，SplineColorKeyFrame 再次更改颜色，这一次是从黄色变回绿色，颜色变化开始时比较缓慢，然后呈指数方式加速直到时间段结束，结束点为 C。

注意，在 XAML 中声明 ColorAnimationUsingKeyFrames 时，ColorKeyFrame 对象元素的顺序并不重要，这是因为 KeyTime 控制执行时间，从而控制关键帧的执行顺序。不过，保持元素顺序与 KeyTime 序列顺序相同是一种好的标记风格。

15.5.5 使用 DoubleAnimationUsingKeyFrames 动画

DoubleAnimationUsingKeyFrames 用于对指定 Duration 内一组关键帧中的 Double 属性值进行动画处理，与 DoubleAnimation 不同，它可以有两个以上的目标值，并且还可以控制单个关键帧的内插方法。DoubleAnimationUsingKeyFrames 支持三种内插方法：线性、离散和样条，分别对应三种不同的关键帧类型。

- ◆ LinearDoubleKeyFrame：支持线性内插。

- ◆ DiscreteDoubleKeyFrame：支持离散内插。

- ◆ SplineDoubleKeyFrame：支持样条内插。

它们都派生于 DoubleKeyFrame 类，这意味着添加到 DoubleAnimationUsingKeyFrames 的关键帧集合中的关键帧类型必须是 DoubleKeyFrame 的子类，它们之间的派生关系如图 15-21 所示。

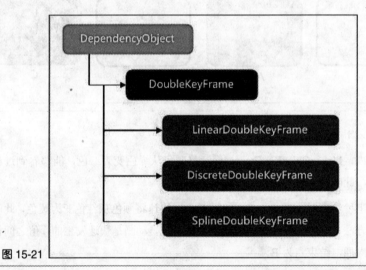

图 15-21

下面通过一个示例演示 DoubleAnimationUsingKeyFrames 动画的使用方法，该示例将创建三个关键帧，用来对矩形进行 RotateTransform 变换，修改它的 Angle 属性值，如下面的示例代码所示：

```XAML
<StackPanel Background="White">
    <StackPanel.Resources>
        <Storyboard x:Name="myStoryboard">
            <DoubleAnimationUsingKeyFrames
                Storyboard.TargetName="myTransform"
```

```
                    Storyboard.TargetProperty="Angle"
                    Duration="0:0:10">
                <LinearDoubleKeyFrame Value="180" KeyTime="0:0:3" />
                <DiscreteDoubleKeyFrame Value="270" KeyTime="0:0:4" />
                <SplineDoubleKeyFrame Value="720" KeyTime="0:0:8"
                            KeySpline="0.6,0.0 0.9,0.00"/>
            </DoubleAnimationUsingKeyFrames>
        </Storyboard>
    </StackPanel.Resources>
    <Rectangle x:Name="myRect" Fill="OrangeRed" Width="100" Height="100"
            MouseLeftButtonDown="myRect_MouseLeftButtonDown"
            Margin="100" Stroke="Black" StrokeThickness="2">
        <Rectangle.RenderTransform>
            <RotateTransform x:Name="myTransform" Angle="0"/>
        </Rectangle.RenderTransform>
    </Rectangle>
</StackPanel>
```

运行后可以看到矩形的旋转效果，并且注意观察在不同时段的旋转速度是不相同的，如图 15-22 所示。

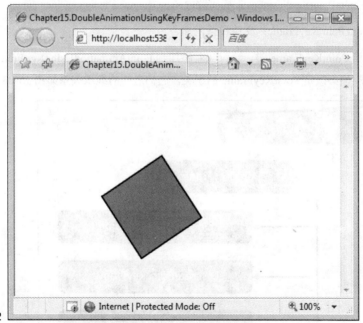

图 15-22

我们分析一下整个动画的运行过程。

◆ 最初三秒内，使用 LinearDoubleKeyFrame 类的实例，使该矩形沿着左上角顶点以固定的速率从其起始位置旋转到 180° 位置。

◆ 第四秒结束时，使用 DiscreteDoubleKeyFrame 类的实例，使矩形在一瞬间移到下一个位置 270°，这期间不会有逐渐移动的效果。

◆ 最后两秒内，使用 SplineDoubleKeyFrame 类的实例将矩形从 270° 旋转到 720°，
又回到了起始位置，矩形开始时缓慢移动，然后其速度以指数级加快，直到时间段
结束。

15.5.6 使用 PointAnimationUsingKeyFrames 动画

PointAnimationUsingKeyFrames 用于对指定 Duration 内一组关键帧中的 Point 属性值进行动
画处理，与 PointAnimation 不同，它可以有两个以上的目标值，并且还可以控制单个关键帧的内
插方法。PointAnimationUsingKeyFrames 支持三种内插方法：线性、离散和样条，分别对应三种
不同的关键帧类型。

◆ LinearPointKeyFrame：支持线性内插。

◆ DiscretePointKeyFrame：支持离散内插。

◆ SplinePointKeyFrame：支持样条内插。

它们都派生于 PointKeyFrame 类，这意味着添加到 PointAnimationUsingKeyFrames 的关键帧
集合中的关键帧类型必须是 PointKeyFrame 的子类，它们之间的继承关系如图 15-23 所示。

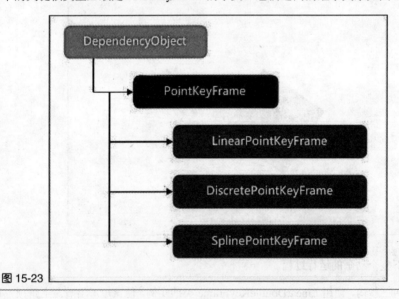

图 15-23

下面通过一个示例演示 PointAnimationUsingKeyFrames 的使用方法，该示例将创建三个关键
帧，将使椭圆形按照三角路径来进行移动，如下面的示例代码所示：

XAML

```xaml
<Canvas Background="White">
    <Canvas.Resources>
        <Storyboard x:Name="myStoryboard">
            <PointAnimationUsingKeyFrames
                    Storyboard.TargetProperty="Center"
                    Storyboard.TargetName="MyAnimatedEllipseGeometry"
                    Duration="0:0:5" RepeatBehavior="Forever">
                <LinearPointKeyFrame KeyTime="0:0:1" Value="100,240" />
                <DiscretePointKeyFrame KeyTime="0:0:3" Value="400,240" />
                <SplinePointKeyFrame KeySpline="0.6,0.0 0.9,0.00"
                                    KeyTime="0:0:5" Value="200,50" />
            </PointAnimationUsingKeyFrames>
        </Storyboard>
    </Canvas.Resources>
    <Path Fill="Green" MouseLeftButtonDown="Path_MouseLeftButtonDown">
        <Path.Data>
            <EllipseGeometry x:Name="MyAnimatedEllipseGeometry"
                            Center="200,50" RadiusX="15" RadiusY="15" />
        </Path.Data>
    </Path>
</Canvas>
```

运行后椭圆形将在一个三角形路径上移动，如图 15-24 所示。

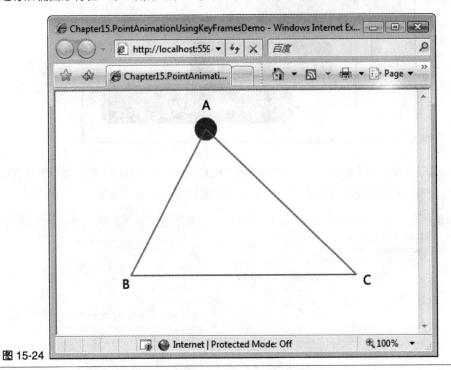

图 15-24

我们分析一下整个动画运行的过程。

◆ 前一秒中，使用 LinearPointKeyFrame 类的实例将椭圆沿一条路径按固定速率从其起始位置移动，从 A 点到 B 点。

◆ 接下来的两秒，使用 DiscretePointKeyFrame 类的实例突然将椭圆沿着路径移动到下一个位置，直接跳跃，而不会出现逐步移动，从 B 点到 C 点。

◆ 最后两秒内，使用 SplinePointKeyFrame 类的实例将椭圆移回其起始位置，动画开始时比较缓慢，然后按指数方式加速，直到时间段结束，从 C 点到 A 点。

15.5.7　使用 ObjectAnimationUsingKeyFrames 动画

ObjectAnimationUsingKeyFrames 动画用于对指定 Duration 内一组 KeyFrames 中的 Object 属性值进行动画处理，它与前面三种关键帧动画不同的是只支持离散内插方法，其他类型的内插不能应用于对象，所以在 ObjectAnimationUsingKeyFrames 动画中，只有 DiscreteObjectKeyFrame 关键帧类型，它派生于 ObjectKeyFrame 类型，如图 15-25 所示。

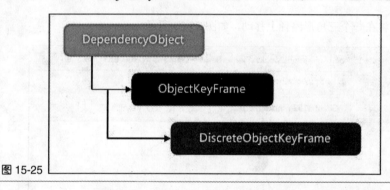

图 15-25

下面通过一个示例来演示 ObjectAnimationUsingKeyFrames 的使用方法，该示例将创建两个关键帧，使得矩形的填充由单色到渐变色，再到使用图片填充，如下面的示例代码所示：

```XAML
<StackPanel Background="White">
    <StackPanel.Resources>
        <Storyboard x:Name="myStoryboard">
            <ObjectAnimationUsingKeyFrames
                    Storyboard.TargetName="myRect"
                    Storyboard.TargetProperty="Fill"
                    Duration="0:0:6" RepeatBehavior="Forever">
                <ObjectAnimationUsingKeyFrames.KeyFrames>
                    <DiscreteObjectKeyFrame KeyTime="0:0:2">
                        <DiscreteObjectKeyFrame.Value>
                            <LinearGradientBrush>
                                <LinearGradientBrush.GradientStops>
                                    <GradientStop Color="Yellow" Offset="0.0" />
```

```
                    <GradientStop Color="Orange" Offset="0.5" />
                    <GradientStop Color="Red" Offset="1.0" />
                  </LinearGradientBrush.GradientStops>
                </LinearGradientBrush>
              </DiscreteObjectKeyFrame.Value>
            </DiscreteObjectKeyFrame>
            <DiscreteObjectKeyFrame KeyTime="0:0:2">
                <DiscreteObjectKeyFrame.Value>
                  <ImageBrush ImageSource="03.png">
                  </ImageBrush>
                </DiscreteObjectKeyFrame.Value>
            </DiscreteObjectKeyFrame>
          </ObjectAnimationUsingKeyFrames.KeyFrames>
        </ObjectAnimationUsingKeyFrames>
      </Storyboard>
    </StackPanel.Resources>
    <Rectangle x:Name="myRect" Width="200" Height="150" Fill="OrangeRed"
          Stroke="Black" StrokeThickness="2"
          RadiusX="15" RadiusY="15" Margin="50"
          MouseLeftButtonDown="myRect_MouseLeftButtonDown"/>
</StackPanel>
```

运行后变为渐变色效果，如图 15-26 所示。

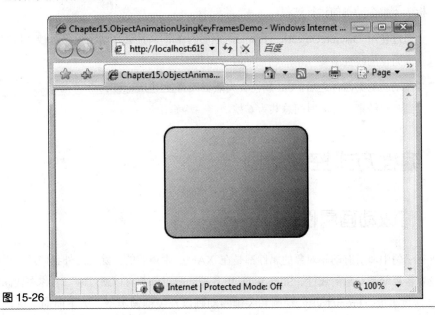

图 15-26

运行后变为图片填充后效果，如图 15-27 所示。

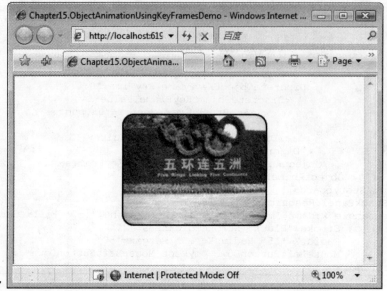

图 15-27

我们分析一下整个动画的运行过程。

- 通过使用 DiscreteObjectKeyFrame，矩形的 Fill 属性会在动画的前两秒之后突然更改为使用线性渐变 LinearGradientBrush 填充。

- 在动画的第四秒之后，Fill 属性会突然更改为使用 ImageBrush 填充，然后一直保持到动画结束，持续时间总共为 6 秒。

15.6 编程方式控制动画

15.6.1 修改动画属性

前面所有示例中，所有动画对象的属性都是在 XAML 中声明的，除此之外我们还可以在代码中动态设置各种动画对象的属性。Silverlight 中各种动画对象都可以通过唯一名称在代码中访问它们，包括故事板、From/To/By 动画和关键帧动画以及关键帧类型。如下面的示例，使用 PointAnimation 移动一个椭圆形对象，但是并没有在 XAML 中声明它的 To 属性：

XAML

```
<Canvas Background="White">
    <Canvas.Resources>
        <Storyboard x:Name="myStoryboard">
            <PointAnimation
```

```
                    x:Name="myPointAnimation"
                    Storyboard.TargetProperty="Center"
                    Storyboard.TargetName="myEllipseGeometry"
                    Duration="0:0:2"/>
            </Storyboard>
        </Canvas.Resources>
        <Path Fill="OrangeRed" MouseLeftButtonDown="Path_MouseLeftButtonDown">
            <Path.Data>
                <EllipseGeometry x:Name="myEllipseGeometry"
                                Center="200,100" RadiusX="30" RadiusY="30" />
            </Path.Data>
        </Path>
    </Canvas>
```

在代码中启动动画之前，重新设置 PointAnimation 的 To 属性，并开始运行动画，如下面的示例代码所示：

C#
```
void Path_MouseLeftButtonDown(object sender, MouseButtonEventArgs e)
{
    double newX = e.GetPosition(null).X;
    double newY = e.GetPosition(null).Y;
    Point myPoint = new Point();
    myPoint.X = newX;
    myPoint.Y = newY;
    myPointAnimation.To = myPoint;
    myStoryboard.Begin();
}
```

注意，不能在动画运行过程中动态修改动画的属性，而必须首先停止动画，修改属性之后，再重新运行动画。除此之外，还可以遍历故事板中的动画对象，或者遍历关键帧动画中的各个关键帧类型。

15.6.2 使用代码创建动画

除了修改 XAML 中声明的动画属性之外，也可以完全使用托管代码创建动画，而无须在 XAML 中声明，这一点在动态创建动画时将会非常有用。如下面的示例代码，在按钮单击事件中创建一个矩形，并对其位置设置动画处理：

C#
```
void btnCreate_Click(object sender, RoutedEventArgs e)
{
    Rectangle myRectangle = new Rectangle();
    myRectangle.Width = 100;
    myRectangle.Height = 100;
    Color myColor = Color.FromArgb(255, 255, 0, 0);
    SolidColorBrush myBrush = new SolidColorBrush();
    myBrush.Color = myColor;
```

```
    myRectangle.Fill = myBrush;

    LayoutRoot.Children.Add(myRectangle);
    Duration duration = new Duration(TimeSpan.FromSeconds(2));

    DoubleAnimation myDoubleAnimationA = new DoubleAnimation();
    DoubleAnimation myDoubleAnimationB = new DoubleAnimation();

    myDoubleAnimationA.Duration = duration;
    myDoubleAnimationB.Duration = duration;

    Storyboard storyBoard = new Storyboard();
    storyBoard.Duration = duration;

    storyBoard.Children.Add(myDoubleAnimationA);
    storyBoard.Children.Add(myDoubleAnimationB);

    Storyboard.SetTarget(myDoubleAnimationA, myRectangle);
    Storyboard.SetTarget(myDoubleAnimationB, myRectangle);

    Storyboard.SetTargetProperty(myDoubleAnimationA, new
PropertyPath("(Canvas.Left)"));
    Storyboard.SetTargetProperty(myDoubleAnimationB, new
PropertyPath("(Canvas.Top)"));

    myDoubleAnimationA.To = 200;
    myDoubleAnimationB.To = 200;
    LayoutRoot.Resources.Add("myStoryBoard", storyBoard);
    storyBoard.Begin();
}
```

运行后可以看到动画进行了正确的处理，效果如图 15-28 所示。

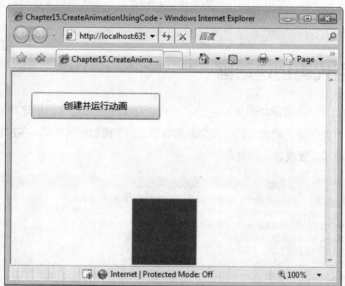

图 15-28

最后我们总结一下在代码中操作动画须要注意的两点。

◆ 动态更改动画对象的属性前必须停止，不要试图更改运行中的动画属性，否则将出错。

◆ 不要试图在页面构造函数中调用 Storyboard 成员，这将导致动画失败，并且无任何提示。

15.7 实例开发

前面几节详细介绍了如何在 Silverlight 中制作动画，接下来我们开发一个完整的实例，加深大家对于动画制作的认识。该实例中将开发一个简单的割草机割草动画，运行时效果如图 15-29 所示。

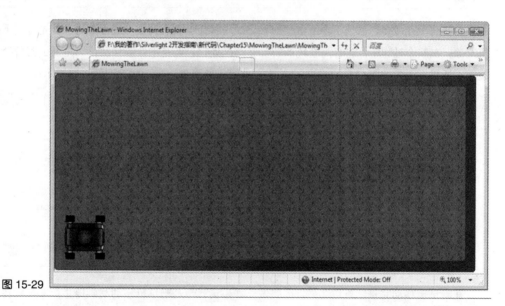

图 15-29

当点击割草机之后，它将开始运行，并且割过的小草将显示不同的颜色，遇到转弯处，割草机能够自动识别并转弯，最终旋转一周，完成后的效果如图 15-30 所示。

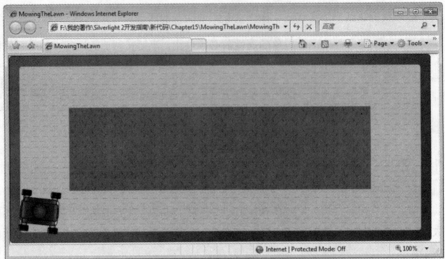

图 15-30

由于代码比较多,这里不再给出全部代码,只对其中几个关键点进行分析。首先看一下割草机对象,在整个过程中,它有两个环节需要有动画处理:一是不停的移动,二是到了拐角处需要旋转,所以在页面的 XAML 中有两个关于割草机的故事板,如下面的示例代码所示:

XAML

```xaml
<Storyboard x:Name="botMove" Storyboard.TargetName="bot"
Completed="botMove_Completed">
    <DoubleAnimation From="20" To="740" Duration="0:0:4"
Storyboard.TargetProperty="(Canvas.Left)" />
    <DoubleAnimation From="260" To="260" Duration="0:0:4"
Storyboard.TargetProperty="(Canvas.Top)" />
</Storyboard>
<Storyboard x:Name="botRotate" Storyboard.TargetName="botRotation"
Completed="botRotate_Completed">
    <DoubleAnimation From="0" To="-90" Duration="0:0:1"
Storyboard.TargetProperty="Angle" />
</Storyboard>
```

在割草机移动完每一条边之后,需要做三件事情:一是割草机移动动画停止;二是旋转动画开始运行;三是重新设置移动动画的相关参数,此处在 StoryBoard 的 Completed 事件中进行处理,如下面的示例代码所示:

C#

```csharp
private void botMove_Completed(object sender, EventArgs e)
{

    botMove.Stop();
    bot.SetValue(Canvas.LeftProperty, guidePoints[currentStep].X);
    bot.SetValue(Canvas.TopProperty, guidePoints[currentStep].Y);
```

```
    ((DoubleAnimation)botMove.Children[0]).From =
guidePoints[currentStep].X;
    ((DoubleAnimation)botMove.Children[1]).From =
guidePoints[currentStep].Y;
    currentStep++;
    if (currentStep == guidePoints.Count)
    {
        currentStep = 0;
    }
    ventcoverRattle.Pause();

    ((DoubleAnimation)botMove.Children[0]).To = guidePoints[currentStep].X;
    ((DoubleAnimation)botMove.Children[1]).To = guidePoints[currentStep].Y;

    ((DoubleAnimation)botRotate.Children[0]).From = botRotation.Angle;
    ((DoubleAnimation)botRotate.Children[0]).To = botRotation.Angle - 90;
    botRotate.Begin();
}
```

割草机完成旋转后，停止旋转动画，而让移动动画重新开始运行，如下面的示例代码所示：

C#
```
private void botRotate_Completed(object sender, EventArgs e)
{
    botRotate.Stop();
    botRotation.Angle = botRotation.Angle - 90;
    if (currentStep > 0)
    {
        ventcoverRattle.Begin();
        botMove.Begin();
    }
    else
    {
        PauseMovingWheels();
    }
}
```

实现割草的效果，使用一个计时器 DispatcherTimer 实现，并在 Tick 事件中判断 UI 元素是否命中，如果命中的元素是小草对象 SodSquare，调用它的 FadeGrass()方法使其显示出不用的颜色效果，如下面的示例代码所示：

C#
```
void timer_Tick(object sender, EventArgs e)
{
    double botLeft = (double)bot.GetValue(Canvas.LeftProperty);
    double botTop = (double)bot.GetValue(Canvas.TopProperty);

    foreach (UIElement uie in VisualTreeHelper.FindElementsInHostCoordinates(
        new Rect(botLeft, botTop, 80, 80), LayoutRoot))
    {
        if (uie.GetType() == typeof(SodSquare)
&& !((SodSquare)uie).HasBeenCut)
        {
```

```
                ((SodSquare)uie).FadeGrass();
        }
    }
}
```

关于本实例完整的代码大家可以在作者博客（http://www.cnblogs.com/Terrylee/）首页上的下载链接中找到，最后运行的效果与前面给出的效果图一致。

15.8　本章小结

本章在一开始介绍了 Silverlight 中的动画系统，提出了动画制作的三个要素，接着介绍了两大类型的动画：From/To/By 类型动画和关键帧动画，并使用它们创建了一个综合实例。掌握了动画的知识，就能够在你的应用程序中创造丰富的交互效果。

Silverlight 2

第 III 部分
高级篇

III

第16章 自定义控件

本章内容 Silverlight 2 除了支持使用托管代码编写 Silverlight 应用程序之外，其最大的亮点就是
支持丰富且强大的控件模型，该控件模型是 Silverlight 内置控件和第三方开发控件的
基础，我们完全可以在此控件模型基础之上构建属于自己的控件，本章将通过一个简
单的示例介绍一下 Silverlight 2 中的控件模型和如何自定义控件。主要内容有：

> 控件模型
> 创建简单按钮控件
> 本章小结

16.1 控件模型

    Silverlight 2 最大的亮点就是支持控件模型。Silverlight 2 中所有的控件都属于 UI 元素，所以
它们都是从 UIElement 类派生，大多数情况下，为了能够方便使用控件的基本功能，我们会选择
从 Control 类继承。但是，也可以选择从 ContentControl 和 ItemsControl 等 Control 类的派生类继
承。许多内置控件都是直接或间接从添加了 Content 属性的 ContentControl 派生，而该属性允许
对控件的内容进行自定义。ListBox 控件则从 ItemsControl 派生，ItemsControl 可以实现用来向用
户提供项目集合的控件的基本行为，这在本书第 2 章已经有过介绍，如图 16-1 所示。

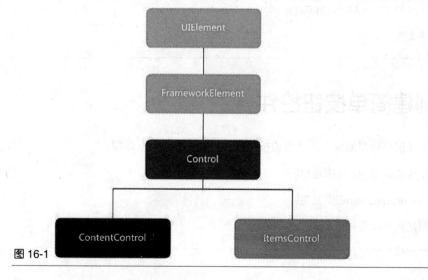

图 16-1

ContentControl 类内置了 Content 和 ContentTemplate 属性，使得我们自定义的控件可以具有自定义内容的特性，ContentControl 的定义如下面的代码所示：

```C#
public class ContentControl : Control
{
    public static readonly DependencyProperty ContentProperty;
    public static readonly DependencyProperty ContentTemplateProperty;

    public ContentControl();

    public object Content { get; set; }
    public DataTemplate ContentTemplate { get; set; }

    protected virtual void OnContentChanged(object oldContent, object
newContent);
}
```

ItemsControl 类可以实现用来向用户提供项目集合的控件的基本行为，这些行为包括：自定义 ItemsPanel 和 ItemTemplate，设置集合的数据源 ItemsSource，获取所有列表项。Silverlight 2 中内置的 ListBox 控件就从 ItemsControl 派生。ItemsControl 的定义如下：

```C#
public class ItemsControl : Control
{
    public ItemsControl();

    public string DisplayMemberPath { get; set; }
    public ItemCollection Items { get; }
    public ItemsPanelTemplate ItemsPanel { get; set; }
    public IEnumerable ItemsSource { get; set; }
    public DataTemplate ItemTemplate { get; set; }

    // 更多成员
}
```

16.2   创建简单按钮控件

本节基于上述控件模型创建一个简单的按钮控件，主要分为以下步骤：

- 创建 Silverlight 类库项目；

- 从 ContentControl 类派生；

- 创建默认控件模板；

- 添加模板绑定；

◆ 添加事件；

◆ 添加可视状态。

16.2.1 创建 Silverlight 类库项目

安装完 Silverlight 2 tools for Visual Studio 2008 后，新建 Silverlight 项目时可以看到两种类型的项目，一是 Silverlight 应用程序项目，用来创建一个可运行的 Silverlight 应用程序，它最终生成的是一个 xap 文件，可以直接宿主在网页中显示；另一个是 Silverlight 类库项目，用来创建一个基于 Silverlight 的程序集，最终生成的是一个程序集文件，可以添加到其他 Silverlight 应用程序中调用。

自定义 Silverlight 控件时，既可以直接在 Silverlight 应用程序中添加类实现，也可以单独创建一个 Silverlight 类库项目。通常，我们推荐使用 Silverlight 类库项目，这样便于自定义的控件在多个不同的 Silverlight 应用程序之间共享。

现在创建一个 Silverlight 应用程序项目作为测试项目，并且在解决方案中添加一个 Silverlight 类库项目，作为自定义的控件项目，命名为 CustomButton，如图 16-2 所示。

图 16-2

16.2.2 从 ContentControl 类派生

因为我们须要创建一个按钮控件，所以可以选择从 Control 类派生，但是为了让自定义的按钮控件具有定制 Content 的功能，选择从 ContentControl 类派生。在前面创建的类库项目中添加一个名为 CustomButton 的类，它的定义如下述示例代码所示：

```C#
namespace Chapter16.CustomButtonDemo
{
    public class CustomButton : ContentControl
    {

    }
}
```

现在 CustomButton 控件已经具有基本控件的功能，但它的功能还非常简单。下面看一下如何使用该控件，在 Silverlight 应用程序测试项目中添加对该类库项目的引用，除此之外，还须要引入相应的命名空间，如下面的示例代码所示：

```XAML
xmlns:local="clr-namespace:Chapter16.CustomButtonDemo;assembly=Chapter16.CustomButton"
```

在 XAML 中通过声明的方式实例化 CustomButton 控件，但我们添加了上面的命名空间之后，在 Visual Studio 中会自动识别出该命名空间下的控件，并给出智能提示，如图 16-3 所示。

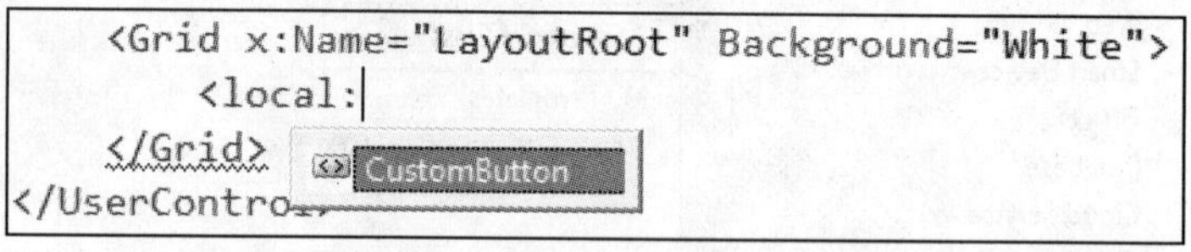

```
<Grid x:Name="LayoutRoot" Background="White">
    <local:
</Grid>    <> CustomButton
</UserContro
```

图 16-3

使用 CustomButton 控件如下面的示例代码所示：

```XAML
<Grid x:Name="LayoutRoot" Background="White">
    <local:CustomButton/>
</Grid>
```

运行效果如图 16-4 所示，整个页面一片空白，并没有任何内容，不要着急，因为 CustomButton 控件还没有定义相关属性，接下来我们会逐步完善它。

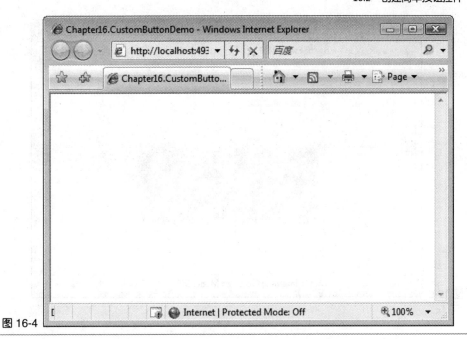

图 16-4

现在修改一下 CustomButton 的控件声明，让它呈现用户界面，这可以通过设置控件模板来实现，如下面的示例代码所示：

XAML

```
<local:CustomButton>
    <local:CustomButton.Template>
        <ControlTemplate>
            <Grid x:Name="RootElement">
                <Rectangle x:Name="BodyElement" Width="240" Height="100"
                    Fill="#FF6500" StrokeThickness="4" Stroke="#9CCF00"
                    RadiusX="10" RadiusY="10" />
                <TextBlock Text="Click Me" HorizontalAlignment="Center"
                    VerticalAlignment="Center" Foreground="White"/>
            </Grid>
        </ControlTemplate>
    </local:CustomButton.Template>
</local:CustomButton>
```

运行效果如图 16-5 所示，可以看到控件的外观发生了很大变化，已经具有基本外观。

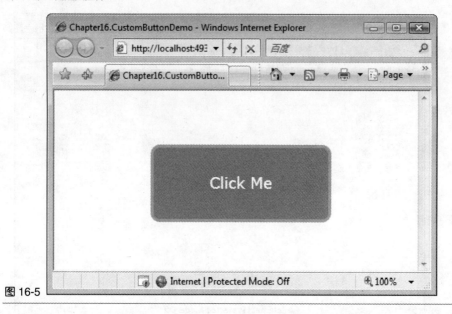

图 16-5

16.2.3 创建默认控件模板

尽管可以在 XAML 声明中通过设置模板指定控件的外观，但对于开发人员来说这不是一个好的体验，自定义的控件应该具有默认的控件模板，就算在 XAML 中作最简单的声明，在用户界面上也可以显示。想想 Silverlight 2 中的内置控件，没有哪个控件要求必须设置控件模板。

为自定义控件提供默认控件模板的机制非常简单，首先在自定义控件项目中添加一个名为 generic.xaml 的文件，文件名不区分大小写，但它是固定的，不可以修改。然后，在 generic.xaml 文件中定义样式，该样式使用属性 Setter 将值分配给控件的 Template 属性。Silverlight 运行时自动在控件程序集（generic.xaml 作为数据源嵌入其中）中查找 generic.xaml 并将样式应用到控件实例，除了定义默认模板外，此样式还可以将默认值分配给控件的其他属性，如 Width 和 Height 属性等。

现在我们在 CustomButton 控件项目中添加 generic.xaml 文件，该文件要放在 themes 文件夹中，文件结构如图 16-6 所示。

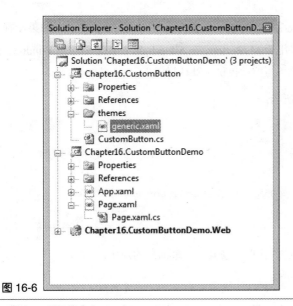

图 16-6

把前面定义的 CustomButton 的控件模板内容放在 generic.xaml 文件中，使其内容看起来如下面的示例代码所示：

XAML

```
<ResourceDictionary
  xmlns="http://schemas.microsoft.com/winfx/2006/xaml/presentation"
  xmlns:x="http://schemas.microsoft.com/winfx/2006/xaml"
  xmlns:local="clr-namespace:Chapter16.CustomButtonDemo">
   <Style TargetType="local:CustomButton">
      <Setter Property="Template">
         <Setter.Value>
            <ControlTemplate TargetType="local:CustomButton">
               <Grid x:Name="RootElement">
                  <Rectangle x:Name="BodyElement" Width="240"
Height="100"
                        Fill="#FF6500" StrokeThickness="4" Stroke="#9CCF00"
                        RadiusX="10" RadiusY="10" />
                  <TextBlock Text="Click Me" HorizontalAlignment="Center"
                        VerticalAlignment="Center" Foreground="White"/>
               </Grid>
            </ControlTemplate>
         </Setter.Value>
      </Setter>
   </Style>
</ResourceDictionary>
```

为了给自定义控件使用默认样式，还须要在 CustomButton 类的构造函数中添加一行代码，设置控件的默认样式键值。为了在主题样式查找中正确工作，此值应为自定义控件的类型，如果没有设置 DefaultStyleKey，则将使用基类的默认样式。例如，如果称为 MyButton 的控件继承自

Button，要使用新的默认 Style，将 DefaultStyleKey 设置为类型 MyButton 即可。如果没有设置 DefaultStyleKey，则会将 Button 的样式用于 MyButton。在 Silverlight 2 中的 System.Windows 程序集下，有一个内置的 generic.xaml 文件，为控件提供了默认样式。

设置 DefaultStyleKey 的代码如下所示：

```
C#
public class CustomButton : ContentControl
{
    public CustomButton()
    {
        this.DefaultStyleKey = typeof(CustomButton);
    }
}
```

修改测试项目中的 CustomButton 控件声明，使其变为最简单的声明：

```
XAML
<local:CustomButton/>
```

运行后可以看到，与上一节在页面 XAML 中定义控件模板的效果一致，如图 16-7 所示。

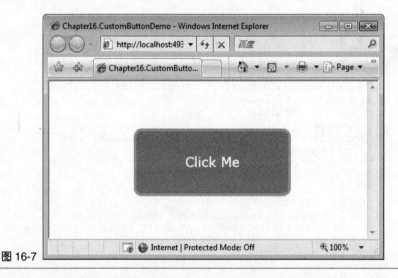

图 16-7

16.2.4 添加模板绑定

现在再分析一下前面定义的控件模板，对于控件的使用者而言，至少存在两个问题，一是无法像内置控件一样来定义控件的属性，如设置控件的宽度 Width、高度 Height 及背景颜色等；二是 CustomButton 控件上的内容始终显示"Click Me"，开发者无法定制，因为这些都已经被我们硬编码在了 generic.xaml 文件中。这样的控件对于最终的开发者来说意义不大，没有人愿意使用一个在任何页面都显示相同大小相同内容的控件。

从控件开发人员的角度而言，Silverlight 2 最重要的功能之一就是模板绑定,模板绑定允许分配给控件的属性值向下传递到控件模板，并且使用模板绑定标记扩展{TemplateBinding}在 XAML 中声明。我们先来解决第一个问题，修改 generic.xaml 中关于 Rectangle 的声明，使它看起来如下面的示例代码所示：

XAML

```xaml
<Rectangle x:Name="BodyElement"
           Width="{TemplateBinding Width}"
           Height="{TemplateBinding Height}"
           Fill="{TemplateBinding Background}"
           StrokeThickness="4" Stroke="#9CCF00"
           RadiusX="10" RadiusY="10" />
```

当在 XAML 中指定 CustomButton 控件的宽度 Width 和高度 Height 时，实际上就是设置了 Rectangle 的宽度和高度，如果设置了 CustomButton 的背景色属性，将会应用到 Rectangle 的填充色上，因为此处我们设置 Rectangle 的填充颜色绑定到控件背景颜色 Background 属性上。再次修改 CustomButton 在 XAML 中的声明，如下面的示例代码所示：

XAML

```xaml
<local:CustomButton Width="200" Height="160"
                    Background="#FFCFFF"/>
```

现在运行后，可以看到 CustomButton 的大小和背景颜色都发生了很大的变化，如图 16-8 所示。

图 16-8

如果开发者在使用控件时不指定相应的属性，则这些值将会从基类的相应属性中来默认继承。上面的示例中，如果不设置 Width 和 Height 属性，可以看到 CustomButton 控件会默认填充整个 Grid 控件。

　　解决了控件的属性设置问题，但是控件的内容仍然无法定制。这一点可以使用 ContentPresenter 替换 TextBlock 控件来完成，ContentPresenter 可以呈现分配给此控件的 Content 属性的任何 XAML。现在 CustomButton 支持在两个级别进行自定义，可以使用自定义模板重新定义整个可视树，或者仅使用 Content 属性重新定义其内容，修改之后的 generic.xaml 文件如下：

XAML

```xaml
<ResourceDictionary
  xmlns="http://schemas.microsoft.com/winfx/2006/xaml/presentation"
  xmlns:x="http://schemas.microsoft.com/winfx/2006/xaml"

xmlns:local="clr-namespace:Chapter16.CustomButtonDemo;assembly=Chapter16.C
ustomButton">
    <Style TargetType="local:CustomButton">
        <Setter Property="Template">
            <Setter.Value>
                <ControlTemplate TargetType="local:CustomButton">
                    <Grid x:Name="RootElement">
                        <Rectangle x:Name="BodyElement"
                                   Width="{TemplateBinding Width}"
                                   Height="{TemplateBinding Height}"
                                   Fill="{TemplateBinding Background}"
                                   StrokeThickness="4" Stroke="#9CCF00"
                                   RadiusX="10" RadiusY="10" />
                        <ContentPresenter Content="{TemplateBinding Content}"
                            HorizontalAlignment="Center"
VerticalAlignment="Center"/>
                    </Grid>
                </ControlTemplate>
            </Setter.Value>
        </Setter>
    </Style>
</ResourceDictionary>
```

修改 XAML 中 CustomButton 控件的声明，定制控件的内容，如下面的示例代码所示：

XAML

```xaml
<local:CustomButton Width="240" Height="100" Background="#ff6500">
    <local:CustomButton.Content>
        <StackPanel Orientation="Horizontal">
            <Image Source="apply.png" Width="48" Height="48"></Image>
            <TextBlock Text="Click Me" Foreground="White"
                       VerticalAlignment="Center" Margin="10"></TextBlock>
        </StackPanel>
    </local:CustomButton.Content>
</local:CustomButton>
```

运行效果如图 16-9 所示，可以看到 CustomButton 控件越来越接近真正的按钮控件。

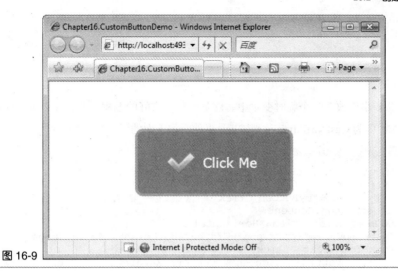

图 16-9

16.2.5　添加事件

作为一个按钮控件，它应该能够响应用户的输入，如点击鼠标、按下键盘等，这一步我们来定制 CustomButton 的 Click 事件。实现 Silverlight 中控件的事件与在.NET Framework 中定义事件区别不大，只须声明控件类中的事件，然后编写代码引发这些事件。唯一须要注意的是 Silverlight 中的路由事件，路由事件由 RoutedEventHandler 委托定义，并且路由事件处理程序接收 RoutedEventArgs 参数对象，该对象包含用于确认引发此事件对象的 OriginalSource 属性，如果此事件最初由可视树中的深层对象引发，则该属性不同于传递给事件处理程序的发送者参数。内置 Button 控件的 Click 事件是一个路由事件，因此 CustomButton 的 Click 事件也应该是路由事件。

添加了 Click 事件的 CustomButton 按钮代码如下所示：

```csharp
public class CustomButton : ContentControl
{
    public event RoutedEventHandler Click;
    public CustomButton()
    {
        this.DefaultStyleKey = typeof(CustomButton);
        this.MouseLeftButtonDown += new
MouseButtonEventHandler(CustomButton_MouseLeftButtonDown);
    }

    void CustomButton_MouseLeftButtonDown(object sender,
MouseButtonEventArgs e)
    {
        RoutedEventHandler click = this.Click;
        if (click != null)
        {
```

```
                RoutedEventArgs arg = new RoutedEventArgs();
                click(this, arg);
            }
        }
    }
```

此处首先把 Click 事件放在一个临时变量中，这是一种非常好的编程实践，可以保证线程安全性。现在在 XAML 中为 CustomButton 注册 Click 事件，如下面的示例代码所示：

XAML

```xaml
<local:CustomButton x:Name="myButton" Width="240" Height="100"
Background="#ff6500"
                    Click="myButton_Click">
    <local:CustomButton.Content>
        <StackPanel Orientation="Horizontal">
            <Image Source="apply.png" Width="48" Height="48"></Image>
            <TextBlock Text="Click Me" Foreground="White"
                    VerticalAlignment="Center" Margin="10"></TextBlock>
        </StackPanel>
    </local:CustomButton.Content>
</local:CustomButton>
```

编写事件处理程序，在 CustomButton 单击时修改控件内容，如下面的示例代码所示：

C#

```csharp
void myButton_Click(object sender, RoutedEventArgs e)
{
    this.myButton.Content = "Clicked!";
}
```

运行并单击按钮，效果如图 16-10 所示，可以看到 CustomButton 正确响应了 Click 事件。

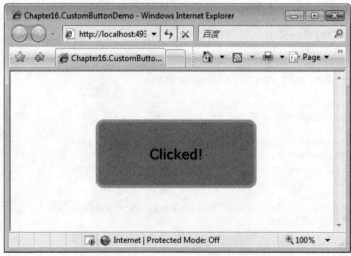

图 16-10

16.2.6 添加可视状态

至此我们完成了 CustomButton 控件的默认模板，提供了模板定制功能，并且为 CustomButton 添加了 Click 事件，接下来要为控件设置视觉状态管理，关于视觉状态管理的理论知识在本书第 4 章已经介绍过了，我们知道 Silverlight 2 中的视觉状态管理是通过一个 VisualStateManager 类完成的，它调用静态方法 GoToState 管理控件从一个状态转变到另外一个状态，而所有的视觉状态和状态迁移都是定义在视觉状态组中，如图 16-11 所示。

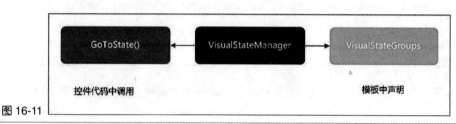

图 16-11

GoToState() 方法使控件在两个状态间过渡，控件调用 GoToState 更改状态时，VisualState-Manager 执行以下操作。

- 如果控件要进入的 VisualState 具有 Storyboard，故事板将开始运行；如果控件要来自的视觉状态具有 Storyboard，故事板将结束运行。
- 如果控件已处于 stateName 状态，则 GoToState 不执行任何操作并返回 true。
- 如果 stateName 在控件的 ControlTemplate 中不存在，则 GoToState 不执行任何操作并返回 false。

它的实现如下面的代码所示：

```C#
public static bool GoToState(Control control, string stateName, bool
useTransitions)
{
    VisualState state;
    VisualStateGroup group;
    if (control == null)
    {
        throw new ArgumentNullException("control");
    }
    if (stateName == null)
    {
        throw new ArgumentNullException("stateName");
    }
    FrameworkElement implementationRoot = control.ImplementationRoot;
    if (implementationRoot == null)
    {
        return false;
```

```
        }
    IList visualStateGroups = GetVisualStateGroups(implementationRoot);
    if (visualStateGroups == null)
    {
        return false;
    }
    TryGetState(visualStateGroups, stateName, out group, out state);
    VisualStateManager customVisualStateManager =
GetCustomVisualStateManager(implementationRoot);
    if (customVisualStateManager != null)
    {
        return customVisualStateManager.GoToStateCore(control,
implementationRoot, stateName, group, state, useTransitions);
    }
    return ((state != null) && GoToStateInternal(control, implementationRoot,
group, state, useTransitions));
}
```

为了简单起见，本示例中，我们只为 CustomButton 添加两种视觉状态，如图 16-12 所示。

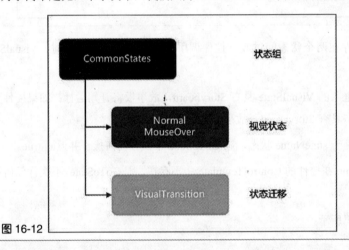

图 16-12

现在在 generic.xaml 中定义 CustomButton 的视觉状态管理，完成后的代码如下所示：

XAML

```
<ResourceDictionary
  xmlns="http://schemas.microsoft.com/winfx/2006/xaml/presentation"
  xmlns:x="http://schemas.microsoft.com/winfx/2006/xaml"

xmlns:local="clr-namespace:Chapter16.CustomButtonDemo;assembly=Chapter16.C
ustomButton"
  xmlns:vsm="clr-namespace:System.Windows;assembly=System.Windows">
    <Style TargetType="local:CustomButton">
        <Setter Property="Template">
            <Setter.Value>
                <ControlTemplate TargetType="local:CustomButton">
                    <Grid x:Name="RootElement">
                        <vsm:VisualStateManager.VisualStateGroups>
                            <vsm:VisualStateGroup x:Name="CommonStates">
```

```
                                   <vsm:VisualState x:Name="Normal" />
                                   <vsm:VisualState x:Name="MouseOver">
                                       <Storyboard>
                                           <DoubleAnimation
Storyboard.TargetName="BodyElement"

Storyboard.TargetProperty="Opacity"

                                                       From="1" To="0.4">
                                           </DoubleAnimation>
                                       </Storyboard>
                                   </vsm:VisualState>
                                   <vsm:VisualStateGroup.Transitions>
                                       <vsm:VisualTransition To="Normal"
GeneratedDuration="0:0:0.2"/>
                                       <vsm:VisualTransition To="MouseOver"
GeneratedDuration="0:0:0.2"/>
                                   </vsm:VisualStateGroup.Transitions>
                               </vsm:VisualStateGroup>
                           </vsm:VisualStateManager.VisualStateGroups>
                           <Rectangle x:Name="BodyElement"
                                   Width="{TemplateBinding Width}"
                                   Height="{TemplateBinding Height}"
                                   Fill="{TemplateBinding Background}"
                                   StrokeThickness="4" Stroke="#9CCF00"
                                   RadiusX="10" RadiusY="10" />
                           <ContentPresenter Content="{TemplateBinding Content}"
                                   HorizontalAlignment="Center"
VerticalAlignment="Center"/>
                       </Grid>
                   </ControlTemplate>
               </Setter.Value>
           </Setter>
       </Style>
</ResourceDictionary>
```

最后须要在 CustomButton 类中定义控件契约，指示该控件支持哪些视觉状态，通过
TemplateVisualStateAttribute 类来完成，该类带有两个属性 Name 和 GroupName，分别指定视觉状
态的名称和它所属的状态组名称，它的定义如下面的代码所示：

C#
```csharp
public sealed class TemplateVisualStateAttribute : Attribute
{
    public TemplateVisualStateAttribute();
    public string GroupName { get; set; }
    public string Name { get; set; }
}
```

在相应事件中，调用 VisualStateManager 的 GoToState()方法进行视觉状态的转换，完整的
CustomButton 类如下面的示例代码所示：

C#
```csharp
[TemplateVisualState(Name = "Normal", GroupName = "CommonStates")]
```

```
[TemplateVisualState(Name = "MouseOver", GroupName = "CommonStates")]
public class CustomButton : ContentControl
{
    public event RoutedEventHandler Click;
    public CustomButton()
    {
        this.DefaultStyleKey = typeof(CustomButton);
        this.MouseLeftButtonDown += new
MouseButtonEventHandler(CustomButton_MouseLeftButtonDown);
        this.MouseEnter += new MouseEventHandler(CustomButton_MouseEnter);
        this.MouseLeave += new MouseEventHandler(CustomButton_MouseLeave);
    }

    void CustomButton_MouseEnter(object sender, MouseEventArgs e)
    {
        VisualStateManager.GoToState(this, "MouseOver", true);
    }

    void CustomButton_MouseLeave(object sender, MouseEventArgs e)
    {
        VisualStateManager.GoToState(this, "Normal", true);
    }

    void CustomButton_MouseLeftButtonDown(object sender,
MouseButtonEventArgs e)
    {
        RoutedEventHandler click = this.Click;
        if (click != null)
        {
            RoutedEventArgs arg = new RoutedEventArgs();
            click(this, arg);
        }
    }
}
```

运行后，鼠标放在 CustomButton 上时，可以看到控件状态发生了变化，如图 16-13 所示。

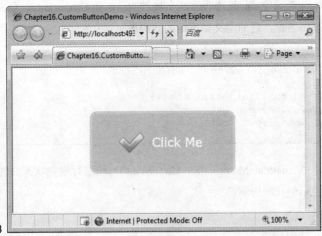

图 16-13

　　至此一个完整的自定义控件示例就完成了，尽管该控件最终的效果并不像大家想象中那么酷，但是只要掌握了自定义控件的步骤，充分运用本书前面说讲过的绘图，以及转换等知识，就能够开发非常棒的自定义控件。

　　本示例完整的代码，大家可以在作者博客（http://www.cnblogs.com/Terrylee/）中找到。

16.3　本章小结

　　本章介绍了 Silverlight 2 中的控件模型，以及通过创建一个简单的按钮控件来展示了自定义控件的基本步骤，掌握了本章所讲的知识，开发自己的控件将会非常容易。

第 17 章　独立存储

本章内容　独立存储提供了与 Cookie 类似的局部信任机制，它是一个客户端安全的存储，独立
存储机制的 APIs 提供了虚拟的文件系统和可以访问虚拟文件系统的对象。本章将会
详细介绍 Silverlight 2 中的独立存储，主要内容：

　　　独立存储概述
　　　使用独立存储
　　　管理存储空间
　　　读写应用程序配置
　　　进一步认识独立存储
　　　本章小结

17.1　独立存储概述

17.1.1　什么是独立存储

　　独立存储（Isolated Storage）是一个客户端安全的存储，其 APIs 提供了虚拟的文件系统和可
以访问虚拟文件系统的对象。Silverlight 2 中的独立存储是基于 .NET Framework 中的独立存储建
立的，所以它仅仅是.NET Framework 中独立存储的一个子集。

　　Silverlight 2 中的独立存储具有如下几个特征。

- 每个基于 Silverlight 2 的应用程序都被分配了属于它自己的一部分存储空间，每个
  应用程序被服务器赋给了固定且唯一的标识值，Silverlight 应用程序的虚拟文件系
  统可以使用该标识值进行访问。

- 独立存储提供对虚拟文件系统的访问，它的使用者是一个低信任度对象，不允许对
  物理文件系统进行访问。

- 独立存储的 APIs 和其他文件操作的 APIs 类似，比如 File 和 Directory 这些用来
  访问和维护文件或文件夹的类，它们都是基于文件流 APIs 维护文件内容的。

♦ 独立存储严格限制了应用程序可以存储数据的大小，目前每个应用程序的存储上限为 1 MB。

独立存储数据间是一个抽象的，而不是一个具体的存储位置。虚拟文件系统根目录对每个机器当前登陆用户都不相同，它是一个隐藏的文件夹，存在于物理文件系统中，每个应用程序的不同标识将会使其映射到不同的文件夹中，也就是说，将分配给每个不同的应用程序一个属于它的虚拟文件系统。.NET Framework 2.0 中的文件夹结构和隐藏架构同样在 Silverlight 2 中适用。

17.1.2 独立存储的范围

独立存储的位置是根据每个用户和应用程序来进行存储的，与浏览器无关。换句话说，在 Internet Explorer 浏览器下保存的数据，切换到 FireFox 浏览器下仍然有效，但是独立存储在范围上有严格的要求，遵循如下约定。

♦ 同一服务器上的不同的 xap 文件具有不同的独立存储。

♦ 同一应用程序中，在相同位置创建的独立存储在多个页面之间会共享。

♦ 如果对 xap 文件进行重命名，将会得到新的独立存储。

♦ 如果改变 xap 文件中的程序集信息，如版本等，将继续使用以前的独立存储。

17.2 使用独立存储

17.2.1 IsolatedStorageFile 简介

Silverlight 2 中的独立存储功能通过密封类 IsolatedStorageFile 提供，IsolatedStorageFile 类位于命名空间 System.IO.IsolatedStorag 中，它抽象了独立存储的虚拟文件系统。创建一个 IsolatedStorageFile 类的实例，可以使用它对目录或文件进行枚举或管理。它的定义如下面的代码所示：

```C#
public sealed class IsolatedStorageFile : IDisposable
{
    public long AvailableFreeSpace { get; }
    public long Quota { get; }
    public void CreateDirectory(string dir);
    public IsolatedStorageFileStream CreateFile(string path);
```

```
public void DeleteDirectory(string dir);
public void DeleteFile(string file);
public bool DirectoryExists(string path);
public bool FileExists(string path);
public string[] GetDirectoryNames();
public string[] GetFileNames();
public static IsolatedStorageFile GetUserStoreForApplication();
public static IsolatedStorageFile GetUserStoreForSite();
public bool IncreaseQuotaTo(long newQuotaSize);
public IsolatedStorageFileStream OpenFile(string path, FileMode mode);
public void Remove();

// 更多成员
}
```

可以看到，IsolatedStorageFile 类提供的方法与我们在普通的.NET 程序中操作文件系统的方法非常相似，如使用 CreateDirectory 方法创建目录，使用 DirectoryExists 方法判断目录是否存在等。

17.2.2　管理独立存储

管理独立存储对于开发者来讲，无非是申请独立存储和移除独立存储。申请独立存储有两种方式：使用 GetUserStoreForApplication 方法获取与调用代码的应用程序标识对应的用户范围的独立存储；使用 GetUserStoreForSite 方法获取与调用代码的站点标识对应的用户范围的独立存储区。使用 Remove 方法可以移除一个已经申请的独立存储。如下面的示例代码所示：

```C#
using (IsolatedStorageFile store =
    IsolatedStorageFile.GetUserStoreForApplication())
{
    //使用 IsolatedStorageFile 管理文件系统

    //移除独立存储
    store.Remove();
}

using (IsolatedStorageFile store =
    IsolatedStorageFile.GetUserStoreForSite())
{
    // 使用 IsolatedStorageFile 管理文件系统

    // 移除独立存储
    store.Remove();
}
```

17.2.3 管理目录

独立存储虚拟文件系统的目录管理，包括：使用 IsolatedStorageFile 类提供的 CreateDirectory 方法创建新的目录，使用 DeleteDirectory 方法移除目录，使用 DirectoryExists 方法判断目录是否已经存在等，如下面的示例代码所示：

C#
```csharp
using (IsolatedStorageFile store =
    IsolatedStorageFile.GetUserStoreForApplication())
{
    String controlDir = "ControlDir";
    String dataDir = "DataDir";

    store.CreateDirectory(controlDir);
    store.CreateDirectory(dataDir);

    String subDir = Path.Combine(controlDir, "SubDir");
    store.CreateDirectory(subDir);

    if (store.DirectoryExists(dataDir))
    {
        store.DeleteDirectory(dataDir);
    }

    store.Remove();
}
```

创建目录后，使用 GetDirectoryNames 方法能够枚举出该目录下所有的子目录，如下面的示例代码所示：

C#
```csharp
using (IsolatedStorageFile store =
    IsolatedStorageFile.GetUserStoreForApplication())
{
    String[] dirsInRoot = store.GetDirectoryNames();
    foreach (String dir in dirsInRoot)
    {
        // ......
    }

    String[] dirsInControlDir =
        store.GetDirectoryNames(Path.Combine(controlDir, "*"));
    foreach (String dir in dirsInControlDir)
    {
        //......
    }

    store.Remove();
}
```

17.2.4 操作文件

使用 IsolatedStorageFile 类提供的 CreateFile 方法用来创建新文件，该方法返回的是 IsolatedStorageFileStream 对象，它派生于 FileStream 类，因此我们可以直接使用返回的对象写入文件内容。如下面的示例代码所示：

```C#
String filePath = Path.Combine(controlDir, "myFile.txt");
IsolatedStorageFileStream fileStream = store.CreateFile(filePath);
using (StreamWriter sw = new StreamWriter(fileStream))
{
    sw.WriteLine("测试独立存储");
    sw.WriteLine("测试独立存储写入文件");
}
fileStream.Close();
```

同样可以使用 DeleteFile 方法删除一个已经存在的文件，如下面的示例代码所示：

```C#
if (store.FileExists(filePath))
{
    store.DeleteFile(filePath);
}
```

17.2.5 读取文件

读取一个存储在虚拟文件系统中的文件时，使用 IsolatedStorageFile 类提供的 OpenFile 方法打开该文件，该方法有如下三种形式的重载：

```C#
public IsolatedStorageFileStream OpenFile(string path, FileMode mode);
public IsolatedStorageFileStream OpenFile(string path, FileMode mode,
FileAccess access);
public IsolatedStorageFileStream OpenFile(string path, FileMode mode,
FileAccess access, FileShare share);
```

其中枚举 FileMode 指定文件打开的模式，如创建新文件、打开等，它的定义如下面的代码所示：

```C#
public enum FileMode
{
    CreateNew = 1,
    Create = 2,
    Open = 3,
```

```
    OpenOrCreate = 4,
    Truncate = 5,
    Append = 6,
}
```

FileAccess 指定用于打开文件的访问类型，是 Read、Write，或者 ReadWrite，它的定义如下面的代码所示：

```C#
public enum FileAccess
{
    Read = 1,
    Write = 2,
    ReadWrite = 3,
}
```

FileShare 指定其他 IsolatedStorageFileStream 对象所具有的对该文件的访问类型，它的定义如下面的代码所示：

```C#
public enum FileShare
{
    None = 0,
    Read = 1,
    Write = 2,
    ReadWrite = 3,
    Delete = 4,
    Inheritable = 16,
}
```

打开一个文件的过程，与普通的文件操作基本一致，如下面的示例代码所示：

```C#
using (StreamReader reader =
        new StreamReader(store.OpenFile(filePath,
                    FileMode.Open, FileAccess.Read)))
{
    String contents = reader.ReadToEnd();
}
```

17.2.6　使用独立存储示例

前面几节介绍了如何为应用程序申请和移除独立存储、创建目录和文件、写入和读取文件、删除目录和文件等内容，接下来我们看一个完整的示例，最终界面效果如图 17-1 所示。

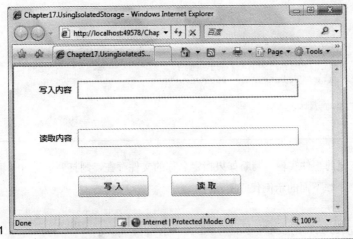

图 17-1

界面比较简单，这里不再给出实现代码，大家可以自行编写。直接看"写入"和"读取"按钮的实现代码，首先引入相关命名空间：

```
C#
using System.IO;
using System.IO.IsolatedStorage;
```

编写"写入"按钮的事件实现，判断名为 MyDir 的目录是否存在，如果不存在则重新创建；接着判断 MyDir 目录下是否存在名为 myFile.txt 的文件，如果存在直接删除，最后写入 TextBox 控件内容到文件中，如下面的示例代码所示：

```C#
void btnWrite_Click(object sender, RoutedEventArgs e)
{
    // 申请独立存储
    using (IsolatedStorageFile store =
        IsolatedStorageFile.GetUserStoreForApplication())
    {
        String dirPath = "MyDir";
        if (!store.DirectoryExists(dirPath))
        {
            // 创建目录
            store.CreateDirectory("MyDir");
        }

        String filePath = Path.Combine("MyDir", "myFile.txt");
        if (store.FileExists(filePath))
        {
            store.DeleteFile(filePath);
        }

        // 创建文件
        IsolatedStorageFileStream fileStream = store.CreateFile(filePath);
```

```
// 写入内容
using (StreamWriter sw = new StreamWriter(fileStream))
{
    sw.Write(this.txtWrite.Text);
    sw.Write("Written By TerryLee");
}
fileStream.Close();
}
}
```

编写"读取"按钮的事件实现，判断如果指定名称的文件存在，则打开该文件并读取其中的内容，最终显示出来，如下面的示例代码所示：

C#
```
void btnRead_Click(object sender, RoutedEventArgs e)
{
    using (IsolatedStorageFile store =
        IsolatedStorageFile.GetUserStoreForApplication())
    {
        String filePath = Path.Combine("MyDir", "myFile.txt");
        if (store.FileExists(filePath))
        {
            using (StreamReader reader = new
StreamReader(store.OpenFile(filePath,
                    FileMode.Open, FileAccess.Read)))
            {
                this.txtRead.Text = reader.ReadToEnd();
            }
        }
    }
}
```

运行效果如图 17-2 所示。

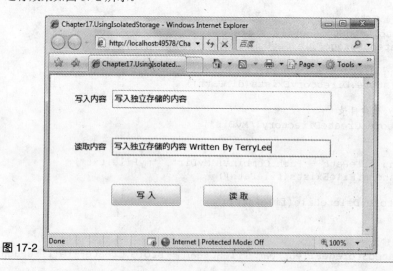

图 17-2

17.3 管理存储空间

17.3.1 申请存储空间

本章第 1 节提到了独立存储严格地限制了应用程序可以存储的数据的大小，目前上限是每个应用程序为 1 MB。但是我们能够通过 IsolatedStorageFile 类提供的 TryIncreaseQuotaTo 方法申请更大的存储空间，空间的大小是以字节为单位表示的，如下示例代码所示，申请独立存储空间增加到 5MB：

```C#
using (IsolatedStorageFile store =
    IsolatedStorageFile.GetUserStoreForApplication())
{
    long newQuetaSize = 5242880;
    long curAvail = store.AvailableFreeSpace;

    if (curAvail < newQuetaSize)
    {
        if (store.IncreaseQuotaTo(newQuetaSize))
        {
            //......
        }
        else
        {
            //......
        }
    }
}
```

这里使用了 AvailableFreeSpace 属性获取独立存储当前的空闲可用空间，同时可以使用 Quota 属性获取独立存储的总空间大小。当试图增加独立存储空间时，浏览器会弹出一个对话框供最终用户确认，IncreaseQuotaTo 方法将返回确认的结果，如图 17-3 所示。

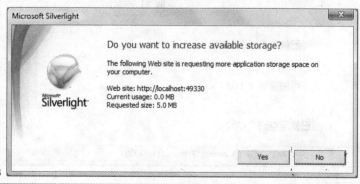

图 17-3

17.3.2 管理存储空间示例

下面我们看一个示例，在页面加载时显示出独立存储空间的使用情况，如下面的示例代码所示：

```csharp
void LayoutRoot_Loaded(object sender, RoutedEventArgs e)
{
    using (IsolatedStorageFile store =
        IsolatedStorageFile.GetUserStoreForApplication())
    {
        ShowSpaceStatus(store);
    }
}

void ShowSpaceStatus(IsolatedStorageFile store)
{
    long quota = store.Quota;
    long freeSpace = store.AvailableFreeSpace;
    long usedSpace = quota - freeSpace;

    this.tblQuota.Text = quota.ToString();
    this.tblFreeSpace.Text = freeSpace.ToString();
    this.tblUsedSpace.Text = usedSpace.ToString();
}
```

运行效果如图 17-4 所示。

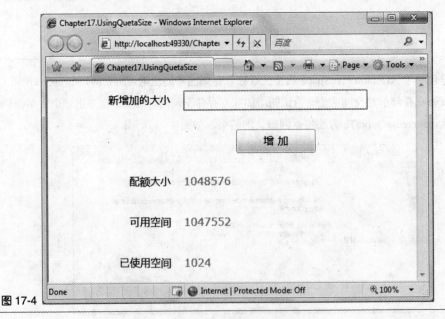

图 17-4

可以看到此时独立存储空间的大小是默认值 1MB。现在实现增加空间大小功能，如下面的示例代码所示：

```csharp
void btnTryIncrease_Click(object sender, RoutedEventArgs e)
{
    using (IsolatedStorageFile store =
        IsolatedStorageFile.GetUserStoreForApplication())
    {
        long newQuotaSize = Convert.ToInt64(this.txtNewSize.Text);
        store.IncreaseQuotaTo(newQuotaSize);

        ShowSpaceStatus(store);
    }
}
```

效果如图 17-5 所示，可以看到此时独立存储的空间大小增加到了 5MB。

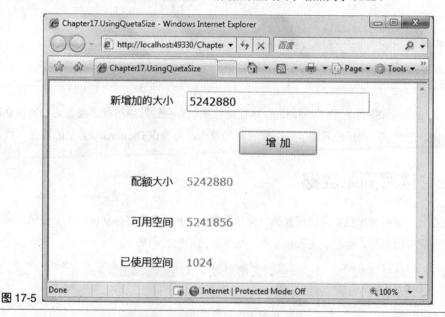

图 17-5

17.4 独立存储配置

17.4.1 独立存储配置简介

在 Silverlight 2 中，提供了一种特殊的独立存储，能够存储应用程序配置或站点配置，它是针对每个应用程序（站点）、每台电脑、每个用户的设置，它的范围由应用程序 xap 文件的完整路径决定。例如，可以存储应用程序配置，如每个页面显示的图片数量，页面布局自定义配置等。

独立存储配置使用 IsolatedStorageSettings 类来实现，该类在设计时使用 Dictionary 存储名/值对。它的定义如下面的代码所示：

```C#
public sealed class IsolatedStorageSettings : IDictionary<string, object>,
    ICollection<KeyValuePair<string, object>>,
    IEnumerable<KeyValuePair<string, object>>,
    IDictionary, ICollection, IEnumerable
{
    public static IsolatedStorageSettings ApplicationSettings { get; }
    public int Count { get; }
    public ICollection Keys { get; }
    public static IsolatedStorageSettings SiteSettings { get; }
    public ICollection Values { get; }
    public object this[string key] { get; set; }
    public void Add(string key, object value);
    public void Clear();
    public bool Contains(string key);
    public bool Remove(string key);
    public void Save();
    public bool TryGetValue<T>(string key, out T value);
}
```

通过 ApplicationSettings 和 SiteSettings 属性能够获取分别针对应用程序或者站点的独立存储配置类实例，进行应用程序配置或者站点配置时的操作，与操作 Dictionary 类型的数据一致。

17.4.2　读写简单数据

现在看一个如何使用独立存储配置读写简单数据的示例，我们将分别使用 4 个按钮来实现针对应用程序配置的添加、读取、更改和删除，如下面的示例代码所示：

```C#
// 获取应用程序配置实例
IsolatedStorageSettings appSettings =
IsolatedStorageSettings.ApplicationSettings;

// 写入配置
void btnAdd_Click(object sender, RoutedEventArgs e)
{
    appSettings.Add("myKey", this.txtValue.Text);
    appSettings.Save();
    this.tblStatus.Text = "配置已经存储";
}

// 读取配置
void btnRetrieve_Click(object sender, RoutedEventArgs e)
{
```

```
    String value = appSettings["myKey"] as String;
    appSettings.Save();
    this.tblStatus.Text = "读取的值为：" + value;
}

// 修改配置
void btnChange_Click(object sender, RoutedEventArgs e)
{
    appSettings["myKey"] = this.txtValue.Text;
    appSettings.Save();
    this.tblStatus.Text = "改变为" + appSettings["myKey"] as String;
}

// 删除配置
void btnDelete_Click(object sender, RoutedEventArgs e)
{
    appSettings.Remove("myKey");
    appSettings.Save();
    try
    {
        this.tblStatus.Text = appSettings["myKey"] as String;
    }
    catch
    {
        this.tblStatus.Text = "未发现相关的配置";
    }
}
```

注意每次操作完成后，都须要调用 Save 方法保存，否则数据将无法保存到虚拟文件系统中。
示例运行效果如图 17-6 所示。

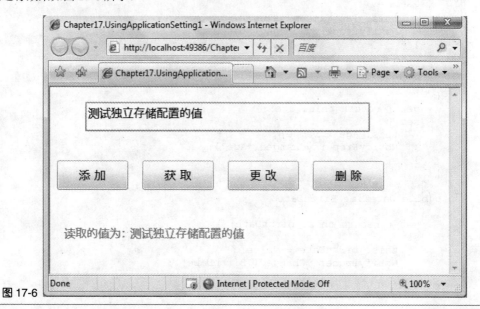

图 17-6

17.4.3 读写复杂数据

本节我们再通过一个示例看一下如何在独立存储配置中读写复杂数据类型，使用的方法本身与简单数据类型的读写方法并没有什么区别。IsolatedStorageSettings 类读写到独立存储文件时会对复杂数据类型序列化，至于数据最终在独立文件中以何种形式保存，本章 17.5 节会讲到。首先定义一个类型，实现 **INotifyPropertyChanged** 接口，如下面的示例代码所示：

C#

```csharp
public class Person : INotifyPropertyChanged
{
    private String _firstName;
    private String _lastName;
    private int _age;
    private DateTime _birthDate;

    public String FirstName
    {
        get { return this._firstName; }
        set{
            this._firstName = value;
            NotifyPropertyChanged("FirstName");
        }
    }

    public String LastName
    {
        get { return this._lastName; }
        set {
            this._lastName = value;
            NotifyPropertyChanged("LastName");
        }
    }

    public int Age
    {
        get { return this._age; }
        set {
            this._age = value;
            NotifyPropertyChanged("Age");
        }
    }

    public DateTime BirthDate
    {
        get { return this._birthDate; }
        set {
            this._birthDate = value;
            NotifyPropertyChanged("BirthDate");
        }
    }

    private void NotifyPropertyChanged(String propertyName)
```

```
        {
            if (PropertyChanged != null)
            {
                PropertyChanged(this, new
PropertyChangedEventArgs(propertyName));
            }
        }
    public event PropertyChangedEventHandler PropertyChanged;
}
```

编写代码，实现应用程序配置读写，可以看到，它与保存简单数据类型并没有什么区别，在读取到配置信息之后，能够直接转换为自定义类型，独立存储将自动进行序列化和反序列化，如下面的示例代码所示：

C#

```csharp
IsolatedStorageSettings appSettings =
    IsolatedStorageSettings.ApplicationSettings;
void btnSave_Click(object sender, RoutedEventArgs e)
{
    Person person = new Person() {
        FirstName = "Terry",
        LastName = "Lee",
        Age = 26
    };
    appSettings.Add("myComplexKey2", person);
    appSettings.Save();
}

void btnRetrieve_Click(object sender, RoutedEventArgs e)
{
    Person person = appSettings["myComplexKey2"] as Person;
}
```

运行程序时通过断点可以看到，独立存储配置正确的读取了数据，如图 17-7 所示。

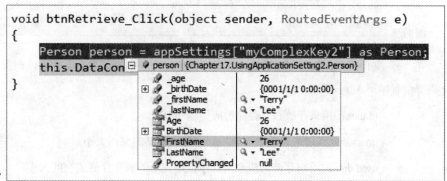

图 17-7

17.5 进一步认识独立存储

17.5.1 独立存储位置

前面我们详细介绍了独立存储及独立存储配置，既然独立存储的数据保存在客户端，那我们应该可以在本地机器找到相关信息，事实上正是如此，笔者的个人机器上（操作系统：Windows Server 2008），独立存储的相关信息放在位置 C:\Users\Administrator\AppData\LocalLow\Microsoft\Silverlight 下面，它被分成了两部分：一部分用来存放一些管理信息，如应用程序的 ID、存储空间等；另一部分存放特定的数据，如图 17-8 所示。

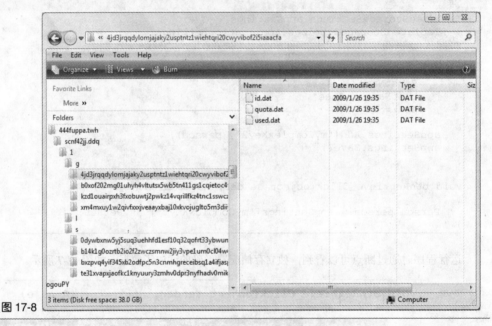

图 17-8

在"g"文件夹下，我们可以看到，针对不同应用程序创建了多个文件夹，而每一个文件夹下面都会有如下 3 个文件。

* id.data：用来存放独立存储的应用程序 ID。

* quota.data：用来存放当前应用程序独立存储的空间大小。

* used.data：用来存储当前应用程序已经使用的独立存储的空间大小。

用记事本打开 id.data 文件，可以看到应用程序 ID，这里我的测试应用程序是 http://localhost:50493。另一部分存放的数据，是指写入独立存储的具体内容，本章第 2 节我们在

MyDir 目录下写入了 **myFile.txt** 的文件，在此处就可以找到该文件，并查看它的内容，如图 17-9 所示。

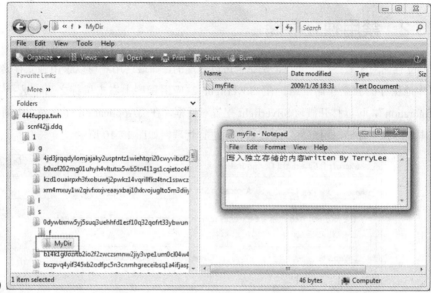

图 17-9

独立存储配置的数据同样也可以在此处找到，它使用了名为"__LocalSettings"的文件进行保存，如本章第 4 节我们写入的复杂数据类型的内容，打开该文件夹后可以看到它序列化为如下内容进行保存：

XML

```xml
Chapter17.UsingApplicationSetting2.Person,
Chapter17.UsingApplicationSetting2,
Version=1.0.0.0, Culture=neutral, PublicKeyToken=null

<ArrayOfKeyValueOfstringanyType
  xmlns:i="http://www.w3.org/2001/XMLSchema-instance"

  xmlns="http://schemas.microsoft.com/2003/10/Serialization/Arrays">
  <KeyValueOfstringanyType>
    <Key>myComplexKey2</Key>
    <Value
xmlns:d3p1="http://schemas.datacontract.org/2004/07/Chapter17.UsingApplica
tionSetting2"
      i:type="d3p1:Person">
    <d3p1:Age>26</d3p1:Age>
    <d3p1:BirthDate>0001-01-01T00:00:00</d3p1:BirthDate>
    <d3p1:FirstName>Terry</d3p1:FirstName>
    <d3p1:LastName>Lee</d3p1:LastName>
    </Value>
  </KeyValueOfstringanyType>
</ArrayOfKeyValueOfstringanyType>
```

　　此处对内容进行了简单的格式整理，该文件中记录了源对象的程序集信息，以及序列化之后的内容。

17.5.2　禁用独立存储

　　独立存储对于最终用户来说，是完全可以管理的，如最终用户可以禁用独立存储，或者删除所有本地保存的独立存储信息。在 Silverlight 2 应用程序上右击鼠标之后，选择 "Silverlight Configuration"，可以打开微软 Silverlight 配置对话框，在 "Application Storage" 中列出了所有存储在本地的独立存储，用户可以通过该界面进行管理，如图 17-10 所示。

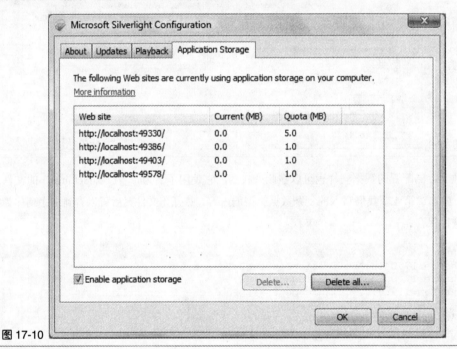

图 17-10

17.6　本章小结

　　本章详细介绍了 Silverlight 2 中的独立存储功能，以及独立存储配置功能，它为我们提供了一个客户端安全的存储机制。希望通过本章的讲解，大家能够很好地掌握这部分内容。使用独立存储，可以实现一个 "本地数据库"，但是要记住一点的是，最终用户可以禁用或删除本地的独立存储信息。

第18章 墨迹标注应用

本章内容 前面的章节介绍了很多 Silverlight 2 的新特性， Silverlight 2 还有一项超炫的新功能就是墨迹标注，令人遗憾的是，它并没有引起足够的关注。本章我将详细介绍这一特性，主要内容如下：

> InkPresenter 控件使用
> 收集显示数据
> 笔画设计
> 美化 InkPresenter
> 存储标注
> 本章小结

18.1 InkPresenter 概览

18.1.1 InkPresenter 控件

墨迹标注是 Silverlight 中一项超炫的新特性，使用它能够为应用程序提供直接在浏览器中使用鼠标进行绘制的功能，如基于 Web 的电子白板应用程序等，在一些特定应用中会非常有用。

墨迹标注功能是通过 InkPresenter 控件实现的，它是一个笔划集合容器，每个笔划都由一组 StylusPoints 组成。以笔和纸为例，每次用笔接触纸时，就开始了一个笔划，然后继续来回移动笔可以绘制一个圆或写一个字。将笔从纸上提起则表示该笔划结束，再次放下笔就会开始一个新笔划。

笔划具有一些绘图特性，可定义笔划的颜色、宽度和其他几个属性，笔划中的各个点也具有属性：代表位置的 X 坐标和 Y 坐标，以及数字化器 PressureFactor。如图 18-1 所示。

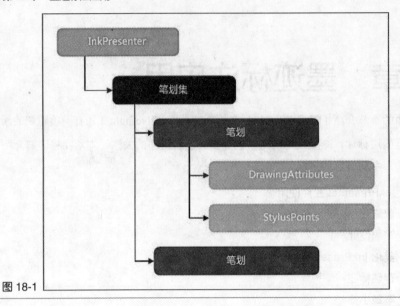

图 18-1

18.1.2 常用类介绍

现在看几个在墨迹标注中常用的类型，DrawingAttributes 类用于指定笔划绘制属性，包括高度、宽度、颜色和轮廓颜色。若要对某一笔划应用绘制属性，则将对 Stroke 的 DrawingAttributes 属性设置为某一 DrawingAttributes 对象，它的定义如下所示：

```csharp
// C#
public sealed class DrawingAttributes : DependencyObject
{
    public DrawingAttributes();
    public Color Color { get; set; }
    public double Height { get; set; }
    public Color OutlineColor { get; set; }
    public double Width { get; set; }
}
```

Stroke 是收集指针设备（笔针或鼠标）的数据对象，能够通过编程方式创建和操作，并可在启用墨迹的元素 InkPresenter 控件上以可视的方式呈现。Stroke 包含有关其位置和外观的信息。StylusPoints 属性是 StylusPoint 对象的集合，指定 Stroke 的几何图形，Stroke 类的定义如下面的代码所示：

```csharp
// C#
public sealed class Stroke : DependencyObject
{
    public Stroke();
    public Stroke(StylusPointCollection stylusPoints);
```

```
    public DrawingAttributes DrawingAttributes { get; set; }
    public StylusPointCollection StylusPoints { get; set; }
    public Rect GetBounds();
    public bool HitTest(StylusPointCollection stylusPointCollection);
}
```

另外 InkPresenter 控件的 Strokes 属性使用 StrokeCollection 对象存储笔划集合信息。

18.1.3 墨迹标注简单示例

下面看一个简单的示例，手工在 InkPresenter 中添加一些笔划，后面的几节中，我们会逐步改进该示例，如下面的示例代码所示：

XAML

```
<InkPresenter>
    <InkPresenter.Strokes>
        <StrokeCollection>
            <Stroke>
                <Stroke.DrawingAttributes>
                    <DrawingAttributes Color="#FF000000"
OutlineColor="#00000000"
                                       Width="3" Height="3" />
                </Stroke.DrawingAttributes>
                <Stroke.StylusPoints>
                    <StylusPoint X="81.4583358764648" Y="96.5833282470703" />
                    <StylusPoint X="81.4583358764648" Y="96.5833282470703" />
                    <StylusPoint X="81.0833358764648" Y="96.4166717529297" />
                    <StylusPoint X="81.0833358764648" Y="96.4166717529297" />
                    <StylusPoint X="81.0833358764648" Y="96.4166717529297" />
                    <StylusPoint X="81.0833358764648" Y="96.4166717529297" />
                    <StylusPoint X="80.4583358764648" Y="96.8333282470703" />
                    <StylusPoint X="80.4583358764648" Y="96.8333282470703" />
                    <StylusPoint X="80" Y="97.2916717529297" />
                    <StylusPoint X="80" Y="97.2916717529297" />
                    <StylusPoint X="79.625" Y="97.75" />
                    <StylusPoint X="79.625" Y="97.75" />
                    <StylusPoint X="79.625" Y="97.75" />
                    <StylusPoint X="79.625" Y="97.75" />
                    <StylusPoint X="79.625" Y="96.5416717529297" />
    ……//省略了部分代码
                </Stroke.StylusPoints>
            </Stroke>
        </StrokeCollection>
    </InkPresenter.Strokes>
</InkPresenter>
```

运行效果如图 18-2 所示。

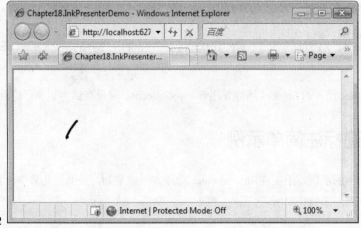

图 18-2

可以看到，尽管编写了大量的代码来添加数据，但是最终显示出的笔划却非常少，一般情况下并不会这么做，因为没有任何意义。InkPresenter 控件提供了一些事件和方法，允许我们捕捉鼠标的动作，并添加到 StrokeCollection 中，以便显示出相应的笔划。

18.2 收集显示数据

通过前面的介绍，我们知道 InkPresenter 仅仅是一个笔划集容器，它本身并不能创建笔划，必须通过响应 InkPresenter 控件上的事件以编程方式创建笔划。捕获笔划的关键事件是 MouseLeftButtonDown、MouseMove 和 MouseLeftButtonUp 三个事件。

当 InkPresenter 控件接收到 MouseLeftButtonDown 事件时，须要在内存中创建一个新笔划并将其添加到 InkPresenter 的 StrokeCollection 属性中。在 InkPresenter 控件内部来回移动鼠标触发 MouseMove 事件时，须要向该笔划添加 StylusPoints。只要用户触发了 MouseLeftButtonUp 事件，释放鼠标捕获。

我们继续完善前面的示例，为其添加鼠标事件并作数据收集，如下面的示例代码所示：

```csharp
Stroke newStroke;
void inkPresenter_MouseLeftButtonDown(object sender, MouseButtonEventArgs e)
{
    inkPresenter.CaptureMouse();
    newStroke = new Stroke();
    newStroke.StylusPoints.Add(
        e.StylusDevice.GetStylusPoints(inkPresenter)
        );
    inkPresenter.Strokes.Add(newStroke);
}
```

```
void inkPresenter_MouseMove(object sender, MouseEventArgs e)
{
    if (newStroke != null)
    {
        newStroke.StylusPoints.Add(
            e.StylusDevice.GetStylusPoints(inkPresenter)
            );
    }
}

void inkPresenter_MouseLeftButtonUp(object sender, MouseEventArgs e)
{
    newStroke = null;
    inkPresenter.ReleaseMouseCapture();
}
```

现在运行后，在页面上移动鼠标，会发现无法显示出正确的墨迹。因为我们遗忘了一个很重要的环节，InkPresenter 控件必须包含 Background 属性才能接收鼠标事件，设置属性后的 InkPresenter 控件声明如下面的示例代码所示：

XAML

```
<InkPresenter x:Name="inkPresenter"

        MouseLeftButtonDown="inkPresenter_MouseLeftButtonDown"
        MouseMove="inkPresenter_MouseMove"
        MouseLeftButtonUp="inkPresenter_MouseLeftButtonUp"
        Background="Transparent"></InkPresenter>
```

现在运行程序后，按下鼠标进行绘制，可以在屏幕上看到所写的文字信息，如图 18-3 所示。

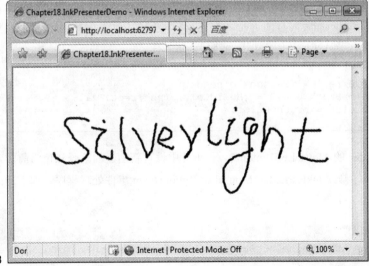

图 18-3

18.3 笔画设计

默认情况下，笔划的绘制属性将创建高度和宽度都为 3 的黑色笔划，此值表示与设备无关的像素，不能设置为小于 2 的值。在代码中，可以创建一些方法和事件处理程序影响各种笔划属性，如笔划的宽度和颜色。

现在在页面上放置三个矩形分别代表不同颜色，如下面的示例代码所示：

XAML
```xaml
<StackPanel x:Name="colorPanel" Orientation="Horizontal"
          Grid.Row="1" Grid.Column="0">
    <Rectangle x:Name="recRed" Fill="Red"
            Stroke="Black" StrokeThickness="1"
            Width="30" Height="30" Margin="10"
            MouseLeftButtonDown="Rect_MouseLeftButtonDown"/>
    <Rectangle x:Name="recGreen" Fill="Green"
            Stroke="Black" StrokeThickness="1"
            Width="30" Height="30" Margin="10"
            MouseLeftButtonDown="Rect_MouseLeftButtonDown"/>
    <Rectangle x:Name="recBlue" Fill="Blue"
            Stroke="Black" StrokeThickness="1"
            Width="30" Height="30" Margin="10"
            MouseLeftButtonDown="Rect_MouseLeftButtonDown"/>
</StackPanel>
```

添加矩形事件处理程序，在该事件中获取到当前矩形的填充色，并把它记录到一个全局变量中，如下面的示例代码所示：

C#
```csharp
Color currentColor = Colors.Black;
void Rect_MouseLeftButtonDown(object sender, MouseButtonEventArgs e)
{
    Rectangle rect = (Rectangle)sender;
    SolidColorBrush brush = (SolidColorBrush)rect.Fill;
    currentColor = brush.Color;
}
```

在 InkPresenter 的 MouseLeftButtonDown 事件中设置新创建的笔画颜色为前面定义的全局变量 currentColor，修改 inkPresenter_MouseLeftButtonDown 事件处理程序，如下面的示例代码所示：

C#
```csharp
void inkPresenter_MouseLeftButtonDown(object sender, MouseButtonEventArgs e)
{
    inkPresenter.CaptureMouse();
```

```
    newStroke = new Stroke();
    newStroke.DrawingAttributes.Color = currentColor;
    newStroke.StylusPoints.Add(
        e.StylusDevice.GetStylusPoints(inkPresenter)
        );
    inkPresenter.Strokes.Add(newStroke);
}
```

运行程序后点击矩形获取颜色，并在屏幕上进行绘制，效果如图 18-4 所示。

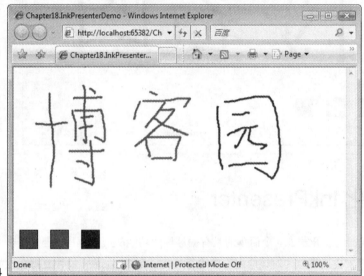

图 18-4

除此之外，还可以通过 OutlineColor 属性来设置笔划的轮廓颜色，轮廓的宽度为 1 个像素，所以它会使呈现的笔划加宽 2 个像素。修改 inkPresenter_MouseLeftButtonDown 事件处理程序，添加笔划轮廓颜色，如下面的示例代码所示：

C#
```
void inkPresenter_MouseLeftButtonDown(object sender, MouseButtonEventArgs e)
{
    inkPresenter.CaptureMouse();
    newStroke = new Stroke();
    newStroke.DrawingAttributes.Color = currentColor;
    newStroke.DrawingAttributes.OutlineColor = Colors.Black;
    newStroke.StylusPoints.Add(
        e.StylusDevice.GetStylusPoints(inkPresenter)
        );
    inkPresenter.Strokes.Add(newStroke);
}
```

再次运行后绘制效果如图 18-5 所示。

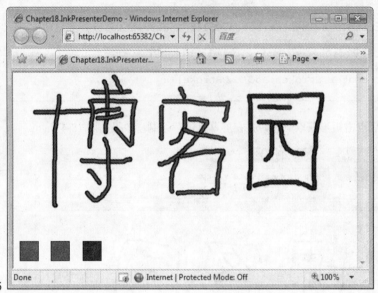

图 18-5

18.4 美化 InkPresenter

前面两节，我们已经开发了一个简单的具有墨迹标注功能的应用程序，但却是一个非常丑陋的应用程序，接下来我们将继续对该应用程序进行美化。InkPresenter 控件支持在它的内部添加任何从 UIElement 派生的元素，因此可以在 InkPresenter 控件中添加图像或视频来作为它的背景填充色。这里为了显示出圆角效果，在 InkPresenter 中添加了矩形元素，并使用 ImageBrush 填充矩形。如下面的示例代码所示：

XAML

```xaml
<InkPresenter x:Name="inkPresenter"

        MouseLeftButtonDown="inkPresenter_MouseLeftButtonDown"
        MouseMove="inkPresenter_MouseMove"
        MouseLeftButtonUp="inkPresenter_MouseLeftButtonUp"
        Background="Transparent"
        Grid.Row="0" Grid.ColumnSpan="2">
    <Rectangle Width="560" Height="220"
        RadiusX="20" RadiusY="20" Margin="20">
      <Rectangle.Fill>
        <ImageBrush ImageSource="bg.png"/>
      </Rectangle.Fill>
    </Rectangle>
</InkPresenter>
```

现在运行程序后可以直接在图像上进行墨迹标注，如图 18-6 所示。

图 18-6

现在看起来效果好多了，作为背景图像，还可以设置它的不透明度，让它以半透明的形式显示，如下面的示例代码所示：

XAML

```xaml
<InkPresenter x:Name="inkPresenter"

        MouseLeftButtonDown="inkPresenter_MouseLeftButtonDown"
        MouseMove="inkPresenter_MouseMove"
        MouseLeftButtonUp="inkPresenter_MouseLeftButtonUp"
        Background="Transparent"
        Grid.Row="0" Grid.ColumnSpan="2">
    <Rectangle Width="560" Height="220"
        RadiusX="20" RadiusY="20" Margin="20">
        <Rectangle.Fill>
            <ImageBrush ImageSource="bg.png" Opacity="0.5"/>
        </Rectangle.Fill>
    </Rectangle>
</InkPresenter>
```

运行程序后进行绘制，可以看到效果如图 18-7 所示。

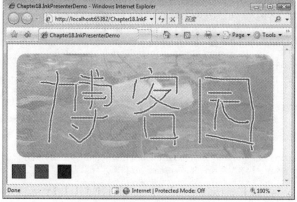

图 18-7

18.5 存储标注

对于手写文本，当前页面关闭后，笔划数据将会丢失，所以大多数情况下，我们都会对笔划数据进行保存，可以使用本书第 17 章介绍的独立存储把数据保存在客户端，也可以通过调用服务把数据保存在数据库或其他存储介质中。既然要保存数据到服务端，就须要把笔划数据传递给服务，但是笔画对象中有些并不能直接序列化，所以我们须要手工做一些转换，有两种方案可以解决这个问题：一是使用自定义对象，使其可序列化，用它们来表示笔划数据并将其传递给服务端；二是构造基于 XAML 的字符串，传递给服务端，再由服务端解析 XAML 字符串。

在本示例中，我们将采用第二种方法来构造笔划数据，由于 XAML 也是一个标准的 XML 格式，所以可以方便地使用 LINQ to XML 完成这一功能，如下示例代码所示，编写一个方法来对笔划集合进行解析：

```csharp
private XElement ConvertStrokesToString(StrokeCollection originStrokes)
{
    // 添加命名空间
    string xmlnsString = "http://schemas.microsoft.com/client/2007";

    XNamespace xmlns = xmlnsString;
    XElement XStrokes = new XElement(xmlns + "StrokeCollection",
        new XAttribute("xmlns", xmlnsString));

    // 创建笔画
    XElement mystroke;
    foreach (Stroke s in originStrokes)
    {
        mystroke = new XElement(xmlns + "Stroke",
          new XElement(xmlns + "Stroke.DrawingAttributes",
            new XElement(xmlns + "DrawingAttributes",
                new XAttribute("Color", s.DrawingAttributes.Color),
                new XAttribute("OutlineColor",
                            s.DrawingAttributes.OutlineColor),
                new XAttribute("Width", s.DrawingAttributes.Width),
                new XAttribute("Height", s.DrawingAttributes.Height))));

        // 创建 StylusPoints
        XElement myPoints = new XElement(xmlns + "Stroke.StylusPoints");
        foreach (StylusPoint sp in s.StylusPoints)
        {
            XElement mypoint = new XElement(xmlns + "StylusPoint",
              new XAttribute("X", sp.X.ToString()),
              new XAttribute("Y", sp.Y.ToString()));
            myPoints.Add(mypoint);
```

```
        }
        mystroke.Add(myPoints);
        XStrokes.Add(mystroke);
    }
    return XStrokes;
}
```

编写完该方法之后，可以做一个简单的测试，看看构造的最终结果字符串，测试代码如下：

C#
```
private void Button_Click(object sender, RoutedEventArgs e)
{
    StrokeCollection strokes = inkPresenter.Strokes;
    string result = ConvertStrokesToString(strokes).ToString();
}
```

如输入"Silverlight"，在 Visual Studio 2008 中使用 XML Visualizer 将会看到最后构造出的结果字符串，如图 18-8 所示。

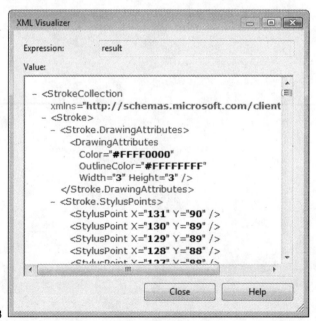

图 18-8

注意在屏幕上的绘制不同，最终的数据是不相同的，但是 XML 结构是一致的。这样就构造出了笔划数据字符串，只须要调用 WCF 服务就可以进行保存，如果要对标注进行检索，可以再调用 WCF 服务返回笔划数据字符串，赋给任意的 InkPresenter 控件即可。关于调用 WCF 服务，在本书第 12 章有详细的介绍，这里不再赘述。

18.6 本章小结

　　本章介绍了 Silverlight 2 中一项非常酷的墨迹标注功能，它在特定的应用程序场景中将会为你的应用程序增色不少，如基于 Silverlight 的网络电子白板，或者基于 Silverlight 的聊天室中提供手写输入功能，都是非常棒的应用。

第19章 应用程序剖析

本章内容 通过前面各章的介绍，大家对于如何开发基于 Silverlight 2 应用程序已经有了全面的认识，本章将对 Silverlight 2 应用程序做一些深入的剖析，让大家了解 Silverlight 2 应用程序生命周期是怎样的，如何宿主，以及如何部署等，主要内容如下：

- 应用程序概述
- 应用程序生命周期
- 应用程序宿主
- 应用程序包揭秘
- 应用程序部署
- 本章小结

19.1 应用程序概述

Silverlight 2 提供了非常丰富的客户端技术，它超越了 HTML 和 JavaScript，更加容易实现测试和调试且更加安全，使用户能够充分利用现有的网络基础设施和开发技巧，实现最佳实践和应用。

客户端应用程序宿主在浏览器的 Silverlight 插件中，该插件能够提供在运行时的服务和 HTML DOM 集成，客户端一旦被初始化，它就可以调用一些服务来实现数据的获取、事务及启动工作流程，另外，客户端也可以选择独立存储来保存用户特定的状态等信息，如图 19-1 所示。

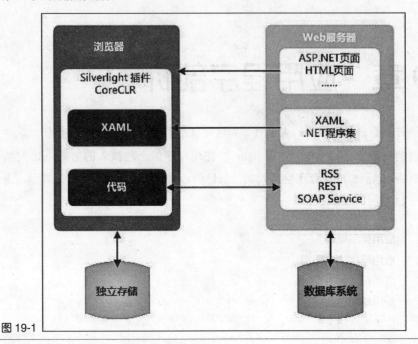

图 19-1

19.2　应用程序生命周期

19.2.1　从外部看应用程序生命周期

从用户的角度看，当导航到一个包含 Silverlight 插件的 Web 页面时，Silverlight 应用程序开始它的生命周期：

- ❖　判断是否自定义了启动画面，如果没有，则显示默认的启动画面；

- ❖　初始化 Silverlight 插件控件并下载应用程序包（.xap 文件）；

- ❖　Silverlight 插件为应用程序执行创建一个可执行的环境；

- ❖　加载应用程序包中的程序集及其他引用的程序集到执行环境中；

- ❖　初始化应用程序并最终进行呈现。

对于整个过程可以用图 19-2 来表示。

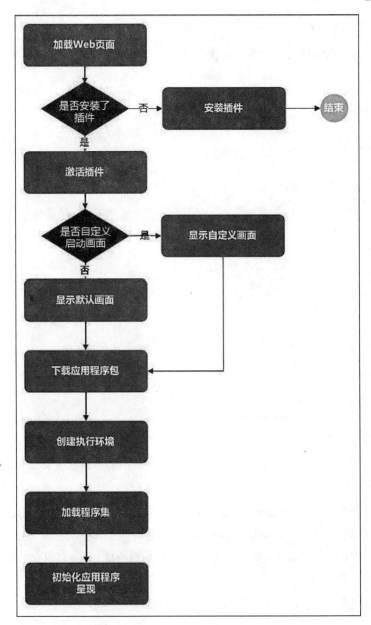

图 19-2 从外部看应用程序生命周期

19.2.2 从内部看应用程序生命周期

从开发者的角度看，Silverlight 应用程序生命周期是从调用 Application 类的构造函数开始，随后触发 Startup 事件，当退出应用程序时触发 Exit 事件，整个流程如下：

- 调用 Application 构造函数，初始化应用程序；

- 触发 Startup 事件；

- 应用程序运行；

- 应用程序关闭；

- 触发 Exit 事件。

Application 类的定义如下面的代码所示：

```csharp
C#
public class Application
{
    // 属性
    public static Application Current { get; }
    public SilverlightHost Host { get; }
    public ResourceDictionary Resources { get; }
    public UIElement RootVisual { get; set; }

    // 事件
    public event EventHandler Exit;
    public event StartupEventHandler Startup;
    public event EventHandler<ApplicationUnhandledExceptionEventArgs>
UnhandledException;

    // 更多成员
}
```

基于 Silverlight 的所有应用程序都必须包括 Application 派生的单个类。应用程序类通常会用于添加基于 XAML 的应用程序范围的资源。

应用程序类的构造函数通常包括对 InitializeComponent 方法的调用，该方法负责合并 XAML 和代码隐藏文件。构建过程生成 InitializeComponent 方法实现，此实现通过调用 Application.LoadComponent 方法完成加载 XAML，另外在应用程序构造函数中还可以包含对应用程序级别事件的注册，如下面的代码所示：

```csharp
C#
public App()
{
    this.Startup += this.Application_Startup;
    this.Exit += this.Application_Exit;
    this.UnhandledException += this.Application_UnhandledException;

    InitializeComponent();
}
```

通过处理 Startup 事件可以提供某一用户界面，这可通过设置 RootVisual 属性完成。Silverlight 插件按照在宿主网页中配置的方式在其客户端区域中显示该用户界面。可以使用 Startup 事件初始化应用程序及其用户界面。例如，可以基于 Silverlight 插件配置参数、URL 参数或从独立存储检索的用户设置，指定初始的应用程序状态。如下面的示例代码，根据传递的参数不同，设置不同的启动页面：

```csharp
private void Application_Startup(object sender, StartupEventArgs e)
{
    if (e.InitParams.Keys.Contains("startpage"))
    {
        string startPage = e.InitParams["startpage"];
        switch (startPage.ToLower())
        {
            case "pagea":
                this.RootVisual = new PageA();
                break;
            case "pageb":
                this.RootVisual = new PageB();
                break;
            default:
                this.RootVisual = new DefaultPage();
                break;
        }
    }
}
```

当发生以下操作之一时，将触发 Application.Exit 事件：

- ◆ 用户关闭承载 Silverlight 插件的网页；

- ◆ 用户刷新宿主网页；

- ◆ 用户将浏览器导航出宿主网页；

- ◆ 宿主网页使用 JavaScript 和 HTML DOM 从页面中删除插件；

- ◆ 用户注销或关闭操作系统。

我们经常会使用该事件来把应用程序的配置数据保存到独立存储中，关于独立存储请参阅本书第 17 章。

19.3 应用程序宿主

Silverlight 2 应用程序编译后会打包为.xap 文件，该文件并不能单独运行，须要托管在一个 Web 页面中，页面的类型可以是 HTML、ASP.NET、PHP 等各种类型的页面。有三种方式可以对应用程序包托管：使用 Silverlight SDK 中提供的 ASP.NET 服务器控件<asp:Silverlight/>；使用基于 HTML 中 object 的方式创建；还可以使用 JavaScript 直接调用 Silverlight.js 中的 createObject 函数创建。

19.3.1　使用 Silverlight 控件

Silverlight SDK 提供了一个标准的 ASP.NET 服务器控件<asp:Silverlight/>，使用该控件可以轻松宿主 Silverlight 2 应用程序到 ASP.NET 页面中。在使用该控件之前须要先添加 System.Web.Silverlight.dll 程序集到宿主应用程序中，该程序集默认位于 C:\Program Files\Microsoft SDKs\Silverlight\v2.0\Libraries\Server 文件夹中。如下面的示例代码所示：

ASP.NET

```
<asp:Silverlight ID="Xaml1" runat="server"
    Source="~/ClientBin/Chapter19.ApplicationDemo.xap"
    MinimumVersion="2.0.31005.0"
    Width="100%" Height="100%"/>
```

本书所有章节几乎都是使用<asp:Silverlight/>控件来宿主 Silverlight 应用程序，它有一些重要的属性，解释如下所示。

* Source：设置 Silverlight 应用程序包的路径。

* MinimumVersion：指定运行该 Silverlight 应用程序的最低版本，此处指定的版本号为 2.0.31005.0。

* HtmlAccess：指定是否可以进行 HTML 访问，有 3 个选项：SameDomain，Disabled，Enabled。

* AutoUpgrade：指定如果客户端插件版本小于 MinimumVersion 属性所指定的版本，是否自动更新 Silverlight 插件，默认值为 True。

* InitParameters：初始化参数，该参数基于字典形式，设置了初始化参数之后，可以在 Silverlight 应用程序类的 Startup 事件中获取该参数。

* Windowless：是否允许启用无窗口模式，默认值为 False，建议如果没有特殊需求，永远不要修改该属性为 True，这会对性能造成很大的影响。

除了上面提到的这些基本属性之外，Silverlight 控件还提供了如下一组属性，用来设置一些事件的客户端处理脚本：

* OnPluginError

* OnPluginFullScreen

- ◆ OnPluginLoaded

- ◆ OnPluginResized

- ◆ OnPluginSourceDownloadComplete

- ◆ OnPluginSourceDownloadProgressChanged

使用<asp:Silverlight/>控件时，有一点须要注意，由于它依赖于 ASP.NET AJAX，所以须要在使用<asp:Silverlight/>控件的页面上添加 ScriptManager 控件。

19.3.2 基于 object 创建

使用 Silverlight 控件宿主 Silverlight 应用程序使用上比较简单，但它有一定的局限性，它只能在 ASP.NET 页面中宿主。如果要宿主在其他类型的 Web 页面中，就要基于 object 形式来创建，所要做的只是将 object 元素添加到 HTML 中，并指定属性和子参数元素，如下面的示例代码所示：

HTML
```
<object data="data:application/x-silverlight-2,"
type="application/x-silverlight-2" width="100%" height="100%">
    <param name="source" value="ClientBin/Chapter20.ApplicationDemo.xap"/>
    <param name="onerror" value="onSilverlightError" />
    <param name="background" value="white" />
    <param name="minRuntimeVersion" value="2.0.31005.0" />
    <param name="autoUpgrade" value="true" />
    <a href="http://go.microsoft.com/fwlink/?LinkID=124807"
style="text-decoration: none;">
        <img src="http://go.microsoft.com/fwlink/?LinkId=108181" alt="Get
Microsoft Silverlight" style="border-style: none"/>
    </a>
</object>
```

其中 data 和 type 属性使用 Silverlight MIME 类型来标识插件，如 Silverlight 2 的 MIME 类型为 application/x-silverlight-2。名为 source 的参数是必需的，指定了 Silverlight 应用程序包的路径，其他的参数都是可选的，第 19.3.1 节中介绍的<asp:Silverlight/>控件的所有属性，都可以在这里使用参数来指定。

注意到在 object 中包含了一段普通的 HTML 代码：

HTML
```
<a href="http://go.microsoft.com/fwlink/?LinkID=124807"
style="text-decoration: none;">
        <img src="http://go.microsoft.com/fwlink/?LinkId=108181" alt="Get
Microsoft Silverlight" style="border-style: none"/>
    </a>
```

它用来指定当客户端没有安装 Silverlight 插件时，给用户的提示信息，以及下载安装 Silverlight 插件的路径，默认它将显示微软提供的 Silverlight 插件安装图标，如图 19-3 所示。

图 19-3

完全可以自定义 HTML 来提高 Silverlight 插件的安装体验。

19.3.3 使用 JavaScript 创建

除了前面提供的两种方法可以宿主 Silverlight 应用程序到 Web 页面中之外，还可以直接使用 Silverlight SDK 中提供的 JavaScript 帮助器文件 Silverlight.js 中的函数创建，这些函数被称之为"嵌入函数"，嵌入函数接受详细配置信息作为输入参数并生成 HTML object 元素。此嵌入技术与所有支持的浏览器兼容。使用 createObject 函数可以完成这一任务，大家可以在 Silverlight.js 文件中找到该函数的定义。如下面的示例代码所示：

```javascript
<div id="silverlightControlHost">
    <script type="text/javascript">
        Silverlight.createObject(
        " ClientBin/Chapter20.ApplicationDemo.xap ",
        silverlightControlHost,
        "slPlugin",
        {
        width: "100%", height: "100%", background: "white",
        minRuntimeVersion: "2.0.31005.0"
        },
        { onError: onSLError, onLoad: onSLLoad },
        "key1=value1, key1=value2",
        "context"
        );
    </script>
</div>
```

在使用 createObject 函数时，前面所介绍的属性都可以在这里作参数传入，参数的声明如下所示：

```
Silverlight.createObject =
    function(source, parentElement, id, properties, events, initParams,
userContext)
{
    // 函数实现
}
```

这些参数分别表示：Silverlight 应用程序包路径、父元素 Id，即最终创建的 object 元素将放在哪个 DOM 元素中，object 元素 Id，属性集合，事件处理程序，初始化参数，用户上下文信息。如果要在 JavaScript 中指定客户端没有安装 Silverlight 插件时的提示信息，可以使用如下代码：

JavaScript

```
<div id="silverlightControlHost">
    <script type="text/javascript">
        var getSilverlightMethodCall =
            "javascript:Silverlight.getSilverlight(\"2.0.31005.0\");";
        var installImageUrl =
            "http://go.microsoft.com/fwlink/?LinkId=108181";
        var imageAltText = "获取微软 Silverlight";
        var altHtml =
            "<a href='{1}' style='text-decoration: none;'>" +
            "<img src='{2}' alt='{3}' " +
            "style='border-style: none'/></a>";
        altHtml = altHtml.replace('{1}', getSilverlightMethodCall);
        altHtml = altHtml.replace('{2}', installImageUrl);
        altHtml = altHtml.replace('{3}', imageAltText);

        Silverlight.createObject(
            "ClientBin/Chapter20.ApplicationDemo.xap",
            silverlightControlHost, "slPlugin",
            {
                width: "100%", height: "100%",
                background: "white", alt: altHtml,
                minRuntimeVersion: "2.0.31005.0"
            },
            { onError: onSLError, onLoad: onSLLoad },
            "key1=value1,key2=value2", "context");
    </script>
</div>
```

使用 JavaScript 创建时，须要引入 Silverlight.js 文件，在创建一个新的 Silverlight 项目时，该文件会自动添加到测试项目中，或者通过 *http://code.msdn.microsoft.com/silverlightjs* 地址下载。

19.4　应用程序包揭秘

19.4.1　应用程序包概述

在本书的章节中，所有的示例编译后都生成了一个应用程序包，即.xap 文件，它是 Silverlight 2 应用程序编译打包后的一个文件，包括了 Silverlight 2 应用程序所需的一切文件，如程序集、资源文件等。这里的 xap 并没有任何特殊的意义，仅仅是 Silverlight 2 应用程序编译后生成文件的扩展名而已，本质上它是一个标准的 zip 压缩文件，完全可以修改.xap 文件后缀为.zip，并用解压缩工具打开，可以看到其中包含的文件，如果 19-4 所示。

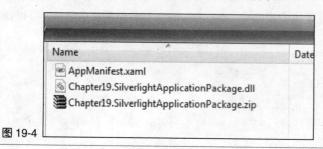

图 19-4

应用程序包会在 Silverlight 2 程序运行时，由 Silverlight 插件下载到本地客户端运行，所以在应用程序包中包含了整个应用程序运行所需的所有程序集及资源文件，另外必须包含一个应用程序清单文件，文件名为 AppManifest.xaml，一个典型的 AppManifest.xaml 文件包含的内容如下：

XAML

```xaml
<Deployment xmlns="http://schemas.microsoft.com/client/2007/deployment"

        xmlns:x="http://schemas.microsoft.com/winfx/2006/xaml"
        EntryPointAssembly="Chapter19.SilverlightApplicationPackage"

        EntryPointType="Chapter19.SilverlightApplicationPackage.App"
        RuntimeVersion="2.0.31005.0">
  <Deployment.Parts>
    <AssemblyPart x:Name="Chapter19.SilverlightApplicationPackage"

            Source="Chapter19.SilverlightApplicationPackage.dll" />
  </Deployment.Parts>
</Deployment>
```

从上面的代码可以看到，作为应用程序清单文件 AppManifest.xaml 至少包含了如下几个部分：

- 根元素由 Deployment 元素指定；
- 应用程序入口点的程序集，由 EntryPointAssembly 属性指定；
- 应用程序入口点的类型，由 EntryPointType 属性指定；
- 应用程序运行时的版本，由 RuntimeVersion 属性指定；
- 应用程序相关的所有程序集，由 Deployment.Parts 子元素指定。

该文件的结构可以用图 19-5 来表示。

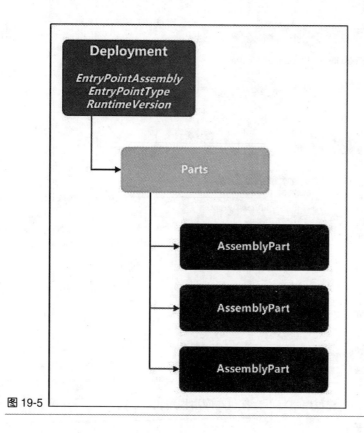

图 19-5

19.4.2 按需加载程序集

应用程序包文件在 Silverlight 项目编译时由开发环境自动生成，一般情况下，不须要我们手工进行控制。这里大家会想到一个问题，如果打包在应用程序包文件中的程序集过多，会造成文件体积变大，从而导致应用程序加载时间变长。有些程序集虽然我们在应用程序中用到了，但并不是一下载应用程序包文件就要用到，可能是某一特定的时刻才会用，那这样可不可以只打包一些必需的程序集，而其他的在需要时再下载呢？答案自然是肯定的。

例如应用程序中用到了 MySilverlightClassLibrary.dll 程序集，但我们又不想它打包在应用程序文件中，该如何做呢？可以通过设置程序集属性来实现，如图 19-6 所示，可以设置程序集的 Copy Local 属性为 False。

图 19-6

通过这样的设置之后，所选程序集将不会打包在应用程序包中，在须要用到该程序集时，再使用 WebClient 等进行动态下载。

19.5 应用程序部署

Silverlight 2 应用程序部署时，Web 服务器须要支持下列 MIME 类型：

扩展名	MIME 类型
.xap	application/x-silverlight-app
.xaml	application/xaml+xml
.xbap	application/x-ms-xbap

19.5.1 在 IIS 7.0 中部署

在 Windows Server 2008 和 Windows Vista with SP1 下，IIS 7.0 将会默认支持这些 MIME 类型，我们可以在 IIS 7.0 所支持的 MIME 类型中找到它们，如图 19-7 所示。

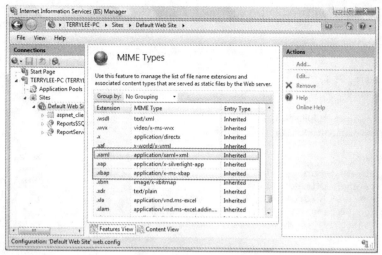

图 19-7

如果是 Windows Vista RTM，默认的 IIS 7.0 中并不支持如上三种 MIME 类型，所以须要手工添加，如图 19-8 所示。

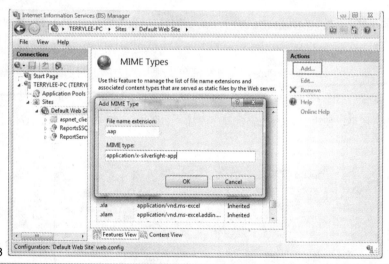

图 19-8

19.5.2 在 IIS 6.0 中部署

IIS 6.0 中默认并不支持这 3 种 MIME 类型，须要手工添加它们的映射。有两种方式可以完成该工作，使用 VBScript 脚本，如下面的示例代码所示：

VBScript
```
Const ADS_PROPERTY_UPDATE = 2
```

```
if WScript.Arguments.Count < 2 then
 WScript.Echo "Usage: " + WScript.ScriptName + " extension mimetype"
 WScript.Quit
end if
'
' 获取 mimemap 对象
Set MimeMapObj = GetObject("IIS://LocalHost/MimeMap")
'
' 通过 MimeMap 属性获取所有映射
aMimeMap = MimeMapObj.GetEx("MimeMap")
'
' 添加新的映射
i = UBound(aMimeMap) + 1
Redim Preserve aMimeMap(i)
Set aMimeMap(i) = CreateObject("MimeMap")
aMimeMap(i).Extension = WScript.Arguments(0)
aMimeMap(i).MimeType = WScript.Arguments(1)
MimeMapObj.PutEx ADS_PROPERTY_UPDATE, "MimeMap", aMimeMap
MimeMapObj.SetInfo
'
WScript.Echo "MimeMap successfully added: "
WScript.Echo "    Extension: " + WScript.Arguments(0)
WScript.Echo "    Type:      " + WScript.Arguments(1)
```

可以保存该文件名为 **ADDMIMETYPE.VBS**，并且使用如下语法完成 MIME 类型的添加：

```
ADDMIMETYPE.VBS  .xap  application/x-silverlight-app

ADDMIMETYPE.VBS  .xaml application/xaml+xml

ADDMIMETYPE.VBS  .xbap application/x-ms-xbap
```

除此之外，还可以使用 IIS 6.0 控制台程序添加，如图 19-9 所示，打开 IIS 6.0 中 MIME 类型管理。

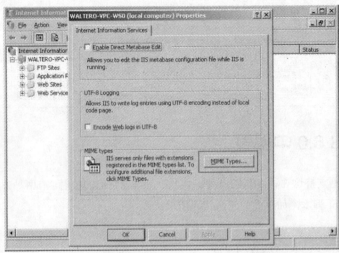

图 19-9

点击"MIME Types"按钮之后，可以看到当前 IIS 中所支持的所有 MIME 类型，如图 19-10
所示。

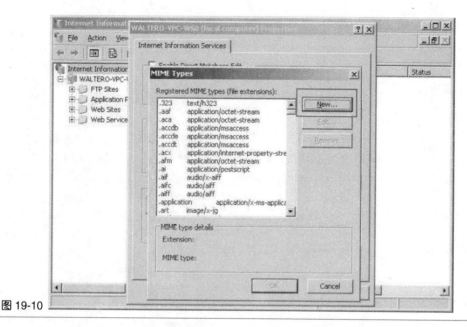

图 19-10

在该界面可以添加上面三种 MIME 类型到 IIS 中，以便 IIS 6.0 也可以支持 Silverlight 2 应用
程序。

如果开发人员无法控制服务器中的 IIS（如从空间提供商那里租的虚拟空间），此时如果部署
Silverlight 2 应用程序将无法使用上面所讲的两种方法。在本章 19.4 节中我们说过，Silverlight 2
应用程序包.xap 文件其实一个标准的.zip 文件，所以可以在自己的应用程序中手工修改.xap 文件
后缀为.zip，再部署到虚拟空间上，因为.zip 是一个国际通用标准，所以所有的 Web 服务器都会
支持该类型。须要注意的是修改了应用程序包后缀名之后，在 Silverlight 2 应用程序宿主页面中，
对应的文件名也要修改为.zip。

19.6　本章小结

本章对 Silverlight 2 应用程序做了一个全面的分析，从应用程序的生命周期，到宿
主应用程序，深入分析了应用程序包，以及如何在不同的 Web 服务器上部署
Silverlight 2 应用程序。

第20章 异常处理与调试

本章内容 Silverlight 2 提供了一套非常完善的异常处理机制，除了在托管代码级别方面提供异常处理 API 之外，还可以在 Silverlight 插件初始化时编写代码处理非托管异常。由于 Silverlight 2 应用程序是使用托管代码编写的，所以可以完全使用 Visual Studio 强大的调试功能来调试 Silverlight 程序，另外，本章还会介绍另外一种调试器，可以用来对 Silverlight 2 应用程序做一些高级调试，如在没有源代码的情况下调试、远程调试等，主要内容有：

> 异常处理
> 使用 Visual Studio 基本调试
> 使用 Windbg 高级调试
> 本章小结

20.1　异常处理

Silverlight 2 托管 API 引入了应用程序可经常使用的错误处理和异常处理托管层，为了处理应用程序用户代码产生的异常，可以在应用程序级别为 UnhandledException 事件注册一个处理程序。但是，此机制不能处理 Silverlight 平台代码产生的异常。平台代码异常及不用 UnhandledException 处理的异常会被传递给 Silverlight 插件中的非托管错误机制。在此级别，可以选择使用插件实例化过程中指定的 OnError 处理程序来处理错误。

20.1.1　托管 API 异常处理

在 Silverlight 应用程序的生存期中，可能会发生意外情况，而导致 Silverlight 插件引发异常，Silverlight 应用程序始终停止在 100%的下载画面，如图 20-1 所示。

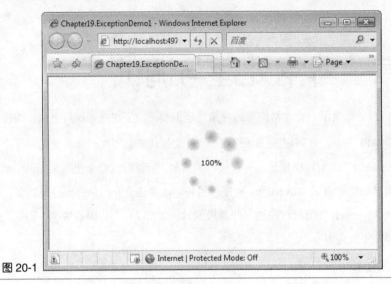

图 20-1

尽管多数情况下，可以像下面的示例代码一样，在编写代码过程中，通过托管代码的异常处理机制 try…catch 来处理异常：

```C#
void MyMethod()
{
    try
    {
        // 程序处理代码
    }
    catch (Exception ex)
    {
        // 在这里处理异常
    }
}
```

但我们无法对所有潜在的异常都进行处理，未处理的异常将导致 Silverlight 插件停止在浏览器中运行。好的编程实践应该是为应用程序提供一个全局异常处理点，用来捕获程序中所有未处理的异常。使用 Application 中的 UnhandledException 事件，注册事件处理程序：

```C#
this.UnhandledException += this.Application_UnhandledException;
```

以下代码是 Silverlight 项目创建时默认的 UnhandledException 事件处理程序，这里只是把异常重新抛出去给 DOM 元素：

```C#
private void Application_UnhandledException(object sender,
    ApplicationUnhandledExceptionEventArgs e)
```

```
{
    if (!System.Diagnostics.Debugger.IsAttached)
    {
        e.Handled = true;
        Deployment.Current.Dispatcher.BeginInvoke(
            delegate { ReportErrorToDOM(e); }
        );
    }
}
private void ReportErrorToDOM(ApplicationUnhandledExceptionEventArgs e)
{
    try
    {
        string errorMsg = e.ExceptionObject.Message +
e.ExceptionObject.StackTrace;
        errorMsg = errorMsg.Replace('"', '\'').Replace("\r\n", @"\n");

        System.Windows.Browser.HtmlPage.Window.Eval(
            "throw new Error(\"Unhandled Error in Silverlight 2 Application "
+ errorMsg + "\");");
    }
    catch (Exception)
    {

    }
}
```

在实际项目开发中，在该事件中可以完成很多工作，如对于未处理的异常先进行日志记录，再抛出给 DOM 元素等。另外可以用事件数据来确定异常是否可恢复，如果可以从异常中恢复，则将 ApplicationUnhandledExceptionEventArgs.Handled 属性设置为 true。

注意，在 Silverlight 应用程序中使用 try…catch 块处理异常，仍然遵循在任何.NET 平台上编写应用程序时的异常处理最佳实践，如尽可能地使用条件检查语句，而不是引发异常；以"Exception"词作为异常类名的结尾，等等。

20.1.2　JavaScript API 异常处理

上一节中使用 UnhandledException 事件仅仅是处理用户代码中的异常，对于平台代码异常，以及不用 UnhandledException 事件处理的异常将会被传递给 Silverlight 插件中的非托管错误机制，在此级别，可以选择使用插件实例化过程中指定的 OnError 处理程序来处理错误。根据错误类型，通过多种方式在 JavaScript 级别编写应用程序中提供错误处理支持。Silverlight 插件上的 OnError 处理程序可用来处理分析器错误、运行时错误和其他类型的错误。

实例化网页上的 Silverlight 插件时，选择使用 JavaScript 帮助器文件 Silverlight.js。Silverlight.js 文件为 OnError 处理程序参数提供了默认的事件处理程序。如果不指定 CreateObject 调用中的 onError 参数或将其指定为 null（使用 Silverlight.js 函数），则在遇到本机脚本错误时将调用

Silverlight.js 中定义的默认处理程序函数。

Silverlight.js 中默认的错误处理程序如下面的代码所示：

JavaScript

```javascript
Silverlight.default_error_handler = function (sender, args)
{
    var iErrorCode;
    var errorType = args.ErrorType;

    iErrorCode = args.ErrorCode;

    var errMsg = "\nSilverlight error message    \n" ;

    errMsg += "ErrorCode: "+ iErrorCode + "\n";


    errMsg += "ErrorType: " + errorType + "        \n";
    errMsg += "Message: " + args.ErrorMessage + "      \n";

    if (errorType == "ParserError")
    {
        errMsg += "XamlFile: " + args.xamlFile + "      \n";
        errMsg += "Line: " + args.lineNumber + "      \n";
        errMsg += "Position: " + args.charPosition + "      \n";
    }
    else if (errorType == "RuntimeError")
    {
        if (args.lineNumber != 0)
        {
            errMsg += "Line: " + args.lineNumber + "      \n";
            errMsg += "Position: " + args.charPosition + "      \n";
        }
        errMsg += "MethodName: " + args.methodName + "      \n";
    }
    alert (errMsg);
}
```

这里默认的处理程序，会弹出一个浏览器对话框，提示错误信息，但是大多数情况下，我们
都会自定义处理程序函数，而不使用默认的。通过将 Silverlight 插件对象元素的 OnError 参数设
置为自定义事件处理程序函数，可以为基于 Silverlight 的应用程序定义错误处理程序，如这里指
定了 OnError 处理程序为 onSilverlightError 函数：

```xml
<object data="data:application/x-silverlight-2,"
        type="application/x-silverlight-2" width="100%" height="100%">
    <param name="source" value="ClientBin/Chapter19.ExceptionDemo1.xap"/>
    <param name="onerror" value="onSilverlightError" />
    <param name="background" value="white" />
    <param name="minRuntimeVersion" value="2.0.31005.0" />
    <param name="autoUpgrade" value="true" />
</object>
```

其中 onSilverlightError 的程序处理如下示例代码所示，大家可以根据实际需求进行定义：

JavaScript

```javascript
<script type="text/javascript">
    function onSilverlightError(sender, args) {

        var appSource = "";
        if (sender != null && sender != 0) {
            appSource = sender.getHost().Source;
        }
        var errorType = args.ErrorType;
        var iErrorCode = args.ErrorCode;

        var errMsg = "Unhandled Error in Silverlight 2 Application " +  appSource
+ "\n" ;

        errMsg += "Code: "+ iErrorCode + "    \n";
        errMsg += "Category: " + errorType + "        \n";
        errMsg += "Message: " + args.ErrorMessage + "      \n";

        if (errorType == "ParserError")
        {
            errMsg += "File: " + args.xamlFile + "     \n";
            errMsg += "Line: " + args.lineNumber + "     \n";
            errMsg += "Position: " + args.charPosition + "      \n";
        }
        else if (errorType == "RuntimeError")
        {
            if (args.lineNumber != 0)
            {
                errMsg += "Line: " + args.lineNumber + "      \n";
                errMsg += "Position: " + args.charPosition + "      \n";
            }
            errMsg += "MethodName: " + args.methodName + "      \n";
        }

        throw new Error(errMsg);
    }
</script>
```

onError 事件处理程序采用两个参数：发送方对象和事件参数。发送方是发生错误的对象，它始终是插件实例，并且不报告对象树中的特定对象；第二个参数是 ErrorEventArgs 对象或它的一个派生对象（ParserErrorEventArgs 或 RuntimeErrorEventArgs）的实例，具体取决于错误类型。下表列出了 ErrorEventArgs 对象的属性。这些属性为 onError 处理的所有错误事件所共用。

属性	描述
errorMessage	标识与此错误事件相关联的消息
errorType	标识定义为 ErrorType 枚举值的错误类型
errorCode	指定与错误事件关联的代码

下表列出了特定于分析器错误的属性，这些属性是针对 ParserErrorEventArgs 对象定义的。

属性	描述
charPosition	标识发生错误的字符位置
lineNumber	标识发生错误的行
xamlFile	标识发生错误的 XAML 文件
xmlAttribute	不使用
xmlElement	不使用

下表列出了特定于运行时错误的属性，这些属性是针对 RuntimeErrorEventArgs 对象定义的。

属性	描述
charPosition	标识发生错误的字符位置
lineNumber	标识发生错误的行
methodName	标识与错误关联的方法

如在上面的处理程序函数中，使用错误类型 errorType 来获取不同参数。

20.2　使用 Visual Studio 基本调试

安装 Silverlight Tools for Visual Studio 程序包后，可以像调试任何其他项目类型那样调试 Silverlight 项目。按 F5 后，Visual Studio 将在默认的浏览器中启动应用程序，并附加调试器。然后，可以执行常见任务，例如设置断点和检查调用堆栈、断言及跟踪输出等。

20.2.1　简单调试

在 Silverlight 应用程序中设置断点和其他类型的项目中设置断点没有什么区别，如图 20-2 所示。

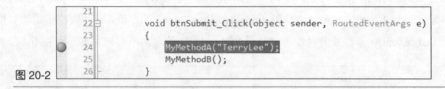

图 20-2

很多朋友都曾经问过笔者一个问题，在 Silverlight 2 应用程序中设置断点后，按下 F5 运行，程序并没有在断点处中断。对于这个问题，大家可以在 Silverlight 宿主项目中设置一下调试器，在 ASP.NET 应用程序项目属性中选中 Silverlight 调试器，如图 20-3 所示。

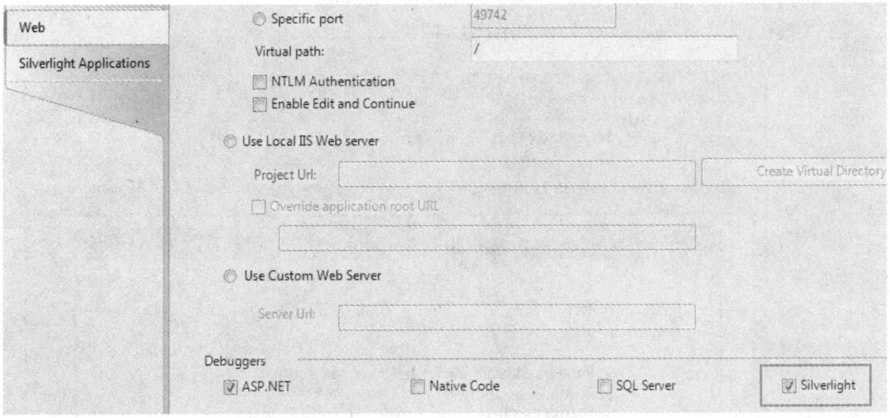

图 20-3

同样也可以在 Silverlight 应用程序中检查调用堆栈，跟其他类型的项目没有任何区别，这里不再赘述。

20.2.2 断言和跟踪输出

Silverlight 2 中提供了 System.Diagnostics 命名空间下的 Debug 类的支持，因此可以在 Silverlight 2 应用程序中方便地使用 Assert 方法进行断言，Debug 类的定义如下面的代码所示：

```csharp
public sealed class Debug
{
    public static void Assert(bool condition);
    public static void Assert(bool condition, string message);
    public static void Assert(bool condition, string message, string
detailMessage);
    public static void Assert(bool condition, string message,
        string detailMessageFormat, params object[] args);
    public static void WriteLine(object value);
    public static void WriteLine(string message);
    public static void WriteLine(string format, params object[] args);
}
```

使用 Assert 方法可以用于标识程序开发中的逻辑错误。Assert 方法会计算条件是否为 false，如果是则它将诊断消息发送到 Listeners。如下面的示例代码所示：

```csharp
void btnSubmit_Click(object sender, RoutedEventArgs e)
{
    TextBox textbox = sender as TextBox;
    Debug.Assert(textbox != null, "textbox is null");
}
```

运行时在浏览器中可以看到，如图 20-4 所示。

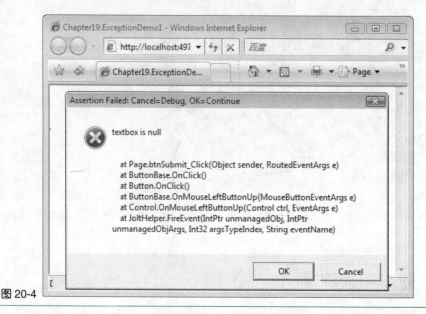

图 20-4

同时在 Visual Studio 的 Output 窗口中也能够看到相关的输出信息，如图 20-5 所示。

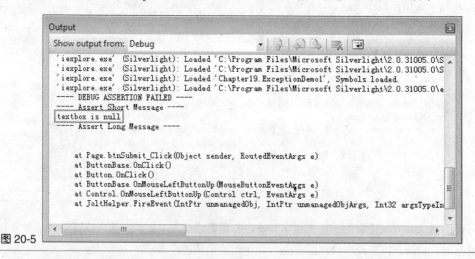

图 20-5

除了使用 Assert 方法之外，还可以使用 Debug 类的 WriteLine 方法进行对象跟踪，该方法会
直接在 Output 窗口中输出信息，不会在浏览器中弹出对话框，如下面的示例代码所示：

C#
```
void btnSubmit_Click(object sender, RoutedEventArgs e)
{
    Button button = sender as Button;
```

```
    Debug.WriteLine(button);
    Debug.WriteLine("Button Clicked!");
    Debug.WriteLine(button.Content);
}
```

运行后可以在 Output 窗口中看到输出信息,如图 20-6 所示。

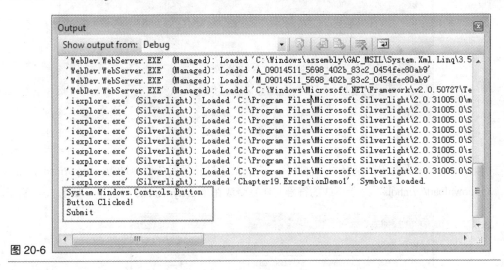

图 20-6

上面简单介绍了在 Visual Studio 中进行 Silverlight 2 应用程序的基本调试,注意在其他项目类型中的调试技巧,基本上都可以在 Silverlight 项目中使用。

20.3 使用 Windbg 高级调试

本章第 2 节介绍了如何使用 Visual Studio 中的调试功能,对 Silverlight 2 应用程序做一些基本的调试。但是在某些特定的情况下,我们无法使用 Visual Studio,例如应用程序已经部署在客户的生产环境中,或者对于 Silverlight 应用程序只有 xap 文件包,而没有源代码,这时将会用到一些高级调试工具,如 Windbg 等,本节介绍如何使用 Windbg 对 Silverlight 2 应用程序进行高级调试的技巧。

20.3.1 Windbg 简介及环境配置

Windbg(Debugging Tools for Windows)是由微软提供的一个本机调试器,可以免费在微软官方网站上下载,确切地说,Windbg 是调试引擎的一个简单 GUI 前端,这个调试引擎是 Dbgeng.dll,它才是真正的幕后英雄。Windbg 运行后的界面如图 20-7 所示。

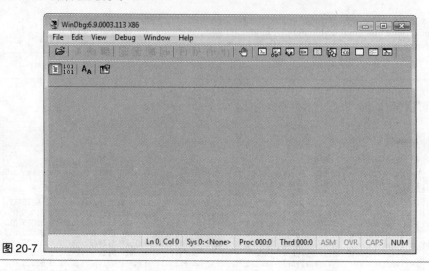

图 20-7

　　使用之前须要配置一下符号文件路径，微软的调试符号服务器地址为：http://msdl.microsoft.com/download/symbols，对于下载的符号文件我会放在才 c:\symcache 目录下，如图 20-8 所示。

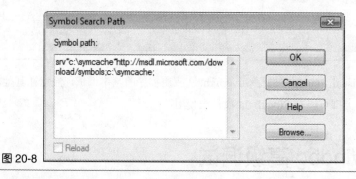

图 20-8

　　使用 Windbg 调试托管程序，还需要 SOS 扩展，不同的 CLR 微软提供了不同的 SOS 扩展，对于 Silverlight 中的 CoreCLR，同样提供了 SOS 扩展支持，大家可以在 Silverlight 安装目录下找到 sos.dll 文件，在笔者机器上位于 C:\Program Files\Microsoft Silverlight\2.0.31005.0 目录下。

20.3.2　调试 Silverlight 应用程序

　　使用 Windbg 调试 Silverlight 应用程序，我们可以使用 adplus 命令来抓取转储文件，也可以直接将应用程序附加到相应的进程。首先编写一段非常"糟糕"的测试代码：

C#
```csharp
void btnSubmit_Click(object sender, RoutedEventArgs e)
{
    try
    {
```

```
        throw new Exception("Test exception");
    }
    catch
    {
    }
    Thread.Sleep(25000);
    btnSubmit.Content = "Clicked!";
}
```

大家都知道，Silverlight 应用程序是无法独立运行的，它是作为浏览器的一个插件存在的，如果使用 Windbg 调试 Silverlight 应用程序，须要附加到运行 Silverlight 程序的浏览器所在的进程中，此处使用了微软的 IE7，所以附加到 IExplorer.exe 这个进程中，如图 20-9 所示。

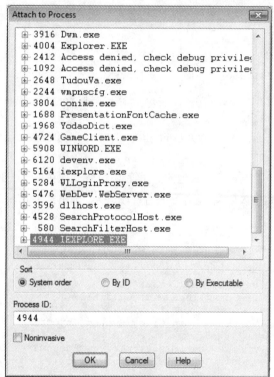

图 20-9

或者使用 adplus 命令抓取一个转储文件，注意同样要使用相应浏览器的进程，如下命令：

```
adplus -p 4944 -hang -o d:\dumps
```

现在就可以对抓取的转储文件进行分析，使用 Windbg 打开转储文件，第一步加载 SOS 扩展，输入命令：

```
.load C:\Program Files (x86)\Microsoft Silverlight\2.0.30523.8\sos
```

笔者更倾向于把 SOS 文件拷贝到 Windbg 安装目录下面，这样每次加载 SOS 文件将会简单得多，在 Windbg 安装目录下建立不同的文件夹来区分，如 clr20 目录下放置 CLR 2.0 的 SOS 文件，sl2 目录下放置 Silverlight 的 SOS 文件。

现在看一下线程信息，输入命令：

```
!threads
```

输出结果如下所示：

```
ThreadCount:     3
UnstartedThread: 0
BackgroundThread: 3
PendingThread:   0
DeadThread:      0
Hosted Runtime:  yes
                                  PreEmptive  GC Alloc          Lock
      ID OSID ThreadOBJ    State  GC          Context       Domain Count APT
Exception
   4   1 130c 06c84270    2000220 Enabled  0858ca84:0858dfe8 07ecf700    0 STA
  18   2  b30 07ec2da8     b220 Enabled  00000000:00000000 06aedb90    0 MTA
(Finalizer)
  19   3  f2c 07ece418     1220 Enabled  00000000:00000000 06aedb90    0 Ukn
```

表示当前进程中有三个线程存在，其实还有其他的非托管线程存在。现在再看一下堆栈调用，使用~4s 命令切换到 4 号线程，然后输入!clrstack 命令查看堆栈调用，输出结果如下所示：

```
0:004> !clrstack
OS Thread Id: 0x130c (4)
ESP       EIP
03abf140 773c9a94 [HelperMethodFrame: 03abf140]
System.Threading.Thread.SleepInternal(Int32)
03abf18c 05284cfd System.Threading.Thread.Sleep(Int32)
03abf198 0588040b
Chapter19.ExceptionDemo1.Page.btnSubmit_Click(System.Object,
System.Windows.RoutedEventArgs)
03abf1d4 05284ac7 System.Windows.Controls.Primitives.ButtonBase.OnClick()
03abf1ec 05284988 System.Windows.Controls.Button.OnClick()
03abf204 05284878
System.Windows.Controls.Primitives.ButtonBase.OnMouseLeftButtonUp(System.W
indows.Input.MouseButtonEventArgs)
03abf228 052847af
System.Windows.Controls.Control.OnMouseLeftButtonUp(System.Windows.Control
s.Control, System.EventArgs)
03abf238 058c7061 MS.Internal.JoltHelper.FireEvent(IntPtr, IntPtr, Int32,
System.String)
03abf44c 50cd17b0 [GCFrame: 03abf44c]
03abf508 50cd17b0 [ContextTransitionFrame: 03abf508]
03abf600 50cd17b0 [UMThkCallFrame: 03abf600]
```

注意这里堆栈调用应该从下往上看，其中有一个调用就是我们在代码中的 btnSubmit_Click 函数，而在调用 btnSubmit_Click 后又调用了 Sleep()方法，通过这些信息，我们可以分析出当前线程中所有的堆栈调用。

接下来再用!dumpheap -type Exception 命令，看一下最新的一些异常信息，输出结果如下所示：

```
0:004> !dumpheap -type Exception
 Address       MT    Size
08541024 054e72d0      72
0854106c 054e7398      72
085410b4 054e7458      72
085410fc 054e750c      72
08541144 054e750c      72
085474e0 062356c8      32
085480a0 062a5350      32
085480c0 062a542c      32
0854f550 060c36c8      36
0854fca4 062acaf0      32
08559f18 060c3a90      68
0858c9e8 054e7114      72
total 12 objects
Statistics:
      MT    Count   TotalSize Class Name
062acaf0       1         32
System.EventHandler`1[[System.Windows.ApplicationUnhandledExceptionEventArgs, System.Windows]]
062a542c       1         32 MS.Internal.Error+GetExceptionTextDelegate
062a5350       1         32 MS.Internal.Error+ClearExceptionDelegate
062356c8       1         32 System.UnhandledExceptionEventHandler
060c36c8       1         36 Chapter19.ExceptionDemo1.App
060c3a90       1         68 Chapter19.ExceptionDemo1.Page
054e7458       1         72 System.ExecutionEngineException
054e7398       1         72 System.StackOverflowException
054e72d0       1         72 System.OutOfMemoryException
054e7114       1         72 System.Exception
054e750c       2        144 System.Threading.ThreadAbortException
Total 12 objects
```

注意这里列出了所有的异常信息，如果要看到每一个具体的异常，可以使用它们的地址，如输入!pe 08541024，输出结果如下所示：

```
0:004> !pe 08541024
Exception object: 08541024
Exception type:   System.OutOfMemoryException
Message:          <none>
InnerException:   <none>
StackTrace (generated):
<none>
StackTraceString: <none>
HResult: 8007000e
```

通过这些命令，我们可以很方便地分析当前 Silverlight 应用程序中的异常信息，这在 Visual Studio 中是无法做到的。最后再来看几个查看堆信息的命令，输入!dumpheap -stat 命令，可以查看所有堆上的对象，如下输出所示：

```
0:004> !dumpheap -stat
total 8824 objects
Statistics:
      MT    Count    TotalSize Class Name
060c36c8        1          36 Chapter19.ExceptionDemo1.App
060c3a90        1          68 Chapter19.ExceptionDemo1.Page
……
```

这里省略了大量的输出，可以使用!dumpheap -type Page 命令来看 Page 类型在堆上的情况，输出结果如下所示，只有一个 Page 类型的对象在堆上：

```
0:004> !dumpheap -type Page
 Address       MT     Size
08559f18 060c3a90       68
total 1 objects
Statistics:
      MT    Count    TotalSize Class Name
060c3a90        1          68 Chapter19.ExceptionDemo1.Page
Total 1 objects
```

还有很多很多有用的命令，能够帮助我们找到一些有用的信息，进而分析出应用程序中的错误，基本上对于.NET Framework 中 CLR 支持的 SOS 命令，在 Silverlight 中同样支持，大家可以参考有关软件调试方面的书籍，来掌握 Windbg 的使用。

20.4　本章小结

本章介绍了 Silverlight 2 应用程序中的异常处理，分为托管 API 异常处理和 JavaScript API 异常处理，接下来介绍了在 Silverlight 2 应用程序中如何进行调试，分为使用 Visual Studio 的基本调试和使用 Windbg 的高级调试。

Silverlight 2

第 IV 部分
案例篇

IV

第21章 开发 Deep Zoom 应用程序

本章内容 Deep Zoom 是 Silverlight 2 支持的一项非常酷的技术，它能够以极大的比例高效缩放 Silverlight 中的图像，而不影响应用程序显示图像的性能。本章将介绍如何在 Silverlight 2 中开发 Deep Zoom 应用程序，主要内容如下：

Deep Zoom 概述

开发 Deep Zoom 示例

本章小结

21.1 Deep Zoom 概述

21.1.1 Deep Zoom 技术简介

Deep Zoom 是 Silverlight 2 中支持的非常酷的图像缩放技术，缩放比例很大而不影响应用程序显示图像的性能。大家可以访问网站 http://memorabilia.hardrock.com/ 体验 Deep Zoom 的效果，当滚动鼠标滚轮时，可以看到页面中的图像能够进行平滑的放大或缩小，如图 21-1 所示。

图 21-1

Deep Zoom 的主要使用情形是显示和导航大图像或图像全景。通常,加载大图像并非用户的最佳体验,因为用户须要等待图像加载。Deep Zoom 通过以渐进方式平滑加载较高分辨率的图像,可解决这一难题,为用户提供一个"模糊到清晰"的体验。此外,还能够使用 Deep Zoom 的功能更改图像的视图,并且带给用户围绕图像平滑移动的动画效果。

21.1.2 图像加载

Deep Zoom 使用多分辨率图像的几个方面来实现大图像的高帧速率和快速打开体验,在页面加载之初,只有可以很快加载的少量数据须要在屏幕上显示,最初体验是显示图像低分辨率版本的放大样式,然后在变得可用时逐渐提高分辨率。这就是 Deep Zoom 中提供"从模糊到清晰"体验的原因,也是 Deep Zoom 不管图像有多大都能无缝立即打开图像而不用等待很长时间加载图像数据的原因。如图 21-2 所示。

图 21-2

可以看到,随着时间的变化,图像由起初的"模糊",逐渐变化为最终的"清晰"。

21.1.3 图像棱锥图

图像棱锥图将图像平铺到 256×256 的 JPG 或 PNG 图像图块中(此处的大小是任意大小,可以修改),并将图像的低分辨率版本也存储在图块中,每个图块存储在单独的文件中,并且每个棱锥图级别存储在单独的文件夹中。图 21-3 显示了图像棱锥图的工作原理。在棱锥图底部以最高分辨率显示图像本身,最高分辨率图像旁边存储分辨率逐渐下降的版本,最低为 4×4 像素。每个棱锥图级别上的图像存储在 256×256 像素图块中。这使 Deep Zoom 可以只提取屏幕上当前图像大小所需的那些图块,而不用下载整个图像。例如,如果放大了图像以仅查看图像的突出显示的中间部分,Deep Zoom 将仅加载突出显示的图块,而不是加载整个 1024×1024 图像。

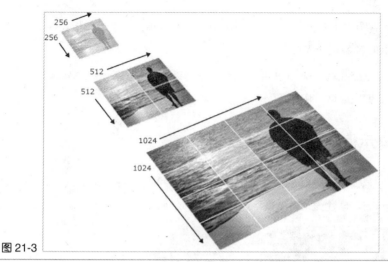

图 21-3

　　手工创建图像棱锥图会非常麻烦，须要了解 Deep Zoom 文件格式架构。然而微软提供的 Deep Zoom Composer 工具能够很好的完成这一工作，在下一节我们将使用该工具创建一个 Deep Zoom 的示例。

21.2　Deep Zoom 示例

21.2.1　开发 Deep Zoom 三部曲

　　开发一个 Deep Zoom 应用程序，主要分为如下 3 个步骤。

- 创建图像棱锥图。
- 将类似 MultiScaleImage 或 MultiScaleSubImage 的 Deep Zoom 对象添加到应用程序中。
- 注册事件将交互性（缩放和平移）添加到 Deep Zoom 对象。

　　创建图像棱锥图前面我们已经说过了，一般会借助于辅助工具完成；添加 MultiScaleImage 等 Deep Zoom 对象与在 XAML 中声明一个普通元素没有什么区别，仅仅是在 Source 属性中指定了图像棱锥图的文件路径。如下面的示例代码所示：

XAML

```
<MultiScaleImage x:Name="deepZoomObject" Source="source/items.dzi" />
```

　　注册事件将交互性添加到 Deep Zoom 对象，可以注册多个 MultiScaleImage 支持的事件，如移动鼠标后放大图像等，在事件中调用 ZoomAboutLogicalPoint 方法能够实现图像的放大或缩小，该方法第一个参数始终为大于 0 的数值，如果小于 1，表示缩小；大于 1，表示放大，后两个参数分别指定要放大点的 X 坐标和 Y 坐标。

事实上有了 Deep Zoom Composer 工具，后两步都可以不用手工编写代码实现，Deep Zoom Composer 会自动帮我们完成这一切。

21.2.2　简单示例

在开始本示例之前，大家先到 http://silverlight.net/ 下载并安装 Deep Zoom Composer 工具。打开 Deep Zoom Composer，创建一个新的项目，如图 21-4 所示。

图 21-4

创建完成后，进入 Deep Zoom Composer 工作区界面，如图 21-5 所示。

图 21-5

接下来导入需要在 Deep Zoom 应用程序中显示的图像，点击"Add Image..."按钮，选择一些图像导入，如图 21-6 所示。

图 21-6

确认图像无误后，点击"Compose"按钮进入第二步，拖动右边导入的图像到工作区，根据自己的需要，对图像进行排列，如图 21-7 所示。

图 21-7

排列图像完成之后，点击"Export"进入第三步，这里我们有几个选择：可以直接上传到微软的在线 Deep Zoom 应用 PhotoZoom 上；或者选择导出到本地图像棱锥图文件；或者直接生成

Deep Zoom 应用程序解决方案，我们选择最后一种直接生成解决方案，如图 21-8 所示。

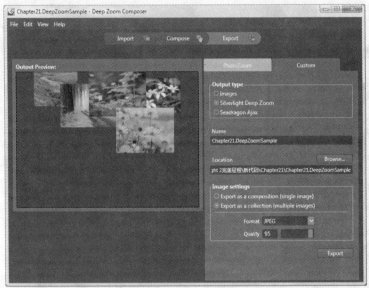

图 21-8

最终生成的解决方案如图 21-9 所示，在测试项目的 ClientBin 文件夹下，能够找到图像棱锥图文件。

图 21-9

选择打开 DeepZoomProjectTestPage.html 文件，最终效果如图 21-10 所示。

图 21-10

滚动鼠标滚轮，体验图像的放大或者缩小，体验"从模糊到清晰"的过程。

21.3　本章小结

　　本章介绍了 Silverlight 2 中一项非常酷的技术 Deep Zoom，使用它能够为用户提供一个"模糊到清晰"的体验，并且我们使用 Deep Zoom Composer 开发了一个简单的 Deep Zoom 应用，希望大家能够很好的掌握 Silverlight 2 中 Deep Zoom 应用程序的开发。

第22章 开发图表应用程序

本章内容 Silverlight Toolkit 项目包括了大量的 Silverlight 控件、皮肤，以及公用组件，它是由微软官方发起并推动的一个 Silverlight 开源项目。本章将介绍如何使用 Silverlight Toolkit 开发图表应用程序，主要内容如下：

> Silverlight Toolkit 概述
> 开发图表示例
> 本章小结

22.1　Silverlight Toolkit 概述

Silverlight Toolkit 项目是对 Silverlight 2 一个很好的补充，截止本章撰写之时最新版本是 2008 年 12 月份预览版。Silverlight Toolkit 主要由如下几个部分组成。

- 控件：包含了大量不在 Silverlight 2 中内置支持的控件和布局面板，如 AutoCompleteBox、DockPanel 等。
- 皮肤：提供了 9 种非常酷的 Silverlight 皮肤，可以直接在开发中使用。
- 图表控件：提供了多种图表控件，包括柱状图、饼状图等。
- 公用组件：提供了另外一种 Silverlight 的样式管理器——隐式样式管理器（ImplicitStyleManager）。

下面给出几幅 Silverlight Toolkit 的示例效果图，如图 22-1 所示的控件示例。

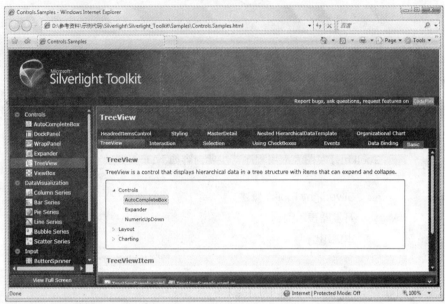

图 22-1

图 22-2 为 Silverlight Toolkit 中的图表控件示例。

图 22-2

图 22-3 为 Silverlight Toolkit 中的皮肤示例。

图 22-3

Silverlight Toolkit 项目的官方站点是 *http://www.codeplex.com/Silverlight*，可以在这里下载所有的源代码、示例、单元测试代码和文档。

22.2 开发图表示例

接下来我们将使用 Silverlight Toolkit 中的图表控件开发一个简单的示例。创建完项目后，在 Silverlight 项目中添加对程序集 Microsoft.Windows.Controls.DataVisualization.dll 的引用，如图 22-4 所示。

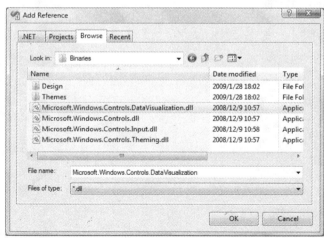

图 22-4

在 Silverlight 页面中声明图表控件的命名空间, 如下面的示例代码所示:

XAML

```xaml
<UserControl x:Class="Chapter22.ChartingSample.Page"
    xmlns="http://schemas.microsoft.com/winfx/2006/xaml/presentation"
    xmlns:x="http://schemas.microsoft.com/winfx/2006/xaml"

xmlns:charting="clr-namespace:Microsoft.Windows.Controls.DataVisualization.
Charting;
            assembly=Microsoft.Windows.Controls.DataVisualization"
    Width="500" Height="300">
    <Grid x:Name="LayoutRoot" Background="White">

    </Grid>
</UserControl>
```

构建一个简单的 WCF 服务, 用于从数据源中获取数据, 在该示例中, 我们将展示出某个销售部门的每周销售额, 如下面的示例代码所示:

C#

```csharp
[ServiceContract(Namespace = "")]
[AspNetCompatibilityRequirements(RequirementsMode =
    AspNetCompatibilityRequirementsMode.Allowed)]
public class MyService
{
    [OperationContract]
    public List<Sales> GetAllSales()
    {
        // 从数据源中读取
        List<Sales> sales = new List<Sales>() {
            new Sales { Day = "Mon", Amount = 2000 },
            new Sales { Day = "Tue", Amount = 2400 },
            new Sales { Day = "Wed", Amount = 3000 },
            new Sales { Day = "Thur", Amount = 1800 },
            new Sales { Day = "Fri", Amount = 2000 },
            new Sales { Day = "Sat", Amount = 4600 },
            new Sales { Day = "Sun", Amount = 6000 },
        };

        return sales;
    }
}

[DataContract]
public class Sales
{
    [DataMember]
    public string Day { get; set; }

    [DataMember]
    public double Amount { get; set; }
}
```

在 Silverlight 项目中添加 WCF 服务引用。声明图表控件，如下面的示例代码所示：

```XAML
<Grid x:Name="LayoutRoot" Background="White">
    <charting:Chart x:Name="mychart">
        <charting:Chart.Series>
            <charting:ColumnSeries Title="销售额"
                                   DependentValueBinding="{Binding Amount}"
                                   IndependentValueBinding="{Binding Day}">
            </charting:ColumnSeries>
        </charting:Chart.Series>
    </charting:Chart>
</Grid>
```

这里声明了一个柱状形的图表控件，其中 Title 属性设置了图表中的说明信息，Dependent-ValueBinding 属性通过数据绑定指定将要使用该值进行图表的呈现，IndependentValueBinding 属性通过数据绑定指定每个数据项的标题。下面在页面加载时调用 WCF 服务获取数据源，并绑定到图表控件上，如下面的示例代码所示：

```C#
void Page_Loaded(object sender, RoutedEventArgs e)
{
    MyServiceClient client = new MyServiceClient();
    client.GetAllSalesCompleted +=
        new
EventHandler<GetAllSalesCompletedEventArgs>(client_GetAllSalesCompleted);
    client.GetAllSalesAsync();
}

void client_GetAllSalesCompleted(object sender,
GetAllSalesCompletedEventArgs e)
{
    if (e.Error != null)
    {
        return;
    }

    ((ColumnSeries)(this.mychart.Series[0])).ItemsSource = e.Result;
}
```

运行效果如图 22-5 所示。

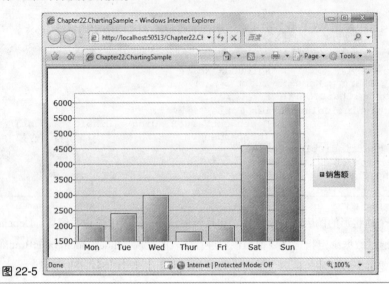

图 22-5

当鼠标放在图表上后，能够看到每个柱状图所代表的值，如图 22-6 所示。

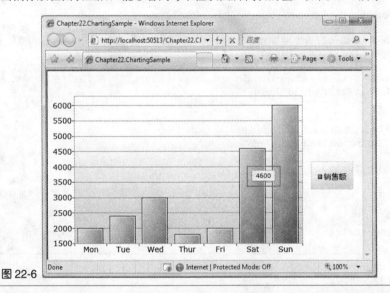

图 22-6

如果要显示饼状图，修改 ColumnSeries 为 PieSeries，如下面的示例代码所示：

XAML

```
<Grid x:Name="LayoutRoot" Background="White">
    <charting:Chart x:Name="mychart">
        <charting:Chart.Series>
            <charting:PieSeries Title="销售额"
                                DependentValueBinding="{Binding Amount}"
                                IndependentValueBinding="{Binding Day}">
```

```
        </charting:PieSeries>
      </charting:Chart.Series>
    </charting:Chart>
</Grid>
```

修改后端数据绑定代码，如下面的示例代码所示：

```csharp
C#
void Page_Loaded(object sender, RoutedEventArgs e)
{
    MyServiceClient client = new MyServiceClient();
    client.GetAllSalesCompleted +=
        new
EventHandler<GetAllSalesCompletedEventArgs>(client_GetAllSalesCompleted);
    client.GetAllSalesAsync();
}

void client_GetAllSalesCompleted(object sender,
GetAllSalesCompletedEventArgs e)
{
    if (e.Error != null)
    {
        return;
    }

    ((PieSeries)(this.mychart.Series[0])).ItemsSource = e.Result;
}
```

运行效果如图 22-7 所示。

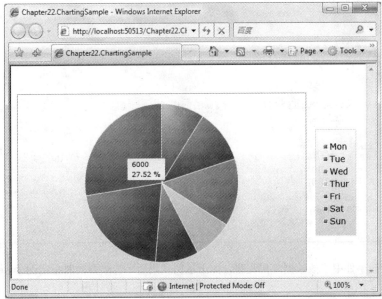

图 22-7

在上面的示例中，我们仅仅是显示出了某一周的销售额，如果想做多周销售额的对比，须要再多加几个对应的 Series，如下面的示例代码所示：

XAML

```
<Grid x:Name="LayoutRoot" Background="White">
    <charting:Chart x:Name="mychart" Title="XX 部门销售额分析图">
        <charting:Chart.Series>
            <charting:ColumnSeries Title="上周销售额" Background="OrangeRed"
                                   DependentValueBinding="{Binding Amount}"

                                   IndependentValueBinding="{Binding Day}">
            </charting:ColumnSeries>
            <charting:ColumnSeries Title="本周销售额" Background="LightGray"
                                   DependentValueBinding="{Binding Amount}"

                                   IndependentValueBinding="{Binding Day}">
            </charting:ColumnSeries>
        </charting:Chart.Series>
    </charting:Chart>
</Grid>
```

再重新修改一下 WCF 服务，让它能够提供两周的销售数据，如下面的示例代码所示：

C#

```
[AspNetCompatibilityRequirements(RequirementsMode =
    AspNetCompatibilityRequirementsMode.Allowed)]
public class MyService
{
    [OperationContract]
    public List<List<Sales>> GetAllSales()
    {
        // 从数据源中读取
        List<Sales> sales2007 = new List<Sales>() {
            // ……
        };

        List<Sales> sales2008 = new List<Sales>() {
            // ……
        };

        List<List<Sales>> data = new List<List<Sales>>() {
            sales2007,
            sales2008
        };
        return data;
    }
}
```

在页面加载事件中修改数据绑定程序，如下示例代码所示，须要同时指定两个 Series 的数据源：

```csharp
void Page_Loaded(object sender, RoutedEventArgs e)
{
    MyServiceClient client = new MyServiceClient();
    client.GetAllSalesCompleted +=
        new
EventHandler<GetAllSalesCompletedEventArgs>(client_GetAllSalesCompleted);
    client.GetAllSalesAsync();
}

void client_GetAllSalesCompleted(object sender,
GetAllSalesCompletedEventArgs e)
{
    if (e.Error != null)
    {
        return;
    }

    ((ColumnSeries)(this.mychart.Series[0])).ItemsSource = e.Result[0];
    ((ColumnSeries)(this.mychart.Series[1])).ItemsSource = e.Result[1];
}
```

现在运行效果如图 22-8 所示。

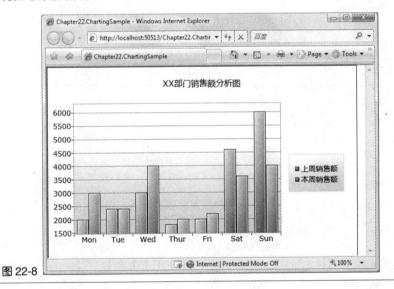

图 22-8

22.3　本章小结

本章介绍了 Silverlight Toolkit 开源项目，并且使用其中的图表控件开发了一个简单的示例，由于 Silverlight Toolkit 项目完全开源并且免费，所以可以直接在自己的项目中使用。

索 引

美编寄语

该书作者是我接触到的博客园上的第二个重量级专家，之前与另外一位专家王翔的合作也是那么的愉快。虽然该书的系列早已确定，版式上与我们博文的RIA系列基本一致，但对于封面的图形应用还是花了一番心思的。

设计前期，首先采纳编辑意见，将Silverlight技术色调归为冷色系当中。主要是考虑到相比Flex而言要更加偏向于后台的技术开发一些，读者对象主要是程序员，所以采用了偏理性的蓝色。但是断然不可忽视了我们技术开发人员的创意之光，这就由一棵极富青春活力的树来实现吧。

看看这枝、这叶，无不散发出动感和韵律。叶衔着枝，枝擎着叶，如八爪鱼一般一起向外伸展。其实，我本身也对这样一项以编程的形式就可以实现绚丽效果的技术非常之敬佩。怀着这样一颗敬畏的心，也对我提出了更高的要求。回看一下整个过程，我们已经尽力将这本书做得精致耐看。不知道读者们是否会买我的帐，进而买我们的书呢？给自己一点信心吧，相信用心的读者会体会到我们的用心。

杨小勤

2009年3月26日

博文视点设计团队博客：http://bvbook-design.blogbus.com

杨小勤博客：http://yangziqiu.blog.163.com

在线有奖读者调查表

《Silverlight 2 完美征程》

http://blog.csdn.net/bvbook

登录以上网站告诉我们您关于这本书的建议、意见

就有机会获赠博文视点的『**新书一本**』

并参加年终大抽奖活动

您的支持就是我们创造精品动力的源泉！

欢迎投稿： bvtougao@gmail.com

读者信箱： reader@broadview.com.cn

博文视点更多资源网站：

VSTS虚拟社区：
http://yishan.cc/

《代码大全》资源网站：
http://www.cc2e.com.cn/

博文视点其他博客：
http://www.cnblogs.com/bvbook/
http://bvbook.javaeye.com/

反侵权盗版声明

  电子工业出版社依法对本作品享有专有出版权。任何未经权利人书面许可，复制、销售或通过信息网络传播本作品的行为，歪曲、篡改、剽窃本作品的行为，均违反《中华人民共和国著作权法》，其行为人应承担相应的民事责任和行政责任，构成犯罪的，将被依法追究刑事责任。

  为了维护市场秩序，保护权利人的合法权益，我社将依法查处和打击侵权盗版的单位和个人。欢迎社会各界人士积极举报侵权盗版行为，本社将奖励举报有功人员，并保证举报人的信息不被泄露。

举报电话：（010）88254396；（010）88258888

传 真：（010）88254397

E-mail： dbqq@phei.com.cn

通信地址：北京市万寿路 173 信箱
     电子工业出版社总编办公室

邮 编：100036

博文视点

与您分享思考的乐趣，共同成长。

Broadview®
www.broadview.com.cn

专 业 的 心　 体 贴 的 心